土石坝抗震计算理论与应用

——本构·流固耦合·地震动输入

岑威钧　著

科学出版社

北　京

内 容 简 介

本书论述了土石坝抗震计算理论中的若干研究热点问题。全书共8章，主要内容包括筑坝材料（土石料和混凝土）静动力本构模型、土石坝动力流固耦合及地震动输入方法。三部分内容既各自独立，又有所关联。

本书可作为水工结构工程、岩土工程等领域研究土石坝抗震的科研人员、工程技术人员、高校教师、研究生和高年级本科生的参考用书。

图书在版编目(CIP)数据

土石坝抗震计算理论与应用：本构·流固耦合·地震动输入/岑威钧著. —北京：科学出版社，2022.9

ISBN 978-7-03-055813-8

I. ①土…　II. ①岑…　III. ①土石坝-抗震性能-计算方法-研究　IV. ①TV641

中国版本图书馆CIP数据核字（2017）第301009号

责任编辑：王　钰 / 责任校对：马英菊
责任印制：吕春珉 / 封面设计：东方人华平面设计部

科学出版社 出版
北京东黄城根北街16号
邮政编码：100717
http://www.sciencep.com

北京九州迅驰传媒文化有限公司 印刷
科学出版社发行　各地新华书店经销
*
2022年9月第　一　版　开本：B5（720×1000）
2022年9月第一次印刷　印张：15 3/4
字数：303 000

定价：132.00元

（如有印装质量问题，我社负责调换〈九州迅驰〉）
销售部电话 010-62136230　编辑部电话 010-62137026

序

我国是一个多地震国家，地震活动频度高、强度大、震源浅、分布广，震灾严重。我国又是土石坝大国，已建土石坝近 9 万座，不少土石坝建于地震区。土石坝一旦地震失事，后果严重，尤其对于强震区的高土石坝而言，其后果必将是灾难性的。因此，加强土石坝抗震安全性研究具有重要的现实意义。

20 世纪 80 年代初，本人在华东水利学院（现河海大学）率先开设“土石坝地震工程”课程，这是国内最早开设的土石坝地震工程学课程。本人在教学实践中融入了自己多年的工程设计、施工和科研成果，并于 1989 年编著出版了《土石坝地震工程》一书，填补了这一领域的空白。2009 年，本人与沈长松、岑威钧对该书进行了修订，并出版了《土石坝地震工程学》。

岑威钧博士长期跟随本人学习土石坝抗震及土工膜防渗技术方面的理论和工程实践，在其近 20 年的学习和研究工作中取得了一些成绩，现将土石坝抗震方面的阶段性研究成果进行系统梳理总结，汇集成书。该书选择了目前土石坝抗震计算理论中三块重要的核心内容——筑坝材料（土石料和混凝土）静动力本构模型、土石坝动力流固耦合及地震动输入方法，进行较深入的阐述，详细推导了一些复杂的计算公式，给出了有限元编程的主要流程，并结合实例进行应用探讨。相信这些研究成果会在实际工程中发挥重要的理论支撑作用，为土石坝工程的抗震设计、施工及运行管理提供借鉴指导。

该书选材得当，内容翔实，深入浅出，循序渐进，图文并茂，实用性强。相信该书的出版，将对我国土石坝抗震领域的深入研究与实践应用起到一定的推动作用。今审阅书稿，欣喜之余，写了个人感受，祝贺该书出版，谨以此为序。

顾淦臣

2017 年 11 月

前言

作者在研究生期间，系统学习了我国著名土石坝抗震专家顾淦臣教授编著的《土石坝地震工程》一书，对土石坝抗震产生了浓厚的研究兴趣。在恩师的长期指导下，系统深入地学习了土石坝抗震的相关计算理论和抗震措施，参与编著了《土石坝地震工程学》。在近 20 年的学习和研究工作中，主持和参与了土石坝抗震方面的国家自然科学基金等多个科研项目，对土石坝抗震中的流固耦合、地震动输入等相关问题进行了较为深入的研究，形成了相关计算分析方法，编写了多个土石坝抗震计算程序，并开展了一些工程的应用分析。本书主要介绍这些研究成果，希望能够抛砖引玉，对高土石坝抗震计算理论的发展起到一定的推动作用。

在撰写书稿的过程中，顾老师提出了许多宝贵意见，并撰写序言，给予重要指导和莫大支持，在此表示衷心感谢！同时感谢沈长松教授的指导和帮助！本书的研究工作得到了国家自然科学基金项目（项目编号：51009055）、长江科学院开放研究基金项目（项目编号：CKWV2016376/KY、CKWV2012307/KY）、水利部土石坝破坏机理与防控技术重点实验室开放研究基金项目（项目编号：YK914019）、江苏高校优势学科建设工程资助项目、河海大学研究生精品课程项目（“土石坝地震工程”）和江苏高校品牌专业建设工程一期项目（项目编号：PPZY2015A043）的资助，对此深表感谢！在撰写本书的过程中，参考了本人指导的研究生孙辉、张自齐、王帅、袁丽娜和张卫东的学位论文，罗佳瑞协助完成了全书的校稿工作，在此谨表谢忱！

限于作者水平，书中一些内容仅是一种探索，难免有疏漏和不足，衷心希望读者批评指正！

岑威钧
2017 年 8 月于河海大学

目　　录

第1章 绪 论

1.1 研究背景与研究意义

土石坝由土、石及其他材料修筑而成，相比混凝土坝而言，具有变形适应能力强、施工方便、造价较低、气候适应性较强等优点，因此具有强大的竞争力，得到了广泛应用和蓬勃发展。我国已建土石坝在数量上占大坝总数的93%以上，尤其近几十年来土石坝建设在高度和数量上都超过了混凝土坝。据不完全统计，国内已建、在建及拟建（规划）的坝高200m以上的高土石坝就有10余座，个别坝高直逼或超过 300m，如大渡河双江口土石坝（315m）、雅砻江两河口土石坝（295m）、怒江松塔土石坝（307m）、澜沧江如美土石坝（315m）等。

我国位于环太平洋地震带和欧亚地震带之间，是一个多地震国家。从古至今，我国发生过许多灾害性的大地震，总体上可概括为地震活动频度高、强度大、震源浅、分布广，震灾严重。近20年来，全世界发生过30余起破坏性较大的地震，我国占据近三分之一。而我国水资源丰富、适合修筑高土石坝的西南地区恰好是高烈度地震频发区，在这些地区修建高土石坝时开展抗震专题研究，选择科学的抗震措施显得尤为重要。

地震会使土石坝坝体（坝基）产生裂缝，渗水增大，严重的会使坝体明显震陷，坝坡失稳，乃至发生溃坝事故。2008 年的“5 • 12”汶川大地震中，震区内两座高土石坝受到了地震影响。其中，101.8m高的碧口水电站心墙土石坝因离震中较远，地震损坏轻微；但距汶川地震震中17km远的156m高的紫坪铺面板堆石坝出现了面板压碎错位、坝顶较大震陷等较严重的地震损伤。紫坪铺面板堆石坝也是目前世界上遭遇最强烈地震考验的最高土石坝。对于 200m 级以上的超高土石坝的抗震标准，目前学术界和坝工界尚未形成一个系统的定论。相对高混凝土坝而言，国内外对高土石坝抗震试验和抗震理论等方面的研究相对偏少。尤其对那些拟建的 300m 级超高土石坝，由于坝高、水库规模和设计地震加速度又创新高，强震作用下筑坝材料的动力特性、大坝和水体（库水和孔隙水）的动力相互作用、地震动的输入方式等问题，均对高土石坝的抗震安全性评价影响重大，需要深入开展系统的专项研究。

1.2 本 构 模 型

由于土石料具有复杂的静、动力力学特性，对土石料本构模型的研究一直是岩土力学领域和坝工界重点关注的难点问题之一[1,2]。目前，国内外已提出或改进了很多不同类型的土石料本构模型，但是依然没有一个能够全面反映土石料应力应变特性的成熟的本构模型，一些应用较多的已有模型也只能刻画土石料的一些主要或特殊的力学特性。根据研究问题的类型不同，土石料本构模型可以分为静力模型和动力模型两大类。根据所采用的理论体系不同，现有主流土石料本构模型可分为非线性弹性模型、(经典)弹塑性模型（含弹塑黏性模型)、亚塑性模型、动力本构模型、广义塑性模型和混凝土损伤模型等。

1.2.1　土石料非线性弹性模型

非线性弹性模型是基于广义胡克定律建立的，主要反映土石料的非线性力学特性。一般地，该类模型的弹性模量和泊松比不再是常量，而是随应力状态或者加载路径而改变。在土石坝静力结构分析中，应用较多的模型主要有邓肯 E-B 模型、邓肯 E-μ 模型、内勒 K-G 模型和清华 K-G 模型等。

1963 年，Kondner 在土石料常规三轴试验的基础上指出偏应力与轴向应变近似呈双曲线的关系[3]。在此基础上，1970 年，Duncan 和 Chang 提出了著名的双曲线 E-μ 模型[4]。1980 年，Duncan 对模型进行修改，用切线体积模量替代原模型中的切线泊松比，形成了 E-B 模型[5]。这两个模型概念清晰，物理意义明确，计算参数可以从常规三轴试验曲线直接拟合得到，易为工程人员接受，在土石坝应力变形计算中得到广泛应用。但是，模型本身为弹性模型，且由常规三轴试验推得，使模型具有一些固有缺陷，如不能反映不同应力路径、土体的剪胀性和中主应力等[2]。为此，顾淦臣和黄金明[6]对原模型进行了改进，以弥补不足。

1978 年，Naylor 通过等向压缩和等球应力剪切两种非常规三轴试验，提出了内勒 K-G 模型[7]。该模型同时考虑了土石料的压缩与剪切特性，并考虑了中主应力的影响，在某些方面优于邓肯模型，但仍不能反映土体的剪胀性。为此，曾以宁等[8]对模型进行了改进，提出了可以考虑剪胀和软化特征的 K-G 模型，但是模型的工程应用有限。目前国内应用相对较多的 K-G 模型是由高莲士等根据堆石料等应力比试验提出的清华 K-G 模型[9]。该模型的表达式比较简单、参数较少，能比较全面地反映土体主要的变形力学特性，适合反映土石坝在施工期和蓄水期的不同应力路径。

1.2.2　土石料弹塑性模型

弹塑性模型将土石料的总应变分解为弹性应变和塑性应变，分别在弹性理论和塑性增量理论范畴内进行求解[1,2]。弹塑性模型可以合理反映土石料的剪胀性和剪缩性，目前应用比较多的弹塑性模型主要有修正剑桥模型、沈珠江模型和殷宗泽双屈服面模型等。

1963 年，Roscoe 和 Schofield[10]考虑黏土在剪切时所经历的所有可能应力路径，建立平均有效应力、剪应力和孔隙比 3 个参数的空间屈服面，提出和发展了临界状态理论。他们假定土体为等向硬化材料，基于传统塑性位势理论，以正常固结线和临界状态线为基础，采用相关联流动规则，并假定塑性变形能增量形式为 $\mathrm{d}W^p = Mp'\mathrm{d}\bar{\varepsilon}^p$，建立了子弹头形单屈服面模型。该模型对岩土弹塑性变形的重要特性，即对压硬性和剪胀性从理论上进行了合理阐述，被视为现代土力学的开端，又称为临界状态模型。由于许多试验表明剑桥模型计算的三轴试验应力应变关系与试验结果相差较大，Roscoe 和 Burland[11]根据能量方程，重新推导得到了椭圆形屈服面，提出了修正的剑桥模型。该模型考虑了岩土材料的静水压力屈服特性、剪缩性和压硬性，较原模型能更好地反映土体的力学特性，在实际工程中有一定的应用。

剑桥模型采用椭圆形单屈服面，只能反映土体的剪缩特性，为此一些学者转向研究双屈服面或多屈服面弹塑性模型。殷宗泽等[12,13]在修正剑桥模型的基础上，提出了椭圆-抛物线双屈服面模型。该模型将土石料塑性应变 $\mathrm{d}\varepsilon^p$ 分为与体积压缩相联系的塑性应变 $\mathrm{d}\varepsilon_1^p$ 和与体积膨胀相联系的塑性应变 $\mathrm{d}\varepsilon_2^p$，采用不同形式的屈服准则和硬化规律来反映这两种塑性应变。与压缩相对应的屈服面是椭圆，与膨胀相对应的屈服面是抛物线。殷宗泽模型能较好地反映土体剪胀性和应力路径的影响，参数可依据常规三轴试验确定，是一个较实用的弹塑性模型，已在土石坝结构计算中得到较广泛的应用。

1990 年，沈珠江[14]通过假定体积和剪切屈服面，辅以 Prandtl-Reuss 准则，提出了一个双屈服面模型（也称为南水模型或沈珠江模型）。该模型能够较好地反映土石料在低围压下的剪胀性，对不同应力路径也有较好的适应性。同时该模型形式简洁，参数确定方便，大部分参数确定与邓肯双曲线模型一致，在工程中得到了较为广泛的应用。但是，沈珠江模型由于采用抛物线拟合体积泊松比，在高围压或较大变形条件下存在剪胀量偏大的不足。罗刚和张建民[15]结合沈珠江模型和邓肯双曲线模型的优点，采用不同的切线体积泊松比公式对原模型进行改进，以较好地模拟土石料在低围压下的剪胀性和高围压下的剪缩性。

1.2.3　土石料亚塑性模型

亚塑性理论是 20 世纪中晚期本构模型领域中发展起来的一种全新理论。该理论以连续介质力学为理论基础，以张量函数为运算工具，扬弃了传统塑性力学中总应变分解为弹性应变和塑性应变、屈服准则、硬化规律、塑性势及流动法则等概念，直接建立起应力率与应变率之间的张量函数表达式，用于描述砂等散粒体材料的非线性和非弹性等主要力学特性，是目前最大限度地减少人为假定的一种土体本构理论，近年来引起了一些学者的研究热情。

1977 年，Kolymbas 在博士论文中率先引入一个各向同性非线性张量函数来描述应力率和应变率之间的关系。虽然当时还未有“亚塑性”一词，但其方程的形式及其反映的力学特性却是当前亚塑性本构方程的雏形。后来 Kolymbas 等学者对这种形式的方程逐渐进行改进，使其不断发展。1986 年，Dafalias[16]在论文中首次使用了“亚塑性”一词并对亚塑性理论做了一般定义。Kolymbas 提出的这类率型方程正好可归类于这一定义，于是便将 Kolymbas 提出的率型方程称为 K 型亚塑性理论。在此之后的几年内，亚塑性理论得到了快速的发展，许多研究人员也逐渐对此理论产生了兴趣，并发表了许多重要研究成果。Wu 和 Kolymbas 对该理论做了较为系统的分析研究，为这类率型方程找到了合适的数学解释和进一步的力学解释，并在 Kolymbas 工作的基础上做了重大改进，弥补了一些不足[17]。1994 年，Wu 和 Bauer[18]提出了一个四参数亚塑性模型。该模型基本反映了砂等散粒体材料的应力应变特性，数值模拟结果与相应的试验值吻合较好，而且参数较少，确定也比较容易。1996 年，Gudehus[19]、Bauer[20]和 von Wolffersdorff[21]提出了各自较有影响的改进模型。在这类模型中，首次引入孔隙比作为状态变量，进一步刻画了散粒体材料的密实度与应力状态的关系，拓宽了模型的适用范围。之后，Niemunis[22]、Bauer[23]提出了一些黏性亚塑性模型，以考虑应力变形的时间效应。Niemunis 和 Herle[24]对早期的一些亚塑性模型在循环荷载条件下不能形成滞回环的问题做了改进，引入了颗粒间应变和开关函数等概念，提出了具体处理方法，解决了上述问题。在这期间，一些模型被不断地改进发展，并在实际工作中逐步开始应用[25-27]。亚塑性模型能合理反映散粒体材料的非线性、非弹性、剪胀剪缩性等基本特性。

1.2.4 土石料动力本构模型

土石料动应力应变特性主要包括非线性、滞后性和变形累积性。目前土石料动力本构模型主要有黏弹性模型和动力弹塑性模型等。Seed 等[28]首先提出用等效线性方式来近似地考虑土体的非线性，建立了黏弹性模型。这类模型理论简单，能反映循环荷载作用下土体的非线性和滞后性，且在参数确定等方面积累了丰富的经验，因此在实际工程计算中被广泛应用。其中，Hardin-Drnevich 模型[29]是具有代表性的一个。该模型将土石料视为黏弹性体，采用等效剪切模量和等效阻尼比两个参数来反映土体的非线性和滞后性两个基本动力特征，并将其分别表示为剪切模量与阻尼比和动应变幅值的关系，在动力计算过程中较易实现[30]。

黏弹性模型不能用于计算地震残余变形，为此 Martin 等根据应变循环单剪试验，提出了循环荷载作用下永久体积应变的增量公式[31,32]。沈珠江认为，一个完整的等价黏弹性模型应该包括剪切模量、阻尼比、永久剪应变增量和永久体积应变增量 4 个物理量[33]。沈珠江等[34,35]引入了用于描述残余应变和残余孔压的经验公式，用一套参数求得不同振次、不同动剪应变和不同应力水平下的残余变形，应用起来较为简便。

与黏弹性模型相比，动力弹塑性模型除能刻画动力条件下土石料的非线性和滞后性外，还能直接计算永久变形（残余变形），以体现土石料在循环荷载作用下的变形累积性。动力弹塑性模型也是土动力学的重要研究方向。目前，能够体现土体动力特性的弹塑性模型主要有多屈服面模型、边界面模型和塑性内时模型等类型。1978 年，Prevost[36]提出一个适用于土体单调加载和循环加载的包含等向硬化和机动硬化的非等向硬化模型。其中，套叠屈服面的扩大或缩小反映材料的等向硬化或软化，屈服面的平移反映机动硬化性质。套叠屈服面一方面反映初始各向异性（加载前的应力点不在原点），另一方面在循环荷载作用下产生塑性变形，从而反映应力引起的各向异性和循环荷载作用下的滞回性及变形累积性。尽管 Prevost 模型能够反映岩土类材料的静动力特性，但模型材料参数较多，理论复杂，难以在实际工程中推广应用。边界面模型由 Dafalias 和 Popov[37]提出，该模型采用封闭的类似于屈服面的边界面，边界面内任一点的应力状态与边界面上的关系通过投影法则来描述，规定边界面上映像点的方向为应变增量方向，并设定应力状态与其映像点的距离为塑性模量，用于计算塑性模量的大小。当应力在加载面内运动时也会产生塑性应变，其大小和方向由映射规则及硬化规律决定。边界面模型最初是针对金属材料提出的，后被 Dafalias 和 Herrmann[38]应用于黏土，被 Hashiguchi[39]引入砂土的液化分析中。1990 年，Wang 等[40]提出了针对砂土的亚塑性边界面模型。1999 年，Li 等[41]通过将状态参数引入亚塑性边界面模型，对无黏性土在多种复杂加载路径下的变形特性进行了研究。

1.2.5 土石料广义塑性模型

P-Z 广义塑性模型（即 Pastor-Zienkiewicz-Chan III）是由 Pastor 等[43,44]、Zienkiewicz 等[42,45]基于 Mroz 和 Zienkiewicz[46]建立的广义塑性理论框架提出的。与经典弹塑性模型不同，P-Z 广义塑性模型没有明确定义的塑性势面和加载面，而是直接定义了塑性流动方向和加载方向，不需要根据相容条件来确定塑性模量。P-Z 广义塑性模型结构清晰，参数确定也比较方便，能很好地反映松砂的剪缩性和密砂的剪胀性。模型提出之初主要用于砂土液化分析，后来被广泛用于刻画岩土类材料的动力特性。Pastor 等[47]对 P-Z 广义塑性模型进行了改进，使其能够考虑材料的各向异性。Zhang 等[48]借助隐式积分算法将 P-Z 广义塑性模型用于非饱和土。Ling 和 Liu[49]针对 P-Z 广义塑性模型不能考虑压力相关性和压密性的缺点，对模型进行了相关改进，使其能很好地预测砂土在单调和循环荷载下的应力及变形特性。Ling 和 Yang[50]利用 Li 等[41]提出的一个临界状态线，将体现砂土松密程度的状态参数引入 P-Z 广义塑性模型，新模型适用于单调和循环加载情况，只需一套参数就能很好地预测不同密实度的砂土在排水和不排水及大范围围压条件下的应力应变特性。刘恩龙等[51]对临界状态线进行了改进，提出了针对堆石料的临界状态线，并利用该模型对堆石料在高围压情况下的颗粒破碎进行了研究。Manzanal 等[52,53]对 P-Z 广义塑性模型的塑性流动法则、加卸载准则和塑性模量进行了改进，引入状态参数，发展出了针对非饱和土和饱和土的改进模型。董威信[54]将状态参数引入 P-Z 广义塑性模型，发展了分别针对砂土和黏土考虑状态参数的广义塑性模型，并将其用于糯扎渡高心墙堆石坝的静动力分析中。李宏恩等[55,56]对广义塑性模型的参数确定方法进行了较为深入的研究。Li 等[57,58]将 P-Z 广义塑性模型应用于心墙土石坝的静动力分析研究中。邹德高和孔宪京等[59,60]针对广义塑性模型存在的压力相关性和压密性的不足，对模型进行改进，并将其应用于紫坪铺面板堆石坝的震害分析中。除此之外，魏匡民等[61,62]对粗粒料的剪胀性进行研究和对比，提出了一个能够反映堆石料剪胀特性的剪胀方程，对 P-Z 广义塑性模型进行了改进，并将其应用于水布垭高面板堆石坝的分期施工模拟中。陈生水等[63]基于 P-Z 广义塑性模型基本框架，引入反映堆石料颗粒破碎的参变量压缩参数，建立了一个考虑粗粒料颗粒破碎的广义塑性本构模型。王占军等[64]通过对加载塑性模量的构造，建立了一个考虑颗粒破碎的堆石料广义塑性本构模型，并通过对多组试验的模拟，验证了模型和参数的合理性。张卫东[65]对 P-Z 广义塑性模型进行了改进，使其能反映大范围密实度和压力下模型的适应性，同时考虑堆石料的颗粒破碎及变形的循环累积特性，并将改进模型应用于土石坝的静动力分析中。

1.2.6 混凝土损伤模型

混凝土是一种准脆性材料，在各种静动力荷载作用下，混凝土面板的结构完整性是确保面板堆石坝安全防渗的关键。传统的混凝土面板坝结构分析中，面板常采用线弹性或非线性弹性模型，根据计算得到的主拉应力（或使用顺坡向和坝轴向拉应力）来判断面板的可能开裂区域，不能反映面板裂缝的起始、发展及最终状态整个过程。经典的断裂力学理论主要研究带裂缝固体的强度问题及裂缝的扩展规律，而混凝土面板的开裂与破损是一个裂纹萌生、宏观裂缝形成到逐渐演化的复杂过程，断裂力学理论无法解决宏观裂缝形成之前的起裂问题，损伤理论则可以研究面板混凝土内部存在微裂缝、微缺陷时在外荷载作用下引起面板宏观力学性能不断演化至面板最终破坏的全过程[66]。

损伤力学包括宏观学和细（微）观两个研究尺度。前者只关注损伤对材料宏观力学行为的影响，通过在材料本构关系中引入损伤变量来描述材料宏观刚度退化等性质。后者通过研究包含损伤基元的力学行为及其相互作用来建立损伤本构，给出材料宏观损伤破坏过程与细观损伤变量之间的关系。细观损伤力学模型可以从混凝土的细观结构出发，考虑混凝土各相的不均匀性，研究骨料、砂浆及界面等组成部分的损伤机制，揭示更为本质的材料损伤及损伤演化[67]。目前，国内外学者已提出许多混凝土细观力学损伤模型，其中比较有代表性的有网格模型[68, 69]、随机粒子模型[70,71]、Mohamed 的细观模型（简称 MH 模型）[72]、唐春安的随机力学特性模型[73,74]。

网格模型[68, 69]最初用来解释经典的弹性力学问题，使用规则的三角形网格。由于受当时计算速度的限制，网格模型仅仅作为一个理论模型，没有发展形成相应的数值模拟方法。随着计算机运行速度的提高，该模型重新得以发展，被用于非均质材料的破坏过程模拟[75-78]。后来，Schlangen 和 Mier 等将网格模型应用于混凝土断裂破坏研究[79]。在国内，杨强等[80-82]将其应用于模拟岩石类材料开裂、破坏过程及岩石中锚杆拔出试验。研究表明，网格模型用于模拟由于拉伸破坏所引起的断裂过程是非常有效的，但对于模拟混凝土等材料在压缩荷载（包括单轴压缩和多轴压缩）作用下的宏观效应，结果不够理想[83]。

随机粒子模型[70,71]将混凝土看作由骨料和基质组成的两相复合材料，在 Cundall 最初假设骨料是刚性的基础上，Bazant 等提出了假定基体和骨料都是弹性的，不发生破坏的随机粒子模型，通过假定颗粒周围的接触层具有拉伸应变软化特征来模拟混凝土的断裂过程。该模型假定过渡层只传递颗粒轴向应力，忽略了基体传递剪切力的能力，当过渡层的应变达到给定拉伸应变时，其应力-应变曲线用线性应变软化曲线来表示[83,84]。

MH 模型[72]从混凝土的细观结构出发，假定混凝土是砂浆基体、骨料及两者之间的界面组成的三相复合材料，考虑骨料在基体中分布的随机性及各相力学性质的随机性，以此为基础进行混凝土的开裂过程模拟[85]。模型中单元的性质基于虚拟裂纹模型的概念，并借用在宏观断裂力学中使用的“断裂能”这一概念，给出了细观单元单轴拉伸破坏时应变软化的本构关系。同时，该模型认为细观层次上的拉伸破坏是混凝土在该层次上的唯一破坏模式，因此假定单元只发生拉伸破坏，无剪切破坏。该模型在模拟一些以拉破坏为主的试验时，结果令人满意。

唐春安等[73,74]提出的随机力学特性模型充分考虑混凝土材料各相组分力学特性分布的随机性，将各相组成材料的力学特性按照某个给定的 Weibull 分布来赋值。该模型按照弹性损伤本构关系描述细观单元的损伤演化，认为混凝土的应力-应变曲线是由于其受力后的不断损伤引起微裂纹的萌生、扩展、汇合而造成的，而不是塑性变形[83]。该模型能较好地模拟混凝土单轴拉压、双轴拉压组合、剪切及三点弯拉等过程。

钟红等[86,87]认为虽然难以在严格的细观尺度上对大坝进行破坏分析，但仍可以借鉴随机力学特性模型的思想，在宏观均质假定的基础上考虑细观非均匀性的影响。熊堃[88]采用混凝土细观损伤本构模型对乌东德水电站高拱坝的抗震风险进行分析。因此，可以借鉴吸收上述混凝土坝开裂分析的思想，将混凝土随机力学特性分析方法和混凝土损伤本构模型引入地震作用下面板堆石坝混凝土面板的震损分析中，获取面板损伤和开裂过程。

1.3 “库水-土石坝-孔隙水”宏、细观流固耦合

1.3.1 “土石坝-库水”宏观流固耦合

1.3.1.1 早期相对简单的坝水相互作用模型

最早关于坝水相互作用的研究可追溯到20世纪30年代，Westergaard假定坝体和地基为刚性，首先研究了刚性垂直坝面动水压力。随后，许多研究者基于不同的分析模型，对坝面动水压力问题进行了深入的研究。自1933年Westergaard[89]率先发表了关于动水压力的论文以后，许多研究者针对Westergaard模型的一些限制条件进行了讨论分析并不断完善，现其常被引入面板坝坝水动力相互作用的分析中。Westergaard附加质量法将宏观坝水相互作用简化为仅水库对大坝的单向作用，忽略大坝变形引起水域形状的改变，从而省却了流体计算域的建模求解问题。事实上，Westergaard附加质量法需要满足坝体和地基为刚性等假定，以及用一些近似方法来模拟水体对坝体的单向动力作用，这与实际“土石坝-库水”相互作用情况有较大差距。另外，对于高面板坝和强烈地震，只有考虑库水运动特性才能真正体现“土石坝-库水”的双向动力流固耦合作用。由于库水是大体积带有自由面的水体，其研究在数学上涉及求解Navier-Stokes方程（N-S方程）等初边值问题。此方程呈非线性，其自由表面的位置未知，而且对流项是非对称的，其边界条件是复杂的非线性方程，因此数值求解相当困难。鉴于以上原因，库水的分析是坝水相互作用分析的关键之处，故可先从库水的分析方法入手。

黏性流体的N-S方程中存在非线性的对流项，这就使其成为非线性和非对称方程。由于求解的困难性，许多学者对其进行了简化。早期对库水运动建模主要采用考虑水体压缩性的波动方程和忽略水体压缩性的Laplace方程。这两类方程均假定水体是无黏性的理想流体。张振国[90]在面板堆石坝坝水相互作用的相关研究中，将水体视为不可压缩流体，采用Laplace方程对上游面不同坡比的面板坝受动水压力的作用效应进行了计算分析，坝坡越陡，动水压力对面板动力反应影响越大。这种对地震中库水运动特性的考虑依旧采用将库水对坝体的作用转化成附加质量的形式。迟世春和顾淦臣[91]在此基础上考虑了水体压缩性的影响，用不同的库水模型（不可压缩的Laplace方程、可压缩的波动方程）对面板坝自振频率的影响进行对比分析，并在水体计算域长度的选取等方面进行了细致的研究，得到一些有益的结论。随后，迟世春和林皋[92]进一步分析了不同动水压力模型对面板坝动力反应的影响，得到的结论是不可压缩水体模型与Westergaard模型动力反应接近，而可压缩水体模型与不考虑动水压力情况接近。此外，迟世春和林皋[93]

还详细研究了不同形式的动水压力附加质量矩阵，讨论了采用集中阵或分布阵对百米高面板堆石坝地震动力反应及幅频反应的影响。

1.3.1.2 更为精细水体模型的建立

上述宏观坝水动力流固耦合中，水体建模较为简单，没有考虑水库表面重力波等影响，对于地震烈度和坝高不大的面板坝，基本能体现“土石坝-库水”双向动力相互作用。对于 300m 级的高土石坝，强震作用下坝顶部位的变形达数十厘米甚至 1m 以上，对水库的局部边界影响明显，因此需要考虑地震时库水的运动特性，以进一步精确反映库水与坝体的动力相互作用。普通的 Laplace 方程与波动方程对“大坝-库水”相互作用的求解有些单一，需引入更为严格的水体运动数学模型，即 N-S 方程。由于 N-S 方程复杂的非线性，求解析解是十分困难的，结合库水大体积运动特点可以进行一定的简化[94]。目前在分析结构与水体相互作用中应用较为广泛的水体模型是基于势的亚音速流体模型[95-97]与 N-S 流体模型。势流体模型需要流体符合无漩、无黏、无热转化的假定[98]。基于速度势的方程相对于 N-S 方程具有更少的未知量，在实际工程计算中显得简单快捷，因此更适合于“土石坝-库水”动力流固耦合分析。Sussman 和 Sundgvist[99]首先将基于势的亚音速公式应用于流固耦合分析。王伟华和张燎军[100]以重力坝为例，对比了传统附加质量模型与势流体模型下坝体的动力反应，指出传统附加质量模型的动力反应结果偏大，进行地震反应分析时偏于保守。N-S 方程由于其本身的复杂性，目前在以求解结构反应为主的土石坝坝水动力分析中应用不多，主要应用在溃坝及溢洪道水流数值模拟中[101]。刘金云和陈建云[102]以二维坝水相互作用为例，对势流体模型与 N-S 流体模型进行了比较研究，结果显示在满足基于势的亚音速公式假定情况下，两者的计算结果较为相似，且选择基于势的亚音速公式具有更少的自由度，相对于基于 N-S 方程的模型更为快捷有效。

1.3.1.3 耦合系统的运动描述方式

大坝与库水耦合求解时，大坝固体域采用 Lagrange 坐标系，而流体域采用 Lagrange 坐标系或 Euler 坐标系。但是由于流体自身特性，对于库水的建模，无论是 Lagrange 坐标系还是 Euler 坐标系均有明显不足。ALE（arbitrary Lagrangian-Eulerian，任意拉格朗日-欧拉）方法综合了 Euler 坐标系和 Lagrange 坐标系的优点，可用于带自由表面和上游坝面边界变化较大的库水运动，克服了 Lagrange 方法常见的网格畸变等缺陷。20 世纪 80 年代发展起来的迎风格式有限元与分步格式有限元能够很好地模拟水库流体数值解的失真振荡现象，使基于 ALE 描述的迎风有限元法和分步有限元法应运而生。采用 ALE 描述可以精确确定流体边界的位置，且不会引起网格纠缠，同时通过引入迎风格式或分步方法可以消除对流效应引起的非物理振荡。目前其已在流体结构相互作用方面得到应用，但在“大坝-库水”相互作用方面的应用还不多见。Ramaswamy 和 Kwaahara[103]运用 ALE 分步有限元来解决不可压缩黏性流体自由表面的运动问题。Souli 和 Zelesio[104]将 ALE 技术和 GLS 迎风有限元法相结合应用于求解带有自由液面流体的大幅晃动问题。Takase 等[105]将瞬变理论同 SUPG 迎风有限元结合起来，利用 SUPG 瞬变有限元方法来计算海岸的浅水波问题。岳宝增等[106,107]利用 ALE 分步有限元算法来解决三维液体的大幅度晃动问题。华蕾娜[108]利用 ALE 分步有限元算法对水池中的自由表面波进行了模拟。陈文元和赵雷[109]运用 ALE 描述将流体域的网格结点按照自由液面的运动和耦合面的移动不断更新的过程，模拟了坝体在地震作用下的动力特性、库水自由表面重力波影响及库水域有效影响范围的问题。可以很好地将上述研究成果借鉴应用到强震下高土石坝与库水的动力流固耦合中，以精细反映库水的激振和库面运动等特性。

坝水动力相互作用涉及固体域和流体域的联合求解，边界条件非线性程度高，目前只能采用数值解法，如有限差分法、有限体积法、边界元法和有限元法等。王国辉等[110]详细分析了各数值方法的利弊。其中，有限元法相对于其他方法而言能比较容易地处理各种复杂的几何边界条件，在很多情况下能得到较高的精度，因此被 ADINA、ABAQUS 等大型通用有限元软件在求解流固耦合问题时广泛采用。有限元法依旧是目前求解“大坝-库水”动力耦合问题的首选数值解法。

1.3.2 “土骨架-孔隙水”细观流固耦合

1.3.2.1 早期相对简单的细观水土动力耦合

筑坝土石料属于典型的多孔介质，由土骨架、孔隙水和孔隙气组成。蓄水后浸润线以下的坝体完全被孔隙水充满，在地震作用下会产生动孔压（动孔隙水压力）。为了模拟地震过程中动孔压的变化，Seed 等最早建立了一个用于计算动孔压增长的解耦模型，其适用于地震历时较短且假设坝体不对外排水的情况[111]。这种解耦的动孔压模型初步实现了孔隙水对土骨架的细观动力作用。其后，徐志英和沈珠江[112]、周健和徐志英[113]在此基础上结合 Biot 静力固结方程来考虑动孔压的扩散和消散，发展了土石坝排水有效应力动力分析方法。这类方法将单独的动孔压增长、土石坝运动与土体静力固结方程联系起来，在小时段内仿照静力固结耦合问题来处理动孔压的扩散与消散，通过与大坝动力反应分时段交替计算来考虑两者相互作用，近似实现动孔压的增长、扩散和消散及与土骨架间的动力相互作用，但未从本质上描述土骨架与孔隙水两者间真正的细观动力流固耦合过程。为了更好地解决这一问题，Biot 动力固结理论和基于连续介质力学的混合物理论应运而生。

1.3.2.2 基于 Biot 动力固结理论的细观水土动力流固耦合

Biot 和 Willis[114-117]对水土两相介质的相互作用机理（完全耦合）进行了开创性的研究，率先建立了饱和土体线弹性多孔介质平衡方程，后又给出了系统动能和介质衰减函数表达式，建立了惯性项和黏性项相耦合的系统动力方程，发展了含有可压缩黏性流体的多孔弹性固体中应力波传播理论，后又将其推广至各向异性、黏弹性及包含固相热量耗散的饱和两相多孔介质中。Ghaboussi 和 Wilson[118,119]在 Biot 动力方程的基础上依据变分原理建立了有限元方程，分析了动荷载作用下饱和半空间土体的瞬态反应和土石坝在平面应变情况下的地震瞬态反应。

Biot 波动理论可以正确考虑饱和土体中土骨架与孔隙水之间的相互作用，但是 Biot 动力方程中的弹性常数与惯性耦合系数难以测定，限制了该理论的推广应用。为此，门福录[120]在假定孔隙水为不可压缩、固相骨架为弹性的条件下，依据 Biot 准静力情形下的方程再附加以惯性项建立了动力学方程组。盛虞等[121]根据有效应力原理推导出土体二维动力固结方程，将其与动孔压计算结合，对土坝进行考虑动孔压产生、扩散与消散的有效应力动力反应分析。林本海[122]将该理论推广到三维问题，分析中以动力固结方程为基础，在震动过程中全程跟踪动孔压产生、扩散和消散的发展变化，将动力渗流与土体动力反应分析相耦合，较好地反映了土体震动过程中的实际状态。但是由于其采用的动本构模型的限制，在动力微分方程中动孔压仍然沿用过去动力反应与动力固结分离计算时的方法，使由动孔压模型计算出的动孔压与动力渗流固结引起的孔压出现了矛盾。为此，需寻求真正耦合且实用性强的多孔介质动力流固耦合理论。Zienkiewicz[123]对 Biot 多孔介质模型的波动问题进行了进一步的研究，考虑了孔隙度及各相密度的变化，并增加了固体和流体的惯性项，使其能合理反映地震过程土石坝中土骨架与动孔隙水的动力相互作用。Zienkiewicz 和 Simon 等[124-127]对饱和多孔介质建立了用不同未知量表示的几种有限元方程形式，即以固相位移 $\boldsymbol{u}$ 和液相相对位移 $\boldsymbol{w}$ 为基本未知量的“$\boldsymbol{u}$-$\boldsymbol{w}$”形式，以及以固相位移 $\boldsymbol{u}$ 和动孔压 $\boldsymbol{P}$ 为基本未知量的“$\boldsymbol{u}$-$\boldsymbol{P}$”形式。由于“$\boldsymbol{u}$-$\boldsymbol{P}$”形式计算结果的精度略逊于“$\boldsymbol{u}$-$\boldsymbol{w}$”形式，进一步给出了以“$\boldsymbol{u}$-$\boldsymbol{w}$”形式波动方程为基础的高阶有限元法，以“$\boldsymbol{u}$-$\boldsymbol{w}$-$\boldsymbol{P}$”为基本未知量和以“$\boldsymbol{u}$-$\boldsymbol{w}$-$\boldsymbol{P}$-$\boldsymbol{\sigma}$”为基本未知量的混合有限元法，以及基于“$\boldsymbol{u}$-$\boldsymbol{w}$”形式波动方程的 Hermitean 方法的有限元方程式。李宏儒[128]在林本海的基础上采用有效应力物态动本构关系，利用瞬态理论，舍去了孔压模型的引入，对动力渗流和动力固结相耦合的土体有效应力计算方法进行了进一步的分析和改进。刘凯欣和刘颖[129]将饱和多孔介质的固相和液相处理成完全独立的两相，通过二者交界面处的流固耦合作用相互联系，给出了固相和液相的基本方程及二者界面耦合关系方程，开发了三维流固混合显式动力有限元计算程序，对饱和多孔介质中应力波的传播进行了数值模拟，并详细讨论了孔隙率和孔隙形状等因素对应力波传播主导波形的影响。上述理论和方法为研究强震作用下高土石坝与孔隙水的动力耦合效应分析开辟了崭新途径，势必会不断得到应用和验证提高。

1.3.2.3 基于混合物理论的细观水土动力流固耦合

在众多学者研究土骨架与孔隙水相互作用的 Biot 动力固结理论的同时，解决土骨架与孔隙水耦合问题的另一种理论——混合物理论也逐步得到了深入研究。混合物理论以热力学理论为基础，对单一物质连续系统理论进行了拓展，具有良好的自适性和系统性。Truesdell 和 Toupin[130]提出了任意组分混合物的质量、动量和能量的局部平衡方程，标志着现代混合物多孔介质理论的开始。Prevost [131,132]提出了一种饱和多孔介质波动理论的有限元数值解法，其中，土骨架可以采用非线性或弹塑性本构模型，也可以考虑大变形问题，液相可以假定为可压缩或不可压缩。该法为了去掉由于刚性流体的存在而产生的对时间步长的限制，采用了隐-显式积分算法。Yiagos 和 Prevost[133]建立了一种可用于土坝弹塑性地震反应分析的简单而有效的二维有限元计算方法，其中，坝剖面近似为对称的三角形，土层为饱和多孔介质且水平分层，并考虑了水的存在，将土骨架按照非线性滞变体进行处理。严波和张汝清[134]采用基于混合物理论的两相多孔介质模型，建立了黏性流体饱和两相多孔介质非线性动力问题的控制方程，利用 Galerkin 加权残值法推导了罚有限元方程组，并采用隐式 Newmark 法进行求解。秦小军等[135]根据流固两相混合物的连续介质力学理论，采用 Galerkin 加权残值法，选取固相位移、液相位移和孔压作为场变量，对固液两相耦合方程组进行有限元离散，得到解耦的方程组，然后在时域上采用 Wilson-θ法进行逐步积分，得到一种分析二维饱和多孔介质地震反应的三场有限元法。

基于连续介质力学的混合物理论将运动学、动力学、热力学及本构理论融为一体，包含了各种复杂的因素，可以更加全面地反映地震过程中土骨架、孔隙水甚至孔隙气之间的动力耦合作用。基于混合物理论的多孔介质模型能够蜕化为经典的 Biot 模型[136]。两种理论在物理和数学上均有很好的一致性[137]，能满足理论上的精确性。相信两种理论会在强震下土石坝与孔隙水的细观动力耦合问题中不断得到深入研究和应用。

1.3.3 “库水-土石坝-孔隙水”宏、细观动力流固耦合

由于目前尚不能在实验室或现场对土石坝和库水这一耦合系统进行整体动力研究，理论分析和数值仿真模拟依然是当前主要研究手段。尤其对于强震区高土石坝，应建立“库水-高土石坝-地基-孔隙水”宏、细观动力耦合系统，对其进行整体分析、数学建模和耦合求解，着重研究水的动态演变过程及与土骨架之间的动态作用关系。从库水运动和入渗，到超孔隙水的形成，再到超孔隙水的扩散和

耗散（孔隙水的重分布和流入水库），更精确地考察孔隙水可能造成的土体失稳、渗透破坏、液化、心墙动水劈裂等震害问题。

随着有限元等数值求解技术的飞速发展，将“土石坝-库水”宏观流固耦合与“土骨架-孔隙水”细观流固耦合完整意义上结合的坝水动力流固耦合成为可能。已有研究人员对一些实际土石坝工程开展相关动力反应分析，如 Wang 和 Wang[138] 利用大型商业有限元软件 ADINA 分别建立了坝体与库水网格，对流体域分别利用亚音速势流体模型与 N-S 流体模型进行模拟，对坝体采用基于广义 Biot 动力固结的多孔介质理论，分析了 Sanfernando 坝在地震作用下坝体、库水及孔隙水系统动力耦合的全过程，初步证明了该理论应用于土石坝抗震分析的可行性与合理性。Wang 和 Castay[139]对新奥尔良 17 街运河大堤的破坏进行了分析，同时采用有效应力法和总应力法进行了对比，重点考虑了堤坝系统中堤坝填充物和防洪墙所形成的空隙对堤防性能的影响。牛志伟[140]在研究“高坝-库水-淤沙”系统的动力相互作用中，将广义 Biot 动力固结理论应用于库底淤沙，采用 P-Z 弹塑性本构模型，对库水采用简化欧拉方程，分析了整个系统的坝水动力响应及淤沙层的液化。李蔚[141]在此基础上，将该坝水动力耦合理论进一步应用到高土石坝的地震动力反应分析中，对双江口心墙堆石坝进行了三维有限元动力分析。卞锋[142]分别采用等价黏弹性模型与基于广义 Biot 动力固结理论的 P-Z 广义塑性模型对 300m 级的其宗水电站心墙坝进行动力分析。

1.4 地震动输入方法

1.4.1 辐射阻尼与人工边界条件

在波动问题中，如果不考虑结构体系与外部无限或半无限介质之间的能量交换，则该体系称为能量封闭体系，反之则称为能量开放体系。工程领域中的许多波动问题，如地震波的散射问题、基础振动问题、大坝与地基动力相互作用问题等都应属于能量开放系统的波动问题，即近场波动问题[143]。当大坝在地震激励下振动时，波动能量会由大坝传向无限地基逐渐消散。这部分逸散到远域地基中的能量对坝体结构体系起到相当于阻尼的作用，称为辐射阻尼[144]。目前土石坝动力分析常用的无质量地基固定边界模型无法考虑地震散射波透过人工边界射向无限域进行能量逸散的情况，散射波会在截断边界处发生波的反射，再次影响大坝的动力反应。为了解决坝基的辐射阻尼问题，简单有效的方法就是在计算模型地基截断边界处引入人工边界条件[145]。

目前，国内外学者基于波动理论建立了各种不同类型的人工边界，大致可分为全局人工边界和局部人工边界两类[146,147]。全局人工边界条件多在频域下建立，满足无限域内场方程和物理边界条件，对无限介质进行精确模拟。但全局人工边界求解方法计算量很大，难于考虑近场介质或结构的非线性效应，不适合求解大型复杂结构的动力反应。局部人工边界模拟外行波穿过人工边界的每个结点分别进入无限域，形成微分型人工边界。局部人工边界是在单侧波动概念上发展起来的，是一种近似的人工边界方法。局部人工边界因实现简便、计算量小等优点，受到研究者的重视。

根据表达形式的不同，杜修力[143]将局部人工边界分为两大类：一是应力型人工边界条件，如黏性边界、黏弹性边界等；二是位移型人工边界，如透射人工边界、旁轴近似人工边界等。应力型人工边界是基于外行波（散射波）远场位移的近似表达式和无限域介质的应力应变关系构建无限域模型作用于人工边界上的应力边界条件，满足人工边界处的力平衡和位移连续条件。位移型人工边界直接模拟外行波（散射波）及误差波的单向传播，建立人工边界上的位移时空外插公式，相当于在人工边界上给定一种位移边界条件，其优点是误差波的多次透射可以提高模拟精度和反映大角度外行波（散射波）透过人工边界向外传播，缺点是人工边界当前时刻的位移值不仅与本身前几个时刻的位移值相关，而且与邻近边界结点的前几个时刻的位移值相关。位移型人工边界存在时空差分方程外推导致的人工边界“高频失稳”现象[148, 149]。

1.4.2　地震动输入

陈厚群院士认为[150]，坝址地震输入机制问题主要包括 3 个方面：①抗震设防水准框架，包括表征地震作用强度的物理量的确定依据及其相应的可定量的功能目标；②峰值加速度、设计反应谱和地震动时间历程等地震动参数；③设计地震动基准面确定及在地基边界上的地震动输入方式等。其中地震动输入方式与所采用的计算分析方法密切相关。

若对土石坝按照封闭系统进行振动问题求解，地震荷载以惯性力的形式作用在地基面上，则大坝的加速度、速度和位移反应都是相对于地面运动的值。这种地震动输入方法不能考虑坝体与地基之间的能量交换，也不能考虑地基辐射阻尼和弹性恢复性能、地震波入射角度及行波效应对坝体动力稳定的影响。因此，传统惯性力形式的地震动输入方法不能反映高土石坝真实的地震反应特性[151]。

对于高土石坝等大型结构，计算地震反应时应考虑结构与地基之间的动力相互作用，将其作为开放的波动问题进行求解。这种相互作用包括地基对结构体系动态特性的影响，以及结构对地震动输入的影响。这类问题通常关心的是近场波动效应，而对于无限远地基中的远场波动效应重点关注能量辐射效应对近场的影响，即远场介质中只存在向外传播的散射波能量[152]。

目前，土石坝的地震反应分析中大多采用同相位、等振幅、均匀地震动输入的方式[153]。这对于坝址附近的深源地震是适用的，主要因为地壳内部复杂介质的密度总体上是从地表往地核逐渐增大的，根据波在不同介质中的反射-折射定律，地震波传至地表时的入射方向基本是竖直的。此时入射的地震波可假定为垂直向上的平面剪切波或平面压缩波。而当坝址附近发生浅源地震时，地震波并非垂直入射[154]，而是以某一角度传至地表。此时若将地震波按均匀输入处理是不合适的。由于高土石坝为大跨度结构，地震波斜入射引起地面运动的非一致变化对大坝地震反应有较大影响，因此，有必要研究地震波斜入射下的土石坝地震反应。Abouseeda 和 Dakoulas[155,156]将结构-地基的动力相互作用应用到土石坝的行波分析中，提出了一种将有限元和边界元相结合的混合元方法，研究了材料的非线性、非均匀性、无限地基及地基的辐射阻尼作用和地震波入射角度对大坝地震反应的影响。周晨光[157]基于对黏弹性人工边界参数的修订，以及对任意角度入射时自由场的数值模拟，建立了体现行波效应和地基辐射阻尼的土石坝地震反应分析方法，研究了地震波斜入射时行波效应对坝体加速度分布的影响。吴兆营[158]在黏弹性边界的基础上，通过把计算模型的输入边界调整为与波阵面方向一致，将斜入射转化为垂直入射，化差动输入为一致输入，对土石坝结构进行动力反应分析，确定了土石坝最不利入射角度和最不利入射方向。程嵩[159]研究了土石坝非均匀地震动输入的震动反应与变形规律，相较于均匀一致输入方法，其可能更符合实际地震波的传播规律。田景元[160]开展了土石坝多点输入的动力反应分析，与单点输入相比，多点输入坝基部位的最大动剪应力和损伤值偏大。可见，对于近场地震动反应，仅考虑地震波垂直入射是不安全的。高土石坝坝体结构和筑坝地基条件往往很复杂，因此对强震区高土石坝有必要深入开展地震波斜入射分析，考虑入射波类型和入射角度的影响，以获得大坝更为真实的地震反应。

参考文献

[1] 钱家欢，殷宗泽．土工原理与计算[M]．北京：中国水利水电出版社，1996.

[2] 殷宗泽．土工原理[M]．北京：中国水利水电出版社，2007.

[3] KONDNER R L. Hyperbolic stress-strain response: cohesive soils[J]. Journal of the Soil Mechanics and Foundations Division, 1963, 89(1):115-143.

[4] DUNCAN J M, CHANG C Y. Nonlinear analysis of stress and strain in soil[J]. Journal of Soil Mechanics and Foundation Division, ACSE, 1970, 96(5):1629-1653.

[5] DUNCAN J M. Strength, stress-strain and bulk modulus parameters for finite element analysis of stresses and movements in soil masses[R]. Berkeley: University of California, 1980.

[6] 顾淦臣，黄金明．混凝土面板堆石坝的堆石本构模型与应力变形分析[J]．水力发电学报，1991，10（1）：12.

[7] NAYLOR D J. Stress–strain laws for soil[C]// SCOTT C R. Developments in Soil Mechanics. London: Applied Science Publishers, Ltd., 1978.

[8] 曾以宁，屈智炯，刘开明，等．土的非线性 K-G 模型的试验研究[J]．四川大学学报（工程科学版），1985（4）：149-155.

[9] 高莲士，汪召华，宋文晶．非线性解耦 K-G 模型在高面板堆石坝应力变形分析中的应用[J]．水利学报，2001，32（10）：1-7.

[10] ROSCOE K H, SCHOFIELD A N, THURAIRAJAH A. Yielding of clays in states wetter than critical[J]. Geotechnique, 1963, 13(3): 211-240.

[11] ROSCOE K H, BURLAND J B. On the generalized stress-strain behaviour of wet clay[C]//Engineering Plasticity, 1968.

[12] 殷宗泽．一个土体的双屈服面应力-应变模型[J]．岩土工程学报，1988，10（4）：64-71.

[13] 殷宗泽，卢海华，朱俊高．土体的椭圆-抛物双屈服面模型及其柔度矩阵[J]．水利学报，1996，27（12）：23-28.

[14] 沈珠江．土体应力应变分析的一种新模型[C]//第五届全国土力学及基础工程学术会议论文选集．北京：建筑工业出版社，1990.

[15] 罗刚，张建民．邓肯-张模型和沈珠江双屈服面模型的改进[J]．岩土力学，2004，25（6）：887-890.

[16] DAFALIAS Y F. Bounding surface plasticity, I: mathematical formulation and hypoplasticity[J]. Journal of Engineering Mechanics, ASCE, 1986: 966-987.

[17] WU W, KOLYMBAS D. Hypoplasticity then and now[C]// KOLYMBAS D. Constitutive modeling of granular materials, 2003.

[18] WU W, BAUER E. A simple hypoplastic constitutive model for sand[J]. International journal for numerical and analytical methods in geomechanics, 1994, 18(2): 833-862.

[19] GUDEHUS G. A comprehensive constitutive equation for granular materials[J]. Soils and foundations, 1996, 36(1): 1-12.

[20] BAUER E. Calibration of a comprehensive hypoplastic model for granular materials[J]. Soils and foundations, 1996, 36(1): 13-26.

[21] VON WOLFFERSDORFF P-A. A hypoplastic relation for granular materials with a predefined limit state surface[J]. Mechanics of Cohesive-Frictional Materials, 1996, 1(3): 251-271.

[22] NIEMUNIS A. A visco-plastic model for clay and its FE-implementation[J]. Soils and Foundations, 1996, 36(1): 39-43.

[23] BAUER E. The critical state concept in hypoplasticity[C]//Proceedings of the ninth international conference on computer methods and advances in geomechanics. Wuhan, China, 1997.

[24] NIEMUNIS A, HERLE I. Hypoplastic model for cohesionless soils with elastic strain range[J]. International Journal of Numerical and Analytical Methods in Geomechanics, 2015, 2(4): 279-299.

[25] 岑威钧．堆石料亚塑性本构模型及面板堆石坝数值分析[D]．南京：河海大学，2005.

[26] 岑威钧，王修信，BAUER E，等．堆石料的亚塑性本构建模及其应用研究[J]．岩石力学与工程学报，2007，26（2）：312-322.

[27] 岑威钧，王修信．堆石料本构建模新途径[J]．河海大学学报（自然科学版），2008，36（1）：102-105.

[28] SEED H B, LEE K L, IDRISS I M. An analysis of the Sheffield Dam failure: a report of an investigation[J]. Journal of the Soil Mechanics and Foundations Division, ASCE, 1969, 95(SM6): 1453-1490.

[29] HARDIN B O, DRNEVICH V P. Shear modulus and damping in soils: measurement and parameter effects[J]. Journal of Soil Mechanics & Foundations Division, 1972, 98(6): 603-624.

[30] 顾淦臣，沈长松，岑威钧．土石坝地震工程学[M]．北京：中国水利水电出版社，2009.

[31] MARTIN G B, FINN W D L, SEED H B. Fundamentals of liquefaction under cyclic loading[J]. Journal of Geotechnical Engineering, ASCE, 1975, 101(5): 423-438.

[32] MARTIN G R. Effects of system compliance on liquefaction tests[J]. Journal of Geotechnical Engineering Division, 1978, 104(4): 463-479.

[33] 沈珠江．理论土力学[M]．北京：中国水利水电出版社，2000.

[34] 沈珠江．一个计算砂土液化变形的等价黏弹性模式[C]//中国土木工程学会第四届土力学及基础工程学术会议论文选集，1986.

[35] 沈珠江，徐刚．堆石料的动力变形特性[J]．水利水运科学研究，1996（2）：143-150.

[36] PREVOST J H. Plasticity theory for soil stress-strain behavior[J]. Journal of the Engineering Mechanics Division, 1978, 104(5): 1177-1194.

[37] DAFALIAS Y F, POPOV E P. A model of nonlinearly hardening materials for complex loading[J]. Acta Mechanica, 1975, 21(3): 173-192.

[38] DAFALIAS Y F, HERRMANN L R. Bounding surface plasticity. II: application to isotropic cohesive soils[J]. Journal of Engineering Mechanics, 1986, 112(12): 1263-1291.

[39] HASHIGUCHI K. Elastoplastic constitutive laws of granular materials[J]. Constitutive Equations of Soils, 1977: 73-82.

[40] WANG Z L, DAFALIAS Y F, SHEN C K. Bounding surface hypoplasticity model for sand[J]. Journal of Engineering Mechanics, 1990, 116(5): 983-1001.

[41] LI X S, DAFALIAS Y F, WANG Z L. State-dependant dilatancy in critical-state constitutive modelling of sand[J]. Canadian Geotechnical Journal, 1999, 36(4): 599-611.

[42] ZIENKIEWICZ O C, LEUNG K H, PASTOR M. Simple model for transient soil loading in earthquake analysis. I: basic model and its application[J]. International Journal for Numerical and Analytical Methods in Geomechanics, 1985, 9(5): 453-476.

[43] PASTOR M, ZIENKIEWICZ O C, LEUNG K H. Simple model for transient soil loading in earthquake analysis. II: non-associative models for sands[J]. International Journal for Numerical and Analytical Methods in Geomechanics, 2010, 9(5): 477-498.

[44] PASTOR M, ZIENKIEWICZ O C, CHAN A H C. Generalized plasticity and the modeling of soil behavior[J]. International Journal for Numerical and Analytical Methods in Geomechanics, 1990, 14(3): 151-190.

[45] ZIENKIEWICZ O C. Computational geomechanics with special reference to earthquake engineering[M]. NewYork: John Wiley, 1999.

[46] MROZ Z, ZIENKIEWICZ O C. Uniform formulation of constitutive equations for clays and sands[J]. Mechanics of engineering materials, 1984, 12: 415-450.

[47] PASTOR M, ZIENKIEWICZ O C, XU G D, et al. Modelling of sand behaviour: cyclic loading, anisotropy and localization[J]// Modern Approaches to Plasticity, 1993: 469-491.

[48] ZHANG H W, HEERES O M, DE BORST R, et al. Implicit integration of a generalized plasticity constitutive model for partially saturated soil[J]. Engineering Computations, 2001, 18(1/2): 314-336.

[49] LING H I, LIU H. Pressure-level dependency and densification behavior of sand through generalized plasticity model[J]. Journal of Engineering Mechanics, 2003, 129(8): 851-860.

[50] LING H I, YANG S. Unified sand model based on the critical state and generalized plasticity[J]. Journal of Engineering Mechanics, 2006, 132(12): 1380-1391.

[51] 刘恩龙，陈生水，李国英，等. 堆石料的临界状态与考虑颗粒破碎的本构模型[J]. 岩土力学，2011（S2）：148-154.

[52] MANZANAL D, FERNáNDEZ MERODO J A, PASTOR M. Generalized plasticity state parameter-based model for saturated and unsaturated soils. Part I: saturated state[J]. International Journal for Numerical and Analytical Methods in Geomechanics, 2011, 35(12): 1347-1362.

[53] MANZANAL D, PASTOR M, MERODO J A F. Generalized plasticity state parameter - based model for saturated and unsaturated soils. Part II: unsaturated soil modeling[J]. International Journal for Numerical and Analytical Methods in Geomechanics, 2011, 35(18): 1899-1917.

[54] 董威信. 高心墙堆石坝流固耦合弹塑性地震动力响应分析[D]. 北京：清华大学，2015.

[55] 李宏恩，李铮，徐海峰，等. Pastor-Zienkiewicz 状态相关本构模型及其参数确定方法研究[J]. 岩土力学，2016，37(6)：1523-1532.

[56] 李宏恩. 基于广义塑性力学的本构模型及 300m 级高土石坝静动力反应分析研究[D]. 南京：河海大学，2010.

[57] LI T, ZHANG H. Dynamic parameter verification of PZ model and its application of dynamic analysis on rockfill dam[C]// Earth and Space 2010: Engineering, Science, Construction, and Operations in Challenging Environments, 2010.

[58] LI H, MANUEL P, LI T. Application of a generalized plasticity model to ultra-high rockfill dam[C]// Earth and Space 2010: Engineering, Science, Construction, and Operations in Challenging Environments, 2010.

[59] 孔宪京，邹德高，徐斌，等. 紫坪铺面板堆石坝三维有限元弹塑性分析[J]. 水力发电学报，2013，32（2）：213-222.

[60] 邹德高，徐斌，孔宪京，等. 基于广义塑性模型的高面板堆石坝静、动力分析[J]. 水力发电学报，2011，30（6）：109-116.

[61] WEI K M, ZHU S. A generalized plasticity model to predict behaviors of the concrete-faced rock-fill dam under complex loading conditions[J]. European Journal of Environmental and Civil Engineering, 2013, 17(7): 579-597.

[62] 魏匡民. 粗粒土弹塑性本构模型及其在高堆石坝中的应用[D]. 南京：河海大学，2014.

[63] 陈生水，傅中志，韩华强，等. 一个考虑颗粒破碎的堆石料弹塑性本构模型[J]. 岩土工程学报，2011，33（10）：1489-1495.

[64] 王占军，陈生水，傅中志. 堆石料的剪胀特性与广义塑性本构模型[J]. 岩土力学，2015，36（7）：1931-1938.

[65] 张卫东. 土石料静、动力广义塑性模型及工程应用研究[D]. 南京：河海大学，2017.

[66] 张自齐. 强震作用下高混凝土面板坝面板损伤开裂机理研究[D]. 南京：河海大学，2015.

[67] 熊堃. Hardfill 坝破坏模式与破坏机理研究[D]. 武汉：武汉大学，2011.

[68] VAN MIER J G M. Fracture processes of concrete-assessment material parameters for fracture models[M]. Boca Raton: CRC Press, 1997.

[69] SCHLANGEN E, GARBOCAI E J. Fracture simulations of concrete using lattice models: computational aspects[J]. Engineering Fracture Mechanics, 1997, 57(2/3): 319-332.

[70] BAZANT Z P, TABBARA M R, KAZEMI M T. Random particle models for fracture of aggregate or fiber composites[J]. Journal of Engineering Mechanics, ASCE, 1990, 116(8): 1686-1705.

[71] ZHONG X X, CHANG C S. Micromechanical modeling for behavior of fracture of cementitious granular materials[J]. Journal of Engineering Mechanics, ASCE, 1999, 125(11): 1280-1285.

[72] MOHAMED A R, HANSEN W. Micromechanical modeling of concrete response under static loading. Part I: model development and validation[J]. ACI Materials Journal, 1999, 96(2): 196-203.

[73] 唐春安，朱万成．混凝土损伤与断裂数值试验[M]．北京：科学出版社，2003.

[74] 朱万成，唐春安，赵文，等．混凝土试样在静态载荷作用下断裂过程的数值模拟研究[J]．工程力学，2002，19（6）：148-153.

[75] HERRMANN H J, HANSEN A, STEPHANE ROUX .Fracture of disorder, elastic lattices in two dimensions[J]. Physical Review B, 1989, 39: 637-648.

[76] CHIAIA B, VERVUURT A, VAN MIER J G M. Lattice model evaluation of progressive failure in disordered particle composites[J]. Engineering Fracture Mechanics, 1997, 57(2/3): 301-318.

[77] VAN MIER J G M, VERVUURT A, VAN VLIET M R A. Materials engineering of cement based composite using lattice models[M]. Boston: WIT Press, 1999.

[78] ASAI M, TERADA K, IKEDA K. Meso-scopic concrete analysis with a lattice model[C]// Proceeding of the Fourth International Conference on Fracture Mechanics of Concrete and Concrete Structures, Cachan, France, 2001.

[79] 杨顺存．混凝土破坏过程的数值模拟研究[D]．南京：河海大学，2004.

[80] 杨强，张浩，周维垣．基于格构模型的岩石类材料破坏过程的数值模拟[J]．水利学报，2002，33（4）：46-50.

[81] 杨强，任继承，张浩．岩石中锚杆拔出试验的数值模拟[J]．水利学报，2002（12）：68-73.

[82] 杨强，程勇刚，张浩．基于格构模型的岩石类材料开裂的数值模拟[J]．工程力学，2003，20（1）：117-120.

[83] 程伟峰．混凝土架构模型的数值模拟研究[D]．大连：大连理工大学，2008.

[84] 周尚志．混凝土动静力破坏过程的数值模拟及细观力学分析[D]．南京：河海大学，2007.

[85] 夏晓舟．混凝土细观数值仿真及宏细观力学研究[D]．南京：河海大学，2007.

[86] 钟红，林皋，李建波，等．高拱坝地震损伤破坏的数值模拟[J]．水利学报，2008，39（7）：316-322.

[87] 钟红．高拱坝地震损伤破坏的大型数值模拟[D]．大连：大连理工大学，2008.

[88] 熊堃．乌东德高拱坝地震损伤破坏研究[D]．北京：中国水利水电科学研究院，2013.

[89] WESTERGAARD H M. Water pressures on dams during earthquakes[J]. Trans. ASCE, 1933, 98(2): 418-432.

[90] 张振国．考虑坝水相互作用的钢筋混凝土面板堆石坝三维非线性有限元分析[D]．南京：河海大学，1987.

[91] 迟世春，顾淦臣．面板堆石坝坝水系统自振特性研究[J]．河海大学学报，1995（6）：104-107.

[92] 迟世春，林皋．混凝土面板堆石坝与库水动力相互作用研究[J]．大连理工大学学报，1998（6）：718-723.

[93] 迟世春，林皋．不同动水压力质量阵对面板堆石坝动力特性的影响[J]．水电站设计，1999（1）：46-52.

[94] JOHN D ANDERSON. Computational fluid dynamics[M]. Cambridge: Cambridge University Press, 2002.

[95] HIRSCH C. Numerical computation of internal and external flows[M]. Chrchester: John Wiley, 1988.

[96] LASKARIS T E. Finite-element analysis of three-dimensional potential flow in turbomachines[J]. AIAA Journal, 1978,16(7): 717-722.

[97] OLSIN L G, BATHE K J. Analysis of fluid-structure interactions: a direct symmetric coupled formulation based on the fluid velocity potential[J]. Computer and Structure, 1985 (21): 21-32.

[98] BATCHELOR G K. An introduction to fluid dynamics[M]. Cambridge: Cambridge University Press, 1967.

[99] SUSSMAN T, SUNDQVIST J. Fluid-structure interaction analysis with a subsonic potential-based fluid formulation[J]. Computer and Structure, 2003, 81(8-11):949-962.

[100] 王伟华，张燎军．基于 ADINA 的重力坝地震响应分析[J]．水利科技与经济，2008，14（1）：26-28.

[101] 刘学炎．溃坝水流数值模拟[D]．武汉：武汉理工大学，2009.

[102] 刘金云，陈建云．势流体与 N-S 流体的应用及比较研究[J]．人民长江，2009，40（20）：27-31.

[103] RAMASWAMY B, KWAAHARA M. Arbitrary Lagrangian-Eulerian finite element method for unsteady, convective, incompressible viscous free surface fluid flow[J]. International Journal for Numerical Methods in Fluids, 2010, 7(10): 1053-1075.

[104] SOULI M, ZELESIO J P. Arbitrary Lagrangian-Eluerian and free surface methods in fluid mechanics[J]. Computer Methods in Applied Mechanics and Engineering, 2001,191(3-5): 451-466.

[105] TAKASE S, KASHIYAMA K, TANAKA S. Space-time SUPG finite element computation of shallow-water flows with moving shorelines[J]. Computational Mechanics, 2011,48(3): 293.

[106] 岳宝增，刘延柱，王照林．三维液体大幅晃动及其抑制的数值模拟[J]．上海交通大学学报，2000，34（8）：1036-1039.

[107] 岳宝增，刘延柱，王照林．三维液体非线性晃动动力学特性的数值模拟[J]．应用力学学报，2001，18（1）：110-115.

[108] 华蕾娜．ALE 分步有限元法研究及其在自由表面水波问题中的应用[D]．天津：天津大学，2005.

[109] 陈文元，赵雷．坝体考虑流固耦合的动力特性分析[J]．四川建筑科学研究，2013，39（1）：126-129.

[110] 王国辉，柴军瑞，杜成伟．坝库系统流固耦合数值分析方法简述[J]．水利水电科技进展，2009，29（4）：89-94.

[111] SEED H B, IDRISS I M. Simplified procedure for evaluating soil liquefaction potential[J]. Journal of Geotechnical Engineering, ASCE, 1971, 97: 1249-1273.

[112] 徐志英，沈珠江．地震液化的有效应力二维动力分析方法[J]．华东水利学院学报，1981（3）：4-17.

[113] 周健，徐志英．土（尾矿）坝的三维有效应力的动力反应分析[J]．地震工程和工程震动，1984（3）：62-72.

[114] BIOT M A.The theory of elasticity and consolidation for a porous anisotropic solid[J]. Journal of Applied Physics, 1955, 26(2): 182-185.

[115] BIOT M A. Theory of propagation of elastic waves in a fluid-saturated porous solid[J]. Acoustical Society American, 1956, 28(2): 168-178.

[116] BIOT M A. Mechanics of deformation and acoustic propagation in porous media[J]. Journal of Applied Physics, 1962, 33: 1482-1498.

[117] BIOT M A, WILLIS P G. The elastic coefficients of the theory consolidation[J]. Journal of Applied Physics, 1957, 24(2): 594-601.

[118] GHABOUSSI J, WILSON E L. Variational formulation of dynamics of fluid-saturated porous elastic solids[J]. Journal of Engineering Mechanics Division, ASCE, 1972, 98(4): 947-963.

[119] GHABOUSSI J, WILSON E L. Seismic analysis of earth dam-reservoir system[J].Journal of the Soil Mechanics and Foundations Devision, ASCE, 1973, 99(10): 849-862.

[120] 门福录．波在饱和孔隙弹性介质中的传播[J]．地球物理学报，1965，14（2）：107-114.

[121] 盛虞，卢盛松，姜朴．土工建筑物动力固结的耦合振动分析[J]．水利学报，1989，20（12）：31-42.

[122] 林本海．砂土-碎石桩复合地基的液化检验理论和数值分析方法的研究[D]．西安：西安理工大学，1997.

[123] ZIENKIEWICZ O C. Field equations for porous media under dynamic loads[C]//Seminar on Numerical Methods in Geomechanics. Portugal MIT Notes. MIT: Cambridge, MA, 1981.

[124] ZIENKIEWICZ O C, SHIOMI T. Dynamic behavior of saturated porous media: the generalized Biot formulation and its numerical solution[J].International Journal for Numerical and Analytical Methods in Geomechanics Sloan, 1984, 8(1):71-96.

[125] SIMON B R, ZIENKIEWICZ O C, PAUL D K. An analytical solution for the transient response of saturated porous elastic solids[J].International Journal for Numerical and Analytical Methods in Geomechanics, 2010, 8(4): 381-398.

[126] SIMON B R, WU J S, ZIENKIEWICZ O C, et al. Evaluation of u-w and u-π finite element methods for the dynamic response of saturated porous media using one-dimensional models[J]. International Journal for Numerical and Analytical Methods in Geomechanics, 2010, 10(5): 461-482.

[127] SIMON B R, WU J S, ZIENKIEWICZ O C. Evaluation of higher order, mixed and Hermitian finite element procedures for the dynamic response of saturated porous media using one-dimensional models[J]. International Journal for Numerical and Analytical Methods in Geomechanics Sloan, 1986, 10(5): 483-499.
[128] 李宏儒．土体动力反应分析方法的分析与改进[D]．西安：西安理工大学，2005.
[129] 刘凯欣，刘颖．横观各向同性含液饱和多孔介质中瑞利波的特性分析[J]．力学学报，2003，35（1）：100-104.
[130] TRUESDELL C, TOUPIN R. The classical field theories, Handbook of physics[M]. Berlin: Springer-Verlag, 1960.
[131] PREVOST J H. Non-linear transient phenomena in saturated porous media[J]. Computer Methods in Applied Mechanics and Engineering, 1982, 30(1): 3-18.
[132] PREVOST J H. Wave propagation in fluid-saturated porous media: an efficient finite element procedure[J]. International Journal of Soil Dynamics and Earthquake Engineering, 1985, 4(4): 183-202.
[133] YIAGOS A N, PREVOST J H. Two-phase elasto-plastic seismic response of earth dams: applications[J]. International Journal of Soil Dynamics and Earthquake Engineering, 1991, 10(7): 371-381.
[134] 严波，张汝清．粘性流体两相多孔介质非线性动力问题的罚有限元法[J]．应用力学和数学，2000，21（12）：1247-1254.
[135] 秦小军，陈少林，曾心传．二维饱和孔隙介质的三场有限元方法[J]．地壳形变与地震，1999，19（2）：60-69.
[136] BOWEN R M. Plane progressive waves in a heat conducting fluid saturated porous material with relaxing porosity[J]. Acta Mechanica, 1983, 46(1-4): 189-206.
[137] DE BOER R. 多孔介质理论发展史上的重要成果[M]．刘占芳，严波，译．重庆：重庆大学出版社，1995.
[138] WANG X, WANG L B. Dynamic analysis of a water-soil-pore water coupling system[J]. Computers & Structures, 2007, 85(11-14): 1020-1031.
[139] WANG X, CASTAY M. Failure analysis of the breached levee at the 17th Street Canal in New Orleans during Hurricane Katrina[J]. Canadian Geotechnical Journal, 2012, 49(7): 812-834.
[140] 牛志伟．库底淤沙对混凝土坝地震响应影响分析方法研究[D]．南京：河海大学，2008.
[141] 李蔚．考虑坝体-水体-地基相互作用的高土石坝地震动力反应分析研究[D]．南京：河海大学，2010.
[142] 卞锋．高土石坝地震动力响应特征弹塑性有限元分析[D]．北京：清华大学，2010.
[143] 杜修力．工程波动理论与方法[M]．北京：科学出版社，2009.
[144] 沈聚敏，周锡元，高小旺，等．抗震工程学[M]．北京：科学出版社，2015.
[145] 廖振鹏．工程波动理论导论[M]．北京：科学出版社，1996.
[146] 王进廷．高混凝土坝-可压缩库水-淤砂-地基系统地震反应分析研究[D]．北京：中国水利水电科学研究院，2001.
[147] 贺向丽．高混凝土坝抗震分析中远域能量逸散时域模拟方法研究[D]．南京：河海大学，2006.
[148] 张树茂．地震波动入射方向对土石坝地震反应的影响研究[D]．大连：大连理工大学，2014.
[149] 黄景琦．岩体隧道非线性地震响应分析[D]．北京：北京工业大学，2015.
[150] 陈厚群．坝址地震动输入机制探讨[J]．水利学报，2006，12（12）：1417-1423.
[151] 王帅．考虑地基远域能量逸散及地震波斜入射时土石坝地震反应分析研究[D]．南京：河海大学，2012.
[152] 袁丽娜．高土石坝地震动输入方法比较及应用研究[D]．南京：河海大学，2015.
[153] 杨正权，刘小生，汪小刚，等．土石坝地震动输入机制研究综述[J]．中国水利水电科学研究院学报，2013，11(1)：27-33.
[154] TAKAHIRO S. Estimation of earthquake motion incident angle at rock site[C]// Proceedings of 12th World Conference on Earthquake Engineering, New Zealand, 2000.
[155] ABOUSEEDA H, DAKOULAS P. Response of earth dams to Pand SV waves using coupled FE-BE formulation[J]. Earthquake Engineering and Structural Dynamics, 1996, 25: 1177-1194.

[156] DAKOULAS P, ABOUSEEDA H. Response of earth dams to Rayleigh waves using coupled FE-BE method[J]. Journal of Engineering Mechanics, ASCE,1997, 123(12): 1311-1320.
[157] 周晨光. 高土石坝地震波动输入机制研究[D]. 大连：大连理工大学，2009.
[158] 吴兆营. 倾斜入射条件下土石坝最不利地震动输入研究[D]. 哈尔滨：中国地震局工程力学研究所，2007.
[159] 程嵩. 土石坝地震动输入机制与变性规律研究[D]. 北京：清华大学，2012.
[160] 田景远. 土石坝多点输入地震反应分析及相关方法研究[D]. 南京：河海大学，2003.

第 2 章　土石料静动力本构模型

2.1　非线性弹性静力模型——邓肯双曲线模型

2.1.1　基本模型

1970 年，Duncan 和 Chang 根据土体常规三轴试验的$(\sigma_1-\sigma_3)$-ε_a-ε_v关系曲线提出了E-μ模型[1]。根据 Kondner 的建议[2]，在固定围压下$(\sigma_1-\sigma_3)$-ε_a的关系曲线可用双曲线拟合，即

$$\sigma_1-\sigma_3=\frac{\varepsilon_a}{a+b\varepsilon_a} \tag{2.1}$$

式中：a 和 b 为固定围压下的试验常数；σ_1 和 σ_3 分别为大小主应力；ε_a 为轴向应变。

根据胡克定律，在常规三轴试验条件下土体的切线弹性模量 E_t 可表示为[3]

$$E_t=\frac{\partial(\sigma_1-\sigma_3)}{\partial\varepsilon_a}=\frac{1}{a}\left[1-b(\sigma_1-\sigma_3)\right]^2 \tag{2.2}$$

式中：$a=\lim\limits_{\varepsilon_a\to 0}\left[\dfrac{\partial\varepsilon_a}{\partial(\sigma_1-\sigma_3)}\right]$为初始切线弹性模量 E_i 的倒数；$b=\lim\limits_{\varepsilon_a\to 0}\dfrac{1}{(\sigma_1-\sigma_3)_u}$为强度极限值$(\sigma_1-\sigma_3)_u$的倒数。

根据 Janbu 的建议[4]，初始切线弹性模量 E_i 可表示为围压的函数，即

$$E_i=KP_a\left(\frac{\sigma_3}{P_a}\right)^n \tag{2.3}$$

式中：K 为模量基数；n 为模量指数；P_a 为大气压。

为了反映土体破坏前拟合双曲线的完整程度，引入破坏比 R_f，即

$$R_f=\frac{(\sigma_1-\sigma_3)_f}{(\sigma_1-\sigma_3)_u} \tag{2.4}$$

式中：$(\sigma_1-\sigma_3)_f$ 为土体破坏时的偏应力。

由式（2.2）～式（2.4）可得

$$E_t=E_i\left[1-R_f\frac{(\sigma_1-\sigma_3)}{(\sigma_1-\sigma_3)_f}\right]^2 \tag{2.5}$$

根据莫尔-库仑准则，有

$$(\sigma_1-\sigma_3)_f=\frac{2c\cos\varphi+2\sigma_3\sin\varphi}{1-\sin\varphi} \tag{2.6}$$

式中：c 为黏聚力；φ 为内摩擦角。

因此，切线弹性模量的表达式为

$$E_t=KP_a\left(\frac{\sigma_3}{P_a}\right)^n\left[1-R_f\frac{(1-\sin\varphi)(\sigma_1-\sigma_3)}{2c\cos\varphi+2\sigma_3\sin\varphi}\right]^2 \tag{2.7}$$

土体的弹性模量除与应力相关外，还与应力历史和应力加载路径有关。显然，回弹模量 $E_{ur}>E_t$。不同围压下回弹模量 E_{ur} 不同，其表达式与 E_i 类似，也是围压的函数，即

$$E_{ur}=K_{ur}P_a\left(\frac{\sigma_3}{P_a}\right)^{n_{ur}} \tag{2.8}$$

式中：K_{ur} 为回弹模量基数，$K_{ur}\approx(1.2\sim3)K$，对于密砂和硬土取 1.2，对于松砂和软土取 3，一般土体介于两者之间；n_{ur} 为回弹模量指数，其值和 n 差不多。

一般地，当 $(\sigma_1-\sigma_3)<(\sigma_1-\sigma_3)_0$ 且 $s<s_0$ 时，土体处于卸载再加载状态，此时弹性模量改用回弹模量 E_{ur} 表示。其中，$(\sigma_1-\sigma_3)_0$ 表示历史最大偏应力，s 表示应力水平，s_0 表示历史最大应力水平。

类似地，邓肯等认为 ε_a - $(-\varepsilon_r)$ 关系曲线也可近似用双曲线拟合，即

$$\varepsilon_a=\frac{-\varepsilon_r}{f+D(-\varepsilon_r)} \tag{2.9}$$

式中：$D=\lim\limits_{-\varepsilon_r\to\infty}\dfrac{1}{\varepsilon_a}$；$f=\lim\limits_{-\varepsilon_r\to 0}\left(\dfrac{-\varepsilon_r}{\varepsilon_a}\right)$。

经推导可得切线泊松比 μ_t 的表达式，即

$$\mu_t=\frac{G-F\lg\dfrac{\sigma_3}{P_a}}{(1-A)^2} \tag{2.10}$$

式中：$A=\dfrac{D(\sigma_1-\sigma_3)}{KP_a\left(\dfrac{\sigma_3}{P_a}\right)^n\left[1-R_f\dfrac{(1-\sin\varphi)(\sigma_1-\sigma_3)}{2c\cos\varphi+2\sigma_3\sin\varphi}\right]}$；$G$ 和 F 分别为 $\mu_i-\lg(\sigma_3/P_a)$ 关系曲线的截距和斜率，其中 μ_i 为初始泊松比。

由式（2.10）计算得到的 μ_t 可能大于 0.5，土体实际试验中也有此情形，但在有限元计算中劲度矩阵会出现异常，因此有限元计算中 μ_t 最大值可限定为 0.49。

在常规三轴试验中，施加偏应力 $\sigma_1-\sigma_3$ 对应的球应力增量 $\Delta p=\dfrac{1}{3}(\sigma_1-\sigma_3)$，则切线体积模量 B_t 为[5]

$$B_t=\frac{1}{3}\frac{\partial(\sigma_1-\sigma_3)}{\partial\varepsilon_v} \tag{2.11}$$

邓肯认为式（2.11）中，取应力水平 $s=0.7$ 时的偏应力和体积应变比较合理，故

$$B_t = \frac{1}{3}\frac{(\sigma_1-\sigma_3)_{s=0.7}}{(\varepsilon_v)_{s=0.7}} \tag{2.12}$$

式（2.12）中，若土样的 ε_v 在 $s=0.7$ 以前未出现峰值，则取 $(\sigma_1-\sigma_3)_{s=0.7}$ 和与之对应的 $(\varepsilon_v)_{s=0.7}$ 计算 B_t；若土样的 ε_v 在 $s=0.7$ 以前出现峰值，则取相应的 ε_v 峰值和与之对应的偏应力 $(\sigma_1-\sigma_3)$。

由于围压 σ_3 不同，B_t 也不同，与 E_i 类似，令

$$B_t = K_b P_a\left(\frac{\sigma_3}{P_a}\right)^m \tag{2.13}$$

式中：K_b 和 m 为试验拟合参数。

式（2.7）和式（2.10）构成著名的邓肯-张 E - μ 模型，式（2.7）和式（2.13）构成邓肯 E - B 模型，回弹模量均用式（2.8）计算。

2.1.2　参数确定及敏感性分析

邓肯-张 E - μ 模型含有 c 、φ（或 φ_0 、$\Delta\varphi$）、K 、n 、R_f 、G 、F 、D 、K_{ur} 、n_{ur} 等参数。邓肯 E-B 模型含有 c 、φ（或 φ_0 、$\Delta\varphi$）、K 、n 、R_f 、K_b 、m 、K_{ur} 、n_{ur} 等参数。下面介绍根据常规三轴试验确定模型参数的步骤[3]。

（1）根据常规三轴试验数据，绘制不同围压 σ_3 下的 $(\sigma_1-\sigma_3)$-ε_a-ε_v 关系曲线。

（2）在 τ - σ 坐标系中绘制不同 σ_3 下土体破坏时的莫尔圆，确定线性强度指标 c 和 φ 。对于粗颗粒土，一般采用非线性公式 $\varphi=\varphi_0-\Delta\varphi\lg\dfrac{\sigma_3}{P_a}$ 拟合强度包络线，确定强度指标 φ_0 和 $\Delta\varphi$ 。

（3）对于不同围压 σ_3，点绘 $\dfrac{\varepsilon_a}{\sigma_1-\sigma_3}$ - ε_a，用直线拟合，所得截距为初始弹性模量 E_i 的倒数，斜率为 $(\sigma_1-\sigma_3)_u$ 的倒数。

（4）在双对数坐标系中点绘 E_i/P_a - σ_3/P_a，用直线拟合，定出参数 K 和 n 。

（5）对于每个 σ_3，计算 R_f 。R_f 随 σ_3 稍有变化，取各 σ_3 下 R_f 的平均值。R_f 值大，表示 $(\sigma_1-\sigma_3)_f$ 接近 $(\sigma_1-\sigma_3)_u$，在高应力水平下 $(\sigma_1-\sigma_3)$ - ε_a 曲线平缓。R_f 值小，则高应力水平下 $(\sigma_1-\sigma_3)$ - ε_a 曲线陡峭，坡比较大。

（6）确定泊松比中的材料参数：在每个围压下，点绘 $\dfrac{-\varepsilon_r}{\varepsilon_a}$ - $(-\varepsilon_r)$ 关系曲线，近似拟合为一直线。取不同 σ_3 下斜率的平均值为参数 D，不同的截距 μ_i 会随 σ_3 的

增大而减小。然后在半对数坐标系中点绘 μ_i - $\lg\dfrac{\sigma_3}{P_a}$ 关系曲线，得到 μ_i 公式中的参数 G 和 F 。G 表示围压 $\sigma_3 = P_a$ 的初始切线泊松比。F 表示初始切线泊松比随 σ_3 增加而减小的程度。D 表示侧向应变和轴向应变的变化关系，高 D 值反映较小的 ε_a 会引起较大的 $(-\varepsilon_r)$，土体往往是剪胀的。

（7）确定切线体积模量的材料参数：从 $(\sigma_1-\sigma_3)$ - ε_a - ε_v 关系曲线中寻找 $s=0.7$ 对应的 ε_v 。若土样的 ε_v 曲线在 $s=0.7$ 以前未出现峰值，则取 $(\sigma_1-\sigma_3)_{s=0.7}$ 和与之相应的 $(\varepsilon_v)_{s=0.7}$ 计算 B_t；若土样的 ε_v 在 $s=0.7$ 以前出现峰值，则取相应的 ε_v 峰值和与之对应的 $(\sigma_1-\sigma_3)$ 。由此定出不同围压下的 B_t，绘制 $\lg\dfrac{B_t}{P_a}$ - $\lg\dfrac{\sigma_3}{P_a}$ 散点图，用直线拟合，确定参数 K_b 和 m 。

借助某面板堆石坝的应力变形分析，以邓肯 *E-B* 模型为例，对主要材料参数进行敏感性分析[6]。*E-B* 模型中某些参数具有一定的相关性，如 K_b 一般在（1/3.5~1/2.5）K 的范围内，K_{ur}=(1.2～3.0)K，n_{ur} 基本上与加载时的 n 一致。因此，敏感性分析时可取 K_b=0.4K，K_{ur}=1.5K，n_{ur}=n 。另外，堆石料的黏聚力 c 取为 0，$\Delta\varphi$ 数值较小且其变化与 φ_0 有关。因此，敏感性分析的参数选取 K 、n 、m 、R_f 、φ_0 这 5 个。图 2.1 为这 5 个参数变化对坝体位移的影响关系曲线。由图可见：①参数变化对不同位移的影响规律相似，只是影响幅度有所差别，其中对向上游位移的影响与对向下游位移的影响程度很接近。②大坝位移（水平位移和竖向位移）在 5 个参数变化过程中，与 R_f 呈递增关系，而与其他 4 个参数呈递减关系。③从 R_f 的定义可以看出，R_f 的增大表明 $(\sigma_1-\sigma_3)_f$ 的增大，可以定性判定变形的增大。④参数 m 和 n 变化对位移的影响不是很大，从−25%变化至 40%时，位移幅差在 10%以内。相比而言，K 、R_f 和 φ_0 的影响较大，尤其 φ_0 从−25%变化至 40%时，水平位移从 115%左右变化至−40%左右，竖向位移从 45%左右变化至−20%左右，变化幅差分别为 155%和 65%。这主要因为 φ_0 较小时，在不大的偏应力时就能到达较高的应力水平，使 E_t 较低，堆石体的变形就会明显增加。

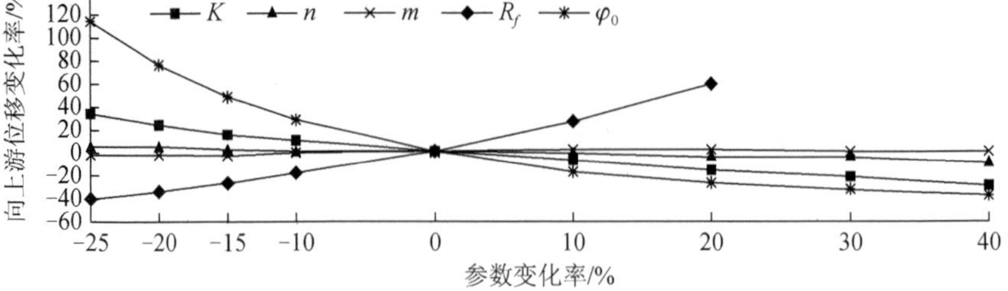

（a）向上游位移

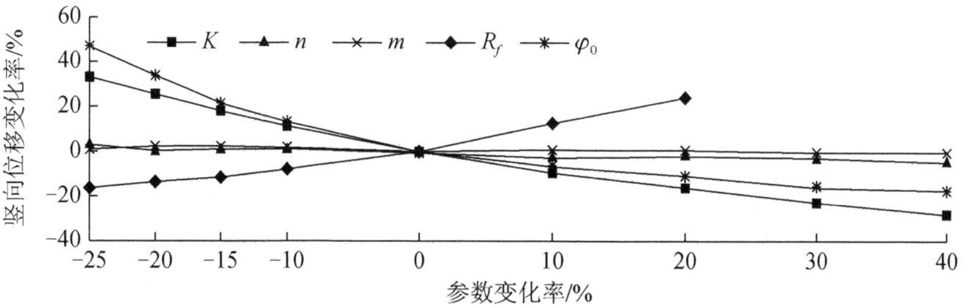

（b）竖向位移

图 2.1　参数变化对坝体位移的影响关系曲线

2.1.3　讨论与改进

邓肯模型较好地反映了土体非线性变形特性，同时也反映了剪切变形随应力水平的增加而增加，随围压的增加而减小，体积变形随围压的增加而减小的性质。模型采用回弹和再加载模量区分应力历史对土体变形的影响。另外，邓肯模型基于增量广义胡克定律，故能在一定程度上反映应力加载路径对变形的影响。邓肯模型主要存在如下问题[7,8]：

（1）常规三轴试验中 σ_3 是常量，而实际土体受荷时 σ_3 和 σ_1 是同时变化的，故不能很好反映土体应力路径对变形的影响。

（2）试验测得的变形仅是偏应力施加后的变形，没有考虑固结压力 σ_3 施加过程中的变形。

（3）模型采用轴对称三轴试验确定参数，而一些土石坝应力变形等问题往往属于平面应变问题，因此双曲线模型能否适用于 σ_3 和 σ_1 同时增加的情况有待于论证。

（4）模型基于广义胡克定律模型，不能反映土体的剪胀剪缩性，这是因为胡克定律不能刻画剪应力与正应变、正应力与剪应变之间的耦合关系。

（5）因双曲线是一条常增曲线，故模型不能反映土体的软化行为。

（6）模型不能反映土体的各向异性。在使用 $\varepsilon_r = \dfrac{1}{2}(\varepsilon_v - \varepsilon_a)$ 计算侧向应变时没有考虑土体的各向异性问题。真三轴试验表明，从 σ_1 方向加载与从 σ_3 方向加载，土体的变形是不一样的，土体存在显著的各向异性。

（7）模型虽然对于卸载状态取回弹模量以区别加载模量，但未涉及卸载时的泊松比和体积模量，不能全面说明加载和卸载的变形差异。此外，模型对卸载标准缺乏合理的规定，往往只考虑偏应力的加载和卸载，而没有考虑围压增减时也存在加卸载问题。

（8）模型不能反映中主应力σ_2对强度和变形产生的影响。当$\sigma_2 > \sigma_3$时，强度指标φ会提高，同时$(\sigma_1 - \sigma_3)$-ε_a曲线变陡。强度提高后，某一应力状态所对应的应力水平就会降低，因而切线弹性模量E_t就会增加。考虑σ_2的影响，平面应变情况下的弹性模量会增加，因此直接将三轴试验确定的E_t用于一些土石坝平面应变问题的计算必然会得到偏大的位移[9,10]。

虽然邓肯模型存在一些缺陷，但由于其能较好地模拟土体非线性变形特性，且模型物理意义明确，在土石坝有限元分析中得到了广泛应用。关于邓肯模型的改进，主要是修正弹性模量、泊松比和莫尔-库仑准则等，具体如下[11]：

（1）将原模型中的围压σ_3用$\dfrac{\sigma_2 + \sigma_3}{2}$代替，偏应力$\sigma_1 - \sigma_3$用$\sigma_1 - \dfrac{\sigma_2 + \sigma_3}{2}$代替。

（2）用球应力p和广义剪应力q分别代替二维计算模型中的σ_3和$\sigma_1 - \sigma_3$，保持莫尔-库仑准则不变。其中，应力水平s和切线弹性模量E_t的表达式为[12]

$$s = \frac{q}{q_t} = \frac{(\sqrt{3}\cos\theta_\sigma + \sin\theta_\sigma \sin\varphi)q}{3c\cos\varphi + 3p\sin\varphi} \tag{2.14}$$

$$E_t = KP_a\left(\frac{p}{P_a}\right)^n [1 - R_f s]^2 \tag{2.15}$$

$$\theta_\sigma = \arctan\left[\frac{-1}{\sqrt{3}}\left(1 - 2\frac{\sigma_2 - \sigma_3}{\sigma_1 - \sigma_2}\right)\right] \tag{2.16}$$

式中：θ_σ为应力罗得角。

（3）将原模型中σ_3用$\sigma_3\sqrt[3]{\dfrac{\sigma_2}{\sigma_3}}$代替，并将莫尔-库仑强度条件变为

$$(\sigma_1 - \sigma_3)_f = \frac{2}{1 - \sin\varphi}\sqrt[3]{\frac{\sigma_2}{\sigma_3}}\sin\varphi + c\cos\varphi \tag{2.17}$$

（4）修正内摩擦角。由于工程中常见的变形条件是平面应变，而常规三轴模拟的是轴对称状态，故通过建立两种应力条件下内摩擦角之间的经验关系进行修正。

$$\sin\varphi_p + 6\left(\frac{1}{\sin\varphi_c} - \frac{1}{\sin\varphi_p}\right) = 1 \tag{2.18}$$

式中：φ_c和φ_p分别为轴对称应力条件和平面应变情况下的内摩擦角。

将常规三轴试验下的φ_c代入式（2.18），求得平面应变条件下的φ_p，再将φ_p代入原模型中，间接考虑了中主应力的影响。

2.2　弹塑性静力模型——沈珠江模型

2.2.1　屈服面函数与弹塑性矩阵

沈珠江模型的屈服面由椭圆函数和幂函数组成[13-15]，即

$$\begin{cases} f_1 = p^2 + r^2\tau_8^2 \\ f_2 = \dfrac{\tau_8^s}{p} \end{cases} \tag{2.19}$$

式中：p 为八面体正应力（平均应力）；τ_8 为八面体剪应力；r 为椭圆的长短轴之比；s 为幂次，对于土体可取 $r=2$ 和 $s=3$，对于堆石体可取 $r=2$ 和 $s=2$。

根据经典弹塑性理论，应变增量可分解为弹性应变增量和塑性应变增量。沈珠江模型将塑性应变增量再分成两部分，各自对应一个屈服面。采用正交流动法则，应变增量可表示为[16]

$$\Delta\varepsilon_{ij} = \Delta\varepsilon_{ij}^e + A_1\Delta f_1\frac{\partial f_1}{\partial\sigma_{ij}} + A_2\Delta f_2\frac{\partial f_2}{\partial\sigma_{ij}} \tag{2.20}$$

式中：A_1 和 A_2 分别对应于屈服面 f_1 和 f_2 的塑性系数，非负。当该屈服面判定为卸荷或中性加荷时，相应的塑性系数取为零。

由式（2.19）和式（2.20）可得

$$\Delta\varepsilon_{ij} = \Delta\varepsilon_{ij}^e + \Delta\varepsilon_{ij}^p = \Delta\varepsilon_{ij}^e + A_1\Delta f_1\left(\frac{\partial f_1}{\partial p}\frac{\partial p}{\partial\sigma_{ij}} + \frac{\partial f_1}{\partial\tau_8}\frac{\partial\tau_8}{\partial\sigma_{ij}}\right) + A_2\Delta f_2\left(\frac{\partial f_2}{\partial p}\frac{\partial p}{\partial\sigma_{ij}} + \frac{\partial f_2}{\partial\tau_8}\frac{\partial\tau_8}{\partial\sigma_{ij}}\right) \tag{2.21}$$

由式（2.21）可计算体积应变增量，即

$$\Delta\varepsilon_v = \frac{\Delta p}{K} + A_1\Delta f_1\frac{\partial f_1}{\partial p} + A_2\Delta f_2\frac{\partial f_2}{\partial p} \tag{2.22}$$

式中：$K = \dfrac{E}{3(1-2\mu)}$；$\Delta p = \dfrac{1}{3}(\Delta\sigma_1 + \Delta\sigma_2 + \Delta\sigma_3)$。

由式（2.21）可计算主应变增量之差，即

$$\Delta\varepsilon_i - \Delta\varepsilon_j = \frac{1+\mu}{E}(\Delta\sigma_i - \Delta\sigma_j) + \left(A_1\Delta f_1\frac{\partial f_1}{\partial\tau_8} + A_2\Delta f_2\frac{\partial f_2}{\partial\tau_8}\right)\left(\frac{\sigma_i - \sigma_j}{3\tau_8}\right) \tag{2.23}$$

式中：$\Delta\varepsilon_i$、$\Delta\varepsilon_j$（i，$j=1$，2，3）为主应变增量。

将八面体剪应变 γ_8 分解为弹性和塑性两部分，即

$$\Delta\gamma_8 = \Delta\gamma_8^e + \Delta\gamma_8^p \tag{2.24}$$

其中弹性分量 γ_8^e 和塑性分量 γ_8^p 分别为

$$\Delta\gamma_8^e = \Delta\left\{\frac{2}{3}[(\varepsilon_1^e-\varepsilon_2^e)^2+(\varepsilon_2^e-\varepsilon_3^e)^2+(\varepsilon_3^e-\varepsilon_1^e)^2]^{\frac{1}{2}}\right\} = \Delta\left(\frac{2}{3}\sqrt{6J_2'^e}\right) = \Delta\sqrt{\frac{4}{3}e_{ij}^e e_{ij}^e} \tag{2.25}$$

$$\Delta\gamma_8^p = \Delta\sqrt{\frac{4}{3}e_{ij}^p e_{ij}^p} \tag{2.26}$$

由广义胡克定律可得γ_8^e，即

$$\Delta\gamma_8^e = \Delta\sqrt{\frac{4}{3}\frac{S_{ij}^e}{2G}\frac{S_{ij}^e}{2G}} = \frac{\Delta\tau_8}{G} \tag{2.27}$$

$$\Delta\gamma_8^p = \frac{1}{3}\frac{\sum_{i=1}^{3}\sum_{j=1}^{3}(\varepsilon_i^p-\varepsilon_j^p)(\Delta\varepsilon_i^p-\Delta\varepsilon_j^p)}{\sqrt{3e_{hk}^p e_{hk}^p}} \tag{2.28}$$

由式（2.28）可得

$$\Delta\gamma_8^p = \frac{1}{3}\left(A_1\Delta f_1\frac{\partial f_1}{\tau_8}+A_2\Delta f_2\frac{\partial f_2}{\tau_8}\right)\frac{\sum_{i=1}^{3}\sum_{j=1}^{3}(\varepsilon_i^p-\varepsilon_j^p)(\sigma_i-\sigma_j)}{\sqrt{6J_2'^p}\sqrt{6J_2}} \tag{2.29}$$

又 $J_2'^p = \frac{1}{12}\sum_{i=1}^{3}\sum_{j=1}^{3}(\varepsilon_i^p-\varepsilon_j^p)^2$， $J_2 = \frac{1}{12}\sum_{i=1}^{3}\sum_{j=1}^{3}(\sigma_i-\sigma_j)^2$， 假定 $\sqrt{\frac{J_2'^p}{J_2}} = \frac{\varepsilon_i^p}{\sigma_i}$， 则 $\frac{\sum_{i=1}^{3}\sum_{j=1}^{3}(\varepsilon_i^p-\varepsilon_j^p)(\sigma_i-\sigma_j)}{\sqrt{6J_2'^p}\sqrt{6J_2}} = 2$，故式（2.29）可表示为

$$\Delta\gamma_8^p = \frac{2}{3}\left(A_1\Delta f_1\frac{\partial f_1}{\partial\tau_8}+A_2\Delta f_2\frac{\partial f_2}{\partial\tau_8}\right) \tag{2.30}$$

由式（2.27）和式（2.30）可得八面体剪应变增量，即

$$\Delta\gamma_8 = \frac{\Delta\tau_8}{G}+\frac{2}{3}\left(A_1\Delta f_1\frac{\partial f_1}{\partial\tau_8}+A_2\Delta f_2\frac{\partial f_2}{\partial\tau_8}\right) \tag{2.31}$$

由式（2.19）可得

$$\begin{cases}\Delta f_1 = 2p\Delta p+2r^2\tau_8\Delta\tau_8\\ \Delta f_2 = -\dfrac{\tau_8^s}{p^2}\Delta p+\dfrac{s\tau_8^s}{p\tau_8}\Delta\tau_8\end{cases} \tag{2.32}$$

将式（2.32）代入式（2.22）和式（2.31），得

$$\Delta\varepsilon_v = \frac{\Delta p}{K}+A\Delta p+C\Delta\tau_8 \tag{2.33}$$

$$\Delta\gamma_8 = \frac{\Delta\tau_8}{G}+\frac{2}{3}(B\Delta\tau_8+C\Delta p) \tag{2.34}$$

式中：$A = 4p^2A_1+\frac{\tau_8^{2s}}{p^4}A_2$； $B = 4r^4\tau_8^2A_1+\frac{s^2\tau_8^{2s}}{p^2\tau_8^2}A_2$； $C = 4r^2p\tau_8A_1-\frac{s\tau_8^{2s}}{p^3\tau_8}A_2$。

下面将式（2.33）和式（2.34）推广到一般应力应变空间：

$$\Delta e_{ij} = \Delta e_{ij}^e + \Delta e_{ij}^p \tag{2.35}$$

由 Prandtl-Reuss 准则，式（2.35）中弹性偏应变增量与应力偏量增量成正比，即 $\mathrm{d}e_{ij}^e = \dfrac{1}{2G}\mathrm{d}S_{ij}$；塑性偏应变增量与应力偏量成正比，即 $\mathrm{d}e_{ij}^p = S_{ij}\mathrm{d}\lambda$。

又 $\gamma_8^p = \sqrt{\dfrac{4}{3}e_{ij}^p e_{ij}^p}$，则 $S_{ij} = \dfrac{3}{4}\dfrac{\gamma_8^p \Delta\gamma_8^p}{e_{ij}{}^p \mathrm{d}\lambda}$。将 S_{ij} 代入 $\tau_8 = \dfrac{1}{\sqrt{3}}(S_{ij}S_{ij})^{\frac{1}{2}}$，则 $\mathrm{d}\lambda = \dfrac{1}{2}\dfrac{\Delta\gamma_8^p}{\tau_8}$，

故 $\Delta e_{ij}^p = \dfrac{1}{2}\dfrac{\Delta\gamma_8^p}{\tau_8}S_{ij}$。将此式和式（2.30）代入式（2.35）中，得

$$\Delta e_{ij} = \frac{\Delta S_{ij}}{2G} + \frac{1}{3}(B\Delta\tau_8 + C\Delta p)\frac{S_{ij}}{\tau_8} \tag{2.36}$$

由于 $\tau_8 = \dfrac{1}{\sqrt{3}}(S_{ij}S_{ij})^{\frac{1}{2}}$，且 $\Delta\tau_8 = \dfrac{1}{3}\dfrac{S_{ij}}{\tau_8}\Delta S_{ij}$，将式（2.36）两边同时乘以 S_{ij} 后便可解出 $\Delta\tau_8$。

$$\Delta\tau_8 = \frac{\dfrac{2}{3}\left(\dfrac{G}{\tau_8}S_{ij}\Delta e_{ij} - CG\Delta p\right)}{1+\dfrac{2}{3}BG} \tag{2.37}$$

由式（2.33）和式（2.37）可得

$$\Delta p = K_p\Delta\varepsilon_v - T\frac{S_{hk}}{\tau_8}\Delta e_{hk} \tag{2.38}$$

式中：$K_p = \dfrac{K}{1+KA}\left(1+\dfrac{2}{3}\dfrac{KGC^2}{1+KA+GD}\right)$，$D = \dfrac{2}{3}(B+KAB-KC^2)$；$T = \dfrac{2}{3}\dfrac{KGC}{1+KA+GD}$。

又 $\Delta e_{ij} = \Delta\varepsilon_{ij} - \dfrac{1}{3}\delta_{ij}\Delta\varepsilon_v$、$S_{ij} = \sigma_{ij} - p\delta_{ij}$ 分别为偏应变增量和应力偏量，δ_{ij} 为 Kronecker-Delta 符号，故由式（2.36）～式（2.38）可得

$$\Delta S_{ij} = 2G\Delta e_{ij} - T\frac{S_{ij}}{\tau_8}\Delta\varepsilon_v - Q\frac{S_{ij}S_{hk}}{\tau_8^2}\Delta e_{hk} \tag{2.39}$$

式中：$T = \dfrac{2}{3}\dfrac{KGC}{1+KA+GD}$，$D = \dfrac{2}{3}(B+KAB-KC^2)$；$Q = \dfrac{2}{3}\dfrac{G^2 D}{1+KA+GD}$。

考虑 $\Delta\sigma_{ij} = \Delta S_{ij} + \delta_{ij}\Delta p$ 及式（2.38）和式（2.39），可得

$$\Delta\sigma_{ij} = \delta_{ij}K_p\Delta\varepsilon_v + 2G\left(\Delta\varepsilon_{ij} - \frac{1}{3}\delta_{ij}\Delta\varepsilon_v\right) - T\frac{S_{ij}}{\tau_8}\Delta\varepsilon_v - \left(\frac{T\delta_{ij}}{\tau_8} + \frac{QS_{ij}}{\tau_8^2}\right)S_{hk}\Delta\varepsilon_{hk} \tag{2.40}$$

对于三维空间问题，可将式（2.40）展开为增量型应力应变关系表达式。弹塑性矩阵 $\boldsymbol{D}_{ep}$ 的表达式如下：

$$\boldsymbol{D}_{ep}=$$

$$\begin{bmatrix}
M_1-T\frac{S_x+S_x}{\tau_8}-Q\frac{S_x^2}{\tau_8^2} & M_2-T\frac{S_x+S_y}{\tau_8}-Q\frac{S_xS_y}{\tau_8^2} & M_2-T\frac{S_x+S_z}{\tau_8}-Q\frac{S_xS_z}{\tau_8^2} & -T\frac{S_{xy}}{\tau_8}-Q\frac{S_xS_{xy}}{\tau_8^2} & -T\frac{S_{yz}}{\tau_8}-Q\frac{S_xS_{yz}}{\tau_8^2} & -T\frac{S_{zx}}{\tau_8}-Q\frac{S_xS_{zx}}{\tau_8^2} \\
M_2-T\frac{S_x+S_y}{\tau_8}-Q\frac{S_xS_y}{\tau_8^2} & M_1-T\frac{S_y+S_y}{\tau_8}-Q\frac{S_y^2}{\tau_8^2} & M_2-T\frac{S_y+S_z}{\tau_8}-Q\frac{S_yS_z}{\tau_8^2} & -T\frac{S_{xy}}{\tau_8}-Q\frac{S_yS_{xy}}{\tau_8^2} & -T\frac{S_{yz}}{\tau_8}-Q\frac{S_yS_{yz}}{\tau_8^2} & -T\frac{S_{zx}}{\tau_8}-Q\frac{S_yS_{zx}}{\tau_8^2} \\
M_2-T\frac{S_x+S_z}{\tau_8}-Q\frac{S_xS_z}{\tau_8^2} & M_2-T\frac{S_y+S_z}{\tau_8}-Q\frac{S_yS_z}{\tau_8^2} & M_1-T\frac{S_z+S_z}{\tau_8}-Q\frac{S_z^2}{\tau_8^2} & -T\frac{S_{xy}}{\tau_8}-Q\frac{S_zS_{xy}}{\tau_8^2} & -T\frac{S_{yz}}{\tau_8}-Q\frac{S_zS_{yz}}{\tau_8^2} & -T\frac{S_{zx}}{\tau_8}-Q\frac{S_zS_{zx}}{\tau_8^2} \\
-T\frac{S_{xy}}{\tau_8}-Q\frac{S_xS_{xy}}{\tau_8^2} & -T\frac{S_{xy}}{\tau_8}-Q\frac{S_yS_{xy}}{\tau_8^2} & -T\frac{S_{xy}}{\tau_8}-Q\frac{S_zS_{xy}}{\tau_8^2} & G-Q\frac{S_{xy}^2}{\tau_8^2} & -Q\frac{S_{xy}S_{yz}}{\tau_8^2} & -Q\frac{S_{xy}S_{zx}}{\tau_8^2} \\
-T\frac{S_{yz}}{\tau_8}-Q\frac{S_xS_{yz}}{\tau_8^2} & -T\frac{S_{yz}}{\tau_8}-Q\frac{S_yS_{yz}}{\tau_8^2} & -T\frac{S_{yz}}{\tau_8}-Q\frac{S_zS_{yz}}{\tau_8^2} & -Q\frac{S_{xy}S_{yz}}{\tau_8^2} & G-Q\frac{S_{yz}^2}{\tau_8^2} & -Q\frac{S_{yz}S_{zx}}{\tau_8^2} \\
-T\frac{S_{zx}}{\tau_8}-Q\frac{S_xS_{zx}}{\tau_8^2} & -T\frac{S_{zx}}{\tau_8}-Q\frac{S_yS_{zx}}{\tau_8^2} & -T\frac{S_{zx}}{\tau_8}-Q\frac{S_zS_{zx}}{\tau_8^2} & -Q\frac{S_{xy}S_{zx}}{\tau_8^2} & -Q\frac{S_{yz}S_{zx}}{\tau_8^2} & G-Q\frac{S_{zx}^2}{\tau_8^2}
\end{bmatrix}$$

式中：$M_1=K_p+\dfrac{4G}{3}$；$M_2=K_p-\dfrac{2G}{3}$。

上式中：

$D_{11}=M_1-T\dfrac{S_x+S_x}{\tau_8}-Q\dfrac{S_x^2}{\tau_8^2}$；$D_{12}=M_2-T\dfrac{S_x+S_y}{\tau_8}-Q\dfrac{S_xS_y}{\tau_8^2}=D_{21}$；

$D_{13}=M_2-T\dfrac{S_x+S_z}{\tau_8}-Q\dfrac{S_xS_z}{\tau_8^2}=D_{31}$；$D_{14}=-T\dfrac{S_{xy}}{\tau_8}-Q\dfrac{S_xS_{xy}}{\tau_8^2}=D_{41}$；

$D_{15}=-T\dfrac{S_{yz}}{\tau_8}-Q\dfrac{S_xS_{yz}}{\tau_8^2}=D_{51}$；$D_{16}=-T\dfrac{S_{zx}}{\tau_8}-Q\dfrac{S_xS_{zx}}{\tau_8^2}=D_{61}$；

$D_{22}=M_1-T\dfrac{S_y+S_y}{\tau_8}-Q\dfrac{S_y^2}{\tau_8^2}$；$D_{23}=M_2-T\dfrac{S_y+S_z}{\tau_8}-Q\dfrac{S_yS_z}{\tau_8^2}=D_{32}$；

$D_{24}=-T\dfrac{S_{xy}}{\tau_8}-Q\dfrac{S_yS_{xy}}{\tau_8^2}=D_{42}$；$D_{25}=-T\dfrac{S_{yz}}{\tau_8}-Q\dfrac{S_yS_{yz}}{\tau_8^2}=D_{52}$；

$D_{26}=-T\dfrac{S_{zx}}{\tau_8}-Q\dfrac{S_yS_{zx}}{\tau_8^2}=D_{62}$；$D_{33}=M_1-T\dfrac{S_z+S_z}{\tau_8}-Q\dfrac{S_z^2}{\tau_8^2}$；

$D_{34}=-T\dfrac{S_{xy}}{\tau_8}-Q\dfrac{S_zS_{xy}}{\tau_8^2}=D_{43}$；$D_{35}=-T\dfrac{S_{yz}}{\tau_8}-Q\dfrac{S_zS_{yz}}{\tau_8^2}=D_{53}$；

$D_{36}=-T\dfrac{S_{zx}}{\tau_8}-Q\dfrac{S_zS_{zx}}{\tau_8^2}=D_{63}$；$D_{44}=G-Q\dfrac{S_{xy}^2}{\tau_8^2}$；$D_{45}=-Q\dfrac{S_{xy}S_{yz}}{\tau_8^2}=D_{54}$；

$D_{46}=-Q\dfrac{S_{xy}S_{zx}}{\tau_8^2}=D_{64}$；$D_{55}=G-Q\dfrac{S_{yz}^2}{\tau_8^2}$；$D_{56}=-Q\dfrac{S_{yz}S_{zx}}{\tau_8^2}=D_{65}$；

$D_{66}=G-Q\dfrac{S_{zx}^2}{\tau_8^2}$。

2.2.2　塑性系数与加卸载准则

假定塑性系数 A_1 和 A_2 只是应力状态的函数，与达到此状态的应力路径无关，则室内简单应力路径下测定的参数便可用于现场复杂应力状态条件。根据常规三轴试验，由式（2.33）和式（2.34）可得

$$\begin{cases} \Delta\varepsilon_v = \dfrac{\Delta p}{K} + A\Delta p + C\Delta\tau_8 \\ \Delta\varepsilon_1 = \dfrac{1}{3}\left(\dfrac{\Delta p}{K} + A\Delta p + C\Delta\tau_8\right) + \dfrac{1}{\sqrt{2}}\left[\dfrac{\Delta\tau_8}{G} + \dfrac{2}{3}(B\Delta\tau_8 + C\Delta p)\right] \end{cases} \tag{2.41}$$

又 $\Delta p = \dfrac{1}{3}\Delta\sigma_1$、$\Delta\tau_8 = \dfrac{\sqrt{2}}{3}\Delta\sigma_1$，定义 $E_t = \dfrac{\Delta\sigma_1}{\Delta\varepsilon_1}$ 和 $\mu_t = \dfrac{\Delta\varepsilon_v}{\Delta\varepsilon_1}$，则可得

$$\begin{cases} \dfrac{9}{E_t} = \dfrac{1}{K} + \dfrac{3}{G} + 4(p + \sqrt{2}r^2\tau_8)^2 A_1 + \dfrac{\tau_8^{2s}}{p^2}\left(\dfrac{1}{p} - \dfrac{\sqrt{2}s}{\tau_8}\right)^2 A_2 \\ \dfrac{3\mu_t}{E_t} = \dfrac{1}{K} + 4p(p + \sqrt{2}r^2\tau_8)A_1 + \dfrac{\tau_8^{2s}}{p^3}\left(\dfrac{1}{p} - \dfrac{\sqrt{2}s}{\tau_8}\right)A_2 \end{cases} \tag{2.42}$$

故

$$\begin{cases} A_1 = \dfrac{\tau_8\left(\dfrac{9}{E_t} - \dfrac{3\mu_t}{E_t} - \dfrac{3}{G}\right) + \sqrt{2}sp\left(\dfrac{3\mu_t}{E_t} - \dfrac{1}{K}\right)}{4\sqrt{2}(p + \sqrt{2}r^2\tau_8)(sp^2 + r^2\tau_8^2)} \\ A_2 = \dfrac{p^4\tau_8^2\left[p\left(\dfrac{9}{E_t} - \dfrac{3\mu_t}{E_t} - \dfrac{3}{G}\right) - \sqrt{2}r^2\tau_8\left(\dfrac{3\mu_t}{E_t} - \dfrac{1}{K}\right)\right]}{\sqrt{2}\tau_8^{2s}(\sqrt{2}sp - \tau_8)(sp^2 + r^2\tau_8^2)} \end{cases} \tag{2.43}$$

切线弹性模量 E_t 采用邓肯建议的方法确定，即

$$E_t = K_E P_a\left(\dfrac{\sigma_3}{P_a}\right)^n\left[1 - R_f\dfrac{(1-\sin\varphi)(\sigma_1 - \sigma_3)}{2c\cos\varphi + 2\sigma_3\sin\varphi}\right]^2 \tag{2.44}$$

式中：c、φ、R_f、K_E 和 n 为 5 个材料参数。

沈珠江建议用抛物线拟合 ε_1-ε_v 关系曲线，用双曲线关系拟合 $(\sigma_1 - \sigma_3)$-ε_1 关系曲线，如图 2.2 所示。

由 $(\sigma_1 - \sigma_3)$-ε_1 双曲线假设可得

$$\frac{\varepsilon_1}{\sigma_1 - \sigma_3} = \frac{1}{E_i} + \frac{\varepsilon_1}{(\sigma_1 - \sigma_3)_{ult}} \tag{2.45}$$

故

$$\frac{1}{\varepsilon_1}=E_i\left[\frac{1}{\sigma_1-\sigma_3}-\frac{1}{(\sigma_1-\sigma_3)_{ult}}\right] \tag{2.46}$$

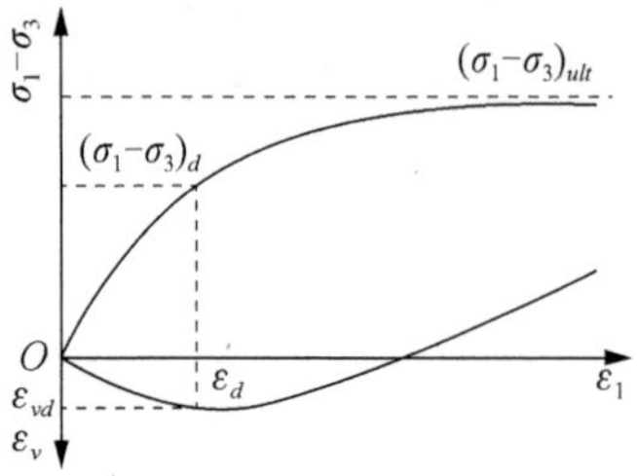

图 2.2　$(\sigma_1-\sigma_3)$ - ε_1 - ε_v 关系曲线

由 ε_1 - ε_v 抛物线假设可得

$$\varepsilon_v=a(\varepsilon_1-\varepsilon_d)^2+\varepsilon_{vd} \tag{2.47}$$

式中：ε_d 为 ε_v 取最大值 ε_{vd} 时的轴向应变 ε_1 取值。

又 ε_1 - ε_v 关系曲线经过（0,0）点，故

$$\varepsilon_v=\frac{-\varepsilon_{vd}}{\varepsilon_d^2}(\varepsilon_1-\varepsilon_d)^2+\varepsilon_{vd} \tag{2.48}$$

由体积泊松比 μ_t 的定义和式（2.48），可得

$$\mu_t=\frac{\Delta\varepsilon_v}{\Delta\varepsilon_1}=2\varepsilon_{vd}E_i\left[\frac{1}{(\sigma_1-\sigma_3)_d}-\frac{1}{(\sigma_1-\sigma_3)_u}\right]\left[1-\frac{\dfrac{1}{(\sigma_1-\sigma_3)_d}-\dfrac{1}{(\sigma_1-\sigma_3)_u}}{\dfrac{1}{\sigma_1-\sigma_3}-\dfrac{1}{(\sigma_1-\sigma_3)_u}}\right] \tag{2.49}$$

又 $(\sigma_1-\sigma_3)_d=R_d(\sigma_1-\sigma_3)_u$、$(\sigma_1-\sigma_3)=R_s(\sigma_1-\sigma_3)_u$，故式（2.49）可化为

$$\mu_t=2\varepsilon_{vd}\frac{E_iR_s}{\sigma_1-\sigma_3}\frac{1-R_d}{R_d}\left(1-\frac{R_s}{1-R_s}\frac{1-R_d}{R_d}\right) \tag{2.50}$$

式中：$\varepsilon_{vd}=c_d\left(\dfrac{\sigma_3}{P_a}\right)^{n_d}$ 为最大体积应变，c_d 为 $\sigma_3=P_a$ 时的最大体积应变，n_d 为最大体积应变随 σ_3 变化的幂次；$R_d=\dfrac{(\sigma_1-\sigma_3)_d}{(\sigma_1-\sigma_3)_u}$ 为最大体积应变发生时的应力差 $(\sigma_1-\sigma_3)_d$ 与偏应力渐近值 $(\sigma_1-\sigma_3)_u$ 的比值。

弹性体积模量 K 和剪切模量 G，按下式计算：

$$K=\frac{E_{ur}}{3(1-2\mu)} \tag{2.51}$$

$$G=\frac{E_{ur}}{2(1+\mu)} \tag{2.52}$$

式中：E_{ur} 为回弹模量。

$$E_{ur} = K_{ur} P_a \left(\frac{\sigma_3}{P_a} \right)^n \tag{2.53}$$

对于大多数土来说，可取泊松比 $\mu = 0.3$。

设屈服函数 f_1 和 f_2 的历史最大值分别为 $f_{1\max}$ 和 $f_{2\max}$，定义如下加载准则：

（1）当 $f_1 > f_{1\max}$ 且 $f_2 > f_{2\max}$ 时，为全加载，此时 $A_1 > 0$、$A_2 > 0$。

（2）当 $f_1 \leqslant f_{1\max}$ 且 $f_2 \leqslant f_{2\max}$ 时，为全卸载，此时 $A_1 = 0$、$A_2 = 0$。

（3）当 $f_1 \leqslant f_{1\max}$、$f_2 > f_{2\max}$ 或 $f_2 \leqslant f_{2\max}$、$f_1 > f_{1\max}$ 时，为部分加载，此时分别有 $A_1 = 0$、$A_2 > 0$ 或 $A_1 > 0$、$A_2 = 0$。

沈珠江模型共有 c、φ、R_f、K_E、K_{ur}、n、c_d、n_d 和 R_d 这 9 个材料参数，均可由常规三轴试验确定。

2.2.3　三轴试验模拟

表 2.1 为雅砻江上某土石坝筑坝粗粒土的试验参数[17]，采用沈珠江模型分别模拟围压为 500kPa、1000kPa 和 2000kPa 时的三轴固结排水试验，试验数据及数值模拟结果如图 2.3 所示[18]。

表 2.1　沈珠江模型材料参数

参数	c /kPa	φ /（°）	$\Delta\varphi$ /（°）	R_f	K_E	n	K_{ur}	c_d	n_d	R_d
数值	0	56.25	12.0	0.7	540	0.3	864	0.01	0.6	0.66

由图 2.3 可见，各围压下数值模拟曲线与试验值总体吻合较好，可见沈珠江模型能较好地模拟粗粒料的剪胀特性。但在低围压下一般呈过剪胀特性，这是模型的不足之处[19]。

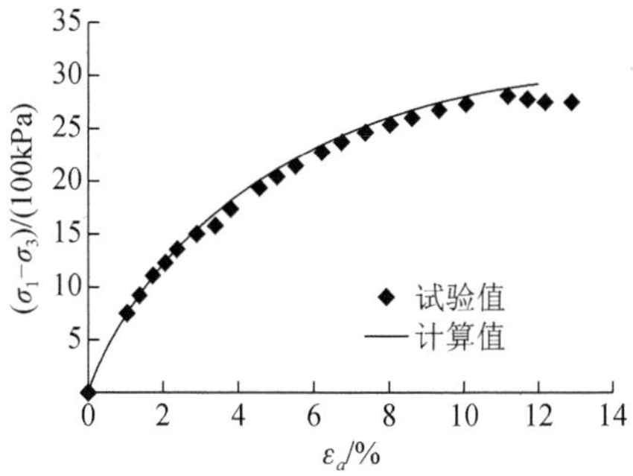

（a）σ_3=500kPa时的$(\sigma_1-\sigma_3)$-ε_a曲线

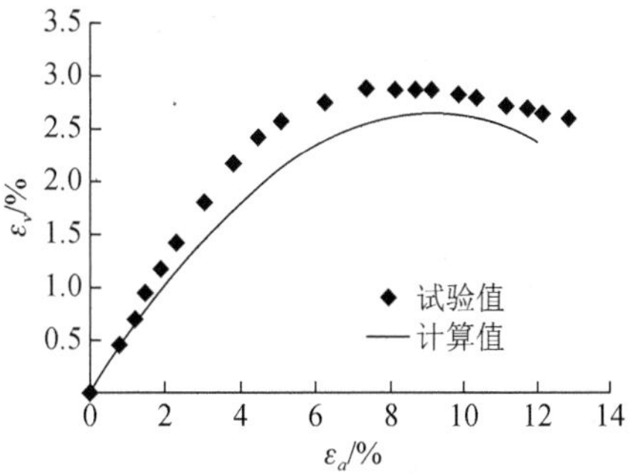

（b）σ_3=500kPa时的ε_v-ε_a曲线

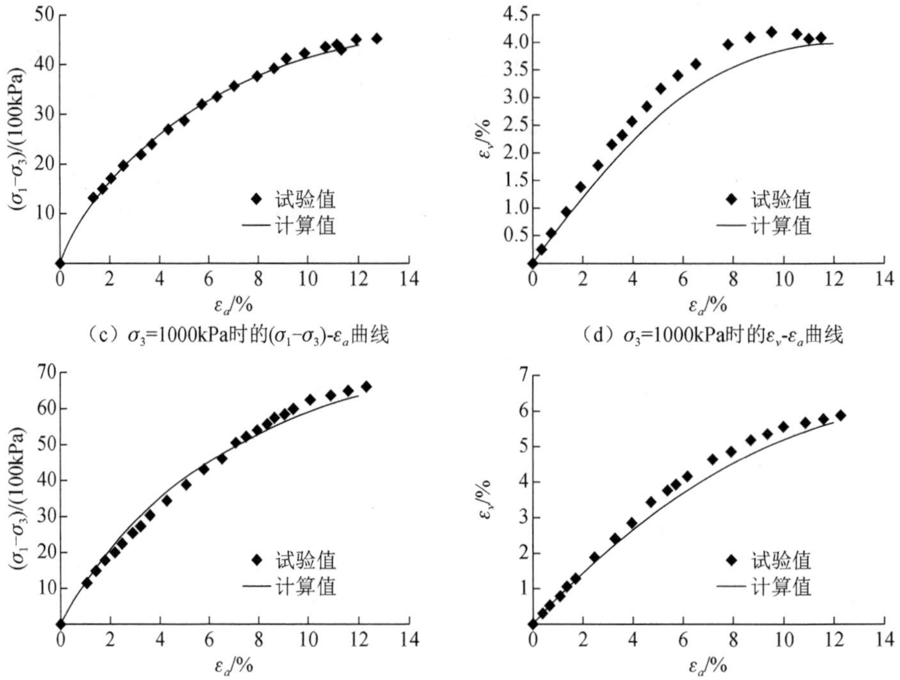

（c）σ_3=1000kPa时的$(\sigma_1-\sigma_3)$-ε_a曲线　（d）σ_3=1000kPa时的ε_v-ε_a曲线

（e）σ_3=2000kPa时的$(\sigma_1-\sigma_3)$-ε_a曲线　（f）σ_3=2000kPa时的ε_v-ε_a曲线

图 2.3　粗粒土三轴试验与数值模拟曲线

2.2.4　应用分析

2.2.4.1　算例 1

本算例为一 100m 高堆石坝[14]，坝顶宽 5m，上下游坝坡坡比均为 1∶1.4，取 5m 宽坝段进行有限元建模计算[18]，坝体填筑分 10 级加载，每级厚 10m，蓄水为第 11 级，从 0m 蓄至 100m。计算参数见表 2.2。

表 2.2　堆石体沈珠江模型参数

参数	γ /（kN/m^3）	c /kPa	φ /（°）	$\Delta\varphi$ /（°）	R_f	K_E	n	K_{ur}	c_d	n_d	R_d
数值	22.0	0	53.0	10.7	0.77	900	0.5	1890	0.0034	0.70	0.70

表 2.3 给出了计算得到的大坝变形极值及位置，同时列出文献[14]中的相应结果，以便对比验证。总体而言，两者结果较为接近。另外，计算得到的应力最大值为 1.791MPa，也与文献[14]中的 1.826MPa 较接近。

表 2.3　大坝变形极值及位置

	向上游位移		向下游位移		沉降	
	数值/cm	位置坐标/m	数值/cm	位置坐标/m	数值/cm	位置坐标/m
本书	9.14	(78, 30)	15.67	(−72, 40)	36.83	(−2.5, 60)
文献[14]	4.04	(76, 25)	10.67	(−78, 35)	34.65	(−1, 55)

注：x 坐标零点在坝顶上游面位置，y 坐标零点在坝基面，文献[14]采用了 5m 一级的加载方案。

2.2.4.2　算例 2

某混凝土面板堆石坝，坝高 132.5m，坝顶高程 156.8m，坝顶宽 10m，长 448m，上游坝坡坡比 1∶1.4，下游平均坝坡坡比 1∶1.57，混凝土趾板置于弱风化基岩上，基岩采用水泥灌浆固结，基础防渗采用灌浆帷幕[20]。大坝有限元计算模型如图 2.4 所示，其中结点数为 8126 个，单元数为 7199 个。计算模型中设置薄层接触单元和缝单元，分别用于模拟面板与垫层的接触关系及周边缝和垂直缝的受力变形行为[18]。

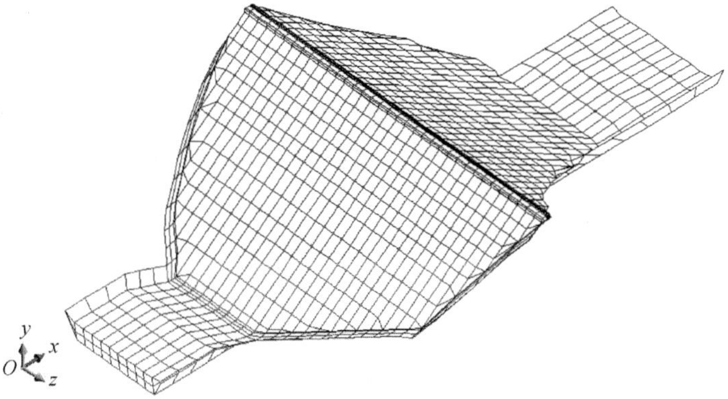

图 2.4　大坝有限元计算模型

坝体及覆盖层沈珠江模型计算参数见表 2.4。趾板及面板采用 C25 混凝土，其弹性模量 E=28GPa，泊松比 $\mu=0.167$。根据大坝设计断面，结合坝体填筑及面板分期浇筑施工进程，分 20 级进行加载模拟。第 1 级模拟坝基、覆盖层及趾板浇筑，第 2～9 级为一期坝体填筑，第 10 级模拟一期混凝土面板浇筑，第 11～18 级模拟二期坝体填筑，第 19 级为二期面板浇筑，第 20 级模拟水库蓄水，蓄水高程为 136.04m。

表 2.4　坝体及覆盖层沈珠江模型计算参数

材料	ρ /(g/cm^3)	φ / (°)	$\Delta\varphi$ / (°)	K_E	n	R_f	c_d	n_d	R_d	K_{ur}
覆盖层	2.22	51.8	8.0	600	0.65	0.82	0.0075	0.40	0.76	900

续表

材料	ρ / (g/cm^3)	φ / (°)	$\Delta\varphi$ / (°)	K_E	n	R_f	c_d	n_d	R_d	K_{ur}
主堆石区	2.15	56.1	8.0	700	0.35	0.77	0.0080	0.35	0.66	1050
次堆石区	2.23	47.9	5.0	650	0.32	0.76	0.0072	0.31	0.61	975
垫层料	2.25	57.3	8.0	800	0.50	0.80	0.0055	0.75	0.68	1200
过渡层料	2.1	56.1	8.0	750	0.50	0.79	0.0068	0.50	0.52	1125

竣工期坝体向上下游的水平位移极值分别为 23.1cm 和 19.1cm，沉降极值为 90.9cm，沉降率为 0.686%。图 2.5 为蓄水期坝体及覆盖层变形等值线分布图，大坝变形等值线主要在上游发生变化，向上游的水平位移极值减小至 14.1cm，向下游的水平位移极值增大至 20.6cm，大坝沉降极值增至 91.8cm，均符合面板坝的一般变形规律。

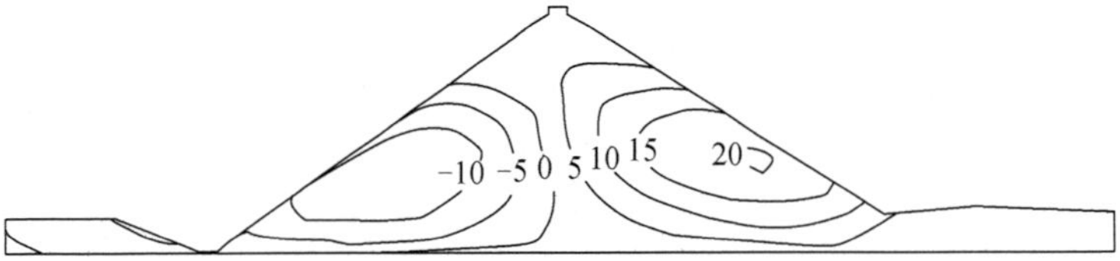

（a）顺河向

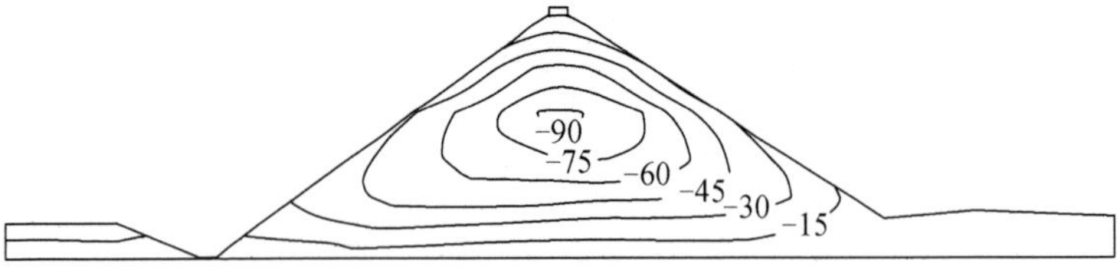

（b）竖向

图 2.5　蓄水期坝体及覆盖层变形等值线分布图（单位：cm）

竣工期坝体大、小主应力极值分别为 2.10MPa 和 1.12MPa，蓄水期坝体大、小主应力极值增至 2.21MPa 和 1.17MPa。图 2.6 为蓄水期混凝土面板变形等值线分布图。面板在坝体的变形和自身重力的影响下，由两岸向河床中央变形。竣工期混凝土面板坝轴向变形主要集中在一期面板上，左右岸变形极值分别为 1.46cm 和 1.24cm；沉降和挠度极值位于一、二期面板交接线的河床中心线附近，分别为 7.55cm 和 8.55cm（凸向上游）。蓄水后，顺河向位移、沉降和挠度极值分别增大，轴向变形极值向坝顶方向移动，大致位于两岸坝坡一、二期面板交接处，左右岸变形极值分别为 2.79cm 和 2.64cm；沉降极值增至 20.2cm；在库水的作用下，挠度极值向趾板方向移动，大致位于一期面板中心处，其值为 21.0cm（凹向下游）。整个面板无论是在竣工期还是在蓄水期，其变形情况均较好地反映了混凝土面板堆石坝的工作特性。

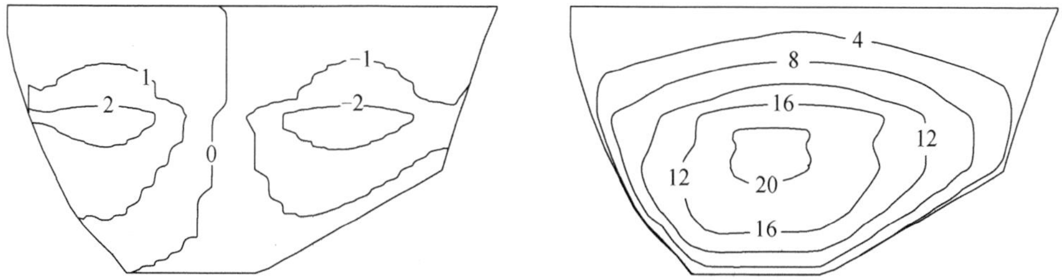

图 2.6　蓄水期混凝土面板变形等值线分布图（单位：cm）

图 2.7 为蓄水期混凝土面板应力等值线分布图。蓄水后混凝土面板顺坡向应力基本以受压为主，极值为 5.38MPa，右岸二期面板顶部小范围内出现微小拉应力，其极值为 0.33MPa。混凝土面板坝轴向应力呈现河床中央部位受压、两岸部位受拉的特点，中部应力极值为 3.81MPa，两岸局部区域（大致位于左右岸一、二期面板交界处）出现拉应力，极值为 1.79MPa。无论是顺坡向还是坝轴向，其面板拉、压应力都分别小于 C25 混凝土的抗拉强度和抗压强度。由于面板垂直缝采用了薄层单元模拟，面板应力与变形等值线的光滑程度有一定影响。

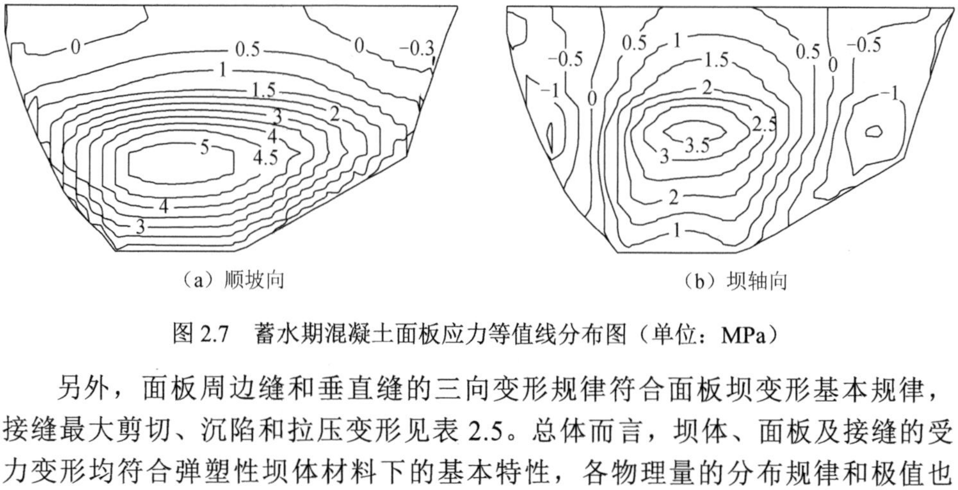

图 2.7　蓄水期混凝土面板应力等值线分布图（单位：MPa）

另外，面板周边缝和垂直缝的三向变形规律符合面板坝变形基本规律，接缝最大剪切、沉陷和拉压变形见表 2.5。总体而言，坝体、面板及接缝的受力变形均符合弹塑性坝体材料下的基本特性，各物理量的分布规律和极值也较合理。

表 2.5　接缝三向变形量极值　（单位：cm）

	垂直缝			周边缝		
变形分量	剪切	沉陷	拉压	剪切	沉陷	拉压
变形极值	0.16/-0.18	0.14/-0.11	0.27/-0.30	0.55/-0.58	1.13/0.00	0.71/-0.42

注：“/”两侧数据表示接缝相反方向的变形量。

2.3　亚塑性静力模型

2.3.1　基本概念

亚塑性（hypoplasticity）本构理论最早由 Kolymbas 和 Wu 提出[21-23]，旨在描述砂等散粒体材料的非线性和非弹性等基本特性。该理论以张量运算为基础，扬弃传统弹塑性理论中总应变包括弹性应变和塑性应变、屈服面、加卸载准则、塑性势等概念，仅引入应力率与应变率间的一个非线性张量函数就可以包含上述所有基本概念。亚塑性与亚弹性一样，应力与应变路径是相关的。

亚塑性本构方程一般采用如下率型张量函数表达式：

$$\overset{\circ}{\boldsymbol{\sigma}} = \boldsymbol{H}(\boldsymbol{\sigma}, \dot{\boldsymbol{\varepsilon}}, s) \tag{2.54}$$

式中：$\boldsymbol{H}(\bullet)$ 为一个张量函数；$\overset{\circ}{\boldsymbol{\sigma}}$ 为 Jaumann 应力率张量；$\boldsymbol{\sigma}$ 为应力张量；$\dot{\boldsymbol{\varepsilon}}$ 为应变率张量；s 为状态变量，如孔隙比 e 等，可以有一个或多个。当式（2.54）不涉及任何状态变量时，$\boldsymbol{H}(\bullet)$ 仅为 $\boldsymbol{\sigma}$ 和 $\dot{\boldsymbol{\varepsilon}}$ 的函数。

亚塑性本构理论最初是在砂等散粒体材料的应力应变特性研究过程中发展起来的，因此式（2.54）的张量函数 $\boldsymbol{H}(\bullet)$ 除应遵循一些相关的力学基本原理和定律外，还应满足散粒体力学的一些基本假设和要求，这里给出其中主要的几点。

（1）客观性原理（标架无差异性原理）要求 $\boldsymbol{H}(\bullet)$ 满足下式：

$$\boldsymbol{H}(\boldsymbol{Q}\boldsymbol{\sigma}\boldsymbol{Q}^{\mathrm{T}}, \boldsymbol{Q}\dot{\boldsymbol{\varepsilon}}\boldsymbol{Q}^{\mathrm{T}}, s) = \boldsymbol{Q}\boldsymbol{H}(\boldsymbol{\sigma}, \dot{\boldsymbol{\varepsilon}}, s)\boldsymbol{Q}^{\mathrm{T}} \tag{2.55}$$

式中：$\boldsymbol{Q}$ 为一个正交张量。

式（2.55）表明 $\boldsymbol{H}(\bullet)$ 是关于 $\boldsymbol{\sigma}$ 和 $\dot{\boldsymbol{\varepsilon}}$ 的各向同性张量函数。Wang[24,25]早在 1970 年就证明和给出了满足这一要求的这类张量函数 $\boldsymbol{H}(\bullet)$ 的数学表达形式，称为一般表述定理。这一定理为具体设计 $\boldsymbol{H}(\bullet)$ 的组成形式奠定了数学基础。对只有两个参数 $\boldsymbol{\sigma}$ 和 $\dot{\boldsymbol{\varepsilon}}$ 的张量函数 $\boldsymbol{H}(\boldsymbol{\sigma}, \dot{\boldsymbol{\varepsilon}})$，其一般表达式为

$$\begin{aligned}\boldsymbol{H}(\boldsymbol{\sigma}, \dot{\boldsymbol{\varepsilon}}) = {} & \alpha_1\boldsymbol{I} + \alpha_2\boldsymbol{\sigma} + \alpha_3\dot{\boldsymbol{\varepsilon}} + \alpha_4\boldsymbol{\sigma}^2 + \alpha_5\dot{\boldsymbol{\varepsilon}}^2 + \alpha_6(\boldsymbol{\sigma}\dot{\boldsymbol{\varepsilon}} + \dot{\boldsymbol{\varepsilon}}\boldsymbol{\sigma}) \\ & + \alpha_7(\boldsymbol{\sigma}\dot{\boldsymbol{\varepsilon}}^2 + \dot{\boldsymbol{\varepsilon}}^2\boldsymbol{\sigma}) + \alpha_8(\boldsymbol{\sigma}^2\dot{\boldsymbol{\varepsilon}} + \dot{\boldsymbol{\varepsilon}}\boldsymbol{\sigma}^2) + \alpha_9(\boldsymbol{\sigma}^2\dot{\boldsymbol{\varepsilon}}^2 + \dot{\boldsymbol{\varepsilon}}^2\boldsymbol{\sigma}^2)\end{aligned} \tag{2.56}$$

式中：$\boldsymbol{I}$ 为单位张量；系数 α_i（$i = 1, 2, \cdots, 9$）是关于 $\boldsymbol{\sigma}$ 和 $\dot{\boldsymbol{\varepsilon}}$ 的不变量及其联合项的标量函数，$\alpha_i = \alpha_i[\mathrm{tr}(\boldsymbol{\sigma}), \mathrm{tr}(\boldsymbol{\sigma}^2), \mathrm{tr}(\dot{\boldsymbol{\varepsilon}}), \mathrm{tr}(\dot{\boldsymbol{\varepsilon}}^2), \mathrm{tr}(\boldsymbol{\sigma}\dot{\boldsymbol{\varepsilon}}), \mathrm{tr}(\boldsymbol{\sigma}\dot{\boldsymbol{\varepsilon}}^2), \mathrm{tr}(\boldsymbol{\sigma}^2\dot{\boldsymbol{\varepsilon}}), \mathrm{tr}(\boldsymbol{\sigma}^2\dot{\boldsymbol{\varepsilon}}^2)]$。

（2）$\boldsymbol{H}(\bullet)$ 是关于 $\dot{\boldsymbol{\varepsilon}}$ 正的一阶齐次函数，即

$$\boldsymbol{H}(\boldsymbol{\sigma}, \lambda\dot{\boldsymbol{\varepsilon}}, s) = \lambda\boldsymbol{H}(\boldsymbol{\sigma}, \dot{\boldsymbol{\varepsilon}}, s) \tag{2.57}$$

式中：λ 为任意正常数。

式（2.57）表明式（2.54）是率无关的，即不受（真实）时间影响，是一种增量形式的应力应变关系。

（3）$\boldsymbol{H}(\bullet)$ 是关于 $\boldsymbol{\sigma}$ 正的 m 阶齐次函数，即

$$\boldsymbol{H}(\lambda\boldsymbol{\sigma},\dot{\boldsymbol{\varepsilon}},s)=\lambda^{m}\boldsymbol{H}(\boldsymbol{\sigma},\dot{\boldsymbol{\varepsilon}},s) \tag{2.58}$$

式中：$\lambda>0$；$0<m\leqslant 1$。

这一条件是根据 Goldscheider[26] 1982 年在砂的真三轴试验的观测结果上提出的。

（4）为描述砂等散粒体材料的非弹性特性，$\boldsymbol{H}(\bullet)$ 必须是 $\dot{\boldsymbol{\varepsilon}}$ 的非线性函数，即

$$\boldsymbol{H}(\boldsymbol{\sigma},-\dot{\boldsymbol{\varepsilon}},s)\neq-\boldsymbol{H}(\boldsymbol{\sigma},\dot{\boldsymbol{\varepsilon}},s) \tag{2.59}$$

根据上述一些基本假设和要求，不失一般性，式（2.54）张量函数 $\boldsymbol{H}(\bullet)$ 可分解成线性部分和非线性部分的组合，即

$$\overset{\circ}{\boldsymbol{\sigma}}=\boldsymbol{H}(\boldsymbol{\sigma},\dot{\boldsymbol{\varepsilon}},s)=\boldsymbol{L}^{*}(\boldsymbol{\sigma},\dot{\boldsymbol{\varepsilon}},s)+\boldsymbol{N}^{*}(\boldsymbol{\sigma},\dot{\boldsymbol{\varepsilon}},s) \tag{2.60}$$

式中：$\boldsymbol{L}^{*}(\boldsymbol{\sigma},\dot{\boldsymbol{\varepsilon}},s)$ 是关于 $\dot{\boldsymbol{\varepsilon}}$ 的线性项；$\boldsymbol{N}^{*}(\boldsymbol{\sigma},\dot{\boldsymbol{\varepsilon}},s)$ 是关于 $\dot{\boldsymbol{\varepsilon}}$ 的非线性项。如果式（2.60）中非线性项为零，则亚塑性本构方程（2.60）只保留线性项，退化为亚弹性方程。从这个意义上讲，亚塑性本构模型是亚弹性本构模型的推广。

根据率无关性要求，对式（2.60）中线性项和非线性项做进一步转换，得下面亚塑性本构方程的又一基本表达式。

$$\overset{\circ}{\boldsymbol{\sigma}}=\overset{4}{\boldsymbol{L}}(\boldsymbol{\sigma},s):\dot{\boldsymbol{\varepsilon}}+\boldsymbol{N}(\boldsymbol{\sigma},s)\|\dot{\boldsymbol{\varepsilon}}\| \tag{2.61}$$

式中：$\overset{4}{\boldsymbol{L}}(\boldsymbol{\sigma},s)$ 为线性算子，$\overset{4}{\boldsymbol{L}}(\boldsymbol{\sigma},s)=\dfrac{\partial\boldsymbol{L}^{*}(\boldsymbol{\sigma},\dot{\boldsymbol{\varepsilon}},s)}{\partial\dot{\boldsymbol{\varepsilon}}}$；$\boldsymbol{N}(\boldsymbol{\sigma},s)$ 为非线性算子；$\|\dot{\boldsymbol{\varepsilon}}\|=\sqrt{\dot{\boldsymbol{\varepsilon}}:\dot{\boldsymbol{\varepsilon}}}=\sqrt{\varepsilon_{ij}\varepsilon_{ij}}$ 为应变率张量 $\dot{\boldsymbol{\varepsilon}}$ 的 Euclidean 范数。

亚塑性理论与经典弹塑性理论相比，有着很大的不同。弹塑性理论中的基本概念在亚塑性理论中均能找到相应的解释。例如，对于加卸载时不同刚度的问题，亚塑性模型可以仅用一个简单的求模运算符 $\|\bullet\|$ 来实现[27,28]。下面以一维情形为例进行分析说明。

亚塑性本构方程式（2.61）在一维条件下的形式为

$$\overset{\circ}{\sigma}=L(\sigma,s)\dot{\varepsilon}+N(\sigma,s)\|\dot{\varepsilon}\| \tag{2.62}$$

设加载时的应变率为 $\dot{\varepsilon}>0$，则在卸载时可设为 $-\dot{\varepsilon}$，两者大小相等，仅是符号不同。代入式（2.62），有

$$\overset{\circ}{\sigma}=\begin{cases}(L-N)\dot{\varepsilon} & (\dot{\varepsilon}>0)\\-(L+N)\dot{\varepsilon} & (\dot{\varepsilon}<0)\end{cases} \tag{2.63}$$

由此可见，加载时的切线刚度为 $L-N$，卸载时的切线刚度为 $-(L+N)$，两者是不同的。因此，式（2.62）中自动隐含了加卸载判断准则。如用弹塑性的观点，可将式（2.63）改写为

$$\overset{\circ}{\sigma} = \begin{cases} D^{ep}\dot{\varepsilon} & (\dot{\varepsilon} > 0) \\ -D^{e}\dot{\varepsilon} & (\dot{\varepsilon} < 0) \end{cases} \tag{2.64}$$

式中：$D^{ep} = L - N$ 相当于弹塑性刚度；$D^{e} = L + N$ 相当于弹性刚度。可见在亚塑性理论模型表达式中自动包含了弹塑性理论中需用屈服准则来区分的加载和卸载。

当 $\overset{\circ}{\boldsymbol{\sigma}} = 0$ 且 $\dot{\boldsymbol{\varepsilon}} \neq 0$ 时，称应力进入亚塑性屈服状态。满足此条件的应力 $\{\boldsymbol{\sigma} | \overset{\circ}{\boldsymbol{\sigma}} = 0\}$ 在应力空间中构成一个连续曲面，称为亚塑性屈服面。

根据此定义，有

$$\boldsymbol{L}(\boldsymbol{\sigma},\dot{\boldsymbol{\varepsilon}}) : \dot{\boldsymbol{\varepsilon}} + \boldsymbol{N}(\boldsymbol{\sigma}) \|\dot{\boldsymbol{\varepsilon}}\| = 0 \tag{2.65}$$

变换式（2.65）得

$$\frac{\dot{\boldsymbol{\varepsilon}}}{\|\dot{\boldsymbol{\varepsilon}}\|} = -\boldsymbol{L}^{-1}(\boldsymbol{\sigma}) : \boldsymbol{N}(\boldsymbol{\sigma}) \tag{2.66}$$

式（2.66）左边为单位应变率，即表明该式定义了应变率的方向，相当于弹塑性理论中定义塑性应变增量方向的流动法则，这里称之为亚塑性流动法则。

利用 $\|\dot{\boldsymbol{\varepsilon}}\| = \sqrt{\dot{\boldsymbol{\varepsilon}} : \dot{\boldsymbol{\varepsilon}}}$，有

$$[\boldsymbol{L}^{-1}(\boldsymbol{\sigma}) : \boldsymbol{N}(\boldsymbol{\sigma})]^{\mathrm{T}} : [\boldsymbol{L}^{-1}(\boldsymbol{\sigma}) : \boldsymbol{N}(\boldsymbol{\sigma})] = 1 \tag{2.67}$$

式（2.67）给出了亚塑性屈服面的一般表达形式，即

$$f(\boldsymbol{\sigma}) = \boldsymbol{N}^{\mathrm{T}}(\boldsymbol{\sigma}) : \boldsymbol{L}^{-\mathrm{T}}(\boldsymbol{\sigma}) : \boldsymbol{L}^{-1}(\boldsymbol{\sigma}) : \boldsymbol{N}(\boldsymbol{\sigma}) - 1 = 0 \tag{2.68}$$

综上可见，屈服面和流动法则均已包含在亚塑性方程的表达式中，并未引入任何额外变量或表达式。弹塑性理论中一些必需的基本变量和表达式在亚塑性理论中仅作为附属特性隐含在亚塑性模型的表达式中。

2.3.2 Wu-Bauer 模型

Wu 和 Bauer 在保留 Kolymbas 早期模型基本形式的基础上，对线性项和非线性项的具体形式做了一些改进，弥补了原模型的一些不足，并于 1994 年提出了第一个较为实用的亚塑性模型[29]。以后的一些模型很多是在这一模型的基础上改进的。Wu-Bauer 模型的具体形式如下：

$$\overset{\circ}{\boldsymbol{\sigma}} = c_1 \mathrm{tr}(\boldsymbol{\sigma})\dot{\boldsymbol{\varepsilon}} + c_2 \frac{\mathrm{tr}(\boldsymbol{\sigma}\dot{\boldsymbol{\varepsilon}})}{\mathrm{tr}(\boldsymbol{\sigma})}\boldsymbol{\sigma} + \left[c_3 \frac{\boldsymbol{\sigma}^2}{\mathrm{tr}(\boldsymbol{\sigma})} + c_4 \frac{\boldsymbol{S}^2}{\mathrm{tr}(\boldsymbol{\sigma})} \right] \|\dot{\boldsymbol{\varepsilon}}\| \tag{2.69}$$

式中：$c_i (i = 1,4)$ 为无量纲本构常数；$\boldsymbol{S}$ 为应力偏张量，$\boldsymbol{S} = \boldsymbol{\sigma} - \frac{1}{3}\mathrm{tr}(\boldsymbol{\sigma})\boldsymbol{I}$；$\mathrm{tr}(\bullet)$ 表示张量的求迹运算；$\|\bullet\|$ 表示求张量的 Euclidean 模。

显然模型的前两项为线性项，后两项为非线性项。表 2.6 给出了 Karlsruhe 砂的本构参数。

表 2.6　Karlsruhe 砂的本构参数[29]

材料常数	c_1	c_2	c_3	c_4
松砂（D_r=0.1）	−69.4	−673.1	−655.9	699.6
密砂（D_r=0.95）	−101.2	−962.1	−877.3	1229.2

Wu-Bauer 模型是一个典型的亚塑性模型，能较好地刻画砂等无黏性散粒型土体的应力应变特性。但模型具有不能反映复杂应力路径、只反映应变强化、切向刚度线性依赖于应力水平等不足。此外，从表 2.6 可以看出，对于同种砂，密实度相差较大时 4 个本构参数值也相差很大，说明该模型的一组本构参数适用于描述一定密实度范围内散粒体材料的力学特性，也与其他常规土体本构模型一样存在适用范围局限性的问题。

2.3.3　Gudehus-Bauer 模型

早期的亚塑性模型未包含孔隙比等反映散粒体材料状态的重要特性指标，其本构参数只能刻画一定密实度范围内的堆石料。如果同种堆石料的初始孔隙比相差较大，则必须采用不同的本构参数来分别衡量。这在参数层面就会造成一个假象，认为这是两种不同的材料，而实际上仅是状态参数变化之别，物理力学属性应有一致性。因此，不少学者试图建立一类用一组本构参数就能刻画处于各种不同初始状态的应力应变特性的本构模型。Gudehus-Bauer 模型正是出于这种建模思想建立的本构模型。在对已有砂本构特性的研究资料中发现，该模型很好地解决了上述问题，作者将其引入堆石料的本构建模中。

Gudehus[30]和 Bauer[31]提出的亚塑性本构方程为

$$\overset{\circ}{\boldsymbol{\sigma}} = f_s(e,p)[(\hat{a}^2 \overset{4}{\boldsymbol{I}} + \hat{\boldsymbol{\sigma}} \otimes \hat{\boldsymbol{\sigma}}):\dot{\boldsymbol{\varepsilon}} + f_d(e,p)\hat{a}(\hat{\boldsymbol{\sigma}} + \hat{\boldsymbol{S}})\sqrt{\dot{\boldsymbol{\varepsilon}}:\dot{\boldsymbol{\varepsilon}}}] \tag{2.70}$$

式（2.70）也可表述为

$$\overset{\circ}{\boldsymbol{\sigma}} = \boldsymbol{L}(\boldsymbol{\sigma},\dot{\boldsymbol{\varepsilon}},e):\dot{\boldsymbol{\varepsilon}} + \boldsymbol{N}(\boldsymbol{\sigma},\dot{\boldsymbol{\varepsilon}},e)\|\dot{\boldsymbol{\varepsilon}}\| \tag{2.71}$$

式中：$\boldsymbol{L}(\boldsymbol{\sigma},\dot{\boldsymbol{\varepsilon}},e)=f_s(e,p)\hat{a}^2 \overset{4}{\boldsymbol{I}} + \hat{\boldsymbol{\sigma}} \otimes \hat{\boldsymbol{\sigma}}$；$\boldsymbol{N}(\hat{\boldsymbol{\sigma}},\dot{\boldsymbol{\varepsilon}},e) = f_s(e,p)f_d(e,p)\hat{a}(\hat{\boldsymbol{\sigma}} + \hat{\boldsymbol{S}})$；$\hat{\boldsymbol{\sigma}} = \dfrac{\boldsymbol{\sigma}}{\mathrm{tr}(\boldsymbol{\sigma})}$ 称为规范化应力张量，$\hat{\boldsymbol{S}} = \hat{\boldsymbol{\sigma}} - \dfrac{1}{3}\boldsymbol{I}$ 为相应的规范化应力偏张量；$\|\dot{\boldsymbol{\varepsilon}}\| = \sqrt{\dot{\varepsilon}_{mn}\dot{\varepsilon}_{mn}}$。

其他变量 $\hat{a}$、f_b、密度因子 f_d 和刚度因子 f_s 的计算表达式如下：

$$\hat{a} = \frac{\sin\varphi}{3-\sin\varphi}\left[\sqrt{\frac{8/3 - 3(\hat{\boldsymbol{S}}:\hat{\boldsymbol{S}}) + \sqrt{3/2}(\hat{\boldsymbol{S}}:\hat{\boldsymbol{S}})^{3/2}\cos(3\theta)}{1+\sqrt{3/2}(\hat{\boldsymbol{S}}:\hat{\boldsymbol{S}})^{1/2}\cos(3\theta)}} - \sqrt{\hat{\boldsymbol{S}}:\hat{\boldsymbol{S}}}\right] \tag{2.72}$$

式中：

$$\cos(3\theta) = -\sqrt{6}\frac{\boldsymbol{I}:\hat{\boldsymbol{S}}^3}{(\boldsymbol{I}:\hat{\boldsymbol{S}}^2)^{3/2}} \tag{2.73}$$

$$f_d = \left(\frac{e-e_d}{e_c-e_d}\right)^{\alpha} \tag{2.74}$$

$$f_b = \left(\frac{e_i}{e}\right)^{\beta} \tag{2.75}$$

$$f_s = f_b\frac{1+e_i}{e_i}\frac{h_s}{nh_i(\hat{\boldsymbol{\sigma}}:\hat{\boldsymbol{\sigma}})}\left(\frac{3p}{h_s}\right)^{1-n} \tag{2.76}$$

式中：$h_i = \dfrac{8\sin^2\varphi}{(3-\sin\varphi)^2}+1-\dfrac{2\sqrt{2}\sin\varphi}{3-\sin\varphi}\left(\dfrac{e_{i0}-e_{d0}}{e_{c0}-e_{d0}}\right)^{\alpha}$。

以上诸式中，上界孔隙比 e_i、临界孔隙比 e_c 和下界孔隙比 e_d 按 Bauer 建议的关系曲线变化[31]（图 2.8），并用式（2.77）计算。

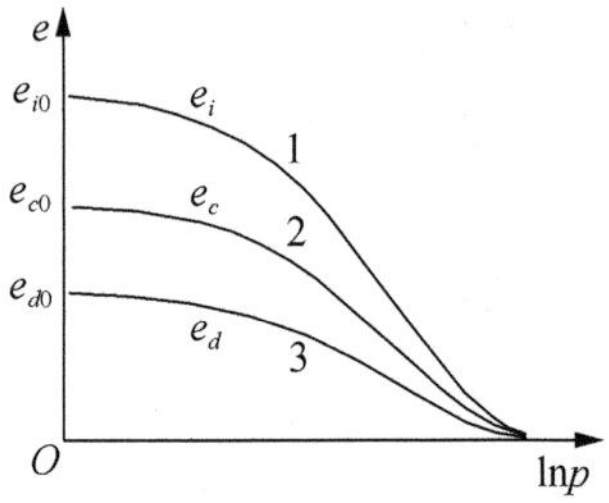

图 2.8　孔隙比与平均压力之间的关系

$$\frac{e_i}{e_{i0}} = \frac{e_d}{e_{d0}} = \frac{e_c}{e_{c0}} = \exp\left[-\left(\frac{3p}{h_s}\right)^n\right] \tag{2.77}$$

Gudehus-Bauer 模型的核心部分是在 Wu-Bauer 模型的基础上改进得到的，其中线性部分和非线性部分均含有两项常见应力应变表达式。不同之处在于模型额外引入了密度因子 f_d 和刚度因子 f_s 来建立应力与孔隙比之间的关系，因此模型可以考虑散粒体材料密实度（孔隙比）变化与应力应变关系之间的相互影响。

Gudehus-Bauer 模型含有 φ、h_s、n、e_{d0}、e_{c0}、e_{i0}、α、β 这 8 个材料常数。其中，φ 为临界摩擦角，即土体达到临界状态时的摩擦角。根据临界状态土力学理论，土体达到临界状态时应同时满足以下两个条件：

$$\begin{cases}\dot{\boldsymbol{\sigma}} = 0\\ \dot{\boldsymbol{\varepsilon}}_v = 0\end{cases} \tag{2.78}$$

第 1 个条件表明土体达到临界状态时应力不再变化，第 2 个条件表明土体体积保持不变。常规室内三轴试验较难使土体达到上述临界状态的要求。堆石坝中的堆石料一般压缩得比较密实，应力应变关系多呈软化型或弱硬化型，强应变硬化的较少，因此 φ 的取值一般不是取最大强度发挥角。

颗粒硬度 h_s 和指数 n 用于刻画散粒体材料的孔隙比与平均压力之间的关系，其值可由等向压缩试验得到的上界孔隙比曲线（图 2.8）确定。任意选取该曲线上两个不同压力点 p_1 和 p_2（$p_2 > p_1$），相应的孔隙比为 e_1 和 e_2，则 n 可由下式确定：

$$n = \frac{\ln(e_1 c_{c2} / e_2 c_{c1})}{\ln(p_2 / p_1)} \tag{2.79}$$

式中：c_{c1} 和 c_{c2} 分别为点 p_1 和 p_2 处的压缩指数。

确定了指数 n 后，颗粒硬度 h_s 可由下式确定：

$$h_s = 3p\left(\frac{ne}{c_c}\right)^{1/n} \tag{2.80}$$

式中：p 为介于 p_1 和 p_2 之间的某个压力值；e 和 c_c 为相应于压力 p 的孔隙比和压缩指数。

初始上界孔隙比 e_{i0} 的定义是在零压力下的最大孔隙比，这种状态在实际中是不存在的，只能通过图 2.8 中上界孔隙比曲线 1 的合理外推得到。一般 e_{i0} 可近似取为 1.2 倍的实际最大孔隙比 $e_{\max}$。对初始临界孔隙比 e_{c0} 和初始下界孔隙比 e_{d0} 也有同样的问题。一般地，初始临界孔隙比 e_{c0} 可近似取为最大孔隙比 $e_{\max}$，初始下界孔隙比 e_{d0} 可近似取为最小孔隙比 $e_{\min}$。

α 和 β 分别是密度因子 f_d 和刚度因子 f_s 的幂指数，没有很明确的物理意义，具体确定方法参见文献[32]。

Gudehus-Bauer 模型最早也是针对砂提出的。作者与 Bauer 教授通过对堆石料的一维压缩试验、等向压缩试验和三轴试验等试验资料的分析，结合本构参数的确定及数值模拟计算研究，认为该模型能够捕捉堆石料的主要力学特性，适用于堆石料应力应变关系的描述。

由于堆石料具有明显的剪胀剪缩特性，在用该模型进行大量三轴试验的数值模拟过程中发现，模型所反映的体积应变往往偏小。为此，在模型现有线性表达式中增加一项体变控制项 $b\text{tr}(\dot{\boldsymbol{\varepsilon}})$，参数 b 可以控制体变的大小。另外，对于同种堆石料在不同条件下的相同试验，计算确定的参数 α 的值离散较大，且与平均压力间呈现出一定的相关性。根据其离散规律，引入下式对其进行修正[33-35]。

$$\alpha = \alpha_0 \exp(\alpha_1 p) \tag{2.81}$$

式中：α_0 和 α_1 为拟合参数；p 为平均压力。

用式（2.81）代替原模型本构常数 α，这样，适用于堆石料应力应变分析的改进的 Gudehus-Bauer 模型的表达式为

$$\overset{\circ}{\boldsymbol{\sigma}} = f_s(e,p)[(\hat{a}^2 \overset{4}{\boldsymbol{I}} + \hat{\boldsymbol{\sigma}} \otimes \hat{\boldsymbol{\sigma}}):\dot{\boldsymbol{\varepsilon}} + b\text{tr}(\dot{\boldsymbol{\varepsilon}})\boldsymbol{I} + f_d(e,p)\hat{a}(\hat{\boldsymbol{\sigma}} + \hat{\boldsymbol{S}})\sqrt{\dot{\boldsymbol{\varepsilon}}:\dot{\boldsymbol{\varepsilon}}}] \tag{2.82}$$

改进的模型较原模型减少了 1 个参数，新增了 3 个参数，共有 10 个本构常数，即 φ、h_s、n、e_{d0}、e_{c0}、e_{i0}、α_0、α_1、b、β。

2.3.4 应用分析

本节利用改进的 Gudehus-Bauer 模型对某高 50m 的面板堆石坝进行施工期和蓄水期应力变形仿真计算[33,36]。大坝上下游坝坡坡比均为 1∶1.4，坝轴线长 220m，大坝典型剖面图如图 2.9 所示。有限元网格结点总数为 8045 个，单元总数为 7082 个，其中面板单元 538 个，接触单元 538 个，趾板单元 44 个，周边缝单元 44 个。计算过程共分 22 级加载，前 20 级模拟坝体填筑，第 21 级为浇筑混凝土面板，第 22 级为水库蓄水到距坝顶 5m 处。

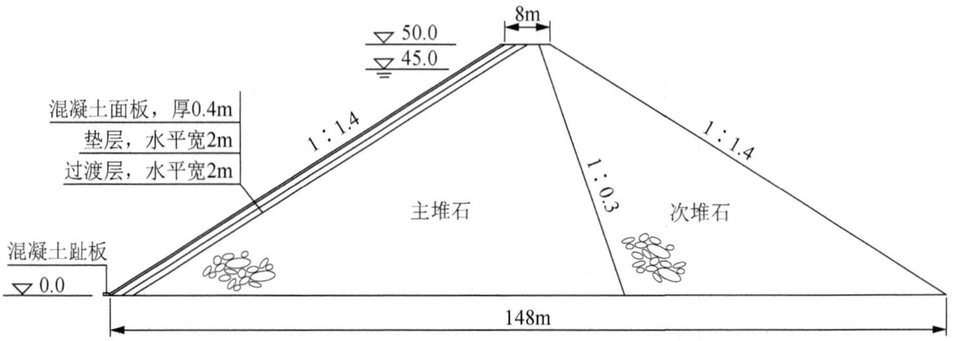

图 2.9　大坝典型剖面图

假定大坝 4 个分区的堆石料来自同一料场，其物理本质相同，仅压实度不同。堆石料的计算参数如下：$\varphi = 42°$，$h_s = 75\times10^6$ Pa，$n = 0.6$，$e_{i0} = 0.85$，$e_{c0} = 0.39$，$e_{d0} = 0.20$，$\alpha_0 = 0.125$，$\alpha_1 = 0.01$，$b = -0.04$，$\beta = 0.75$。另外，垫层、过渡层、主堆石和次堆石的初始填筑孔隙比 e_0 分别假定为 0.27、0.28、0.30 和 0.33。混凝土面板和趾板按线弹性材料考虑，其中弹性模量 $E = 20$ GPa，泊松比 $\mu = 0.167$。

竣工期坝体向上下游的位移极值分别为 3.9cm 和 4.7cm，沉降极值为 17.1cm。蓄水后坝体向上下游的位移极值分别为 2.1cm 和 5.3cm，沉降极值为 18.4cm。竣工期坝体大、小主应力极值分别为 0.93MPa 和 0.37MPa，蓄水期坝体大、小主应力极值分别为 0.97MPa 和 0.39MPa。

图 2.10 为最大剖面坝体堆石料孔隙比 e 等值线分布图。由图可见，各分区堆石料的孔隙比由于填筑后受自重和碾压影响，由上至下总体上均较各自初始孔隙比有所减小，在底部主次堆石区交接处的堆石料孔隙比减小最为明显。竣工期坝体表面的堆石料由于基本不受荷载，表层堆石料的孔隙比接近初始孔隙比 e_0。蓄水后，库水压力使坝体上游侧堆石料压实明显，孔隙比减小较大。下游侧堆石料由于水压作用不明显，孔隙比变化不明显，与竣工期相近。蓄水前后，坝体堆石

料孔隙比的变化规律符合堆石坝的受力变形特点。

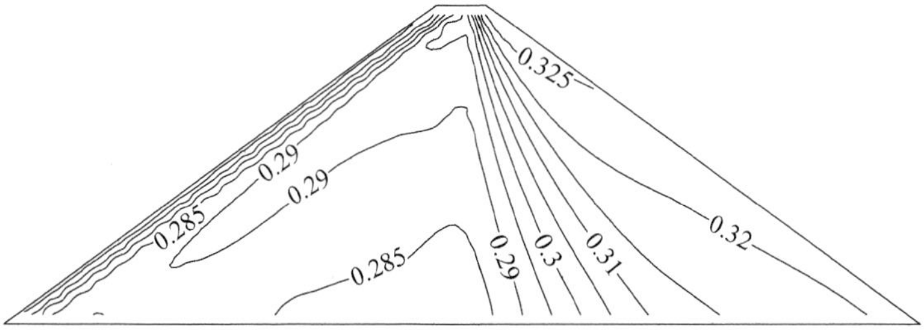

（a）竣工期

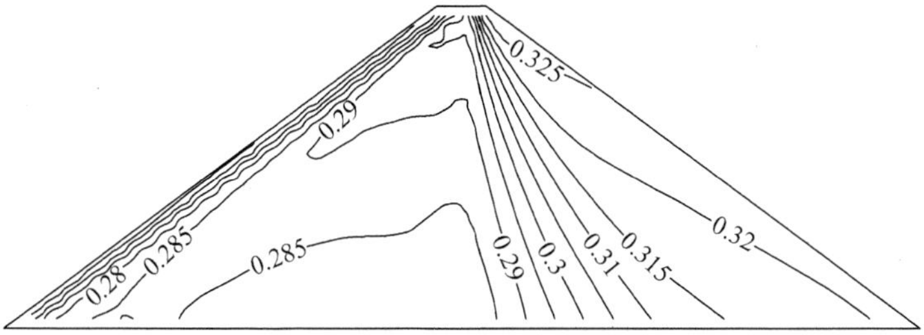

（b）蓄水期

图 2.10　最大剖面坝体堆石料孔隙比 e 等值线分布图

图 2.11 为最大剖面坝体堆石料体积应变 ε_v 等值线分布图。由图可见，堆石料的体积应变全为压应变，而且数值较大，说明堆石料的剪缩性能很明显。

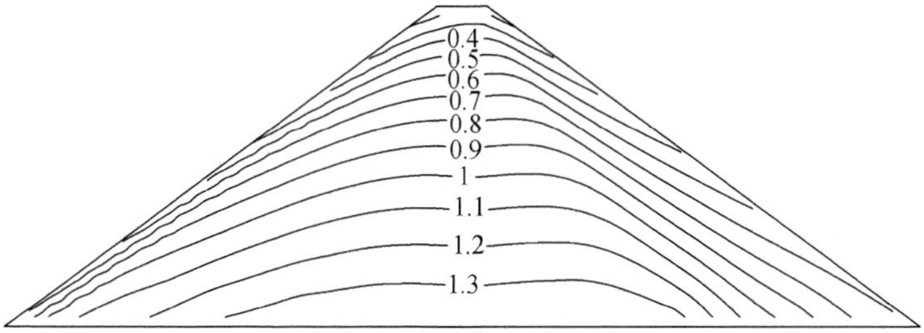

（a）竣工期

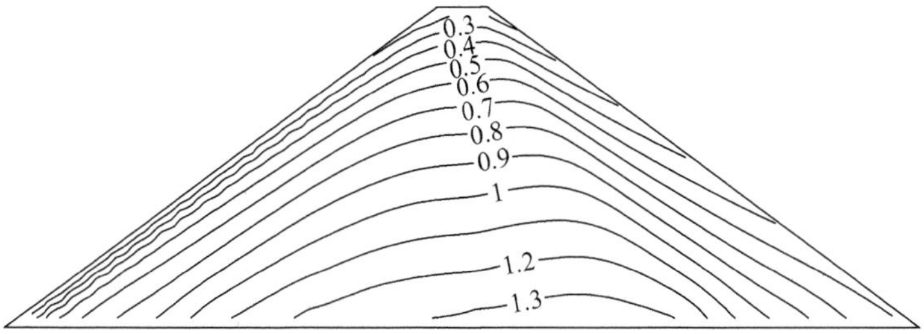

（b）蓄水期

图 2.11　最大剖面坝体堆石料体积应变 ε_v 等值线分布图（单位：%）

图 2.12 为最大剖面坝体堆石料强度发挥角 φ_m 等值线分布图。由图可知，无论竣工期还是蓄水期，堆石料的强度发挥角 φ_m 均小于计算采用的摩擦角，说明堆石料强度没有达到最大值，坝体不会达到破坏状态，坝体安全是有保证的。水库蓄水对 φ_m 的分布影响较大，主要在坝体的上游侧。水压力作用后，坝体大部分的 φ_m 反而有所减小，这说明蓄水对坝体安全是有利的。

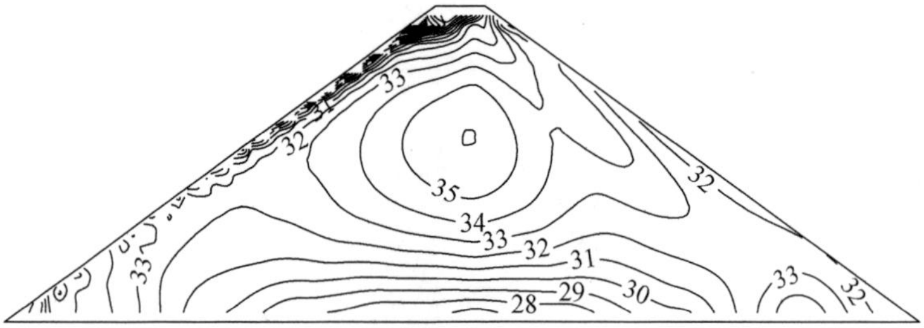

（a）竣工期

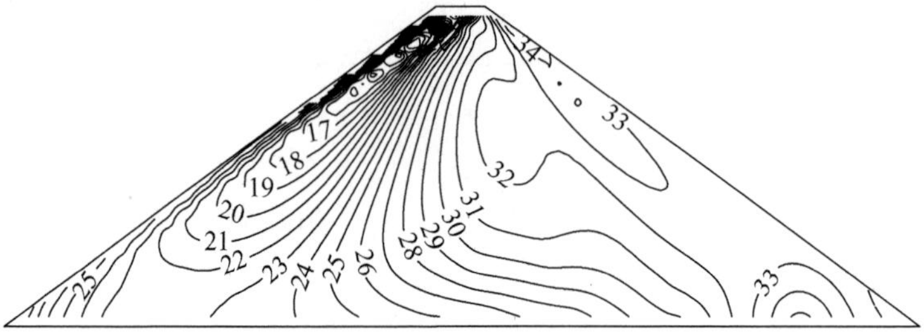

（b）蓄水期

图 2.12　最大剖面坝体堆石料强度发挥角 φ_m 等值线分布图［单位：（°）］

图 2.13 为蓄水期面板应力等值线分布图。面板顺坡向基本上呈受压状态，仅在顶部局部范围内出现拉应力区，压应力极值为 2.48MPa，拉应力极值为 -0.06MPa。面板坝轴向在河床部位受压，压应力极值为 2.14 MPa，两侧河岸边缘出现一定范围的拉应力区，拉应力极值为-0.75MPa。

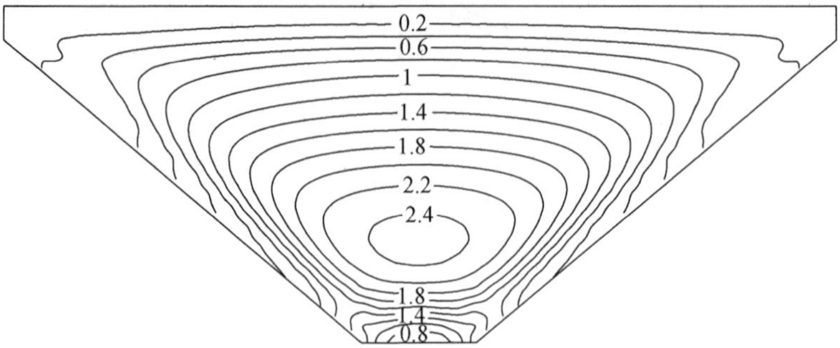

（a）顺坡向

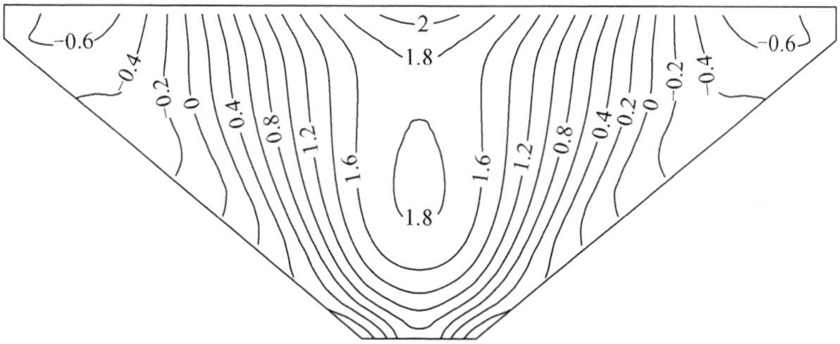

（b）坝轴向

图 2.13　蓄水期面板应力等值线分布图（单位：MPa）

2.4　动力本构模型

2.4.1　Hardin-Drnevich 模型

土体动应力应变关系具有明显的非线性、滞后性和变形累积性，通常采用等价黏弹性模型或弹塑性模型来刻画这些动力特性[37]。等价黏弹性模型理论简单明了，应用方便，且在参数确定和工程应用等方面均已积累了丰富的经验，被坝工界广泛使用[38]。

Hardin-Drnevich 模型[39,40]采用等效剪切模量 G_{eq} 和等效阻尼比 λ_{eq} 反映土体的非线性和滞后性两个基本动力特征，并将其分别表示为动剪应变的函数。Hardin-Drnevich 模型假定主干线为一条双曲线，即

$$\tau = \frac{\gamma}{a + b\gamma} \tag{2.83}$$

如图 2.14 所示，当动剪应变 $\gamma \to \infty$ 时，双曲线以极限剪应力 $\tau_{\max}$ 为渐近线；当 $\gamma = 0$ 时，双曲线的斜率为最大剪切模量 $G_{\max}$。由 γ 和 γ/τ 的线性关系可得

$$\frac{\gamma}{\tau} = \frac{1}{G_{\max}} + \frac{\gamma}{\tau_{\max}} \tag{2.84}$$

式（2.84）经转换后可得等效剪切模量，即

$$G_{eq} = \frac{G_{\max}}{1 + \gamma / \gamma_r} \tag{2.85}$$

其中最大剪切模量可表示为

$$G_{\max} = K_2 P_a \left(\sigma'_m / P_a\right)^n \tag{2.86}$$

式中：γ 为动剪应变；γ_r 为参考剪应变；σ'_m 为平均有效应力；P_a 为大气压力；K_2 和 n 为动力试验参数。

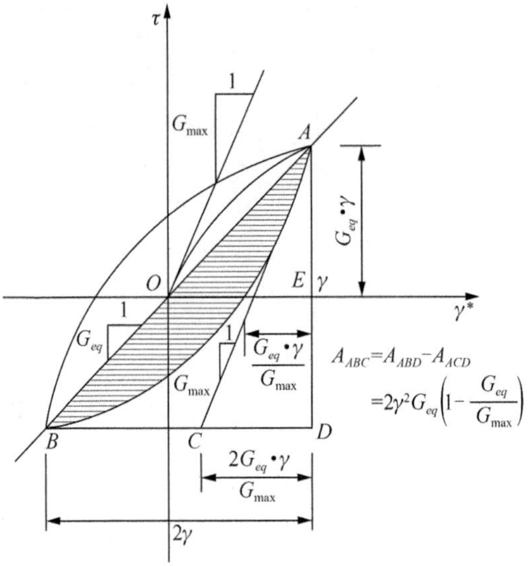

图 2.14 Hardin-Drnevich 模型

Hardin-Drnevich 模型假定图 2.14 中的滞回环面积 A_L 与三角形面积 A_{ABC} 间的比例为 K_1，并认为 K_1 对同一种土体的任何滞回环都相同，即

$$\frac{A_L}{2A_{ABC}} = K_1 \tag{2.87}$$

等效阻尼比

$$\lambda_{eq} = \lambda_{\max}\frac{\gamma/\gamma_r}{1+\gamma/\gamma_r} \tag{2.88}$$

沈珠江曾对 Hardin-Drnevich 模型进行改进，其动力剪切模量和阻尼比按以下两式计算[41]：

$$G = \frac{k_2}{1+k_1\gamma_d}P_a\left(\frac{P}{P_a}\right)^{n'} \tag{2.89}$$

$$\lambda = \frac{k_1\overline{\gamma}_d}{1+k_1\overline{\gamma}_d}\lambda_{\max} \tag{2.90}$$

式中：P 为平均应力；γ_d 为动剪应变；k_1 和 k_2 为动剪模量参数；$\lambda_{\max}$ 为最大阻尼比；$\overline{\gamma}_d$ 为归一化的动剪应变，其形式为 $\overline{\gamma}_d = \gamma_d\bigg/\left(\frac{\sigma_3}{P_a}\right)^{1-n'}$。

参数 k_1、k_2、$\lambda_{\max}$ 可由常规动三轴试验测定，其中，动模量参数 k_1 和 k_2 从动弹性模量 E_d 与动应变 ε_d 试验曲线整理得到，$\lambda_{\max}$ 由阻尼 λ 与动应变 ε_d 的试验曲线整理得到。

2.4.2　地震永久变形模型

沈珠江和徐刚[42]根据堆石料的动力试验资料，分析了动剪应变 γ_d 和振动次数 ΔN 对残余变形的累积影响，提出了残余体积应变和残余剪应变的计算公式，即

$$\Delta\varepsilon_{vr} = c_1(\gamma_d)^{c_2}\exp(-c_3 S_l^2)\frac{\Delta N}{1+N} \tag{2.91}$$

$$\Delta\gamma_r = c_4(\gamma_d)^{c_5} S_l^2 \frac{\Delta N}{1+N} \tag{2.92}$$

式中：$\Delta\varepsilon_{vr}$ 为残余体积应变；$\Delta\gamma_r$ 为残余剪应变；S_l 为剪应力水平；γ_d 为动剪应变；N 和 ΔN 分别为振动次数及其增量；c_1、c_2、c_3、c_4 和 c_5 为试验参数，由常规动三轴试验确定。

2.4.3　应用分析

采用 Hardin-Drnevich 模型和沈珠江永久变形模型，对某 138m 高面板堆石坝进行地震反应计算[43-45]。图 2.15～图 2.17 分别为 50 年超越概率 10%地震下大坝动位移、加速度和永久变形等值线图。表 2.7 给出了永久变形参数 c_1 和 c_4 对大坝永久变形极值的影响。

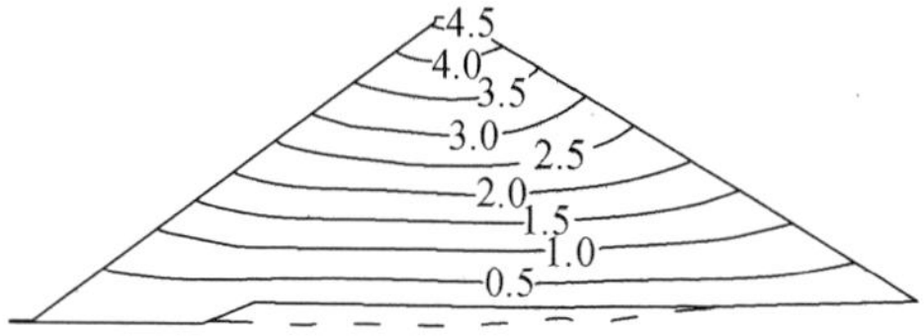

（a）顺河向

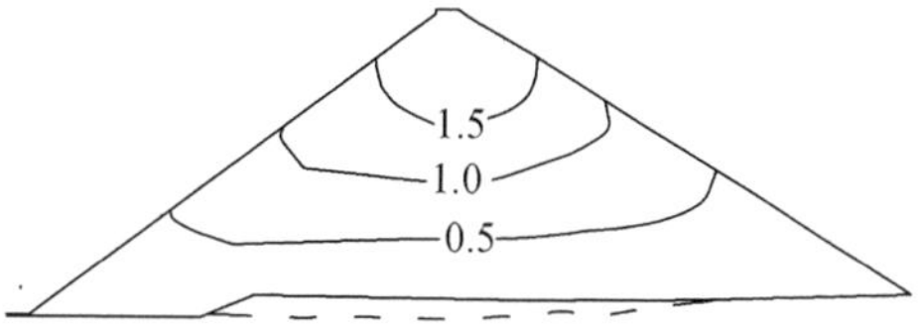

（b）竖向

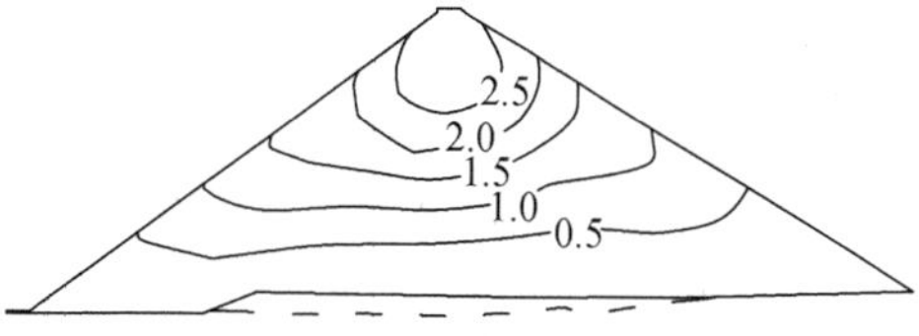

（c）坝轴向

图 2.15　大坝动位移等值线分布图（单位：cm）

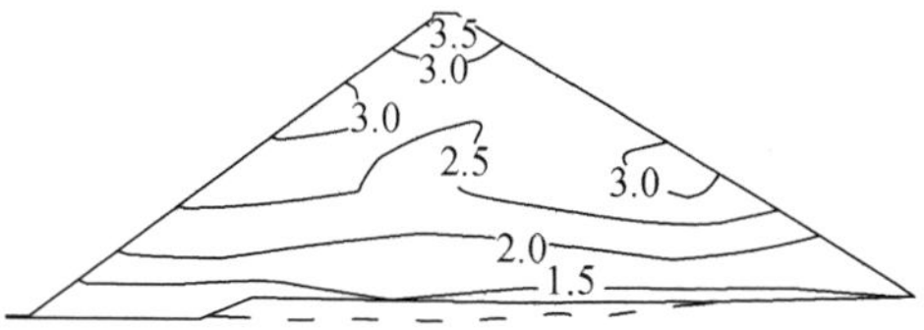

（a）顺河向

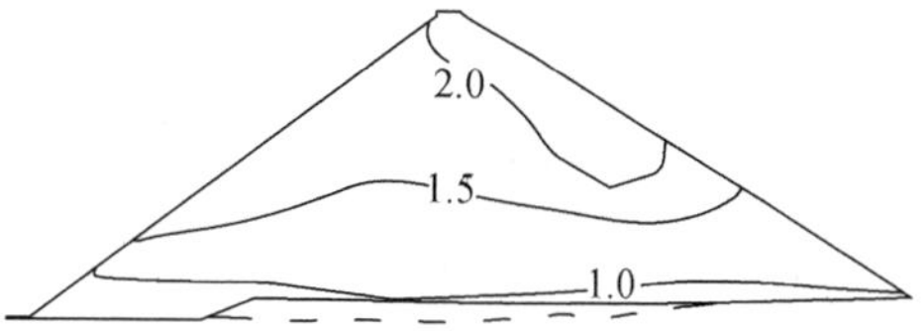

（b）竖向

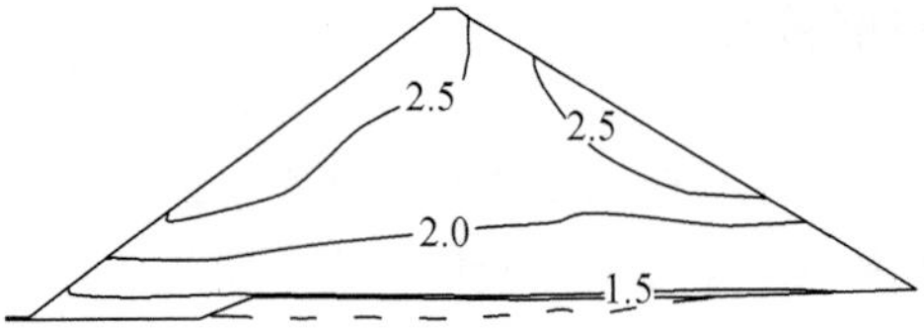

（c）坝轴向

图 2.16　大坝加速度等值线分布图（单位：m/s^2）

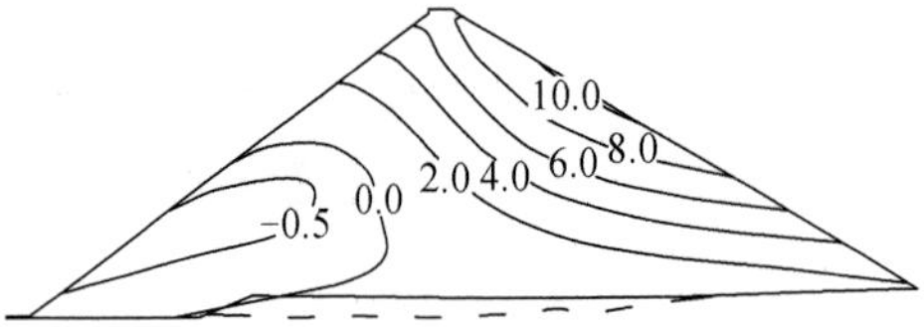

（a）顺河向水平变形

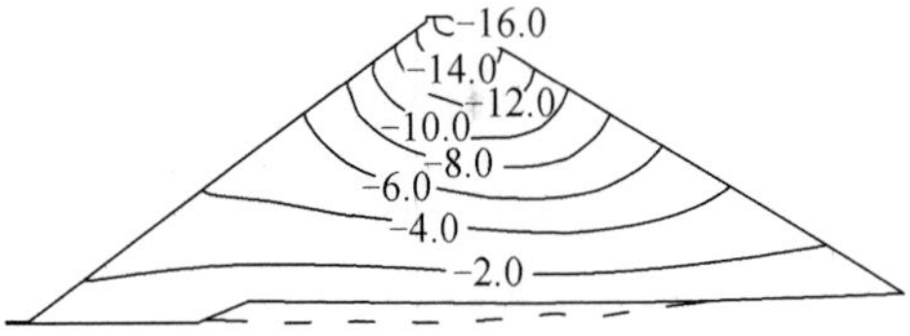

（b）沉降变形

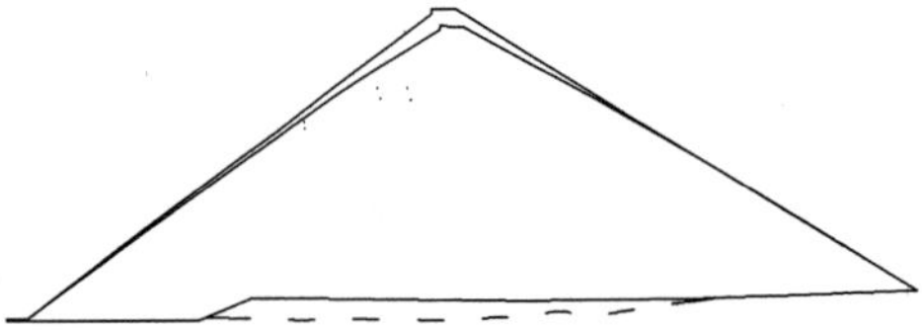

（c）大坝永久变形轮廓（放大50倍）

图 2.17　大坝永久变形等值线分布图（单位：cm）

表 2.7　永久变形参数 c_1 和 c_4 对大坝永久变形极值的影响

项目	顺河向永久变形/cm	顺河向变化率/%	竖向永久变形/cm	竖向变化率/%
参数 c_1 上浮 10%	10.53	-0.8	-16.96	1.6
参数 c_1 下调 10%	10.69	0.9	-16.47	-1.4
参数 c_4 上浮 10%	11.75	10.7	-18.14	8.6
参数 c_4 下调 10%	9.47	-10.7	-15.27	-8.8

2.5　广义塑性模型

2.5.1　广义塑性理论

在广义塑性理论中，应力增量 $\mathrm{d}\boldsymbol{\sigma}$ 与应变增量 $\mathrm{d}\boldsymbol{\varepsilon}$ 的关系可表示为

$$\mathrm{d}\boldsymbol{\sigma} = \boldsymbol{D}^{\mathrm{ep}} : \mathrm{d}\boldsymbol{\varepsilon} \tag{2.93}$$

$$\boldsymbol{D}^{\mathrm{ep}} = \boldsymbol{D}^{\mathrm{e}} - \frac{\boldsymbol{D}^{\mathrm{e}} : \boldsymbol{n}_{gL/U} \otimes \boldsymbol{n} : \boldsymbol{D}^{\mathrm{e}}}{H_{L/U} + \boldsymbol{n}^{\mathrm{T}} : \boldsymbol{D}^{\mathrm{e}} : \boldsymbol{n}_{gL/U}} \tag{2.94}$$

式中：$\boldsymbol{D}^{\mathrm{ep}}$ 为弹塑性刚度矩阵；$\boldsymbol{D}^{\mathrm{e}}$ 为弹性矩阵；$H_{L/U}$ 为加卸载时的塑性模量；$\boldsymbol{n}_{gL/U}$ 为加卸载时的塑性流动方向；$\boldsymbol{n}$ 为加载方向。下标“L”和“U”分别代表加载和卸载。

总应变增量 $\mathrm{d}\boldsymbol{\varepsilon}$ 分解为弹性应变增量 $\mathrm{d}\boldsymbol{\varepsilon}^{\mathrm{e}}$ 和塑性应变增量 $\mathrm{d}\boldsymbol{\varepsilon}^{\mathrm{p}}$ 之和，即

$$\mathrm{d}\boldsymbol{\varepsilon} = \mathrm{d}\boldsymbol{\varepsilon}^{\mathrm{p}} + \mathrm{d}\boldsymbol{\varepsilon}^{\mathrm{e}} \tag{2.95}$$

弹性应变增量为

$$\mathrm{d}\boldsymbol{\varepsilon}^{\mathrm{e}} = \boldsymbol{D}^{\mathrm{e}-1} : \mathrm{d}\boldsymbol{\sigma} \tag{2.96}$$

塑性应变增量为

$$\mathrm{d}\boldsymbol{\varepsilon}^{\mathrm{p}} = \frac{1}{H_{L/U}}\left(\boldsymbol{n}_{gL/U} \otimes \boldsymbol{n}\right) : \mathrm{d}\boldsymbol{\sigma} \tag{2.97}$$

将式（2.96）和式（2.97）代入式（2.95），得

$$\mathrm{d}\boldsymbol{\varepsilon} = \left(\boldsymbol{D}^{\mathrm{e}-1} + \frac{\boldsymbol{n}_{gL/U} \otimes \boldsymbol{n}}{H_{L/U}}\right) : \mathrm{d}\boldsymbol{\sigma} \tag{2.98}$$

式中：$\boldsymbol{D}^{\mathrm{e}-1}$ 为弹性刚度矩阵的逆矩阵。

定义一个标量因子 $\mathrm{d}\lambda = \dfrac{\boldsymbol{n}^{\mathrm{T}} \cdot \mathrm{d}\boldsymbol{\sigma}}{H_{L/U}}$，并将其代入式（2.98），得

$$\mathrm{d}\boldsymbol{\varepsilon} = \boldsymbol{D}^{\mathrm{e}-1} : \mathrm{d}\boldsymbol{\sigma} + \boldsymbol{n}_{gL/U}\mathrm{d}\lambda \tag{2.99}$$

对式（2.99）两边同时乘以 $\boldsymbol{n}^{\mathrm{T}} : \boldsymbol{D}^{\mathrm{e}}$，经整理得

$$\mathrm{d}\lambda = \frac{\boldsymbol{n}^{\mathrm{T}} : \boldsymbol{D}^{\mathrm{e}} : \mathrm{d}\boldsymbol{\varepsilon}}{H_{L/U} + \boldsymbol{n}^{\mathrm{T}} : \boldsymbol{D}^{\mathrm{e}} : \boldsymbol{n}_{gL/U}} \tag{2.100}$$

将式（2.100）代入式（2.99），得

$$\mathrm{d}\boldsymbol{\sigma} = \left(\boldsymbol{D}^{\mathrm{e}} - \frac{\boldsymbol{D}^{\mathrm{e}} : \boldsymbol{n}_{gL/U} \otimes \boldsymbol{n} : \boldsymbol{D}^{\mathrm{e}}}{H_{L/U} + \boldsymbol{n}^{\mathrm{T}} : \boldsymbol{D}^{\mathrm{e}} : \boldsymbol{n}_{gL/U}}\right)\mathrm{d}\boldsymbol{\varepsilon} \tag{2.101}$$

广义塑性理论不需要显式定义屈服函数和塑性势函数的表达式，因此不需要判断应力点与屈服面或塑性势面的位置关系[46]。根据广义塑性理论，土体在加载和卸载条件下都可产生塑性变形，因此广义塑性模型可用于模拟地震等循环荷载作用下的变形累积。表 2.8 给出了经典弹塑性理论和广义塑性理论的对比关系[47]。

表 2.8　经典弹塑性理论和广义塑性理论的对比关系

经典弹塑性理论	广义塑性理论
明确定义屈服面 f 和加载面 ϕ，加载面的外法向即为加载方向	没有明确定义屈服面和加载面，而是直接定义了加载方向 $\boldsymbol{n}$
假定应力空间中存在着类似弹性势面的某种塑性势面 Q，且塑性流动方向与塑性势面 Q 的外法向一致	没有明确定义塑性势面，而是直接定义了材料的塑性流动方向 $\boldsymbol{n}_g$

续表

经典弹塑性理论	广义塑性理论
正交流动法则时塑性应变增量 $\mathrm{d}\varepsilon_{ij}^{\mathrm{p}}$ 的方向和塑性势面 Q 的外法向一致，$\mathrm{d}\varepsilon_{ij}^{\mathrm{p}}=\mathrm{d}\lambda\dfrac{\partial Q}{\partial\sigma_{ij}}$	无须借助塑性势面 Q，直接规定了塑性应变增量 $\mathrm{d}\boldsymbol{\varepsilon}^{\mathrm{p}}$ 的方向，$\mathrm{d}\boldsymbol{\varepsilon}^{\mathrm{p}}=\dfrac{1}{H_{L/U}}\left(\boldsymbol{n}_{gL/U}\otimes\boldsymbol{n}\right):\mathrm{d}\boldsymbol{\sigma}$
对于各向同性的硬化材料，硬化模量为 $A=-\dfrac{\partial\phi}{\partial H}\dfrac{\partial H}{\partial\varepsilon_{ij}^{\mathrm{p}}}\dfrac{\partial Q}{\partial\sigma_{ij}}$	直接给出塑性模量 H，无需由一致性条件得到
总应变分解：$\mathrm{d}\varepsilon_{ij}=\mathrm{d}\varepsilon_{ij}^{\mathrm{e}}+\mathrm{d}\varepsilon_{ij}^{\mathrm{p}}$ 弹性应变增量：$\mathrm{d}\varepsilon_{ij}^{\mathrm{e}}=D_{ijkl}^{\mathrm{e}}{}^{-1}\mathrm{d}\sigma_{kl}$ 塑性应变增量：$\mathrm{d}\varepsilon_{ij}^{\mathrm{p}}=\mathrm{d}\lambda\dfrac{\partial Q}{\partial\sigma_{ij}}$ 弹塑性刚度矩阵：$D_{ijkl}^{\mathrm{e}}-\dfrac{D_{ijab}^{\mathrm{e}}\dfrac{\partial Q}{\partial\sigma_{ab}}\dfrac{\partial\phi}{\partial\sigma_{cd}}D_{cdkl}^{\mathrm{e}}}{A+\dfrac{\partial\phi}{\partial\sigma_{mn}}D_{mnpq}^{\mathrm{e}}\dfrac{\partial Q}{\partial\sigma_{pq}}}$	总应变分解：$\mathrm{d}\boldsymbol{\varepsilon}=\mathrm{d}\boldsymbol{\varepsilon}^{\mathrm{p}}+\mathrm{d}\boldsymbol{\varepsilon}^{\mathrm{e}}$ 弹性应变增量：$\mathrm{d}\boldsymbol{\varepsilon}^{\mathrm{e}}=\boldsymbol{D}^{\mathrm{e}-1}:\mathrm{d}\boldsymbol{\sigma}$ 塑性应变增量：$\mathrm{d}\boldsymbol{\varepsilon}^{\mathrm{p}}=\dfrac{1}{H_{L/U}}\left(\boldsymbol{n}_{gL/U}\otimes\boldsymbol{n}\right):\mathrm{d}\boldsymbol{\sigma}$ 弹塑性刚度矩阵：$\boldsymbol{D}^{\mathrm{e}}-\dfrac{\boldsymbol{D}^{\mathrm{e}}:\boldsymbol{n}_{gL/U}\otimes\boldsymbol{n}:\boldsymbol{D}^{\mathrm{e}}}{H_{L/U}+\boldsymbol{n}^{\mathrm{T}}:\boldsymbol{D}^{\mathrm{e}}:\boldsymbol{n}_{gL/U}}$

2.5.2 P-Z 广义塑性模型及改进

2.5.2.1 基本模型

砂土 P-Z 广义塑性模型[48-51]采用非关联流动法则，在卸载情况时也可计算塑性应变。该模型能较好地模拟松砂的剪缩特性和密砂的剪胀特性，也能反映不排水复杂加载条件下松砂的液化和密砂的循环活动性。P-Z 广义塑性模型中存在着如下非线性弹性关系：

$$\begin{bmatrix}\Delta p\\ \Delta q\end{bmatrix}=\begin{bmatrix}K_t & 0\\ 0 & G_t\end{bmatrix}\begin{bmatrix}\Delta\varepsilon_v\\ \Delta\varepsilon_s\end{bmatrix} \tag{2.102}$$

式中：Δp 和 Δq 分别为球应力增量和偏应力增量；$\Delta\varepsilon_v$ 和 $\Delta\varepsilon_s$ 分别为体积应变增量和剪应变增量；K_t 和 G_t 分别为切线体积模量和切线剪切模量。

切线体积模量 K_t 和切线剪切模量 G_t 与平均有效应力 p' 相关，存在如下关系：

$$G_t=G_0\left(\frac{p'}{p_0}\right) \tag{2.103}$$

$$K_t=K_0\left(\frac{p'}{p_0}\right) \tag{2.104}$$

式中：G_0 和 K_0 为模型的材料参数；p_0 为参考应力，一般取为标准大气压 p_a。

在（p，q）二维应力空间中，加载时的塑性流动方向 $\boldsymbol{n}_{gL}$ 为

$$\boldsymbol{n}_{gL}=\left(n_{gL}^{p}\quad n_{gL}^{q}\right)^{\mathrm{T}} \tag{2.105}$$

式中：$n_{gL}^{p}=\dfrac{d_g}{\sqrt{1+d_g^2}}$；$d_g$ 为材料的剪胀比；$n_{gL}^{q}=\dfrac{1}{\sqrt{1+d_g^2}}$。$d_g$ 控制着材料的塑性流动方向，其定义为塑性体积应变 $\mathrm{d}\varepsilon_v^p$ 和等效剪应变 $\mathrm{d}\varepsilon_s^p$ 的比值：

$$d_g=\frac{\mathrm{d}\varepsilon_v^p}{\mathrm{d}\varepsilon_s^p}\approx\frac{\mathrm{d}\varepsilon_v}{\mathrm{d}\varepsilon_s}=\left(1+\alpha_g\right)\left(M_g-\eta\right) \tag{2.106}$$

式中：α_g 为材料参数；M_g 为临界状态线（CSL 线）在 p' - q 平面空间中的斜率；η 为应力比。

在（p，q，θ）三维空间中，加载时的塑性流动方向 $\boldsymbol{n}_{gL}$ 为

$$\boldsymbol{n}_{gL}=\left(n_{gL}^{p},\ n_{gL}^{q},\ n_{gL}^{\theta}\right)^{\mathrm{T}} \tag{2.107}$$

式中：n_{gL}^{p}、n_{gL}^{q} 和在二维空间的情况一样；Pastor 和 Zienkiewicz 建议 $n_{gL}^{\theta}=0$，Chan 等建议 $n_{gL}^{\theta}=\dfrac{-qM_g\cos3\theta}{2\sqrt{1+d_g^2}}$。

另外，卸载时的塑性流动方向 $\boldsymbol{n}_{gU}$ 为

$$\boldsymbol{n}_{gU}=\left(n_{gU}^{p}\quad n_{gU}^{q}\quad n_{gU}^{\theta}\right)^{\mathrm{T}} \tag{2.108}$$

式中：$n_{gU}^{p}=-\left|n_{gL}^{p}\right|$；$n_{gU}^{q}=n_{gL}^{q}$；$n_{gU}^{\theta}=n_{gL}^{\theta}$。

加载方向 $\boldsymbol{n}$ 的形式与塑性流动方向 $\boldsymbol{n}_g$ 的形式相似，在（p，q）二维应力空间中有

$$\boldsymbol{n}=\left(n^{p}\quad n^{q}\right)^{\mathrm{T}} \tag{2.109}$$

式中：$n^{p}=\dfrac{d_f}{\sqrt{1+d_f^2}}$；$n^{q}=\dfrac{1}{\sqrt{1+d_f^2}}$。

式（2.105）和式（2.109）的区别在于 d_g 和 d_f。类似地，d_f 定义为

$$d_f=\left(1+\alpha_f\right)\left(M_f-\eta\right) \tag{2.110}$$

式中：α_f 和 M_f 为材料参数。当 $\alpha_f=\alpha_g$，$M_f=M_g$ 时，为相关联流动法则。

在确定 P-Z 广义塑性模型的塑性模量之前，须知：

（1）残余状态发生在临界状态线上。

（2）破坏并不一定会发生在当临界状态线第一次被超越的时候。

在 P-Z 广义塑性模型中，加载塑性模量如下：

$$H_L=H_0pH_f\left(H_v+H_s\right)H_{DM} \tag{2.111}$$

式中：$H_f=\left(1-\dfrac{\eta}{\eta_f}\right)^4$；$\eta_f=\left(1+\dfrac{1}{\alpha}\right)M_f$；$H_v=\left(1-\dfrac{\eta}{M_g}\right)$；$H_s=\beta_0\beta_1\exp\left(-\beta_0\xi\right)$，

$\xi=\int\left|\mathrm{d}\varepsilon_s^p\right|=\int\mathrm{d}\xi$，$\xi$ 为累积塑性偏应变，偏应变硬化模量 H_s 随 ξ 的增大而减小；$H_{DM}=\left(\dfrac{\zeta_{\max}}{\zeta}\right)^{\gamma}$，$\zeta=p\left[1-\left(\dfrac{1+\alpha}{\alpha}\right)\dfrac{\eta}{M}\right]^{\frac{1}{\alpha}}$；$H_0$、$\beta_0$、$\beta_1$ 和 γ 为材料参数；H_{DM} 为历史记忆模量，当初次加载、没有卸载和再加载时，历史记忆模量 H_{DM} 的值为 1。需要指出的是，当 $H_v+H_s>0$ 时，材料处于硬化阶段；当 $H_v+H_s<0$ 时，材料处于软化阶段。

对于卸载状态，土体也会产生塑性变形。卸载时的塑性模量可以表示为

$$\begin{cases}H_u=H_{u0}\left(\dfrac{M_g}{\eta_u}\right)^{\gamma_u} & \left(\left|\dfrac{M_g}{\eta_u}\right|>1\right)\\ H_u=H_{u0} & \left(\left|\dfrac{M_g}{\eta_u}\right|\leqslant 1\right)\end{cases}\tag{2.112}$$

式中：η_u 为卸载时的应力比值；H_{u0} 和 γ_u 为材料参数。

同一土体围压和初始相对密度相差较大时，P-Z 广义塑性模型需要分别确定材料参数，这是模型的不足之处。另外，模型不能反映土石料的压密性，更不能反映粗粒料的颗粒破碎对强度与变形特性的影响，为将其用于刻画土石料的静、动力力学特性，需对其进行改进。

2.5.2.2　状态参数和压缩参数

1）状态参数

砂土的应力应变特性与相对密度和初始围压有着密切的联系，在不同的相对密度和围压情况下，砂土会表现出不同的应力应变特性。Been 和 Jefferies[52]首先提出状态参数 ψ 的概念，用于反映砂土材料所处的松密状态。状态参数 ψ 由砂土的相对密度和围压共同决定，具体形式如下：

$$\psi=e-e_{cs}\tag{2.113}$$

式中：e 为当前状态下的孔隙比；e_{cs} 为临界孔隙比。

当状态参数 $\psi<0$ 时，表明当前孔隙比 e 小于相同平均应力下的临界孔隙比 e_{cs}，材料处于较密实的状态，在平均应力不变的情况下，ψ 值越小，材料越密实；当状态参数 $\psi>0$ 时，表明当前孔隙比 e 大于相同平均应力下的临界孔隙比 e_{cs}，材料处于较疏松的状态，在平均应力不变的情况下，ψ 值越大，材料越疏松。

对于黏土，临界状态线在 e-$\ln p'$ 平面上可视为直线，即

$$e_{cs}=e^{\Gamma}-\lambda\ln p'\tag{2.114}$$

式中：λ 为临界状态线在 e-$\ln p'$ 平面上的斜率；e^{Γ} 为当 $\ln p'=0$ 时的孔隙比。

Li 等[53,54]在对 Toyoura 砂土的临界状态线进行拟合时发现，砂土的临界状态线在 e-$\ln p'$ 平面上不是直线，采用下式近似拟合。

$$e_{cs}=e_0-\lambda\left(\frac{p'}{p_a}\right)^{\xi} \tag{2.115}$$

式中：λ 为临界状态线在 e - $\left(\frac{p'}{p_a}\right)^{\xi}$ 平面上的斜率；e_0 为 $p'=0$ 时对应的孔隙比；ξ 为材料率定参数。

罗刚和张建民[55]对 Toyoura 砂土的临界状态线进行拟合时，提出了砂土临界状态线的另外一种表达形式。

$$e_{cs}=a\exp\left[-b\left(\frac{p'}{p_a}\right)\right] \tag{2.116}$$

式中：e_{cs} 为当前平均应力下的临界孔隙比；a 和 b 为材料参数，分别对应临界状态线在 $\ln e_{cs}$ - p'/p_a 平面的截距和斜率。

结合 Toyoura 砂土试验数据，对以上两种临界状态线进行对比研究后，发现式（2.116）并不能精细拟合临界状态线，为此引入一个指数 c 对其做进一步修正，以提高临界状态线的拟合能力，具体形式如下：

$$e_{cs}=a\exp\left[-b\left(\frac{p'}{p_a}\right)^{c}\right] \tag{2.117}$$

式中：c 为材料参数。

表 2.9 列举了目前几种主要的临界状态线表达形式及基于 Toyoura 砂土试验数据拟合得到的参数，图 2.18 为各临界状态线和试验数据的对比图。由图可见，作者改进的临界状态线相较于罗刚和张建民提出的临界状态线，与试验结果吻合更好。改进的临界状态线与李相崧等建议的临界状态线基本重合，但李相崧等建议的临界状态线的不足在于，当平均应力增加到一定值时，临界孔隙比可能会为负值，这与实际情况不符，而作者改进的临界状态线恰好克服了这一不足。

表 2.9　几种临界状态线

提出者	临界状态线	Toyoura 砂土的试验参数值
Li 等[53,54]	$e_{cs}=e_0-\lambda(p'/p_a)^{\xi}$	$e_0=0.934$，$\lambda=0.019$，$\xi=0.7$
罗刚和张建民[55]	$e_{cs}=a\exp\left[b\left(\frac{p'}{p_a}\right)\right]$	a=0.916，b=−0.0076
本书[47]	$e_{cs}=a\exp\left[-b\left(\frac{p'}{p_a}\right)^{c}\right]$	a=0.930，b=0.00161，c=0.8

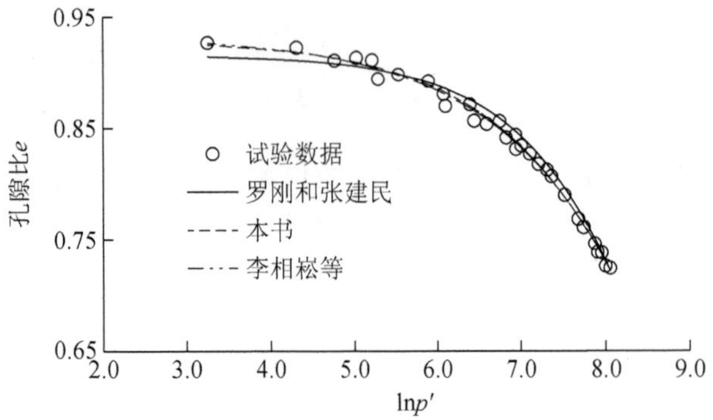

图 2.18　各临界状态线和试验数据的对比图

2）压缩参数

已有研究[56-58]表明，粗粒料在高围压下会产生颗粒破碎。陈生水等[59]利用Bauer[60]建议的压缩曲线，推导出压缩参数 λ，用于反映粗粒料在高围压情况下的颗粒破碎程度。Bauer 建议的压缩曲线如下：

$$e = e_0 \exp\left[-\left(\frac{p'}{h_s}\right)^n\right] \tag{2.118}$$

式中：e_0 为粗粒料的初始孔隙比；n 为无量纲参数，由材料级配决定；h_s 为材料的固相硬度，是粗粒料在高围压情况下抵抗破碎的一个指标，即 h_s 越大，粗粒料越不易破碎[60]。

土体压缩曲线如图 2.19 所示。

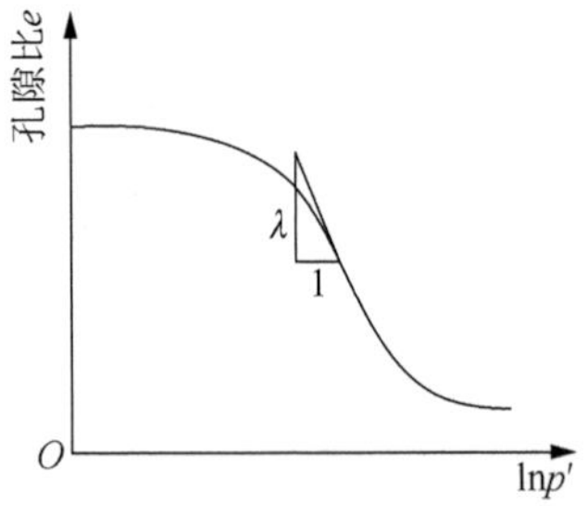

图 2.19　土体压缩曲线

利用式（2.118）对 $\ln p'$ 求导，可以得到压缩参数 λ 的定义：

$$\lambda = \left|\frac{\mathrm{d}e}{\mathrm{d}(\ln p)}\right| = ne\left(\frac{p'}{h_s}\right)^n \tag{2.119}$$

由图 2.19 和式（2.119）可知，压缩参数 λ 依赖于密实度和平均有效应力，土石料趋于密实的过程中压缩参数 λ 逐渐减小，压缩性降低。平均应力较低时，土石料几乎没有颗粒破碎，压缩曲线基本呈线性，压缩参数 λ 基本保持不变；随着平均应力的增高，土石料产生了颗粒破碎，压缩曲线开始弯曲，压缩参数λ变大；当颗粒破碎接近完成时，材料颗粒级配恢复稳定，压缩曲线又呈线性，压缩参数λ基本保持不变。因此，压缩参数的变化能体现材料的颗粒破碎，即压缩参数变化越快，材料颗粒破碎越显著；压缩参数变化越缓，材料颗粒破碎越不明显；压缩参数不变时，材料不会发生颗粒破碎。可见，压缩参数是一个能够反映粗粒料颗粒破碎的指标。

2.5.2.3　模型的改进

为了使体积模量K和剪切模量G中参数无量纲化，同时根据 Ling 和 Yang[61]对体积模量K和剪切模量G的修改，引入孔隙比e，将体积模量和剪切模量做如下改进：

$$\begin{cases} G = G_0 p_a \dfrac{(2.97-e)^2}{1+e}\left(\dfrac{p'}{p_a}\right)^{0.5} \\ K = K_0 p_a \dfrac{(2.97-e)^2}{1+e}\left(\dfrac{p'}{p_a}\right)^{0.5} \end{cases} \tag{2.120}$$

式中：G_0和K_0为材料参数；p_a为大气压。

为了确定塑性流动方向$\boldsymbol{n}_g$，首先需要确定剪胀方程。目前应用较广泛且引入状态参数的剪胀方程是由李相崧等[53]针对砂土提出的，但对于粒径较大的堆石料并不适用，其剪胀方程为

$$d_g = \frac{d_0}{M_g}[M_g \exp(m\psi) - \eta] \tag{2.121}$$

刘萌成等[62]通过对堆石料剪胀特性大型三轴试验的研究，提出了一个针对堆石料的考虑状态参数的剪胀方程，如下：

$$\zeta = \zeta_0 \left[\exp\left(m_g \psi\right) - \left(\frac{\eta}{M_g}\right)^n\right] \tag{2.122}$$

式中：m_g、ζ_0、m和n为材料参数；参数M_g为临界应力比。

对比上述两式，当式（2.122）中参数n取 1 时退化为式（2.121）。可见，剪胀方程式（2.122）既能适用于粒径较小的砂土，又能适用于粒径较大的堆石料。

在塑性模量方面，保持原加载塑性模量的形式。另外，为了克服模型压密性不足的缺点，引入 Ling 和 Liu[63]提出的压密模量H_{den}，改进后的加载塑性模量如下：

$$H_L = H_0 p' H_f \left(H_v + H_s\right) H_{DM} H_{den} \tag{2.123}$$

式中：H_0 为初始模量；$H_v + H_s$ 为控制材料硬化和软化的模量；H_{den} 为压密模量。压密模量 H_{den} 的具体形式为

$$H_{den} = \exp(-r_{den}\varepsilon_v) \tag{2.124}$$

式中：r_{den} 为与材料压密性相关的参数。

在原始 P-Z 广义塑性模型中，初始模量 H_0 被定义为常数，但实际上它是随孔隙比和平均应力变化而变化的，故需要进行改进。对于砂土来说，初始模量 H_0 引入状态参数后的表达式如下：

$$H_0 = H_0' \exp\left(-h_0\psi\right)\left(p_a / p'\right)^{0.5} \tag{2.125}$$

式中：H_0' 和 h_0 为材料参数，当 ψ >0 时，材料较疏松，初始模量 H_0 较小，随着 ψ 的减小，材料变得密实，初始模量 H_0 逐渐增大。

但是，当利用式（2.125）进行颗粒破碎对粗粒料应力变形影响的验证时，模型并不能很好反映颗粒破碎对材料剪胀性的抑制，模拟结果与试验值相比[59]，低围压时剪胀量较大，高围压时剪缩量较小，故需对模量 H_0 做进一步改进，使其在一定程度上能够反映颗粒破碎对粗粒料应力变形的影响。

对比式（2.117）和式（2.118）可以发现，改进后的临界状态线和压缩曲线拥有同样的形式。为了反映颗粒破碎对土石料强度与变形特性的影响，将改进后的临界状态线和压缩曲线统一起来，引入陈生水等[59]提出的依赖于体积和平均应力的压缩参数 λ，并将其引入初始模量 H_0，使其适用于粗粒料。改进后的初始模量 H_0 如下：

$$H_0 = \frac{1+e_0}{\lambda-\kappa} \tag{2.126}$$

$$\lambda = bc\left[e_0 - \left(1+e_0\right)\varepsilon_v\right]\left(\frac{p'}{p_a}\right)^c \tag{2.127}$$

式中：κ 为材料参数。

关于相位转换相关模量 $H_v + H_s$ 的改进相对比较简单，仅需去掉 H_s 项，然后将 H_v 改为与状态参数 ψ 相关的函数，这里借鉴 Manzanal 等[64,65]对 H_v 的修改，引入状态参数后的相位转换相关模量 $H_v + H_s$ 如下：

$$H_v + H_s = 1 - \frac{\eta}{M_v} \tag{2.128}$$

$$M_v = M_g \exp\left(-m_v\psi\right) \tag{2.129}$$

式中：M_v 为峰值应力比；m_v 为材料参数，且为正值。关于去掉 H_s 项的原因，将在下面进一步讨论。

另外，土石料在卸载时也具有压密性，将压密模量 H_{den} 引入卸载塑性模量 H_u 后，得到

$$H_u = H_{u0}\left(p'p_a\right)^{0.5}\left(\frac{M_g}{\eta}\right)^{r_u}H_{den} \qquad \left(\frac{M_g}{\eta_u}>1\right) \tag{2.130}$$

$$H_u = H_{u0}\left(p'p_a\right)^{0.5}H_{den} \qquad \left(\frac{M_g}{\eta_u}\leqslant 1\right) \tag{2.131}$$

式中：H_{u0}和r_u为材料参数。

改进后的P-Z广义塑性模型除了保持原始P-Z广义塑性模型静动统一的属性外，同时也新增了一些优点：①模型只需一套参数就可以合理描述土体在大范围变化围压和不同初始密实度情况下的应力应变特性；②模型在一定程度上能够反映颗粒破碎对粗粒料应变变形的影响；③模型对不同的应力路径具有极强的适应性；④模型能够较好地反映土石料在循环荷载下的动力特性。

2.5.3　改进的P-Z广义塑性模型的力学特性

2.5.3.1　不同围压和密实度的适应性

本节利用改进的P-Z广义塑性模型对Verdugo和Ishihara[66]所做的Toyoura砂土三轴试验进行数值模拟，验证大范围变化的围压和不同初始密实度下改进模型的适应性。试验采用应变控制式，分为不排水和排水两种情况，分别对试样施加轴向应变至25%。计算参数见表2.10，其余未涉及参数均为0。

表 2.10　Toyoura 砂土改进 P-Z 广义塑性模型材料参数

参数	G_0	K_0	M_g	M_f	H_0'	h_0	a	b	c	m_v	m_g	ζ_0	n
数值	115	105	1.25	0.3	1100	3	0.930	0.016	0.8	1.5	3	1.375	1.1

图2.20和图2.21分别为初始孔隙比$e=0.735$和0.833，初始围压分别为100kPa、1000kPa、2000kPa和3000kPa的不排水三轴试验结果和数值模拟对比图。由图可见，不同初始围压下，在相同初始孔隙比情况下，随着轴向应变的增加，偏应力逐渐增加，最后都趋于相同的临界值，且临界偏应力的大小随着试样的初始孔隙比的增大而减小。对于同一初始孔隙比、不同初始围压的砂土，各试样均表现出先剪缩后剪胀，且随着初始围压的降低，试样的剪缩量逐渐减小，剪胀量逐渐增大。另外，对于同一初始围压、不同初始孔隙比的砂土，试样同样表现出先剪缩后剪胀，随着初始孔隙比的增大，试样的剪缩量逐渐增大，剪胀量逐渐减小。这主要是由于初始孔隙比较大，动孔压上升较快，较高的动孔压导致有效球应力减小，因此剪缩量增大，剪胀量减小。可见，在初始孔隙比和初始围压差别较大的条件下，改进的P-Z广义塑性模型能用一套材料参数较好地反映砂土的主要力学特性。

图2.22和图2.23为初始围压分别为100kPa和500kPa，初始孔隙比e=0.831、

0.917、0.996 及 0.810、0.886、0.960 的排水三轴试验结果和数值模拟对比图。由图可见，两组试样表现出相同的应力应变规律，即在相同围压下，初始孔隙比较高，砂土表现出持续的硬化和体积收缩的特性，而初始孔隙比较低，砂土则表现出先硬化后软化、先体积收缩后膨胀的特性。尽管试样的初始孔隙比不同，但在相同的初始围压下试样最后均趋向相同的临界状态，且随着初始围压的增加，试样的临界偏应力增加，临界孔隙比减小。总体上，改进的 P-Z 广义塑性模型可较好地反映 Toyoura 砂土在不同围压和初始密实度情况下的应力应变特性。

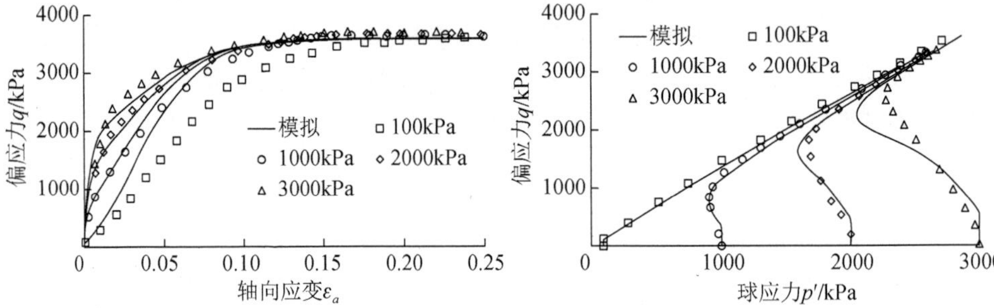

（a）ε_a-q关系　　（b）不排水应力路径p'-q

图 2.20　孔隙比 e=0.735 试样不排水三轴试验结果和数值模拟对比图

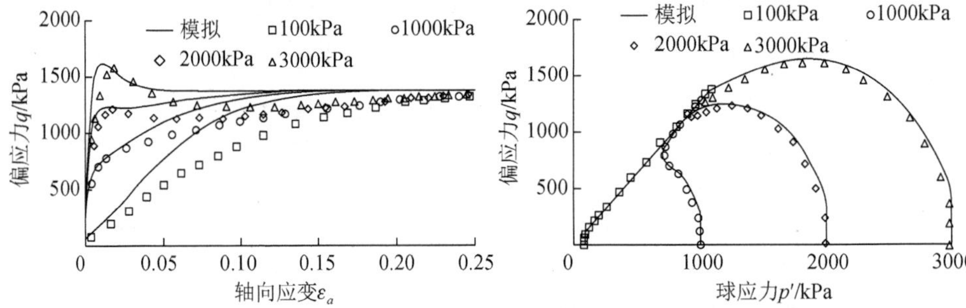

（a）ε_a-q关系　　（b）不排水应力路径p'-q

图 2.21　孔隙比 e=0.833 试样不排水三轴试验结果和数值模拟对比图

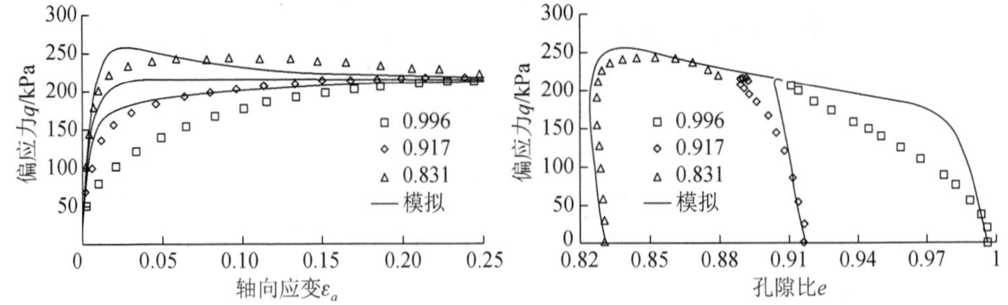

（a）ε_a-q关系　　（b）e-q关系

图 2.22　围压 100kPa 试样排水三轴试验结果和数值模拟对比图

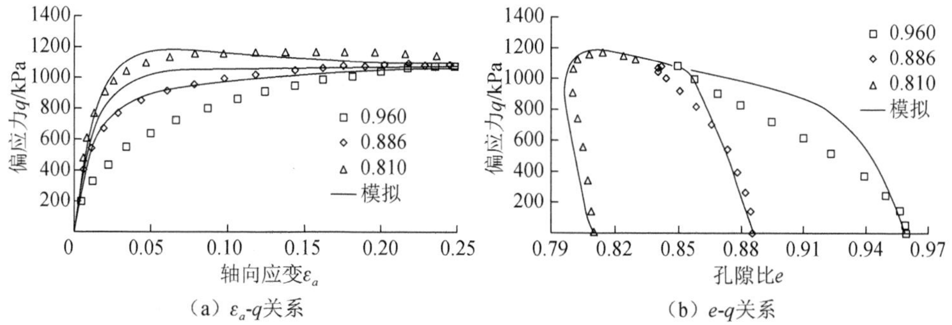

（a）ε_a-q关系　（b）e-q关系

图 2.23　围压 500kPa 试样排水三轴试验结果数值模拟对比图

2.5.3.2　粗粒料颗粒破碎的合理反映

本节利用改进的 P-Z 广义塑性模型对陈生水等[59]所做的粗粒料大型三轴试验进行数值模拟，验证改进模型对粗粒料颗粒破碎影响的适用性。选取粗粒料 II 进行数值模拟验证，该堆石料是弱风化的板岩和砂岩的混合料，计算参数见表 2.11，其中未涉及参数均为 0。

表 2.11　粗粒料 II 的模型参数

参数	G_0	K_0	M_g	M_f	m_v	m_g	a	b	c	κ	ζ_0	n
数值	80	80	1.65	1.5	0.2	0.1	0.35	0.03	0.8	0.00194	1.5	1.1

图 2.24 给出了堆石料在不同围压下粗粒料压缩参数 λ 的变化。由图可见，较高围压下粗粒料的压缩参数大，表明高围压下压缩性强。在加载过程中，随着轴向应变的增加，压缩参数先快速增加，然后逐渐变缓，最后趋于稳定。这主要是由于堆石料在较高的应力水平下发生了明显的颗粒破碎，粗粒料之间原有的孔隙得到快速填充，导致粗粒料的压缩参数刚开始时快速增加。随着粗粒料孔隙率的降低，压缩参数的增幅逐渐变缓，并趋于稳定。

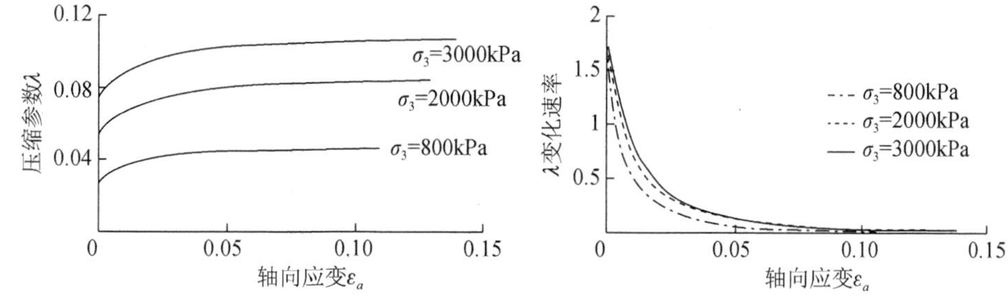

图 2.24　堆石料在不同围压下粗粒料压缩参数 λ 的变化

图 2.25 给出了采用原始 P-Z 广义塑性模型和改进的 P-Z 广义塑性模型对堆石

料三轴试验数值模拟的对比。在高围压下，堆石料产生了明显的颗粒破碎，抑制了剪胀性，导致持续硬化和体积收缩；但在相对较低的围压下，堆石颗粒破碎不再明显，出现剪胀。对比模型改进前后的结果可知，引入压缩参数的改进 P-Z 广义塑性模型剪胀量明显减小，高围压时剪缩量明显增大，与试验值吻合较好，表明改进的 P-Z 广义塑性模型可以反映颗粒破碎对堆石料强度与变形特性的影响。

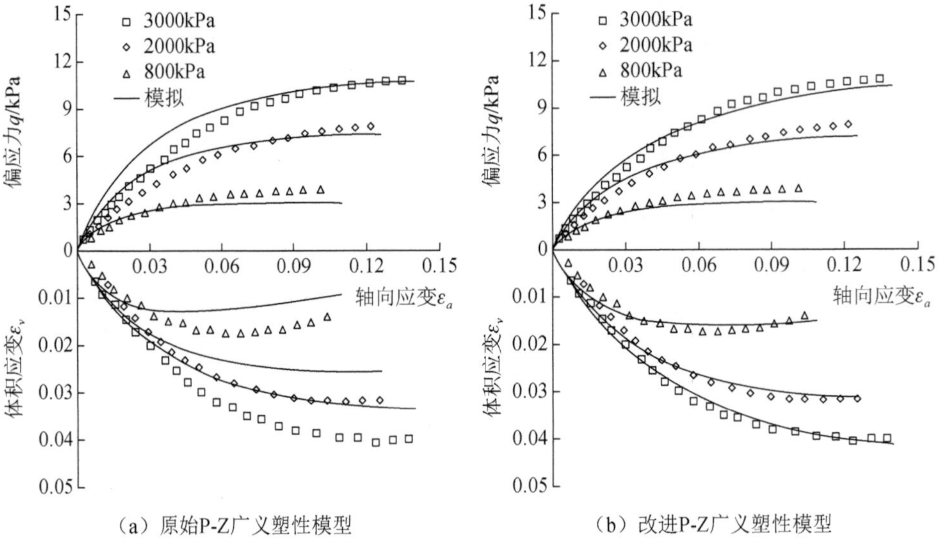

图 2.25 堆石料三轴试验数值模拟对比（$e_0 = 0.215$）

2.5.3.3 不同应力路径下的适应性

本节利用改进的 P-Z 广义塑性模型对杨光等[67]所做的弱风化花岗岩粗粒料不同应力路径下大型三轴试验进行数值模拟。试验包括常规（等σ_3）三轴试验、等 p 三轴试验和等应力比三轴试验，模型参数见表 2.12。

表 2.12 弱风化花岗岩粗粒料模型材料参数

参数	G_0	K_0	M_g	M_f	a	b	c	κ
数值	150	240	1.7	1.28	0.36	0.04	0.7	0.0053
参数	m_v	m_g	ζ_0	n	γ	γ_{den}	γ_u	H_{u0}
数值	5	8	1.8	1.5	30	150	5	3000

常规（等σ_3）三轴试验采用应变控制式，试样先分别在围压 200kPa、700kPa 和 1400kPa 下固结稳定，然后对其施加轴向荷载至轴向应变 ε_a=15%。图 2.26 为粗粒料常规三轴试验数值模拟对比。由图可见，在相对较高的围压下，堆石料一直表现为硬化和体积收缩，峰值偏应力随围压增大而增大；而在相对较低的围压下，堆石料则表现出轻微的软化，体积变形也逐渐由轻微的收缩转化为膨胀。通

过试验值和模拟值的对比可知，改进的P-Z广义塑性模型较好地刻画了堆石料从低围压到高围压表现出的应力变形特性。

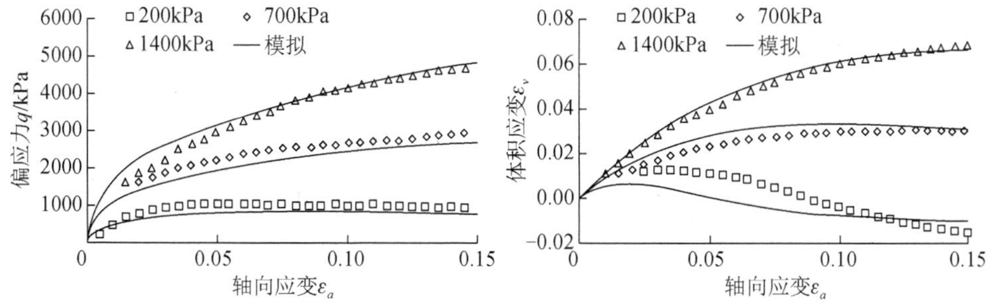

（a）ε_a-q关系　（b）ε_a-ε_v关系

图2.26　粗粒料常规三轴试验数值模拟对比

等p三轴试验采用应力控制式，选取3个球应力，分别为700kPa、1400kPa和2000kPa，在试验过程中始终保持球应力不变，当试样加载接近破坏强度时，按照原应力路径卸载至偏应力$q=0$，然后进行加载直至试样破坏。图2.27为粗粒料等p三轴试验数值模拟对比。由图2.27（a）可见，试样的峰值偏应力随围压的增大而增大，卸载及再加载曲线形成的滞回圈非常小，卸载近乎垂直下降，轴向应变回弹量很小。在整个试验过程中，无论是初次加载、卸载，还是再加载，改进的P-Z广义塑性模型都能较好地刻画堆石料轴向应变和偏应力的特性。但是，由图2.27（b）可见，模型对轴向应变和体积应变关系的预测结果不太令人满意。特别是当卸载时，堆石料产生了明显的体积收缩现象；再加载时，堆石料又产生了明显的体积膨胀现象。而模型预测结果却未能反映这些变形特性，仅在围压为2000kPa时表现出轻微的卸载体积收缩。尽管模型预测的体积应变与试样在卸载和再加载初期有明显的差距，但是当试样接近破坏时，试样的体积应变和模型的预测值又趋于一致。

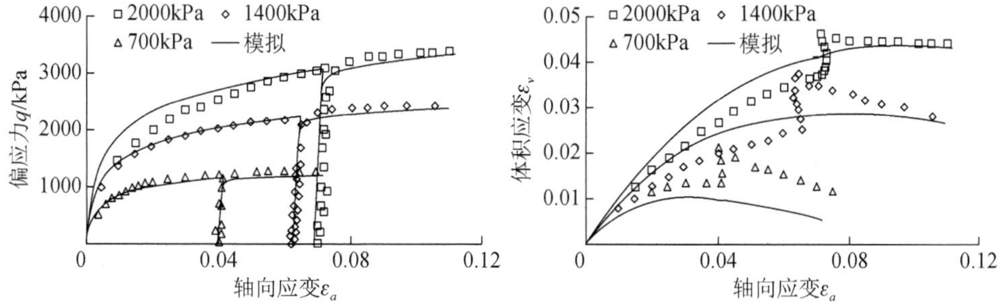

（a）ε_a-q关系　（b）ε_a-ε_v关系

图2.27　粗粒料等p三轴试验数值模拟对比

等应力比三轴试验采用应力控制式，选取 3 个应力比，分别为$R = 2.0$、2.5 和 3.5（R 为大主应力和小主应力的比值）。试样首先在σ_3=150kPa 的围压下固结稳定，然后保持应力比不变，加载至围压$\sigma_3 = 1600$kPa，最后进行一个卸载和再加载的循环。图 2.28 为粗粒料等应力比三轴试验数值模拟对比。由图可见，当初次加载时，虽然剪应力很大，但试样未发生体积膨胀，轴向应变和体积应变基本上呈线性关系，且斜率随应力比的增大而减小；当卸载时，试样均由体积收缩变为体积膨胀；当再加载时，试样继续表现为体积收缩。对于等应力比三轴试验，尽管模型预测值和试验结果在数值上存在一定差距，但改进的 P-Z 广义塑性模型总体上能较好地刻画堆石料在等应力比情况下的应力变形规律。实际观测发现，大坝填筑过程中坝体大部分单元都接近$R = 2.7$的等应力比应力路径[68]，因此用改进的 P-Z 广义塑性模型来模拟大坝填筑过程是可行的。

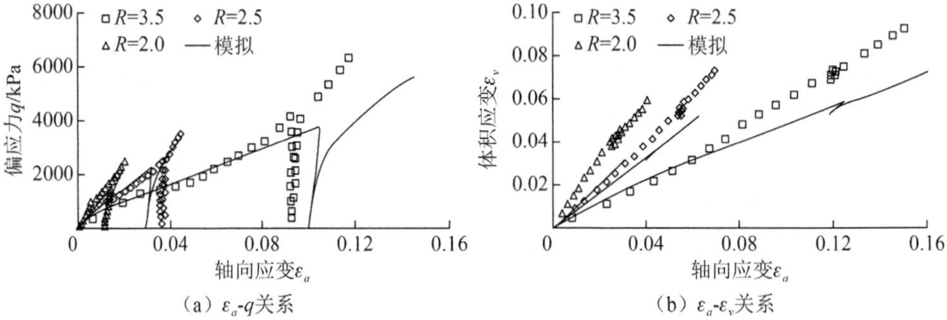

图 2.28　粗粒料等应力比三轴试验数值模拟对比

2.5.3.4　循环加载条件下的动力特性

本节利用改进的 P-Z 广义塑性模型对杨光等[69]所做的弱风化花岗岩堆石料大型循环三轴试验结果进行数值模拟，以验证改进模型对循环加载情况的适应性。试样首先分别在围压 200kPa、700kPa 和 1400kPa 下固结稳定，然后施加一个动应力比$\eta_d = \sigma_d / \sigma_3 = 0.6$的循环荷载。材料参数见表 2.12。

图 2.29 为循环三轴试验数值模拟结果。图 2.30 为围压为 700kPa 情况下循环三轴试验数值模拟对比。由图 2.29 可见，堆石料在循环荷载作用下，轴向应变ε_a-η_d关系、体积应变ε_v-η_d关系均表现出明显的滞回性。在同一初始围压情况下，轴向应变ε_a和体积应变ε_v都随着循环加载次数 N 的增加而增加，并逐渐变缓；在循环加载次数 N 相同的情况下，初始围压σ_3越大的试样，产生的残余应变越大。由图 2.30 可见，循环三轴试验的数值模拟基本与试验值相符。综上可见，改进的 P-Z 广义塑性模型可以较好地刻画堆石料在循环荷载作用下的应力应变特性，即模型可用于堆石坝的地震反应计算。

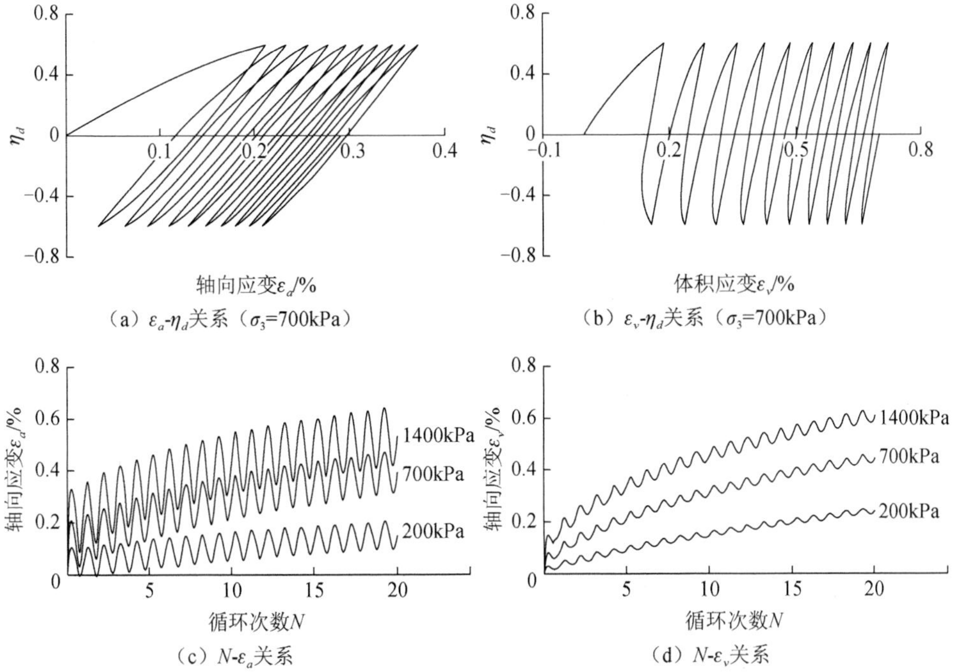

（a）ε_a-η_d关系（σ_3=700kPa）　（b）ε_v-η_d关系（σ_3=700kPa）

（c）N-ε_a关系　（d）N-ε_v关系

图 2.29　循环三轴试验数值模拟结果

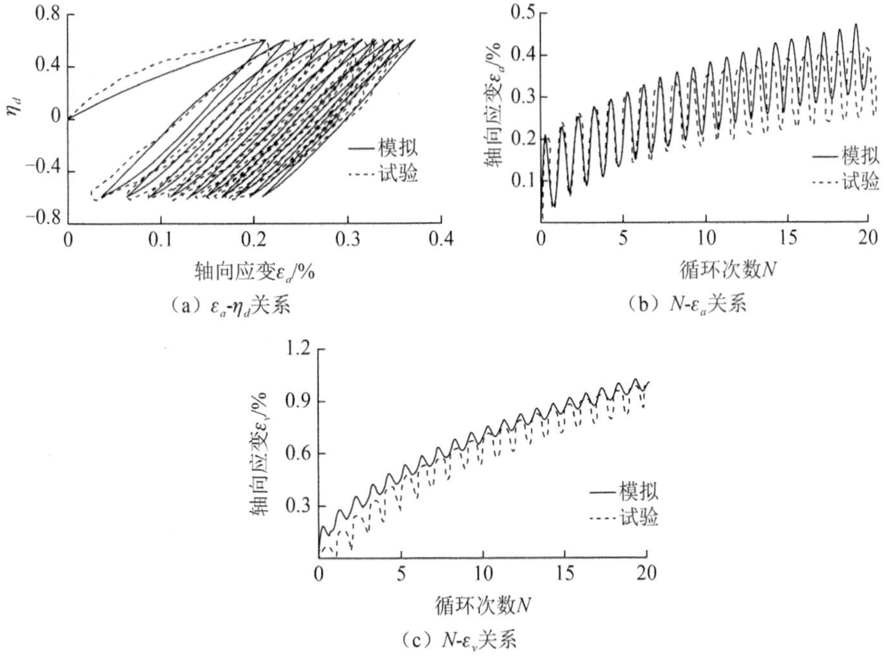

（a）ε_a-η_d关系　（b）N-ε_a关系

（c）N-ε_v关系

图 2.30　围压为 700kPa 情况下循环三轴试验数值模拟对比

参 考 文 献

[1] DUNCAN J M, CHANG C Y. Nonlinear analysis of stress and strain in soil[J]. Journal of Soil Mechanics and Foundation Division, ACSE, 1970, 96(5): 1629-1653.

[2] KONDNER R L. Hyperbolic stress-strain response: cohesive soils[J]. Journal of the Soil Mechanics and Foundations Division, 1963, 89(1): 115-143.

[3] 殷宗泽. 土工原理[M]. 北京：中国水利水电出版社，2007.

[4] JANBU N. Soil compressibility as determined by oedometer and triaxial tests[C]// Proceedings of the European Conference on Soil Mechanics and Foundation Engineering, 1963, 1: 19-25.

[5] DUNCAN J M. Strength, stress-strain and bulk modulus parameters for finite element analysis of stresses and movements in soil masses[R]. Berkeley: University of California, 1980.

[6] 岑威钧，朱岳明，罗平平. 面板堆石坝有限元仿真计算及参数敏感性研究[J]. 水利水电科技进展，2005，25（4）：16-18.

[7] 钱家欢，殷宗泽. 土工原理与计算[M]. 北京：中国水利水电出版社，1996.

[8] 朱俊高，周建方. 邓肯 *E-v* 模型与 *E-B* 模型的比较[J]. 水利水电科技进展，2008，28（1）：4-7.

[9] 殷宗泽，黄其愚，刘吉祥. 浅论邓肯模型及其在铜街子堆石坝平面分析中的应用[J]. 四川水力发电，1986（3）：26-35.

[10] 杨建国，胡德金，高正中. 土质心墙堆石坝弹塑性有限元计算分析[J]. 四川大学学报（工程科学版），2000，32（5）：9-13.

[11] 孔德志，朱俊高. 邓肯-张模型几种改进方法的比较[J]. 岩土力学，2004，25（6）：971-974.

[12] 顾淦臣，黄金明. 混凝土面板堆石坝的堆石本构模型与应力变形分析[J]. 水力发电学报，1991（1）：12-14.

[13] 沈珠江. 土体应力应变分析的一种新模型[C]// 第五届全国土力学及基础工程学术会议论文选集. 北京：建筑工业出版社，1990.

[14] 冀春楼. 深厚覆盖层上高堆石坝静、动力分析方法的研究——冶勒堆石坝静、动工作性态研究[D]. 南京：河海大学，1995.

[15] 李国英. 面板堆石坝新结果形式及其设计计算方法研究[D]. 南京：南京水利科学研究院，1994.

[16] 朱百里，沈珠江，等. 计算土力学[M]. 上海：上海科学技术出版社，1990.

[17] 司海宝，蔡正银. 基于 ABAQUS 建立土体本构模型库的研究[J]. 岩土力学，2011，32(2)：599-603.

[18] 邓同春. 基于 ADINA 的土石料本构模型开发及应用研究[D]. 南京：河海大学，2013.

[19] 张丙印，贾延安，张宗亮. 堆石体修正 Rowe 剪胀方程与南水模型[J]. 岩土工程学报，2007，29（10）：1443-1448.

[20] 郑建媛，崔柏昱. 珊溪水库大坝沉降监测分析[J]. 浙江水利科技，2011（6）：46-48.

[21] KOLYMBAS D. A novel constitutive law for soils[C]// 2nd International Conference On Constitutive Laws for Engineering Material, Tuson, Arison, 1987.

[22] KOLYMBAS D. An outline of hypoplasticity[J]. Archive of mechanics, 1991, 61(3): 143-151.

[23] KOLYMBAS D, WU W. Introduction to hypoplasticity[C]// KOLYMBAS, Proc. Int. Workshop Modern Approaches to Plasticity. Greece: Elsevier Sciences Publishers B V, 1993.

[24] WANG C C. A new representation for isotropic functions, parts I & II[J]. Archive for Rational Mechanics and Analysis, 1970, 36(3): 198-223.

[25] WANG C C. On representation of isotropic functions[J]. Archive for Rational Mechanics and Analysis, 1969, 33(4): 249-267.

[26] GOLDSCHEIDER M. True triaxial tests on dense sand[C]// GUDEHUS G, DARVE F, VARDOULAKIS I, Results

of the Int. workshop on constitutive relations for soils, Rotterdam: Balkema, 1982.

[27] WU W, KOLYMBAS D. Hypoplasticity then and now[C]// KOLYMBAS D. Constitutive modeling of granular materials. Berlin: Springer, 2000: 57-105.

[28] 岑威钧，朱岳明，王修信．一类新型的散粒型土体本构理论[J]．岩土力学，2007，28（9）：1801-1806.

[29] WU W, BAUER E. A simple hypoplastic constitutive model for sand[J]. International Journal for Numerical and Analytical Methods in Geomechanics, 1994, 18(12): 833-862.

[30] GUDEHUS G. A comprehensive constitutive equation for granular materials[J]. Journal of the Japanese Geotechnical society, 1996, 36(1): 1-12.

[31] BAUER E. Calibration of a comprehensive hypoplastic model for granular materials[J]. Journal of the Japanese Geotechnical Society Soils and Foundations, 2008, 36(1): 13-26.

[32] HERLE I, GUDEHUS G. Determination of parameters of a hypoplastic constitutive model from properties of grain assemblies[J]. International Journal for Numerical and Analytical Methods in Materials, 2015, 4(5): 461-486.

[33] 岑威钧．堆石料亚塑性本构模型及面板堆石坝数值分析[D]．南京：河海大学，2005.

[34] 岑威钧，王修信，Erich Bauer，等．堆石料的亚塑性本构建模及其应用研究[J]．岩石力学与工程学报，2007，26（2）：312-322.

[35] 岑威钧，王修信．堆石料本构建模新途径[J]．河海大学学报（自然科学版），2008，36（1）：102-105.

[36] 岑威钧．亚塑性本构模型的隐式数值积分算法[J]．水利学报，2007，38（3）：319-324.

[37] 顾淦臣，沈长松，岑威钧．土石坝地震工程学[M]．北京：中国水利水电出版社，2009.

[38] 岑威钧，王建，王帅，等．水库骤降期偶遇地震作用时高土石坝抗震安全性分析[J]．岩土工程学报，2013，35（S2）：308-313.

[39] HARDIN B O, DRNEVICH V P. Shear modulus and damping in soils: design equations and curves[J]. Journal of Soil Mechanics and Foundations Division, ASCE, 1972, 98(SM7): 667-692.

[40] HARDIN B O, DRNEVICH V P. Shear modulus and damping in soils measurement and parameter effects[J]. Journal of Soil Mechanics and Foundations Division, ASCE, 1972, 18(SM6): 603-624.

[41] 陈生水．土石坝地震安全问题研究[M]．北京：科学出版社，2015.

[42] 沈珠江，徐刚．堆石料的动力变形特性[J]．水利水运科学研究，1996（2）：143-150.

[43] 岑威钧，袁丽娜，张自齐，等．覆盖层上高面板堆石坝地震反应特性研究[J]．郑州大学学报（工学版），2015，36（3）：87-91.

[44] CEN W J, ZHOU T, XIONG K. Permanent deformation characteristics of concrete face rockfill dams on alluvium deposit subjected to different strong seismic excitations[J]. Applied Mechanics and Materials, 2013, 405-408: 1945-1948.

[45] 岑威钧，张自齐，周涛，等．覆盖层上高面板堆石坝的极限抗震能力[J]．水利水电科技进展，2016，36（2）：1-5.

[46] 董威信．高心墙堆石坝流固耦合弹塑性地震动力响应分析[D]．北京：清华大学，2015.

[47] 张卫东．土石料静、动力广义塑性模型及工程应用研究[D]．南京：河海大学，2017.

[48] ZIENKIEWICZ O C, LEUNG K H, PASTOR M. Simple model for transient soil loading in earthquake analysis.I:basic model and its application[J]. International Journal for Numerical and Analytical Methods in Geomechanics, 1985, 9(5): 477-498.

[49] PASTOR M, ZIENKIEWICZ O C, LEUNG K H. Simple model for transient soil loading in earthquake analysis. II. Non-associative models for sands[J]. International Journal for Numerical and Analytical Methods in Geomechanics, 2010, 9(5): 477-498.

[50] PASTOR M, ZIENKIEWICZ O C, CHAN A H C. Generalized plasticity and the modeling of soil behavior[J]. International Journal for Numerical and Analytical Methods in Geomechanics, 1990, 14(3): 151-190.

[51] ZIENKIEWICZ O C. Computational geomechanics with special reference to earthquake engineering[M]. NewYork: John Wiley, 1999.

[52] BEEN K, JEFFERIES M G. State parameter for sands[C]//International Journal of Rock Mechanics and Mining Sciences and Geomechanics Abstracts, 1985.

[53] LI X S, DAFALIAS Y F, WANG Z L. State-dependant dilatancy in critical-state constitutive modelling of sand[J]. Canadian Geotechnical Journal, 1999, 36(4): 599-611.

[54] LI X S, WANG Y. Linear representation of steady-state line for sand[J]. Journal of Geotechnical and Geoenvironmental Engineering, 1998, 124(12): 1215-1217.

[55] 罗刚，张建民．考虑物理状态改变的砂土本构模型[J]．水利学报，2004，35（7）：0026-0031.

[56] 丁树云，蔡正银，凌华．堆石料的强度与变形特性及临界状态研究[J]．岩土工程学报，2010，32（2）：248-252.

[57] 高玉峰，张兵，刘伟，等．堆石料颗粒破碎特征的大型三轴试验研究[J]．岩土力学，2009，30（5）：1237-1246.

[58] 刘恩龙，陈生水，李国英，等．堆石料的临界状态与考虑颗粒破碎的本构模型[J]．岩土力学，2011，31（S2）：148-154.

[59] 陈生水，傅中志，韩华强，等．一个考虑颗粒破碎的堆石料弹塑性本构模型[J]．岩土工程学报，2011，33(10)：1489-1495.

[60] BAUER E. Hypoplastic modelling of moisture-sensitive weathered rockfill materials[J]. Acta Geotechnica, 2009, 4(4): 261.

[61] LING H I, YANG S. Unified sand model based on the critical state and generalized plasticity[J]. Journal of Engineering Mechanics, 2006, 132(12): 1380-1391.

[62] 刘萌成，高玉峰，刘汉龙．堆石料剪胀特性大型三轴试验研究[J]．岩土工程学报，2008，30（2）：205-211.

[63] LING H I, LIU H. Pressure-level dependency and densification behavior of sand through generalized plasticity model[J]. Journal of Engineering Mechanics, 2003, 129(8): 851-860.

[64] MANZANAL D, FERNÁNDEZ MERODO J A, PASTOR M. Generalized plasticity state parameter-based model for saturated and unsaturated soils. Part 1: Saturated state[J]. International Journal for Numerical and Analytical Methods in Geomechanics, 2011, 35(12): 1347-1362.

[65] MANZANAL D, PASTOR M, MERODO J A F. Generalized plasticity state parameter-based model for saturated and unsaturated soils. Part II: unsaturated soil modeling[J]. International Journal for Numerical and Analytical Methods in Geomechanics, 2011, 35(18): 1899-1917.

[66] VERDUGO R, ISHIHARA K. The steady state of sandy soils [J]. Soils and Foundations, 1996, 36(2): 81-91.

[67] 杨光，孙逊，于玉贞，等. 不同应力路径下粗粒料力学特性的试验研究[J]. 岩土力学，2010，31(4)：1118-1122.

[68] 日本土质工学会．粗粒料的现场压实[M]．郭熙灵，文丹，译．北京：中国水利水电出版社，1999.

[69] 杨光，孙江龙，于玉贞，等．循环荷载作用下粗粒料变形特性的试验研究[J]．水力发电学报，2010，29（4）：154-159.

第 3 章　混凝土损伤本构模型

3.1　混凝土面板裂缝特点及成因

混凝土面板是混凝土面板堆石坝的防渗屏障。一旦面板出现裂缝，就会产生复杂的渗流和渗漏问题，进而可能影响大坝的防渗安全性[1]。目前，国内外绝大多数混凝土面板堆石坝的面板出现了不同程度的裂缝问题。下面进行举例说明。

华东地区某混凝土面板堆石坝，最大坝高 40m，坝顶长度 226m，坝顶宽 8.0m，坝前坡比 1∶1.4，坝后坡比 1∶1.6。混凝土面板共有 21 条块，分 8m 和 12m 宽两种，最大坡长 61.39m，面板厚度 40cm。经检测统计，大坝混凝土面板各类裂缝总数为 224 条，面板裂缝特性统计见表 3.1[2]。

表 3.1　某混凝土面板堆石坝混凝土面板裂缝特性统计

面板编号	裂缝数/条	通长裂缝/条	最大缝宽/mm	缝宽超 0.2mm 的条数		最大缝深/mm
				$0.2\text{mm}<d\leqslant 0.5\text{mm}$	$d>0.5\text{mm}$	
(1)	0	—	—	—	—	—
(2)	1	1	0.83	0	1	45
(3)	10	4	0.44	7	0	46
(4)	9	9	0.38	6	0	50
(5)	10	7	0.44	7	0	38
(6)	8	7	0.62	7	1	47
(7)	12	8	0.76	5	7	39
(8)	8	6	0.52	6	1	73
(9)	16	11	0.50	15	0	48
(10)	13	11	0.56	7	5	42
(11)	18	4	0.51	10	1	45
(12)	13	13	0.35	10	0	39
(13)	18	14	0.53	16	1	44
(14)	12	9	0.46	9	0	42
(15)	14	8	0.68	6	7	39
(16)	11	2	0.57	8	3	38
(17)	13	11	0.74	9	4	40
(18)	12	12	0.37	8	0	38
(19)	12	10	0.53	10	1	39
(20)	10	8	0.43	10	0	38
(21)	4	4	0.41	4	0	38
小计	224	159	—	160	32	—

由表 3.1 可知，除 1 号面板外，其余 20 块面板均出现了不同程度的裂缝。整个面板裂缝总数为 224 条，其中 159 条为水平通长裂缝，缝宽在 0.2～0.5mm 的裂缝 160 条，缝宽超过 0.5mm 的裂缝 32 条。面板各条裂缝中，最大缝宽 0.83mm，最大缝深 73mm，最长裂缝长 13.66m，最短裂缝长 1.54m。大坝混凝土面板裂缝分布情况如图 3.1 所示。

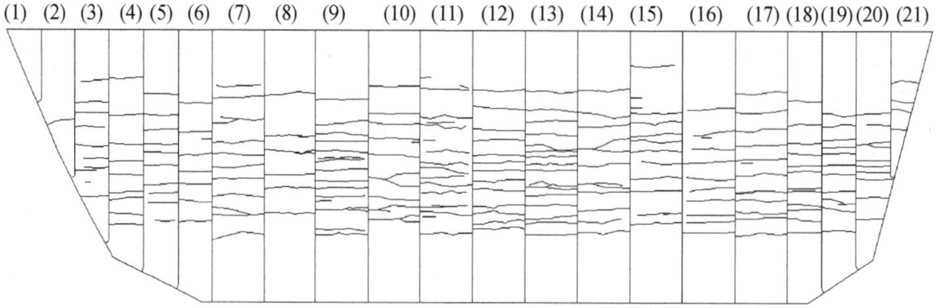

图 3.1　某面板堆石坝混凝土面板裂缝分布

表 3.2 列举了我国部分混凝土面板出现裂缝的基本信息。面板裂缝主要集中在河床中间面板，且大部分发生在面板中下部，裂缝方向基本呈水平，严重的贯穿整条面板。还有一些面板裂缝产生于周边缝附近一定范围内，且产状平行于周边缝，此种裂缝的开度会随着高程的降低有所增加。

表 3.2　部分混凝土面板开裂统计

工程	裂缝状态	分布区域、形态
西北口面板堆石坝[3]	裂缝几乎遍布整个上游坝面，大多贯穿整个面板，仅在钢筋附近略有收窄	缝宽超过 0.3mm 的较多发生在面板的中下部，裂缝方向基本上呈水平
仙口面板堆石坝[4]	2006 年 6 月 29 日检查时发现裂缝 43 条，0.2mm 以下的 16 条，0.2～0.3mm 的 18 条，大于 0.3mm 的 9 条，最大裂缝宽达到 0.46mm。2007 年 1 月 28 日检查时共发现 0.2mm 以上的裂缝 53 条，0.2mm 以下的裂缝 51 条	基本上每块面板都出现了裂缝，在面板宽度方向大多数贯穿整个板块，裂缝产状呈水平状（平行坝轴线）
万胜面板堆石坝[5]	共出现 209 条裂缝，其中缝宽小于 0.1mm 的裂缝有 40 条，缝宽在 0.1～0.3mm 的裂缝有 111 条，缝宽大于 0.3mm 的裂缝有 58 条	裂缝主要分布在中间的面板，裂缝数量较多且相对集中
瓦屋山面板堆石坝[6]	在 M12～M16 块面板高程 961m 以下区域共发现大小裂缝 70 条，裂缝宽度在 0.05～0.8mm，少量裂缝沿厚度方向贯穿，缝内有微量渗水；对一期面板高程 961m 上部区域进行裂缝普查，发现在 M11、M12、M19 仍存在 4 条微细短裂缝，M13、M15 中上部存在 10 条微细长裂缝	裂缝主要集中在一期混凝土面板 955.77～962.72m 高程范围内，大多呈水平带状分布，且沿面板宽度方向贯穿

续表

工程	裂缝状态	分布区域、形态
沙河抽水蓄能电站混凝土面板堆石坝[7]	发现裂缝 36 条，总长度约 185m，缝宽为 0.1～0.5mm 不等	裂缝出现在坝体端头，基本分布在 126m 高程以下距周边缝 0.6～2.6m 的范围内，且随高程的降低裂缝开度有所增加
南车水库面板堆石坝[8]	裂缝缝宽小于 0.2mm 的占大多数，宽度小于 0.2mm 的有 100 条，裂缝宽度在 0.2～0.25mm 的有 19 条，裂缝长短不一，粗细不一，细裂缝平均长度大于粗裂缝平均长度	所有裂缝大致平行坝轴线，均属表面缝，缝深并未贯穿面板厚度，缝长一般小于 6m，极少数横穿整块面板
龙溪电站面板堆石坝[9]	副坝工程为混凝土面板堆石坝，面板底部（距齿槽面 2m）大范围有水平裂缝产生，最大缝宽 1～2mm，在桩号 0+022.3m 至 0+026.3m 段的高程 397m 与 384m 范围出现两条垂直向裂缝，裂缝宽度为 1～3mm，缝长分别为 4m 和 12m	裂缝出现在面板底部（距齿槽面 2m）范围内，产状为水平向
洞峪面板堆石坝[10]	缝宽大于 0.2mm 的 100 条，缝宽小于 0.2mm 的 32 条。裂缝一般为通缝，通缝为 87 条，通缝占总数的 66%。裂缝最大长度为 12.2m，最大宽度为 0.8mm，宽度大于 0.2mm 的裂缝占 76%，一般为 0.3mm，最大宽度 0.8mm	裂缝大部分发生在 730～765m 高程范围内，且为水平向通缝
罗村水库面板堆石坝[11]	1991 年 10 月检查时，发现裂缝开度在 0.2mm 以上的有 38 条，分布在高程 250～263m，裂缝最大深度为 24.2cm。1995 年 3 月再次进行全面检查，共计有裂缝 414 条，其中宽度在 1mm 以上的有 5 条，0.3～1.0mm 的有 217 条，小于 0.3mm 的有 192 条	裂缝绝大部分在高程 245m 以上，主要集中在受压区坝块，为数较多的裂缝有白色钙质物析出，并已贯穿面板
乌鲁瓦提混凝土面板砂砾石坝[12]	主坝混凝土面板用横缝分成 37 个条板（L1～L37），副坝混凝土面板用横缝分为 12 个条板（F1～F12）	裂缝主要集中在两岸坝座部分的 14 个条板、左右趾板上及二、三期面板顶部，其中二期面板占 8.7%、三期面板占 91.3%

混凝土面板紧靠在下垫层之上，外荷载或坝体变形容易引起面板和垫层之间接触支承关系发生改变，一旦两者变形不协调（剪切变形、脱空等），就可能导致面板出现裂缝，甚至局部破损。混凝土面板的裂缝主要有结构性裂缝和非结构性裂缝两种[13-16]。

竣工期，坝体上游面下部朝上游方向鼓出，上部向下游方向收缩。约 1/3 坝高以下部位面板由于受两岸坝肩的约束相对较大，加之底部坝体变形朝上游方向鼓出，致使中部面板向上游凸出，而 1/3 坝高以上部位面板则会产生中部朝向下游方向收缩、坝肩面板局部向上游变形的反翘现象。另外，面板与垫层料力学性质差异很大，“刚性”面板的变形要比垫层小许多，两者之间变形不一致，导致面板受到垫层料的剪切挤压，容易出现面板混凝土开裂。蓄水期，在水压力的作用下，坝体与面板均朝下游方向变形，在面板顶部及两岸坝肩陡坡处容易发生脱空现象。面板一旦脱空，失去垫层料的支承，在库水位作用下面板局部发生弯曲变形，面板会产生水平向裂缝，甚至局部破损。

混凝土面板裂缝除上述结构性裂缝外，还有非结构性裂缝，后者主要是由面板混凝土收缩变形所致。混凝土在早期硬化过程中，水泥石和骨料的界面及水泥石内部都会产生不连续的微细裂缝，这些早期微细裂缝成为混凝土面板在后期荷载、堆石体变形和环境因素作用下裂缝扩展和贯通的潜在隐患。

混凝土干缩和温度应力是造成面板非结构性裂缝的主要因素。混凝土表面因干缩造成的开裂多发生在早期，且多呈龟裂状、乱向无序，一般表现为表面裂缝，很少有贯穿裂缝。由温度变化引起的温度收缩裂缝有两种可能：一是混凝土表面温度变化（如昼夜温差）产生的杂乱无章的表面裂缝；二是深层温度剧烈变化（如气温年变化）产生的水平贯穿裂缝。

塑性收缩裂缝出现在处于塑性状态的混凝土面板表面水分的蒸发率大于泌水上升到表面的速率时，常常发生在新拌混凝土初凝前。这段时间混凝土基本处于塑性状态，水泥水化缓慢，基本处于停止状态，没有强度的增长，混凝土温度没有显著的升高。如果塑性收缩较大，可能产生水纹形状的龟裂，但裂缝深度一般不大。

干缩裂缝是混凝土在硬化过程中，表面水分蒸发速度快于内部，而混凝土的湿度扩散系数非常低，造成混凝土表面发生干缩变形，而在表面产生拉应力，当应力过大时就会产生裂缝。混凝土干燥收缩有其自身的特点，对现有的混凝土而言，早期的养护时间延长，并不能减少混凝土的总收缩，对于那些将来必须使用于干燥环境中的混凝土，有时可能养护时间越长，养护结束后在后期产生的干缩值越大，对混凝土后期防裂不利。

自身收缩裂缝产生在混凝土自身收缩发生的高峰期，新拌混凝土在达到初凝后，水泥的水化开始加速，混凝土强度迅速增长，弹性模量随之增加。由于水化放热，混凝土温度开始明显升高，此时混凝土一般不会产生热膨胀，反而会由于化学反应而体积减小（约 8%），即为混凝土的自身收缩。

3.2　考虑材料非均匀性的混凝土细观损伤模型

3.2.1　混凝土细观力学损伤模型

单轴应力状态下，混凝土的损伤本构关系为

$$\sigma = E_0(1-D)\varepsilon \tag{3.1}$$

式中：D 为损伤变量；E_0 为初始未损伤状态下的弹性模量。

图 3.2 给出了混凝土拉伸和压缩损伤本构关系，相应的损伤变量表达式见式（3.2）和式（3.3）。初始状态下每个混凝土面板单元视为弹性体，随着荷载的

增大，单元应力不断增加。当某个单元的应力或者应变满足损伤准则时，该单元出现损伤，最终可能导致破坏[17]。

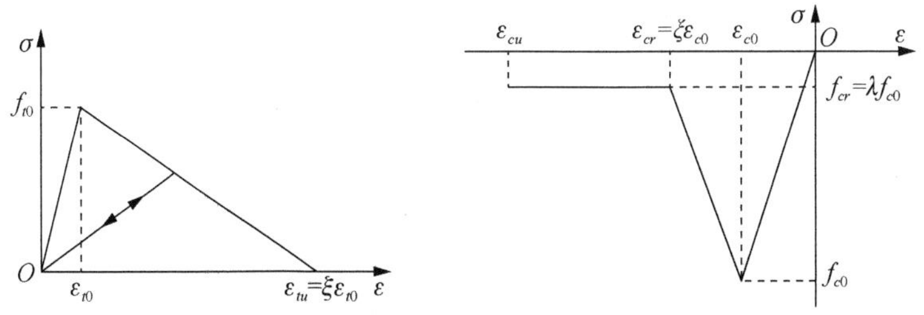

（a）单轴受拉　　（b）单轴受压

图 3.2　混凝土拉伸和压缩损伤本构关系

$$D_t=\begin{cases}0 & (0\leqslant\varepsilon_t\leqslant\varepsilon_{t0})\\ 1-\left(\dfrac{\xi}{\xi-1}\dfrac{\varepsilon_{t0}}{\varepsilon_t}-\dfrac{1}{\xi-1}\right) & (\varepsilon_{t0}<\varepsilon_t\leqslant\varepsilon_{tu})\\ 1 & (\varepsilon_t>\varepsilon_{tu})\end{cases}\tag{3.2}$$

图 3.2（a）和式（3.2）中：f_{t0}为材料单轴抗拉强度；ε_{t0}为抗拉强度所对应的拉应变，当单元拉应变超过ε_{tu}时进入损伤阶段，此时损伤变量$D_t=1$；ε_{tu}为极限拉应变，$\varepsilon_{tu}=\xi\varepsilon_{t0}$，$\xi$为极限拉应变系数。

三维应力条件下，Mazars 和 Pijaudier-Cabot[18]建议用等效应变$\bar{\varepsilon}$代替ε即可。

$$D_c=\begin{cases}0 & (\varepsilon_{c0}\leqslant\varepsilon_c\leqslant 0)\\ 1-\left(\dfrac{\zeta-\lambda}{\zeta-1}\dfrac{\varepsilon_{c0}}{\varepsilon_c}-\dfrac{\lambda-1}{\zeta-1}\right) & (\varepsilon_{cr}\leqslant\varepsilon_c<\varepsilon_{c0})\\ 1-\dfrac{\lambda\varepsilon_{c0}}{\varepsilon_c} & (\varepsilon_{cu}\leqslant\varepsilon_c<\varepsilon_{cr})\\ 1-\dfrac{\lambda}{\zeta} & (\varepsilon_c<\varepsilon_{cu})\end{cases}\tag{3.3}$$

图 3.2（b）和式（3.3）中：f_{c0}为材料单轴抗压强度；ε_{c0}为抗压强度所对应的压应变，当单元压应变达到ε_{c0}时进入损伤阶段；f_{cr}为残余强度，$f_{cr}=\lambda f_{c0}$，λ为残余强度系数；ε_{cr}为残余强度所对应的压应变，$\varepsilon_{cr}=r\varepsilon_{c0}$，$r$为残余应变系数；$\varepsilon_{cu}$为极限压应变，$\varepsilon_{cu}=\zeta\varepsilon_{c0}$，$\zeta$为极限压应变系数，当单元压应变达到$\varepsilon_{cu}$时发生完全损伤，此时损伤变量$D_c=1$。

混凝土的损伤可能是拉伸损伤或剪切损伤，计算过程中应分别根据各自的损伤准则进行判断。损伤准则采用最大拉应变准则和莫尔-库仑准则。当最大主应变达到抗拉强度对应的拉应变时，单元发生拉伸损伤。继续增加至极限拉应变时，单元完全破坏，即认为发生宏观开裂。当单元受压或者受剪时，采用莫尔-库仑准则判断其是否发生剪切损伤破坏。计算时先用最大拉应变准则对各单元进行判断，再用莫尔-库仑准则进行判断，如满足其中一个，则出现拉伸、压缩或剪切破坏，否则该单元完好无损。地震时，混凝土面板单元处于多轴应力状态，当其应力满足莫尔-库仑准则时，采用最大主压应变代替式（3.4）中的单轴压应变进行损伤判断，其表达式为

$$\varepsilon_{c0}=\frac{1}{E_0}\left[-f_c+\frac{1+\sin\varphi}{1-\sin\varphi}\sigma_1-\mu(\sigma_1+\sigma_2)\right] \tag{3.4}$$

采用上述混凝土损伤本构模型，对混凝土每个单元按照一定规律赋予细观参数后，能够较好地模拟试件在单轴拉压、剪切及围压条件下的破坏过程，较好地展现试件中宏观裂缝的萌生与扩展，而且各种条件下试件的破坏形态与试验结果较为一致。该模型也能模拟不同条件下材料应力-应变关系的软化过程，反映混凝土材料的基本力学特征。

3.2.2 细观损伤模型对面板网格的要求

细观损伤力学从混凝土材料组分出发，对组成混凝土的骨料、水泥胶体及两者之间的界面划分单元，并考虑三者力学特性的不同，模拟材料的破坏过程。目前基于绝对细观尺度的损伤力学研究方法大多应用于混凝土试件或者混凝土梁等小尺寸结构的破坏分析。由于受计算能力及问题复杂性所限，对大坝等大体积混凝土结构，目前难以严格地从细观尺度上按照细观力学的方法模拟大坝内部材料各组分以获得大坝在静动力条件下损伤开裂的全过程。

对于混凝土面板堆石坝，虽然混凝土面板相对坝体来说所占体积较小，但是高面板坝中混凝土面板的体积依然较为“庞大”，要严格在细观尺度上来模拟混凝土面板的开裂破坏，对混凝土面板的骨料、水泥胶体及两者之间的界面划分单元，进行细观层面上的计算目前依然不现实。因此，只能在相对细观的尺度上或融合细观力学思想对混凝土面板进行网格加密划分，并吸收随机材料特性模型的思想，在材料宏观均质假定的前提下考虑材料细观非均匀性。这样，可以认为材料的非线性行为是由于材料细观上的非均匀性导致的，以实现在相对细观的角度模拟混凝土材料的损伤开裂行为。因此，基于随机损伤力学的连续性假设，在计算能力允许范围内，采用“适当小”的单元尺寸对混凝土面板进行有限元网格的二次划分，可在一定程度上反映混凝土材料在细观层次上的非均匀特征。

在常规混凝土面板堆石坝静动力有限元计算中，面板单元在长度与宽度方向上的尺寸与坝体网格大致处于同一数量级，不能满足材料细观非均匀性的要求，因此需要对面板网格进行二次加密，以满足相对细观尺度要求。图 3.3 为典型的混凝土面板有限元网格，其中岸坡附近的五面体单元可以采用两种方式加密处理。显然，第一种加密方法容易实施，但是第二种加密方法较第一种方法得到的单元

形态更好。

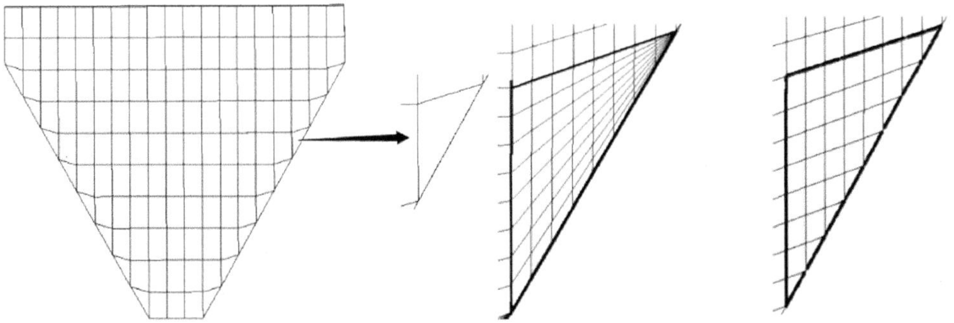

（a）混凝土面板常规网格　（b）第一种加密方法　（c）第二种加密方法

图 3.3　五面体面板单元加密方法

对混凝土面板进行网格二次剖分，涉及面板单元加密程度，即面板单元各向的加密份数。随着面板单元加密越来越细，网格规模快速增加，因此要考虑加密后模型的计算能力。熊堃[19]通过对不同单元数目的混凝土试件进行数值计算，证明单元数目较少时试件表现出的破坏状态仍与数目较多时结果基本一致。因此，考虑到计算能力的要求，可采取合适的加密份数对面板进行网格加密。需要指出，加密后的面板单元还涉及与坝体单元之间的过渡问题。对于三维模型来说，存在 3 个方向上的过渡。如何将网格平顺过渡，使单元形态尽可能地好，又使模型规模可控，是二次剖分程序设计时需要考虑的问题。

3.2.3　材料非均匀性的实现

对于网格二次加密后的混凝土面板，可以认为每一个混凝土单元是均匀连续介质，但各单元的弹性模量、强度和泊松比等力学属性存在差异，表现出一定的离散性和非均匀性。此时如果将加密后的混凝土面板网格视为一个样本空间，则每一个混凝土面板单元为一个样本点。在混凝土面板单元数量足够多时，可以认为面板混凝土整体材料特性是服从某种随机分布规律的随机变量。样本的均值代表材料特性的整体水平，而方差代表其离散程度。虽然这种方法不能精确描述每个混凝土面板单元体所包含的细观结构，但可以在一定程度上体现混凝土材料细观非均匀性的影响，使其力学特性更符合实际情况。

Weibull[20]率先提出采用概率的方法描述材料非均匀性的思想，认为精确测量材料破坏时的强度是不可能的，但是可以定义在给定应力水平下材料发生破坏的概率。唐春安等[21,22]与陈永强[23]通过研究认为，与正态分布相比，Weibull 分布适合于模拟非均匀脆性材料的应变软化现象，因此可以采用 Weibull 分布来表征混凝土材料参数的细观非均匀性。选取混凝土的弹性模量与强度作为随机变量，认为其服从 Weibull 分布，随机赋予所划分的每一个面板单元，由此得到一个具备细观非均匀性的混凝土面板。对于不同的 Weibull 分布参数可以获得不同均匀程度的非均匀材料参数。即使对于同一组 Weibull 分布参数，由于每一次的材料参数都是随机生成的，得到的材料参数空间分布也是不相同的。Weibull 分布的概率密度函数为

$$f(x)=\frac{m}{x_0}\left(\frac{x}{x_0}\right)^{m-1}\exp\left[-\left(\frac{x}{x_0}\right)^{m}\right]\quad (x>0) \tag{3.5}$$

式中：m 为 Weibull 分布密度函数曲线的形状参数；x 为满足 Weibull 分布的材料参数值；x_0 为与材料参数均值相关的参数。

Weibull 分布的均值和方差分别为

$$E(x)=x_0\varGamma\left(1+\frac{1}{m}\right) \tag{3.6}$$

$$D(x)=x_0^2\left[\varGamma\left(1+\frac{2}{m}\right)-\varGamma^2\left(1+\frac{1}{m}\right)\right] \tag{3.7}$$

图 3.4 为不同形状参数下 Weibull 分布密度函数曲线。由图可知，形状参数 m 反映了参数的离散程度。当形状参数 m 由小到大变化时，材料细观单元参数的分布密度函数曲线由矮而宽向高而窄变化，材料参数变得越来越集中，即越来越均匀，越来越接近于参数 x_0。形状参数 m 越大，说明面板混凝土材料性质越均匀，其方差越小，因此可将形状参数视为均匀系数。

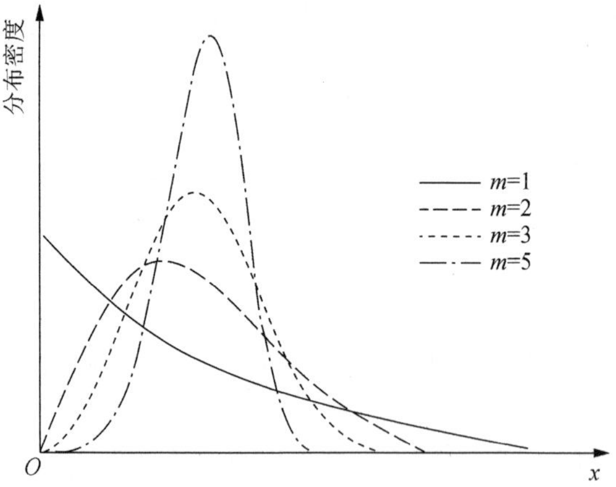

图 3.4　不同形状参数下 Weibull 分布密度函数曲线

首先在[0,1]区间内生成均匀分布的随机数，再利用这些随机数，由反函数法根据 Weibull 概率密度函数生成所需要的材料参数。Weibull 分布的分布函数为

$$F(x)=1-\exp\left[-\left(\frac{x}{x_0}\right)^{m}\right] \tag{3.8}$$

令 $y=F(x)$，对式（3.8）进行反函数变换得

$$x=x_0\left[-\ln(1-y)\right]^{\frac{1}{m}} \tag{3.9}$$

由于 y 为[0,1]区间中均匀分布的随机数，利用式(3.9)就可以得到服从 Weibull 分布的随机参数值。

在混凝土面板堆石坝面板细观损伤分析过程中，主要考虑混凝土面板材料的细观非均匀性。但对于每一个细观单元，仍然是均匀的连续介质，只是在整体上采用随机分布函数来表征材料力学参数的宏观非均匀性。需要特别指出的是，虽然混凝土材料采用简单的应力应变关系，但是材料性质非均匀分布的影响使计算过程中各个单元破坏的先后次序不同，在整体上表现出各种复杂的非线性力学行为。

3.2.4　混凝土试块开裂试验模拟

为了验证细观损伤模型的合理性，对混凝土试件模型进行单向拉伸开裂模拟。试件尺寸为 100mm×100mm，试件底面中点施加固定约束，在试件顶部施加竖直方向的位移荷载，步长 0.001mm。混凝土宏观弹性模量取 28GPa，抗压强度取 30MPa，极限拉应变系数为 8。假定混凝土试件的弹性模量与强度值均服从 Weibull 分布，均匀系数分别取 1.5、3.0 和 5.0，模拟试件拉伸条件下的破坏过程[24]。

图 3.5 为不同均匀系数下混凝土试件的拉伸破坏过程。由图可见，虽然均匀系数不同，但试件最终破坏形式相似。在荷载施加的最初阶段，由于材料细观非均匀性的影响，试件中出现个别损伤单元。随着轴向荷载的增大，损伤的单元逐渐增多，而且损伤破坏的单元逐渐扩展，最终形成一条宏观裂缝，裂缝方向大体垂直于加载方向。

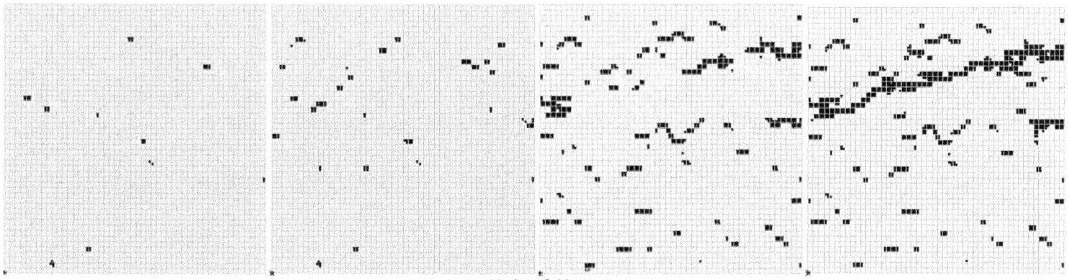

（a）均匀系数取 1.5

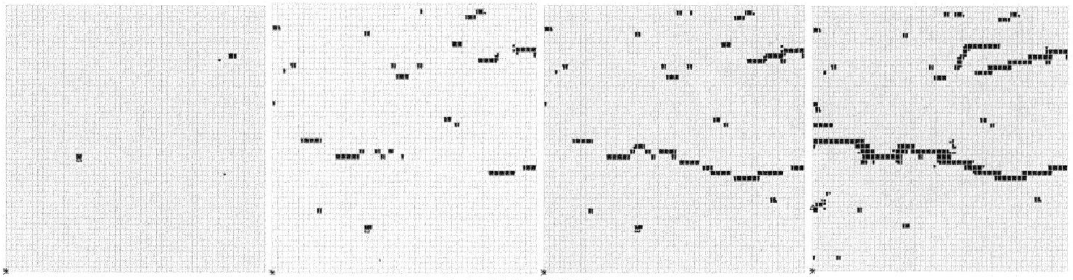

（b）均匀系数取 3.0

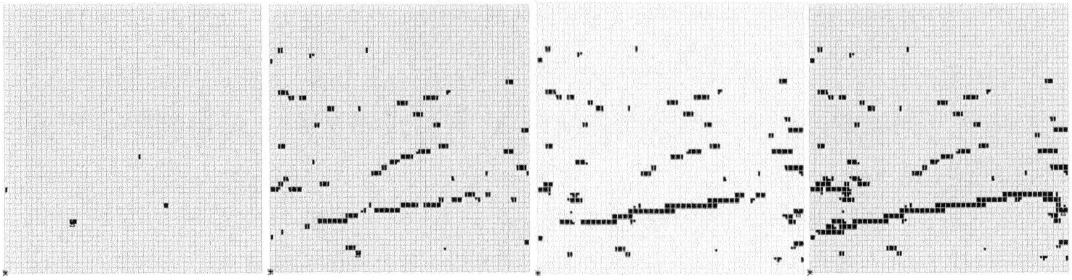

（c）均匀系数取 5.0

图 3.5 不同均匀系数下混凝土试件的拉伸破坏过程

3.3 基于损伤理论的高面板坝混凝土面板损伤开裂分析

3.3.1 计算模型及计算参数

为了获得相对精细的面板网格，需在混凝土面板堆石坝常规有限元网格基础上对面板进行二次剖分加密，使其满足材料非均匀性的要求。图 3.6 为某 100m 高的面板坝细观损伤有限元计算模型[24,25]。对于面板混凝土，选取弹性模量与强度作为随机变量，参数取值见表 3.3，其中细观参数的选取参考熊堃由数值计算得到的材料细观与宏观弹性模量、强度比值之间的关系曲线[19]。坝体材料静力本构采用邓肯 *E-B* 模型，动力本构采用等效线性黏弹性模型，主要计算参数见表 3.4。对周边缝和竖缝采用薄层单元模拟。

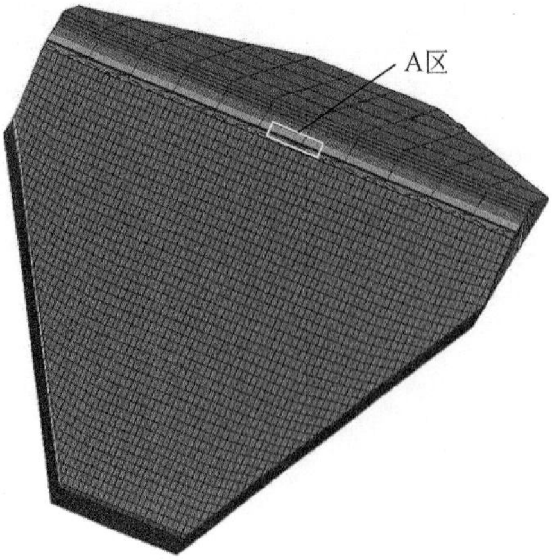

（a）大坝有限元网格

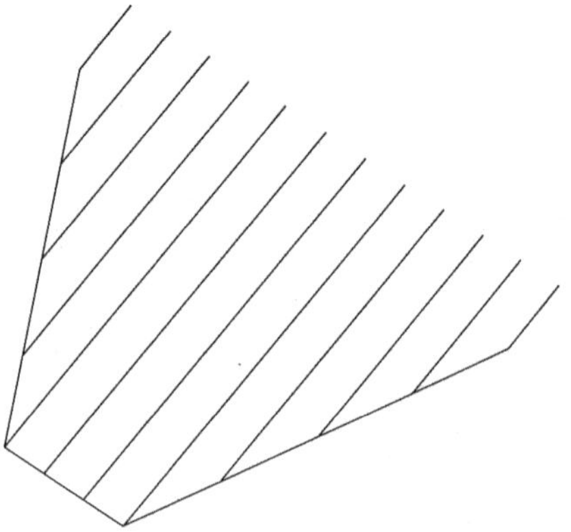

（b）接缝及止水单元

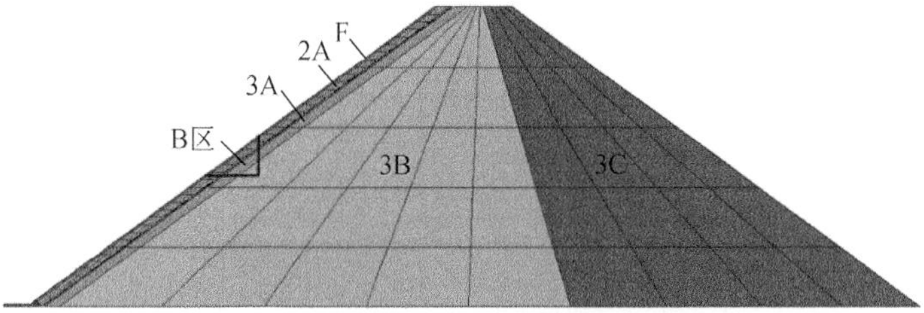

（c）大坝断面网格

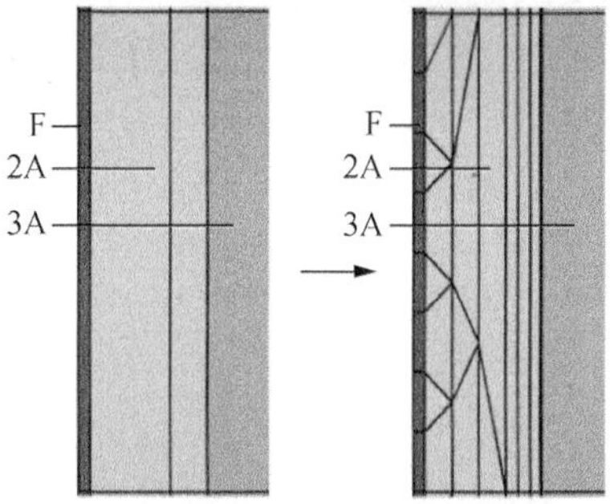

（d）A区网格局部图

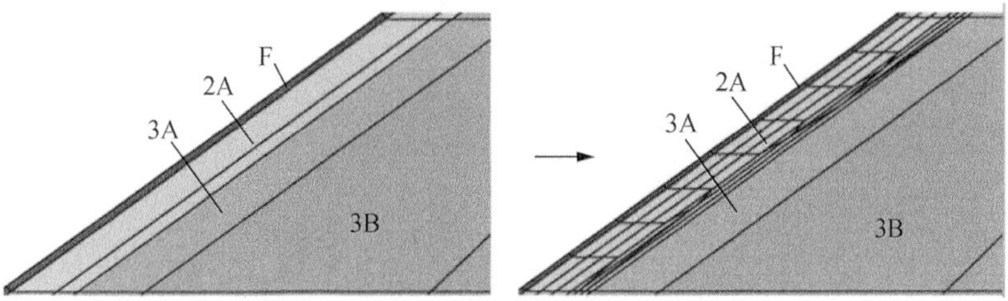

（e）B区网格局部图

图 3.6　面板坝细观损伤有限元计算模型

表 3.3　混凝土面板宏、细观参数

项目	密度/（kg/m^3）	均匀系数	弹性模量/GPa	抗压强度/MPa	泊松比
宏观值	2400	—	30	30	0.167
细观值	2400	3	34.1	39.84	0.167

表 3.4　坝体材料静动力计算参数

材料	γ /（kN/m^3）	φ /（°）	$\Delta\varphi$ /（°）	K	n	R_f	K_b	m	K_{ur}	K_d	n_d
垫层	21.5	49.5	7.2	790	0.24	0.80	320	0.27	1600	2460	0.65
过渡层	21.0	45.8	9.2	840	0.18	0.80	290	0.14	2000	2379	0.63
堆石	21.0	48.0	6.0	850	0.17	0.81	250	0.18	2000	2339	0.5

大坝动力反应计算时输入三向地震波，历时 20s，地震加速度时程曲线如图 3.7 所示，其中竖向地震加速度乘以 2/3 后输入。对三向地震加速度峰值进行缩放，构造 7 度、8 度和 9 度 3 种烈度。

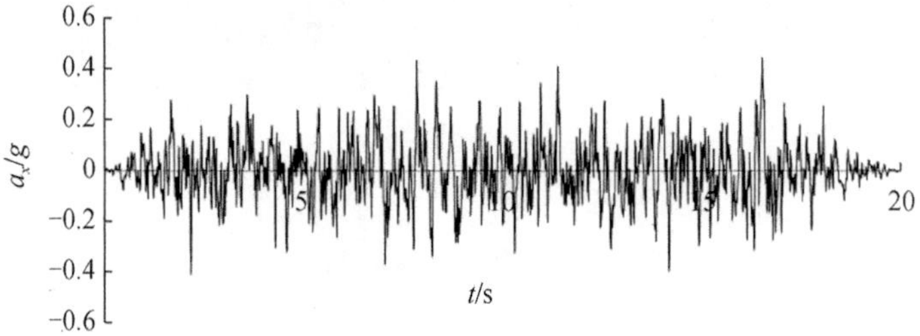

（a）顺河向

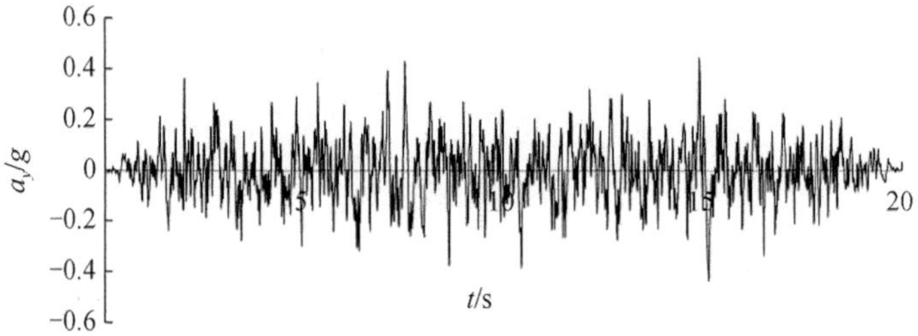

（b）竖向

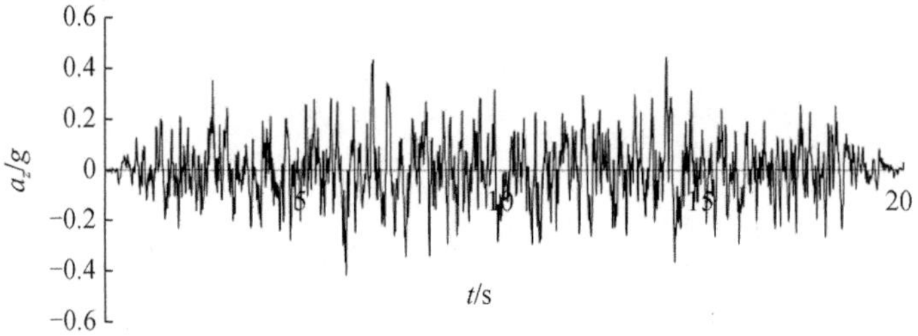

（c）坝轴向

图 3.7　地震加速度时程曲线

3.3.2　静力损伤开裂分析

竣工期面板单元未出现损伤破坏。蓄水期，采用水重度超载法（超载系数 k_s）对大坝混凝土面板细观非均匀性模型进行超载计算。图 3.8 为静力条件下混凝土面板的损伤区域分布图。由图可见，水荷载施加后，靠近两岸岸坡和河床底部的少量面板单元开始出现损伤。随着水重度的不断增大，面板损伤单元逐渐增多，损伤区向面板内部不断扩展。

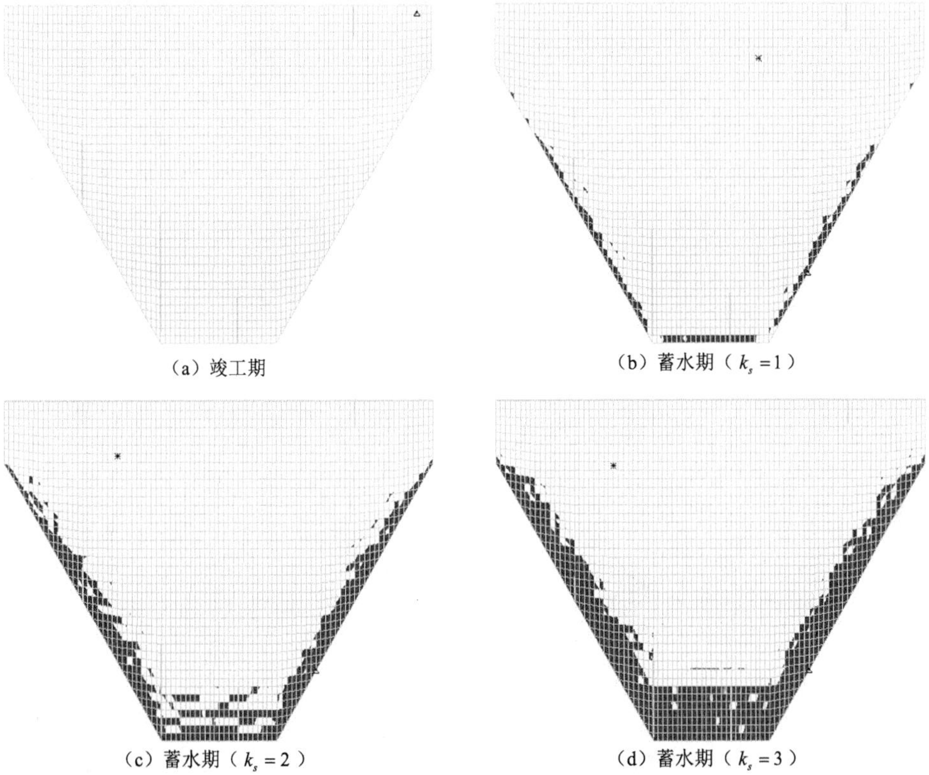
(a) 竣工期
(b) 蓄水期（$k_s=1$）
(c) 蓄水期（$k_s=2$）
(d) 蓄水期（$k_s=3$）

图 3.8　静力条件下混凝土面板的损伤区域分布图

3.3.3　动力损伤开裂分析

3.3.3.1　面板动力损伤开裂模拟

图 3.9 为不同地震烈度下 100m 高面板坝面板损伤开裂区域分布图。由图可见，7 度地震作用下，面板少量单元进入损伤状态，个别单元出现了开裂，主要集中在河岸坝段坝高 2/5～4/5 范围的面板内。随着地震烈度的不断增加，损伤区域不断扩大，产生微裂缝的面板单元不断增加，单元逐渐破坏，产生宏观裂缝。宏观裂缝区域大小与坝高、坝坡、河谷形状及输入地震动特性等因素有关。

地震作用下，面板受力条件比较复杂，面板承受多向拉、压交互作用，一旦面板单元进入损伤阶段，就会产生微裂缝。地震中面板微裂缝处于不断张开或闭合状态，损伤程度不断加深，个别单元率先达到完全破坏，其周围面板单元应力重分布，易使周边单元产生应力集中，导致微裂缝不断扩展，最终形成连续的宏观裂缝。从整个过程来看，面板单元的拉伸损伤破坏是面板开裂破坏的主要原因。

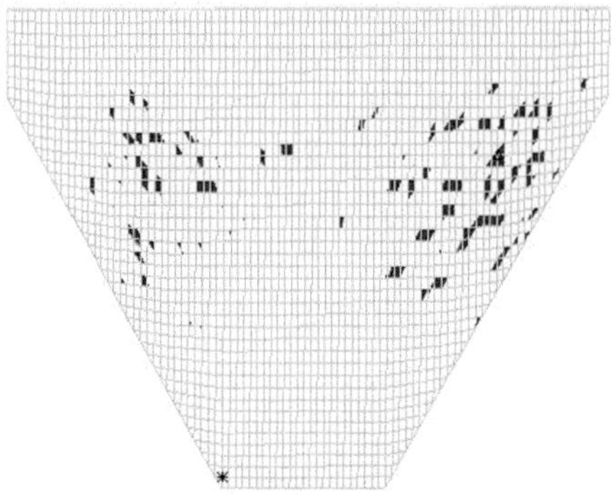

（a）7 度地震下面板损伤区域

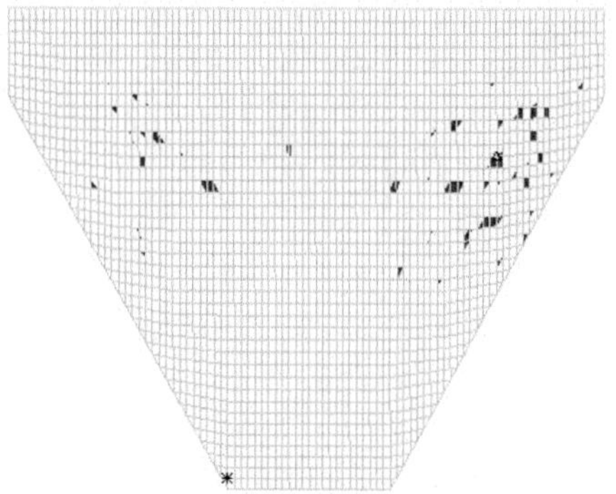

（b）7 度地震下面板宏观裂缝区域

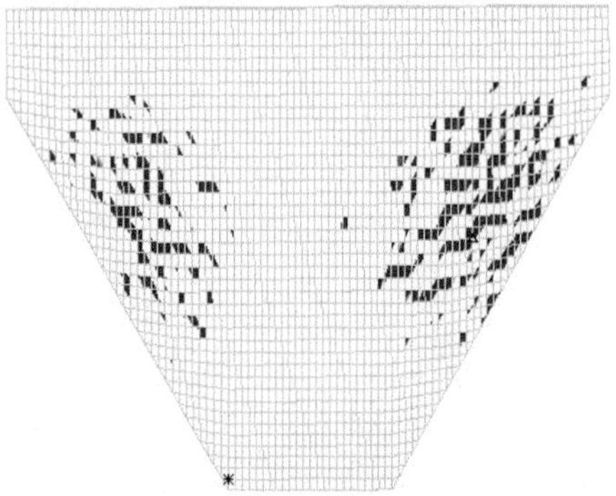

（c）8 度地震下面板损伤区域

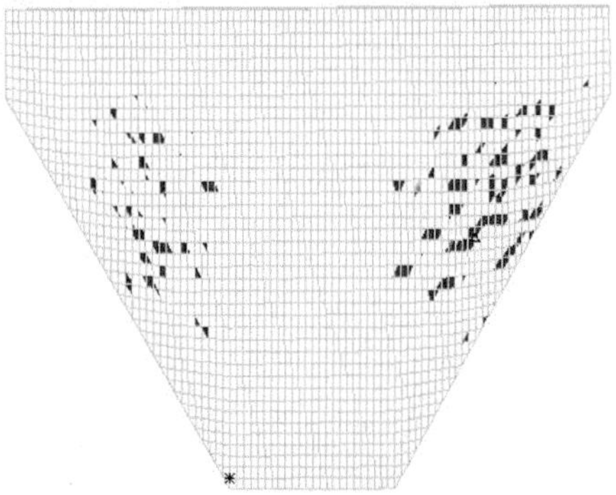

（d）8 度地震下面板宏观裂缝区域

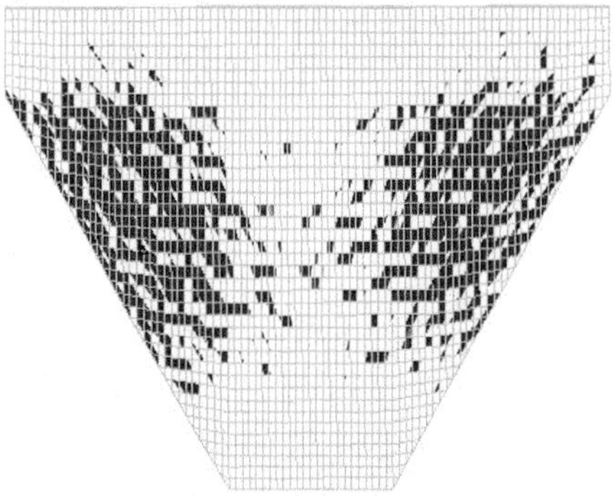

（e）9 度地震下面板损伤区域

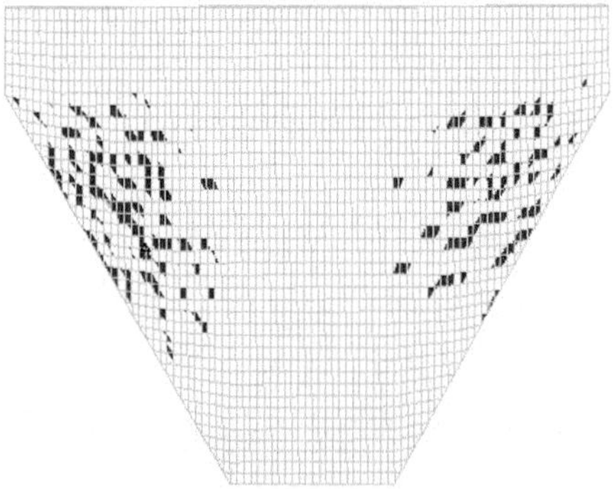

（f）9 度地震下面板宏观裂缝区域

图 3.9　不同地震烈度下 100m 高面板坝面板损伤开裂区域分布图

3.3.3.2　面板动力损伤开裂影响因素

在面板混凝土宏观均质假定的前提下，考虑细观非均匀性的面板损伤破坏分析方法较现行宏观均化假设的常规分析方法而言，可以较好地模拟面板的损伤、开裂和破坏过程。为了进一步探究高面板堆石坝混凝土面板损伤开裂规律，建立不同坝高、岸坡坡比、坝坡坡比的混凝土面板坝模型，进行不同地震烈度下的大坝动力反应计算[24]，计算模型设置见表 3.5。

表 3.5　混凝土面板坝计算模型

模型	说明
模型 1	坝高 100m，两岸岸坡坡比均为 0.8，上下游坝坡坡比均为 1.4
模型 2	坝高 100m，两岸岸坡坡比均为 1.0，上下游坝坡坡比均为 1.4
模型 3	坝高 100m，两岸岸坡坡比均为 1.5，上下游坝坡坡比均为 1.4
模型 4	坝高 100m，两岸岸坡坡比均为 1.0，上下游坝坡坡比均为 1.5
模型 5	坝高 100m，两岸岸坡坡比均为 1.0，上下游坝坡坡比均为 1.6
模型 6	坝高 150m，两岸岸坡坡比均为 1.0，上下游坝坡坡比均为 1.4
模型 7	坝高 150m，两岸岸坡坡比均为 1.0，上下游坝坡坡比均为 1.6
模型 8	坝高 150m，两岸岸坡坡比均为 1.5，上下游坝坡坡比均为 1.4
模型 9	坝高 150m，两岸岸坡坡比均为 1.5，上下游坝坡坡比均为 1.6
模型 10	坝高 200m，两岸岸坡坡比均为 1.0，上下游坝坡坡比均为 1.4
模型 11	坝高 200m，两岸岸坡坡比均为 1.0，上下游坝坡坡比均为 1.6
模型 12	坝高 200m，两岸岸坡坡比均为 1.5，上下游坝坡坡比均为 1.4
模型 13	坝高 200m，两岸岸坡坡比均为 1.5，上下游坝坡坡比均为 1.6

限于篇幅，不再一一给出各计算模型在不同地震烈度下混凝土面板损伤开裂区域的分布图。地震作用下，面板损伤开裂的基本特点如下：

（1）相同的地震烈度下，随着坝高的增大，进入损伤的面板单元范围与数量，以及宏观裂缝开展程度均不断增大。

（2）地震烈度较小时，坝坡坡比对面板损伤与宏观裂缝区域的影响较小。随着地震烈度的增大，坝坡坡比的影响逐渐显现出来。坝坡越陡，面板的损伤区域越大，相应的宏观裂缝也有所增加。

（3）随着岸坡越来越陡，对面板的约束越来越强，面板的损伤区域和宏观裂缝均有所增加。

（4）地震烈度较小时，面板损伤区域与宏观裂缝均很少。随着地震烈度的增加，面板损伤范围与宏观裂缝区域逐渐增大。

图 3.10 为不同面板坝模型在不同地震烈度下面板损伤单元和宏观裂缝（完全破坏）单元所占比例，图中字母 S 代表损伤单元，字母 H 代表宏观裂缝单元，0.8、1.0、1.5 等表示坡比。由图可见，各计算模型面板损伤单元与宏观裂缝单元所占比例均随着地震烈度的增大而增加，特别是地震烈度由 8 度增至 9 度时增加明显。地震烈度相同时，岸坡越陡，面板损伤与宏观裂缝所占单元比例越大；坝坡坡比对面板损伤或开裂的影响与岸坡坡比的影响情况类似。总体来说，岸坡对面板破坏的影响比坝坡影响大，说明两岸的约束对面板抗震安全性有重要影响。在岸坡确定的情况下，适当减缓坝坡坡比对面板抗震有利。

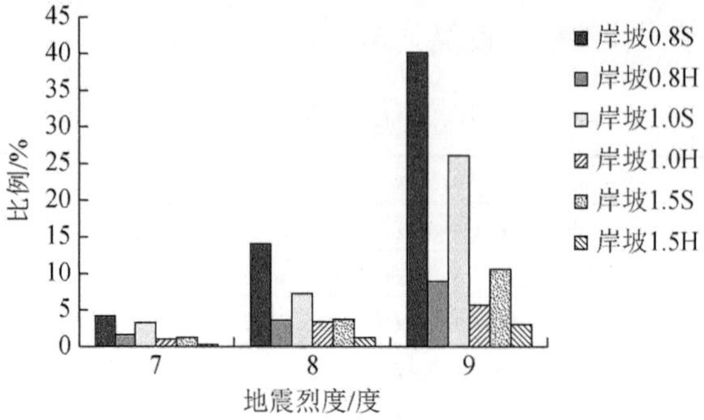

（a）不同岸坡

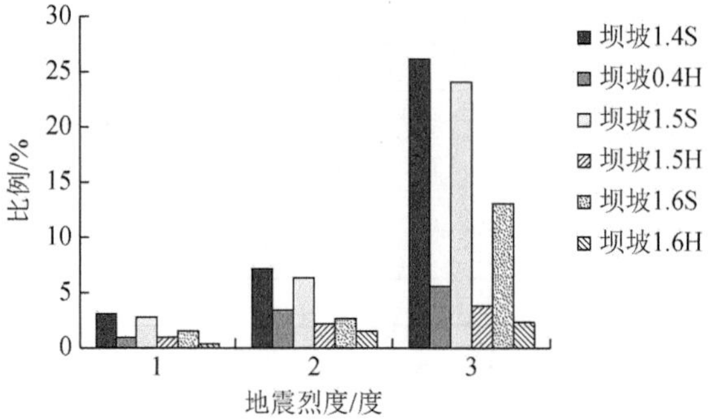

（b）不同坝坡

图 3.10　不同面板坝模型在不同地震烈度下面板损伤单元与宏观裂缝（完全破坏）单元所占比例

3.3.3.3　混凝土面板损伤开裂机理分析

通过对坝高、岸坡坡比、坝坡坡比及地震烈度等因素的敏感性分析，获得高面板坝混凝土面板损伤开裂机理。在地震作用下，岸坡坝段坝高 2/5～4/5 处某些面板单元首先进入损伤阶段，此时面板中形成一些微裂缝。随着地震历时的增加，进入损伤区域的面板单元逐渐增多，面板中微裂缝不断增多，最终可能造成较大面积的损伤。这些损伤主要是由于面板某一方向的主拉应力超限导致。随着损伤程度的不断加深，某些单元出现破坏，宏观上表现为面板出现了裂缝。地震过程中，完全破坏的单元逐渐增多，宏观裂缝逐渐扩展，裂缝开展方向与周边缝方向大致平行。当然，面板宏观裂缝具体出现位置除与坝高、岸坡坡比、坝坡坡比及地震烈度相关外，还与面板混凝土的均一性及面板局部构造等因素密切相关。

图 3.11 和图 3.12 分别为 100m 高典型面板坝（表 3.5 中计算模型 2）在 9 度地震作用下不同时刻面板损伤单元和宏观裂缝（完全破坏）单元分布图（考虑模型的对称性，取左岸一半面板进行展示，实际面板损伤和开裂区并不完全对称）。由图可见，随着地震历时的增加，面板进入损伤和开裂的单元逐渐增多，完全破坏的单元范围不断扩大，并且相互连接。整个过程较好地模拟了面板裂缝的萌生、

发展和连接扩展，动态展示了面板裂缝的形成和发展过程[25]。

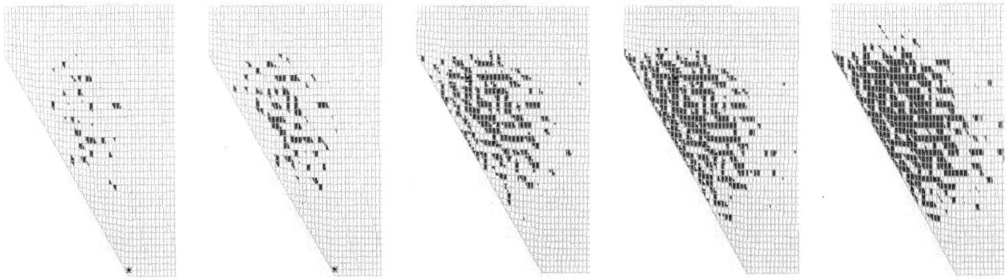

（a）4s　（b）8s　（c）12s　（d）16s　（e）20s

图 3.11　100m 高典型面板坝在 9 度地震作用下不同时刻面板损伤单元分布图

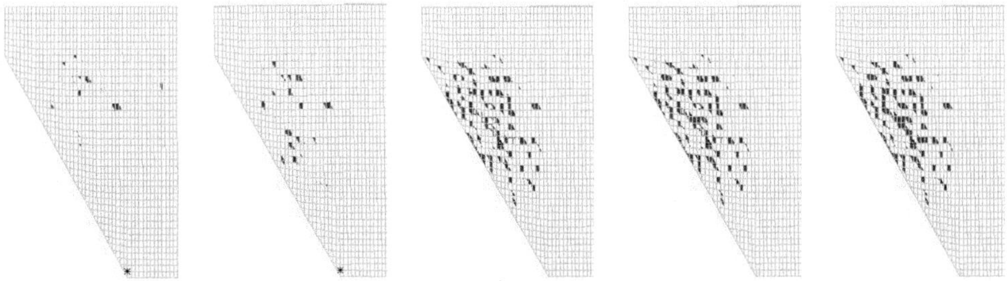

（a）4s　（b）8s　（c）12s　（d）16s　（e）20s

图 3.12　100m 高典型面板坝在 9 度地震作用下不同时刻面板宏观裂缝单元分布图

图 3.13 为 100m 高典型面板坝（表 3.5 中计算模型 2）在 9 度地震过程中面板损伤单元和宏观裂缝（完全破坏）单元所占比例的变化。由图可见，随着地震历时的增加，面板进入损伤阶段和完全破坏的单元所占比例逐渐增多，其中破坏单元增加幅度较小。地震过程中面板单元进入损伤阶段和完全破坏的占比并不是线性变化的，而是在地震历时中间时刻靠前的一个时间段内有显著增加，到地震后期变化相对比较平缓。

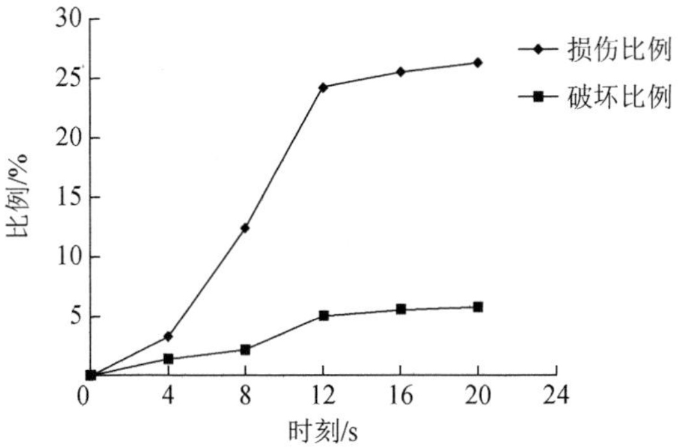

图 3.13　100m 高典型面板坝在 9 度地震过程中面板损伤单元和宏观裂缝单元所占比例的变化

3.4 紫坪铺面板堆石坝面板地震开裂分析

3.4.1 工程概况

紫坪铺水利枢纽是一座以灌溉和供水为主，兼有发电、防洪、环境保护、旅游等综合效益的大（Ⅰ）型水利工程。水库正常蓄水位 877.00m，总库容 11.12 亿 m^3。工程区位于龙门山断裂构造带南段，在北川—映秀与灌县—安县断裂带之间，经国家地震局复核鉴定确认，坝址场地地震基本烈度为 7 度，50 年超越频率 0.10 和 100 年超越频率 0.02 时的基岩水平峰值加速度分别为 120.2Gal（$1Gal=1cm/s^2$）和 259.6Gal[26]。2008 年 5 月 12 日，我国四川省汶川发生里氏 8.0 级大地震，震中烈度Ⅺ度。紫坪铺大坝距汶川地震震中 17km，是地震灾区距地震震中最近、工程规模最大的一个高坝水库工程，出现了一定程度的损伤破坏，特别是混凝土面板破损、错台和脱空比较严重[26-28]。

拦河大坝为混凝土面板堆石坝，最大坝高 156m，坝顶高程（EL）884.00m，坝顶长 663.77m，坝顶宽 12.00m，上游坝坡坡比为 1∶1.40，高程 840.00m 马道以上的下游坝面坡比为 1∶1.50，高程 840.00m 马道以下的下游坝坡坡比为 1∶1.40。图 3.14 为紫坪铺混凝土面板堆石坝的平面布置图和典型断面图。

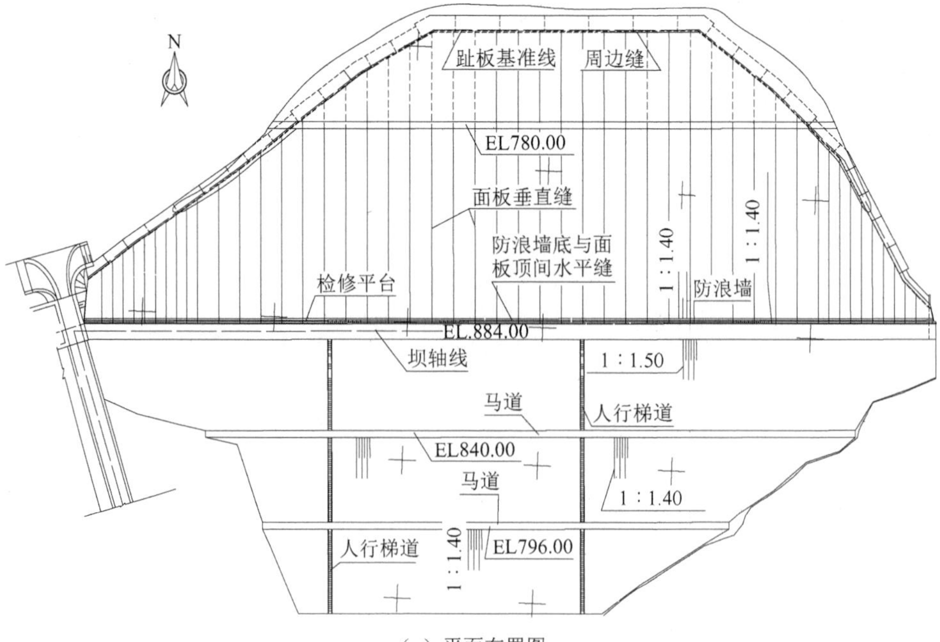

（a）平面布置图

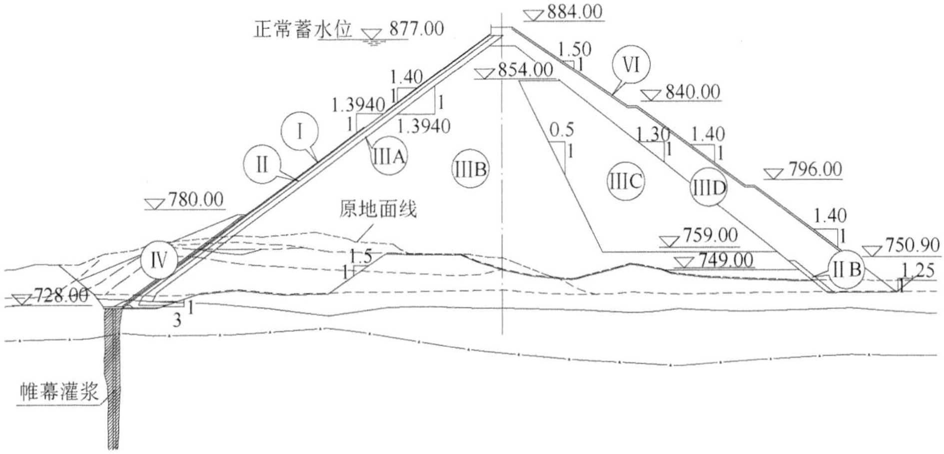

（b）典型断面图

图 3.14　紫坪铺混凝土面板堆石坝的平面布置图和典型断面图

3.4.2　汶川地震时面板震害

紫坪铺混凝土面板堆石坝经受了超设计标准的地震考验，大坝总体安全，表明大坝设计和施工质量较好，具有较强的抗震能力。大坝主要震害为混凝土面板破损、错台和脱空，特别在面板二、三期 845.00m 高程水平施工缝处发生明显剪切错台，总长度为 340m。河床部位面板板间垂直结构缝挤压破损严重[29]。大坝主要震害分布图如图 3.15 所示，混凝土面板细部震害分布图如图 3.16 所示。

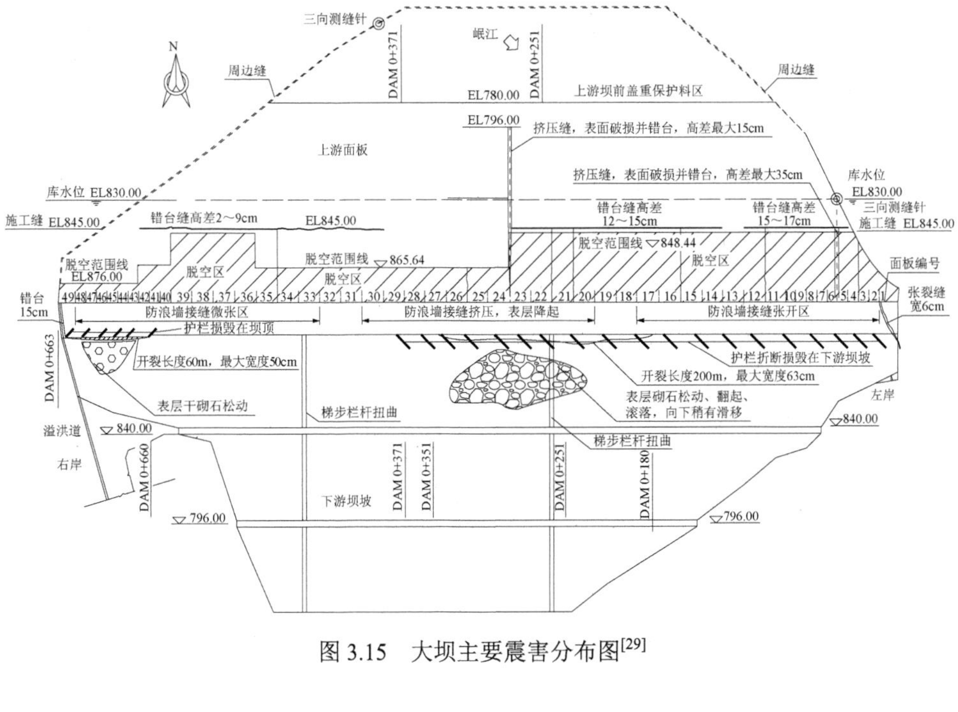

图 3.15　大坝主要震害分布图[29]

（a）二、三期面板水平施工缝错台

（b）大坝 5、6 号面板挤压破坏

（c）大坝 23 号面板挤压破坏

图 3.16　混凝土面板细部震害分布图[26,29]

3.4.3　有限元模型和计算条件

图 3.17(a)为紫坪铺面板堆石坝常规有限元抗震计算网格，结点总数为 16522，单元总数为 15542，其中面板单元数为 3432。考虑面板混凝土细观非均匀性的有限元计算网格如图 3.17(b)所示，面板单元细分后大坝网格结点总数增至 102864，单元总数增至 92077，其中面板单元数增至 25196。

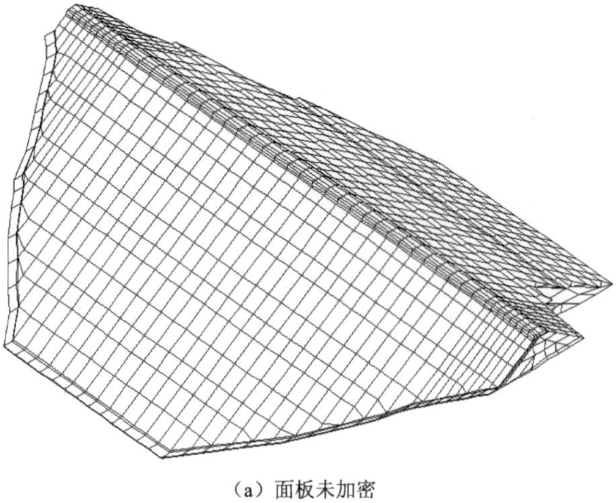

（a）面板未加密

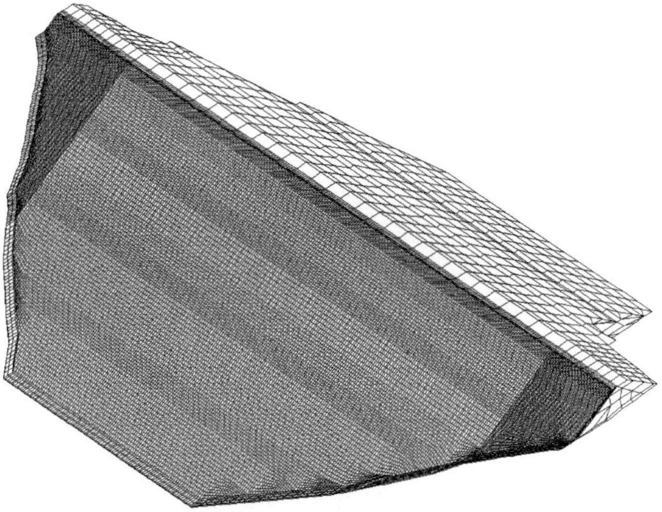

(b) 面板加密后

图 3.17 加密前后紫坪铺面板堆石坝常规有限元抗震计算网格

坝体材料有限元静、动力计算参数见表 3.6。对于面板混凝土单元，选取弹性模量与抗压强度作为随机变量，参数取值见表 3.3。周边缝和竖缝采用有厚度单元进行模拟。

表 3.6 坝体材料有限元静、动力计算参数

材料	γ / (kN/m^3)	φ / (°)	$\Delta\varphi$ / (°)	K	n	R_f	K_b	m	K_d	n_d
垫层	2.30	58.0	10.7	1274	0.44	0.84	1276	−0.03	3051.7	0.505
过渡层	2.25	58.0	11.4	1085	0.38	0.75	1054	−0.09	3183.4	0.509
堆石	2.16	55.0	10.6	1086	0.33	0.79	965	−0.21	3784.4	0.416

由于“5·12”汶川大地震时未监测到坝址区地震加速度时程曲线，孔宪京等[30]建议在对紫坪铺大坝进行汶川地震动力复核计算时采用实测地震动或按抗震设计规范反应谱人工生成地震动。本书采用人工拟合方法生成动力计算所需的三向地震波。

采用 100 年超越概率 2%的场地基岩水平峰值加速度 0.26g。依据现行《水电工程水工建筑物抗震设计规范》(NB 35047—2015) 的标准反应谱，按照 I 类场地，$T_g = 0.2\,\text{s}$，反应谱的最大值 $\beta_{\max}$ 为 1.6，加速度反应谱与目标谱的拟合如图 3.18 所示。根据文献[30]建议，将顺河向、竖向与坝轴向峰值加速度分别调至 0.55g、0.37g 和 0.55g，调整后合成的人工地震加速度时程曲线如图 3.19 所示。

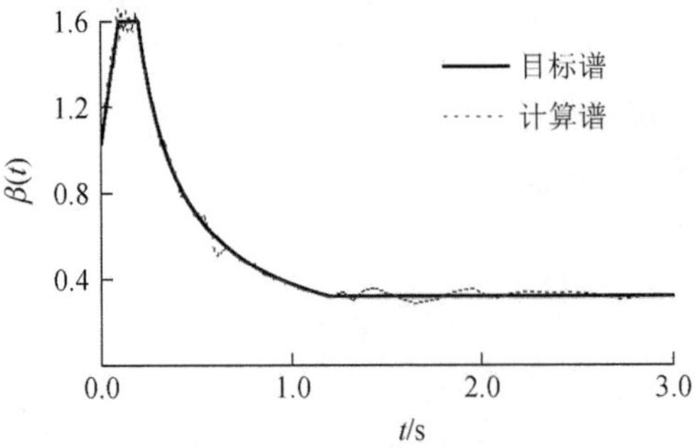

图 3.18　人工生成地震波加速度反应谱与目标谱的拟合

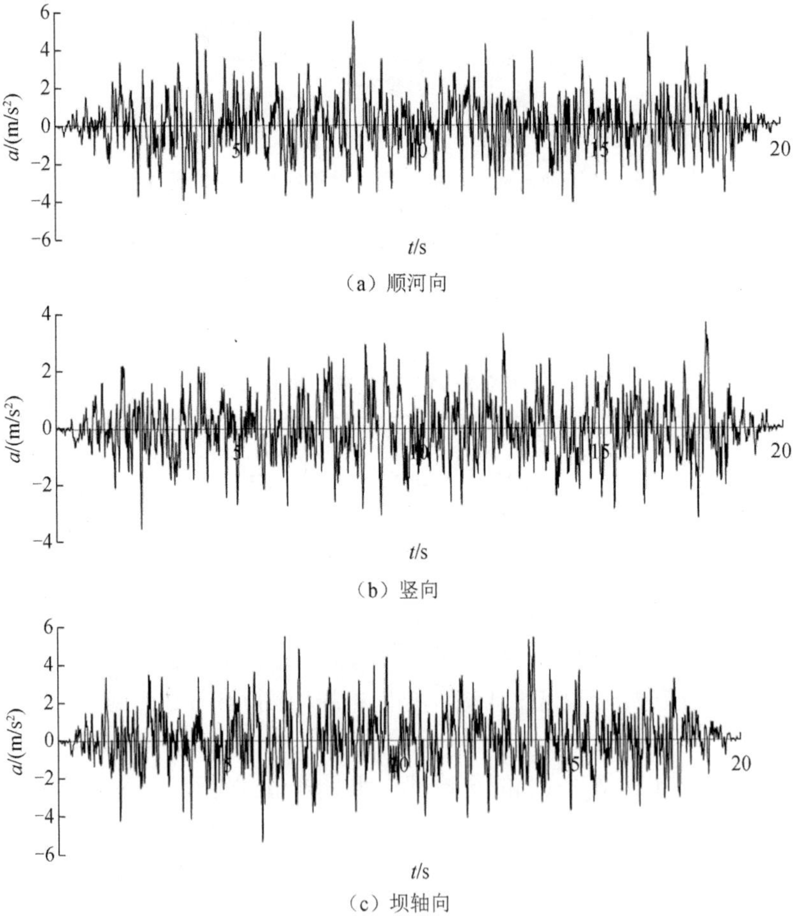

图 3.19　人工合成地震波加速度时程曲线

3.4.4　计算成果分析

图 3.20 为坝体最大剖面三向动位移等值线包络图。由图可见，顺河向、竖向和坝轴向最大动位移均由底部到顶部逐步增大，符合一般规律。地震作用下，顺河向、竖向和坝轴向动位移峰值均出现在河床中间坝段靠近坝顶下游侧，这与紫坪铺大坝河床坝段在汶川地震中靠近坝顶的下游坡面干砌石松动、滚落相吻合。

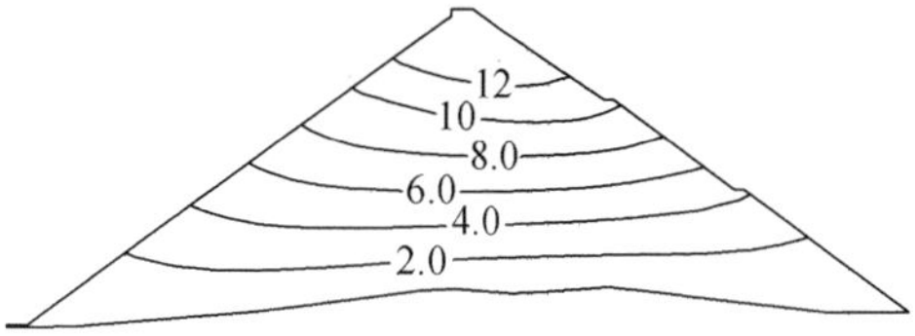

（a）顺河向

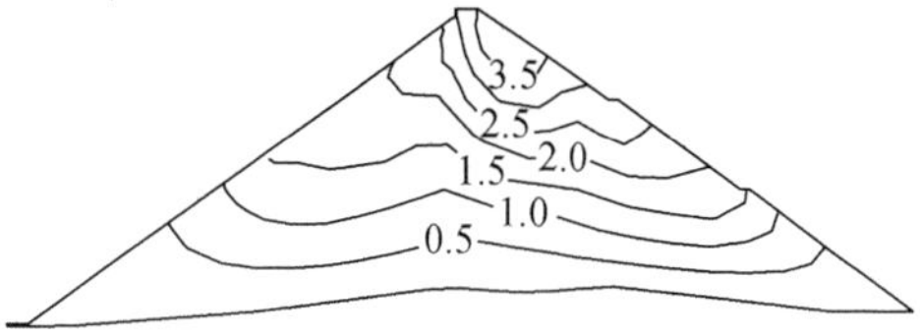

（b）竖向

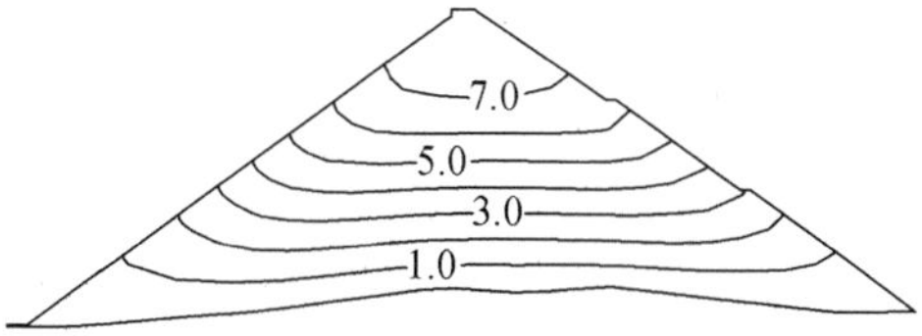

（c）坝轴向

图 3.20　坝体最大剖面三向动位移等值线包络图（单位：cm）

图 3.21 为坝体最大剖面三向加速度等值线包络图。由图可见，顺河向、竖向、坝轴向最大加速度基本上由底部到顶部逐步增大，符合一般规律。坝体顺河向、竖向和坝轴向加速度放大系数分别为 1.56、1.58 和 1.46。

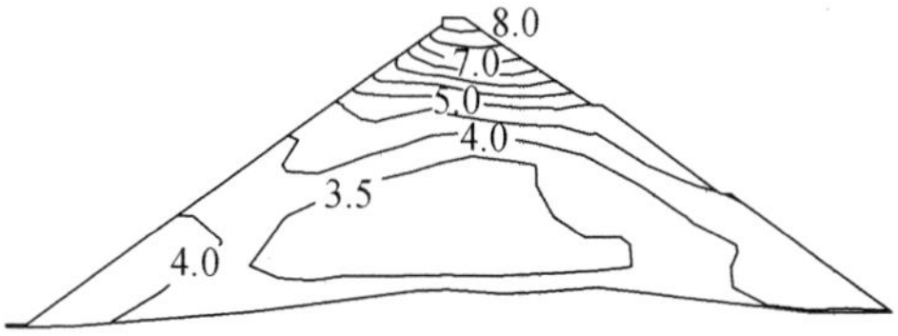

（a）顺河向

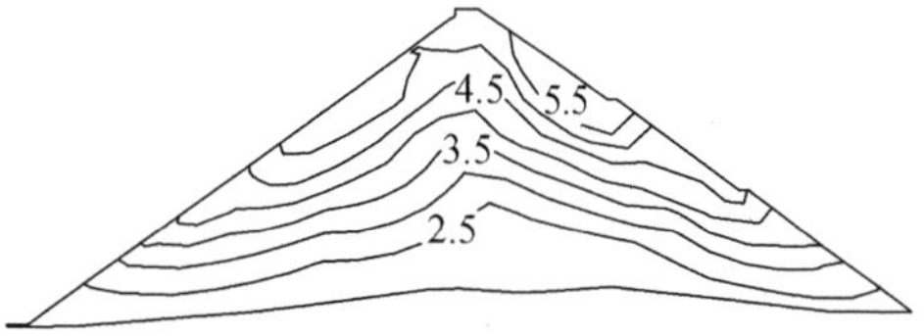

（b）竖向

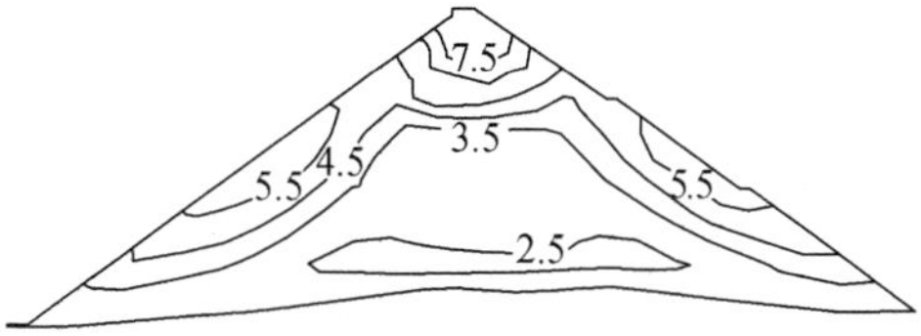

（c）坝轴向

图 3.21　坝体最大剖面三向加速度等值线包络图（单位：m/s^2）

图 3.22 给出了地震作用下紫坪铺面板堆石坝混凝土面板损伤单元与宏观裂缝

单元分布图。由图 3.22（a）可见，在地震作用下混凝土面板的损伤区域主要集中在二、三期面板水平施工缝附近，以及三期面板岸坡坝段竖缝和岸坡坝段 1/3～2/3 坝高范围内。由图 3.22（b）可见，在地震作用下混凝土面板二、三期面板水平施工缝产生大范围的宏观裂缝；岸坡坝段的三期面板产生部分拉伸破坏；岸坡坝段 2/5～4/5 坝高范围内形成宏观裂缝，裂缝走向大致平行于周边缝。

对比图 3.22（b）与图 3.15 可以发现，计算采用的随机非均匀细观损伤模型总体上能较好地模拟地震作用下紫坪铺面板坝混凝土面板的震害现象。地震作用下岸坡坝段混凝土面板承受拉压交互作用，最终呈现出拉伸破坏。由图 3.22（b）可以看出，计算得到的二、三期面板施工缝部位面板裂缝产状总体上大致沿着施工缝分布，局部存在转折，与图 3.15 所示裂缝区吻合得较好。进一步与图 3.16（a）、（b）所示的实际面板开裂错台对比可以看出，汶川地震时面板二、三期面板错台也并非完全水平。现有计算结果对大坝面板中部 23 号面板的挤压破坏模拟效果不明显，这主要与面板材料细观非均匀性模拟方法有关。本方法本质上是通过细观单元的拉伸破坏来模拟混凝土材料的损伤开裂非线性行为，而紫坪铺面板堆石坝中部面板的破损是由于坝轴向受压破坏导致的。

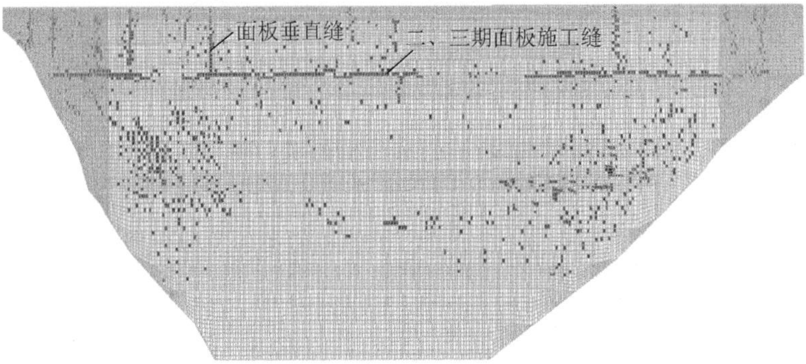

（a）面板损伤区域

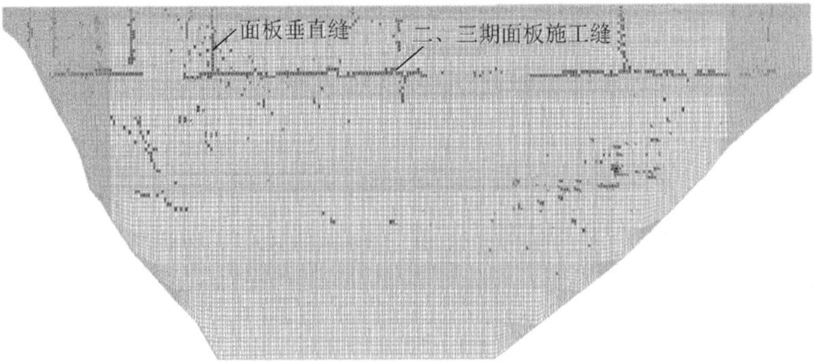

（b）面板宏观裂缝区域

图 3.22　面板损伤单元与宏观裂缝单元分布图

参考文献

[1] 蒋国澄，傅志安，凤家骥．混凝土面板堆石坝工程[M]．武汉：湖北科学技术出版社，1997.

[2] 岑威钧，温朗昇，和浩楠，等．杭州市闲林水库大坝施工期混凝土面板保护技术研究[R]．南京：河海大学，2014.

[3] 麦家煊，孙立勋．西北口堆石坝面板裂缝成因的研究[J]．水利水电技术，1999，30（5）：32-34.

[4] 周斌，王俊华．仙口水电站面板裂缝原因分析及处理[J]．水利技术监督，2008，16（5）：67-69.

[5] 张志雄，刘杰，刘建国，等．万胜坝水库大坝混凝土面板裂缝处理[J]．水利规划与设计，2010（5）：65-68.

[6] 陈兵传，李轶玉．瓦屋山水电站砼面板裂缝处理[J]．水利水电施工，2007（2）：56-57.

[7] 吴书艳，史永方，黄柯，等．沙河电站上库大坝混凝土面板裂缝原因分析和处理[J]．水力发电，2007，33（9）：67-68.

[8] 徐四胜，石智军．南车水库混凝土面板堆石坝面板裂缝成因分析及处理[J]．水力发电，2003，29（5）：69-70.

[9] 张卫平，庞春强．龙溪电站副坝面板裂缝成因分析[J]．浙江水利水电专科学校学报，2000，12（2）：54-55.

[10] 宫亚军，李文轩，盛建国．涧峪水库混凝土面板坝面板裂缝成因分析与处理[J]．陕西水利，2009（6）：80-81.

[11] 陈继平，李令明．罗村水库大坝混凝土面板裂缝防渗处理施工技术[J]．浙江水利科技，1999（3）：15.

[12] 吴国强，罗玉忠，于秋月．乌鲁瓦提混凝土面板砂砾石坝面板裂缝处理技术探讨[J]．新疆水利，2008（5）：18-20.

[13] 麻媛．混凝土面板堆石坝双层面板抗裂措施研究[D]．杨凌：西北农林科技大学，2007.

[14] 宋文晶，孙役，李亮，等．水布垭面板堆石坝第一期面板裂缝成因分析及处理[J]．水力发电学报，2008（3）：33-37.

[15] 李家正，桂全良，杨华全．防止面板混凝土收缩裂缝的措施探讨[J]．水力发电，2004（1）：32-35.

[16] 孙役，燕乔，王云清．面板堆石坝面板开裂机理探讨与防止措施研究[J]．水力发电，2004（2）：30-32.

[17] 熊堃，花俊杰，李锐．考虑材料非均匀性的 Oyuk 坝静动破坏模式分析与安全度评价[J]．长江科学院院报，2014，31（7）：74-80.

[18] MAZARS J，PIJAUDIER-CABOT G. Continuum damage theory：application to concrete[J]. Journal of Engineering Mechanics，ASCE，1989，115（2）：345-365.

[19] 熊堃．Hardfill 坝破坏模式与破坏机理研究[D]．武汉：武汉大学，2011.

[20] WEIBULL W. A statistical theory of the strength of materials[J]. Proceedings of the American Mathematical Society，1939，151（5）：1034.

[21] 唐春安，朱万成．混凝土损伤与断裂数值试验[M]．北京：科学出版社，2003.

[22] 朱万成，唐春安，赵文，等．混凝土试样在静态载荷作用下断裂过程的数值模拟研究[J]．工程力学，2002，19（6）：148-153.

[23] 陈永强．非均匀材料有效力学性能和破坏过程的数值模拟[D]．北京：清华大学，2001.

[24] 张自齐．强震作用下高混凝土面板坝面板损伤开裂机理研究[D]．南京：河海大学，2015.

[25] CEN W J, WEN L S, ZHANG Z Q, et al. Numerical simulation on seismic damage and cracking of concrete slab for high concrete face rockfill dams[J]. Water Science and Engineering, 2016, 9(3): 205-211.

[26] 陈生水，霍家平，章为民．“5・12”汶川地震对紫坪铺混凝土面板坝的影响及原因分析[J]．岩土工程学报，2008，30（6）：795-801.

[27] 赵剑明，刘小生，温彦锋，等．紫坪铺大坝汶川地震震害分析及高土石坝抗震减灾研究设想[J]．水力发电，2009（5）：11-14.

[28] 孔宪京，邹德高，周扬，等．汶川地震中紫坪铺混凝土面板堆石坝震害分析[J]．大连理工大学学报，2009，49（5）：667-674．

[29] 宋胜武，蔡德文．汶川大地震紫坪铺混凝土面板堆石坝震害现象与变形监测分析[J]．岩石力学与工程学报，2009，28（4）：840-849．

[30] 孔宪京，周扬，邹德高，等．汶川地震紫坪铺面板堆石坝地震波输入研究[J]．岩土力学，2012，33（7）：2110-2116．

第 4 章 “土石坝-库水”宏观动力流固耦合

4.1 库水（流体）运动基本理论

4.1.1 库水（流体）运动控制方程组

研究库水等流体的运动时，主要研究流体运动的某些宏观属性（如密度、速度、压力、温度等）。当将流体视为连续介质时，表征流体属性的物理量在空间也视为连续，即这些物理量是空间坐标和时间坐标的单值连续可微函数。因此，可以利用微分方程来表述流体受力平衡和运动规律[1,2]。

流体力学的三大基本方程为连续性方程、动量方程和能量方程。取微元流体进行分析，可得到如下三维非定常可压缩黏性流动的控制方程。

$$\begin{cases} \dfrac{\mathrm{d}\rho}{\mathrm{d}t} + \rho\nabla\cdot\boldsymbol{V} = 0 \\ \rho\dfrac{\mathrm{d}\boldsymbol{V}}{\mathrm{d}t} = \left(\nabla\cdot\boldsymbol{\sigma}\right)^{\mathrm{T}} + \rho\boldsymbol{f} \\ \rho\dfrac{D}{Dt}\left(e + \dfrac{\boldsymbol{V}^2}{2}\right) = \rho\dot{q} + \nabla\cdot\left(k\nabla T\right) + \nabla\cdot\left(p\boldsymbol{V}\right) + \rho\boldsymbol{f}\cdot\boldsymbol{V} \end{cases} \tag{4.1}$$

式中：ρ 为流体密度；$\boldsymbol{V}$ 为流速；$\boldsymbol{\sigma}$ 为流体所受面力；$\boldsymbol{f}$ 为单位质量流体所受体力；$\dot{q}$ 为单位质量的体积加热率；e 为由分子随机运动产生的内能；k 为热导率；T 为温度。

式(4-1)为流体力学中黏性流体的 N-S 方程。对于不可压缩的流体，有 $\dfrac{\mathrm{d}\rho}{\mathrm{d}t} = 0$，则上述方程退化为

$$\begin{cases} \nabla\cdot\boldsymbol{V} = 0 \\ \rho\dfrac{\mathrm{d}\boldsymbol{V}}{\mathrm{d}t} = \left(\nabla\cdot\boldsymbol{\sigma}\right)^{\mathrm{T}} + \rho\boldsymbol{f} \\ \rho\dfrac{D}{Dt}\left(e + \dfrac{\boldsymbol{V}^2}{2}\right) = \rho\dot{q} + \nabla\cdot\left(k\nabla T\right) + \nabla\cdot\left(p\boldsymbol{V}\right) + \rho\boldsymbol{f}\cdot\boldsymbol{V} \end{cases} \tag{4.2}$$

4.1.2 库水（流体）的运动学描述方式

在固体力学中，习惯采用 Lagrange 坐标系，而流体力学中更多地使用 Euler 坐标系，单独地应用它们来求解流固耦合问题均存在很大困难。Lagrange 描述着

眼于流体质点，把流体质点的物理量表示为 Lagrange 坐标和时间的函数。在这一类运动学描述中，网格点和物质点重合，具有很高的精度。但是，Lagrange 描述只适合于描述流体发生小变形问题并且需要不断地更新网格。Euler 描述着眼于空间点，认为流体的物理量随空间及时间变化。在以 Euler 描述为基础的数值方法中，网格结点在参考坐标系下保持固定不动，而流体流经单元。从数学分析可知，Euler 描述的速度场、压强场等物理场用于研究流体力学问题较为方便。因此，在流体力学领域一般多采用 Euler 坐标系[3,4]。两种描述的比较见表 4.1。

表 4.1　水体描述方式比较

描述方式	优点	缺点
Lagrange 描述	（1）能够精确跟踪、描绘物质界面，如自由表面； （2）自由表面的边界条件得到简化，非线性方程转变为线性方程； （3）能较好地处理任意形状的固壁边界	（1）网格单元易产生扭曲畸变而导致计算无法进行； （2）不能很好地解决导致网格缠结的漩涡问题
Euler 描述	（1）可以解决漩涡等 Lagrange 描述无法解决的问题； （2）引入场变量，减少了未知量	（1）由于流体质点与网格结点间的相对运动而引起对流问题，导致流体相关方程的非线性，给数值求解带来麻烦； （2）为了跟踪自由表面，需要求解复杂的非线性方程，计算不准确； （3）很难达到局部区域的精确描述
ALE 描述	（1）网格可以相对于坐标系做任意运动，可以实现网格的不断更新； （2）可用于带自由表面的流动，不至于发生网格畸变	—

ALE 描述综合了 Euler 坐标系和 Lagrange 坐标系的优点，克服了两者的缺点。在这种方法中，计算网格不再确定，也不依附于流体质点，而可以相对于坐标系做任意运动，以实现网格的不断更新而不致发生畸变。由于这种方法既包含了 Lagrange 观点，可应用于带自由表面的流动；又保留了 Euler 观点，克服了纯 Lagrange 方法常见的网格畸变等不足之处，因此已逐渐成为连续介质力学中运动描述的流行方法[4-9]。

对于 Lagrange 坐标系，采用材料坐标系，对应为材料域 Ω_0（又称物质域），用 $\boldsymbol{X}$ 来表示其坐标；对于 Euler 坐标系，采用空间坐标系，对应为空间域 Ω，用 $\boldsymbol{x}$ 来表示其坐标；对于 ALE 坐标系，参考坐标系独立于固定的空间坐标，也独立于流体质点的运动，对应为参考域 $\hat{\Omega}$，用 $\boldsymbol{\chi}$ 来表示其坐标，在整个计算过程中参考域始终与网格保持重合。

材料域 Ω_0 到空间域 Ω 的映射可表示为

$$\boldsymbol{x} = \phi(\boldsymbol{X}, t) \tag{4.3}$$

同理，参考域 $\hat{\Omega}$ 到空间域 Ω 的映射可表达为

$$\boldsymbol{x}=\hat{\phi}(\chi,t) \tag{4.4}$$

式（4.4）表达了参考坐标 $\boldsymbol{\chi}$ 在 t 时刻对应的空间坐标 $\boldsymbol{x}$，它可以用来表示网格的运动，是独立于材料运动的。

对式（4.4）进行逆变换得到

$$\chi=\hat{\phi}^{-1}(\boldsymbol{x},t) \tag{4.5}$$

将式（4.3）代入式（4.5）得到材料域 Ω_0 到参考域 $\hat{\Omega}$ 的映射。

$$\chi=\hat{\phi}^{-1}\left(\phi(\boldsymbol{X},t),t\right)=\psi(\boldsymbol{X},t) \tag{4.6}$$

三者的关系可用图 4.1 表示。

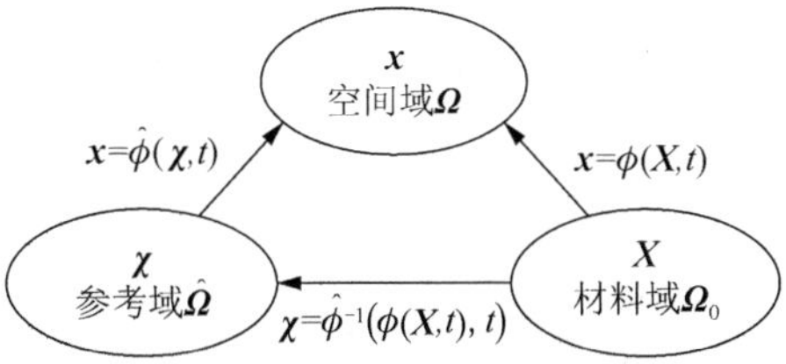

图 4.1　Lagrange、Euler 和 ALE 域之间的映射关系

当 ALE 坐标 $\chi=\boldsymbol{X}$ 时，式（4.4）转化为

$$\boldsymbol{x}=\hat{\phi}(\boldsymbol{X},t) \tag{4.7}$$

比较式（4.7）与式（4.3）可以看出，此时网格运动与材料运动一致，网格结点固定在材料结点上，ALE 坐标系退化为 Lagrange 坐标系。

当 ALE 坐标 $\chi=\boldsymbol{x}$ 时，式（4.4）转化为

$$\boldsymbol{x}=\hat{\phi}(\boldsymbol{x},t) \tag{4.8}$$

此时网格在空间固定，ALE 坐标系退化为 Euler 坐标系。

在 Lagrange 坐标系下，材料坐标位于空间坐标的初始位置。

$$\boldsymbol{X}=\phi(\boldsymbol{X},0) \tag{4.9}$$

相应的材料位移、速度和加速度分别为

$$\boldsymbol{u}(\boldsymbol{X},t)=\phi(\boldsymbol{X},t)-\phi(\boldsymbol{X},0)=\boldsymbol{x}-\boldsymbol{X} \tag{4.10}$$

$$\boldsymbol{V}(\boldsymbol{X},t)=\frac{\partial \boldsymbol{u}(\boldsymbol{X},t)}{\partial t}=\frac{\partial \boldsymbol{x}(\boldsymbol{X},t)}{\partial t}=\left.\frac{\partial \boldsymbol{x}}{\partial t}\right|_{\boldsymbol{X}}=\boldsymbol{x}_{,t[X]} \tag{4.11}$$

$$\boldsymbol{a}=\frac{\partial \boldsymbol{V}(\boldsymbol{X},t)}{\partial t}=\frac{\partial^2 \boldsymbol{u}(\boldsymbol{X},t)}{\partial t^2}=\boldsymbol{x}_{,tt[X]} \tag{4.12}$$

与之相似，可以得到 ALE 坐标系下的网格位移、网格速度和加速度。

$$\chi=\hat{\phi}(\chi,0) \tag{4.13}$$

$$\hat{\boldsymbol{u}}(\chi,t)=\hat{\varphi}(\chi,t)-\hat{\phi}(\chi,0)=\boldsymbol{x}-\chi \tag{4.14}$$

$$\hat{V}(\chi,t)=\frac{\partial\hat{u}(\chi,t)}{\partial t}=\frac{\partial x(\chi,t)}{\partial t}=\left.\frac{\partial x}{\partial t}\right|_{\chi}=x_{,t[\chi]} \tag{4.15}$$

$$\hat{a}=\frac{\partial\hat{V}(\chi,t)}{\partial t}=\frac{\partial^2\hat{u}(\chi,t)}{\partial t^2}=x_{,tt[\chi]} \tag{4.16}$$

4.2 基于N-S方程的“坝-水”流固耦合

蓄水期土石坝的地震反应较空库时复杂许多，在进行抗震分析时必须充分考虑库水与坝体（含地基）之间的动力耦合作用[10,11]。因此，必须建立“坝-水”动力流固耦合系统，并且考虑一些特殊的流体边界条件，如表面重力波、坝体-库水耦合边界、库底吸收边界、库水上游辐射边界等。本节介绍ALE坐标系下库水流体的N-S方程及简化的流体波动方程，结合流固耦合边界条件，建立“坝-水”宏观动力耦合系统的有限元方程。

4.2.1 ALE坐标系下的流体动力学方程

在处理流固耦合问题时，ALE 描述具有很大的优势，其流体动力学方程与Euler描述的唯一区别在于材料时间导数项。ALE坐标系下的材料时间导数为

$$\begin{aligned}\frac{\mathrm{d}f}{\mathrm{d}t}&=\left.\frac{\partial f(\chi,t)}{\partial t}\right|_{\chi}+\left.\frac{\partial f(\chi,t)}{\partial \chi}\frac{\partial \chi}{\partial t}\right|_{X}=\left.\frac{\partial f(\chi,t)}{\partial t}\right|_{\chi}+\left.\frac{\partial f(\chi,t)}{\partial x}\frac{\partial x(\chi,t)}{\partial \chi}\frac{\partial \chi}{\partial t}\right|_{X}\\&=f_{,t[\chi]}+c\cdot\nabla_x f\end{aligned} \tag{4.17}$$

式（4.17）将材料时间导数表达为ALE坐标系下对时间的偏导数和空间梯度的形式，具有明确的物理意义。

对于连续性方程，将ALE材料时间导数式（4.17）代入连续性方程式中，得

$$\rho_{,t[\chi]}+c\cdot\nabla_x\rho+\rho\nabla_x\cdot V=0 \tag{4.18}$$

同理，应用ALE材料时间导数式（4.17）替换动量方程中的材料时间导数项，得到ALE坐标系下的动量守恒方程，即

$$\rho\left(V_{,t[\chi]}+c\cdot\nabla_x V\right)=\nabla_x^{\mathrm{T}}\cdot\sigma+\rho f \tag{4.19}$$

在坝水动力耦合理论中，假定系统没有热交换和其他能量转换，需要用到的控制方程仅有连续性方程和动量守恒方程。

4.2.2 边界条件

1）自由面边界条件

自由液面是一个移动的边界，需要满足运动学条件和动力学条件。运动学条

件是指流体不能流出液面，也就是自由液面的法向速度和流体的法向速度相同，即

$$\boldsymbol{n}\cdot\left(\boldsymbol{V}-\dot{\boldsymbol{d}}\right)=\mathbf{0} \tag{4.20}$$

式中：$\boldsymbol{d}$ 为自由液面的位移。

动力学条件是外界在自由液面的法线方向的应力平衡，假设自由表面的相对压强为零，忽略自由液面的表面张力作用，则

$$\boldsymbol{n}\cdot\boldsymbol{\sigma}=\mathbf{0} \tag{4.21}$$

式中：$\boldsymbol{n}$ 为自由液面的法向量；$\boldsymbol{\sigma}$ 为流体应力。

2）流固耦合边界条件

流固耦合的接触面首先应满足二者在位移上的一致性，即运动学条件。

$$\underline{\boldsymbol{u}}_f=\underline{\boldsymbol{u}}_s \tag{4.22}$$

此外，还应满足力的平衡条件，即动力学条件。

$$\underline{\boldsymbol{\sigma}}_f=-\underline{\boldsymbol{\sigma}}_s \tag{4.23}$$

式中：$\underline{\boldsymbol{u}}_f$ 和 $\underline{\boldsymbol{u}}_s$ 分别为流体和结构的位移；$\underline{\boldsymbol{\sigma}}_f$ 和 $\underline{\boldsymbol{\sigma}}_s$ 分别为流体和结构的应力；下划线表示流固耦合作用面。

若库水采用 ALE 坐标系，而坝体采用 Lagrange 坐标系，如果二者的坐标系方向不同，需要转换矩阵 $\boldsymbol{T}$ 将 ALE 坐标系下的流体向量转换到 Lagrange 坐标系下后才能建立各边界条件，即

$$\underline{\boldsymbol{u}}_f=\boldsymbol{T}\underline{\boldsymbol{u}}_s \tag{4.24}$$

$$\underline{\boldsymbol{\sigma}}_f=-\boldsymbol{T}\underline{\boldsymbol{\sigma}}_s \tag{4.25}$$

4.2.3 ALE 坐标系下控制方程的离散

首先对连续性方程进行离散，假设采用 n 个结点的单元，选取如下试函数：

$$\rho=\boldsymbol{N}_\rho\boldsymbol{\rho} \tag{4.26}$$

式中：$\boldsymbol{N}_\rho$ 为 n 维行向量，$\boldsymbol{N}_\rho=\{N_1\quad N_2\quad\cdots\quad N_n\}$；$\boldsymbol{\rho}$ 为流体结点的密度，为 n 维列向量，$\boldsymbol{\rho}=\{\rho_1\quad\rho_2\quad\cdots\quad\rho_n\}^{\mathrm{T}}$。

取 $\bar{\boldsymbol{N}}_\rho^{\mathrm{T}}$ 为权函数，$\bar{\boldsymbol{N}}_\rho=\{\bar{N}_1\quad\bar{N}_2\quad\cdots\quad\bar{N}_n\}$，得到加权积分式：

$$\int_\Omega\bar{\boldsymbol{N}}_\rho^{\mathrm{T}}\cdot\boldsymbol{N}_\rho\dot{\boldsymbol{\rho}}_{[\chi]}\mathrm{d}\Omega+\int_\Omega\bar{\boldsymbol{N}}_\rho^{\mathrm{T}}\boldsymbol{V}\nabla\boldsymbol{N}_\rho\boldsymbol{\rho}\mathrm{d}\Omega+\int_\Omega\bar{\boldsymbol{N}}_\rho^{\mathrm{T}}\boldsymbol{c}\cdot\nabla\boldsymbol{N}_\rho\boldsymbol{\rho}\mathrm{d}\Omega+\int_\Omega\bar{\boldsymbol{N}}_\rho^{\mathrm{T}}\boldsymbol{N}_\rho\boldsymbol{\rho}\nabla\cdot\boldsymbol{V}\mathrm{d}\Omega=0 \tag{4.27}$$

式中：$\bar{\boldsymbol{N}}_\rho=\boldsymbol{N}_\rho+\boldsymbol{N}_\rho^{PG}$，$\boldsymbol{N}_\rho^{PG}$ 为迎风稳定项，研究表明 $\boldsymbol{N}_\rho^{PG}$ 只对流体质量、对流项和体力项有影响，对其余项的影响可以忽略。

对式（4.27）进行相应简化及变换，最终得到[12,13]

$$\int_\Omega\bar{\boldsymbol{N}}_\rho^{\mathrm{T}}\cdot\boldsymbol{N}_\rho\mathrm{d}\Omega\dot{\boldsymbol{\rho}}_{[\chi]}+\left(\int_\Omega\bar{\boldsymbol{N}}_\rho^{\mathrm{T}}\left(\boldsymbol{V}\nabla\boldsymbol{N}_\rho+\boldsymbol{c}\cdot\nabla\boldsymbol{N}_\rho\right)\mathrm{d}\Omega+\int_\Omega\boldsymbol{N}_\rho^{\mathrm{T}}\boldsymbol{N}_\rho\nabla\cdot\boldsymbol{V}\mathrm{d}\Omega\right)\boldsymbol{\rho}=0 \tag{4.28}$$

式（4.28）可以简写为

$$\boldsymbol{M}^{\rho}\dot{\boldsymbol{\rho}}_{[\chi]}+\left(\boldsymbol{L}^{\rho}+\boldsymbol{K}^{\rho}\right)\boldsymbol{\rho}=0 \tag{4.29}$$

其中

$$\boldsymbol{M}^{\rho}=\int_{\Omega}\bar{\boldsymbol{N}}_{\rho}^{\mathrm{T}}\cdot\boldsymbol{N}_{\rho}\mathrm{d}\Omega \tag{4.30}$$

$$\boldsymbol{L}^{\rho}=\int_{\Omega}\bar{\boldsymbol{N}}_{\rho}^{\mathrm{T}}\left(\boldsymbol{V}\nabla\boldsymbol{N}_{\rho}+\boldsymbol{c}\cdot\nabla\boldsymbol{N}_{\rho}\right)\mathrm{d}\Omega \tag{4.31}$$

$$\boldsymbol{K}^{\rho}=\int_{\Omega}\boldsymbol{N}_{\rho}^{\mathrm{T}}\boldsymbol{N}_{\rho}\nabla\cdot\boldsymbol{V}\mathrm{d}\Omega \tag{4.32}$$

如果假定流体不可压缩，则连续性方程变化为

$$\nabla\cdot\boldsymbol{V}=0 \tag{4.33}$$

此时方程只剩一项，且与流体质量、对流项和体力项无关，可利用经典的 Galerkin 法进行离散。对于 n 个结点的单元，选取试函数为

$$\boldsymbol{V}=\boldsymbol{N}\boldsymbol{v} \tag{4.34}$$

式中：$\boldsymbol{v}$ 为各结点的流速，为 $3n$ 维列向量，$\boldsymbol{v}=\{u_1\ \ v_1\ \ w_1\ \ u_2\ \ v_2\ \ w_2\ \ \cdots\ \ u_n\ \ v_n\ \ w_n\}^{\mathrm{T}}$；$\boldsymbol{V}$ 为流速，$\boldsymbol{V}=\{u\ \ v\ \ w\}^{\mathrm{T}}$；$\boldsymbol{N}$ 为 $3\times3n$ 维形函数矩阵。

将式（4.34）代入式（4.33），经运算整理后可得

$$\boldsymbol{G}^{\mathrm{T}}\boldsymbol{V}=0 \tag{4.35}$$

式中：

$$\boldsymbol{G}^{\mathrm{T}}=\int_{\Omega}\left(\boldsymbol{N}^{p}\right)^{\mathrm{T}}\nabla\cdot\boldsymbol{N}\mathrm{d}\Omega \tag{4.36}$$

对于动量方程，按照同样的方法进行离散，最终可以得到

$$\boldsymbol{M}\dot{\boldsymbol{V}}_{[\chi]}+\boldsymbol{L}\boldsymbol{V}+\boldsymbol{K}_{\mu}\boldsymbol{V}-\boldsymbol{G}\boldsymbol{P}=\boldsymbol{F} \tag{4.37}$$

式中：$\boldsymbol{P}$ 为压力；

$$\boldsymbol{M}=\int_{\Omega}\bar{\boldsymbol{N}}^{\mathrm{T}}\rho\boldsymbol{N}\mathrm{d}\Omega \tag{4.38}$$

$$\boldsymbol{L}=\int_{\Omega}\bar{\boldsymbol{N}}^{\mathrm{T}}\boldsymbol{c}\rho\cdot\nabla\boldsymbol{N}\mathrm{d}\Omega \tag{4.39}$$

$$\boldsymbol{K}_{\mu}=\int_{\Omega}\boldsymbol{B}^{\mathrm{T}}\boldsymbol{D}\boldsymbol{B}\mathrm{d}\Omega \tag{4.40}$$

$$\boldsymbol{F}=\int_{\Gamma}\boldsymbol{N}^{\mathrm{T}}\boldsymbol{\sigma}\boldsymbol{n}\mathrm{d}\Gamma+\int_{\Omega}\bar{\boldsymbol{N}}^{\mathrm{T}}\rho\boldsymbol{f}\mathrm{d}\Omega \tag{4.41}$$

4.2.4 “坝-水”宏观流固耦合的求解

N-S 方程具有非常复杂的非线性结构，与坝体结构部分方程联合统一求解非

常困难，为此采用交替迭代求解二者之间的流固耦合作用。交替迭代法可分为时间交替法和同步交替法，同步交替法将交替求解过程融入迭代过程中，消除流体域和固体域上的时间差，防止误差累积。在同一时刻迭代求解过程在流体域和固体域交替进行，并非在时间交替法中求完一域再求解下一域。当流体域和固体域都达到收敛条件后再进入下一时步的求解，使流体域和固体域在求解时达到同步。

以不可压缩流体为例，流体部分与坝体部分对应的控制方程为

$$\begin{cases}\boldsymbol{G}^{\mathrm{T}}\boldsymbol{V}=0\\ \boldsymbol{M}\dot{\boldsymbol{V}}_{[\chi]}+\boldsymbol{L}\boldsymbol{V}+\boldsymbol{K}_{\mu}\boldsymbol{V}-\boldsymbol{G}\boldsymbol{P}=\boldsymbol{F}\end{cases} \tag{4.42}$$

$$\boldsymbol{M}\ddot{\boldsymbol{u}}+\boldsymbol{C}\dot{\boldsymbol{u}}+\boldsymbol{K}\boldsymbol{u}=\boldsymbol{M}\boldsymbol{a} \tag{4.43}$$

迭代耦合法的求解过程概括如下：

已知n时刻的解，通过迭代求解$n+1$时刻的解。设初始解为$\underline{\boldsymbol{u}}_s^0=\underline{\boldsymbol{u}}_{sn}$，$\underline{\boldsymbol{\sigma}}_s^0=\underline{\boldsymbol{\sigma}}_{sn}$，$k$为迭代步，下标$s$表示多孔介质部分，下标$f$表示水体部分，下画线表示耦合面的边界条件。

（1）将前一步结构位移$\underline{\boldsymbol{u}}_s^{k-1}$和$\underline{\boldsymbol{u}}_s^{k-2}$通过方程$F_f\left[\boldsymbol{X}_f^k,\lambda_d\boldsymbol{u}_s^{k-1}+(1-\lambda_d)\underline{\boldsymbol{u}}_s^{k-2}\right]=0$，解出流体向量$\boldsymbol{X}_f^k$。这里结构的位移使用了位移松弛因子$\lambda_d$（$0<\lambda_d<1$），在求解很多复杂模型时可以帮助提高迭代收敛性。

（2）如果满足应力收敛条件$r_\tau=\dfrac{\left\|\underline{\boldsymbol{\sigma}}_f^k-\underline{\boldsymbol{\sigma}}_f^{k-1}\right\|}{\max\left\{\left\|\underline{\boldsymbol{\sigma}}_f^k,\varepsilon_0\right\|\right\}}\leqslant\varepsilon_\tau$，则只要计算应力残量并与迭代容差相比较。如果满足，则（3）～（5）可忽略。

（3）将通过迭代已知的流体应力$\underline{\boldsymbol{\sigma}}_f^{k-1}$和$\underline{\boldsymbol{\sigma}}_f^k$代入结构方程$F_s\left[\boldsymbol{X}_s^k,\lambda_\tau\underline{\boldsymbol{\sigma}}_f^k+(1-\lambda_\tau)\underline{\boldsymbol{\sigma}}_f^{k-1}\right]=0$，解出结构向量$\boldsymbol{X}_s^k$。这里流体应力也使用了应力松弛因子$\lambda_\tau$（$0<\lambda_\tau<1$）。流体结点位移由已知的边界条件$\underline{\boldsymbol{u}}_f^k=\lambda_d\underline{\boldsymbol{u}}_s^k+(1-\lambda_d)\underline{\boldsymbol{u}}_s^{k-1}$确定。

（4）如果满足位移收敛标准$r_d=\dfrac{\left\|\underline{\boldsymbol{u}}_s^k-\underline{\boldsymbol{u}}_s^{k-1}\right\|}{\max\left\{\left\|\underline{\boldsymbol{u}}_s^k,\varepsilon_0\right\|\right\}}\leqslant\varepsilon_d$，则只要计算位移残量并与迭代容差相比较。如果应力和位移标准都满足，则两个收敛条件都要检查；如果迭代不收敛，回到第一步进行下一个迭代，直到迭代最大数为止。

（5）输出$n+1$时刻流体和结构解向量$\boldsymbol{X}_{n+1}=\left(\boldsymbol{X}_{f(n+1)},\boldsymbol{X}_{s(n+1)}\right)$。

4.3 基于简化流体方程的“坝-水”流固耦合

4.3.1 流体控制方程的简化

N-S 方程是一个复杂的非线性方程（组），求解难度很大。如果进一步考虑流体（库水）与坝体的动力耦合作用，则方程求解变得更加复杂。对于水库这种大体积低速度的流体，黏滞效应是非常小的，可以将其忽略视作理想流体来处理。另外，在短暂的地震过程中，水体基本没有发生质量扩散及热量传递，且地震时坝体的位移反应有限。因此，大体积的库水运动可以假定为无黏、无漩、无热转化的流动，此时可将式（4.1）中摩擦和热传导项略去，得到如下三维非定常可压缩无黏性库水流动的控制方程：

$$\begin{cases} \dfrac{\mathrm{d}\rho}{\mathrm{d}t}+\rho\nabla\cdot\boldsymbol{V}=0 \\ \rho\dfrac{\mathrm{d}\boldsymbol{V}}{\mathrm{d}t}=\left(\nabla\cdot\boldsymbol{\sigma}\right)^{\mathrm{T}}+\rho\boldsymbol{f} \end{cases} \tag{4.44}$$

在流体为无黏、可压缩和小扰动并假定流体自由液面为小波动的情况下，忽略表面重力波的影响，动量方程可写为

$$\rho\frac{\mathrm{d}\boldsymbol{V}}{\mathrm{d}t}=\nabla^{\mathrm{T}}\cdot\left(-p\delta_{ij}\right) \tag{4.45}$$

式中：p 为压力；δ_{ij} 为克罗内克函数。

式（4.45）可以改写为

$$\rho\frac{\mathrm{d}^2\boldsymbol{u}}{\mathrm{d}t^2}=\nabla^{\mathrm{T}}\cdot\left(-p\delta_{ij}\right) \tag{4.46}$$

可压缩库水的连续性条件为

$$\nabla\cdot\boldsymbol{u}=-\frac{p}{K} \tag{4.47}$$

式中：K 为流体的体积模量，其表达式为

$$K=\rho\cdot c^2 \tag{4.48}$$

式中：c 为流体中的声速。

由式（4.46）～式（4.48）可得到著名的流体控制方程——波动方程，即

$$\nabla^2 p=\frac{1}{c^2}\ddot{p} \tag{4.49}$$

如果进一步忽略流体的压缩性，连续性方程简化为

$$\frac{\partial u}{\partial x}+\frac{\partial v}{\partial y}+\frac{\partial w}{\partial z}=0 \tag{4.50}$$

将式（4.50）用势函数 φ 来表示，可以得到流体最基本的 Laplace 方程，如下：

$$\nabla^2 \varphi = \frac{\partial^2 \varphi}{\partial x^2} + \frac{\partial^2 \varphi}{\partial y^2} + \frac{\partial^2 \varphi}{\partial z^2} = 0 \tag{4.51}$$

当流体不可压缩时，即 $K \to \infty$，$\frac{1}{c} \to 0$，式（4.49）右端项为零，方程退化为 Laplace 方程，即

$$\nabla^2 p = 0 \tag{4.52}$$

4.3.2　库水边界条件

与波动方程对应的库水边界条件有以下 4 类[14]。

1）自由表面 $\varGamma_1$

$$\left.\frac{\partial p}{\partial z}\right|_{\varGamma_1} = -\frac{1}{g}\ddot{p} \tag{4.53}$$

若忽略自由表面重力波的作用，水库表面的边界条件可表示为

$$p|_{\varGamma_1} = 0 \tag{4.54}$$

2）流固耦合边界 $\varGamma_2$

$$\left.\frac{\partial p}{\partial n}\right|_{\varGamma_2} = -\rho_w \ddot{u}_n \tag{4.55}$$

式中：$\ddot{u}_n$ 为坝库交界面法向绝对加速度；n 为耦合边界面方向向量。

3）库水末端放射边界 $\varGamma_3$

$$\left.\frac{\partial p}{\partial n}\right|_{\varGamma_3} = -\frac{1}{c}\dot{p} \tag{4.56}$$

4）库底边界 $\varGamma_4$

$$\left.\frac{\partial p}{\partial n}\right|_{\varGamma_4} = -A\dot{p} = -\frac{1-a}{c(1+a)}\dot{p} \tag{4.57}$$

式中：a 为反射系数，$a=1$ 表示全反射，$a=0$ 表示全吸收，一般取 0.6 左右。

4.3.3　波动方程的有限元控制方程推导

利用伽辽金加权余量法，推导库水运动的有限元控制方程[14]。假设库水单元包含 n 个结点，选取如下动水压力试函数（为了统一形式，本书也将动水压力表述成张量形式）：

$$p = \boldsymbol{N}\boldsymbol{p} \tag{4.58}$$

式中：p 为水压力；$\boldsymbol{p}$ 为各结点的水压力，为 n 维列向量，$\boldsymbol{p} = \{p_1 \ \ p_2 \ \ \cdots \ \ p_n\}^{\mathrm{T}}$；$\boldsymbol{N}$ 为 n 维形函数行向量，$\boldsymbol{N} = \{N_1 \ \ N_2 \ \ \cdots \ \ N_n\}$。

将式(4.58)代入波动方程式(4.49)，取 $\boldsymbol{N}^{\mathrm{T}}$ 作为权函数，同时结合式(4.53)～

式（4.57）给出的4种边界条件，写成等效积分的“弱”形式：

$$\int_{\Omega} \boldsymbol{N}^{\mathrm{T}}\left(\nabla^2 \boldsymbol{N}\boldsymbol{p} - \frac{1}{c^2}\boldsymbol{N}\ddot{\boldsymbol{p}}\right)\mathrm{d}\Omega - \int_{\Gamma_2} \boldsymbol{N}^{\mathrm{T}}\rho_w\left[\frac{\partial p}{\partial n} + \boldsymbol{n}\boldsymbol{N}_s\left(\ddot{\boldsymbol{u}}_g + \ddot{\boldsymbol{u}}\right)\right]\mathrm{d}\Gamma_2$$
$$-\int_{\Gamma_1} \boldsymbol{N}^{\mathrm{T}}\left(\frac{\partial p}{\partial n} + \frac{1}{g}\boldsymbol{N}\ddot{\boldsymbol{p}}\right)\mathrm{d}\Gamma_1 - \int_{\Gamma_3} \boldsymbol{N}^{\mathrm{T}}\left(\frac{\partial p}{\partial n} + \frac{1}{c}\boldsymbol{N}\dot{\boldsymbol{p}}\right)\mathrm{d}\Gamma_3 - \int_{\Gamma_4} \boldsymbol{N}^{\mathrm{T}}\left(\frac{\partial p}{\partial n} + A\boldsymbol{N}\dot{\boldsymbol{p}}\right)\mathrm{d}\Gamma_4 = 0 \tag{4.59}$$

对式（4.59）左边第1项分部积分，经整理后可得

$$\boldsymbol{M}_p\ddot{\boldsymbol{p}} + \boldsymbol{C}_w\dot{\boldsymbol{p}} + \boldsymbol{H}\boldsymbol{p} + \rho_w\boldsymbol{S}\left(\ddot{\boldsymbol{u}}_g + \ddot{\boldsymbol{u}}\right) = 0 \tag{4.60}$$

如果水体不可压缩，则式（4.60）退化为

$$\boldsymbol{H}\boldsymbol{p} + \rho_w\boldsymbol{S}\left(\ddot{\boldsymbol{u}}_g + \ddot{\boldsymbol{u}}\right) = 0 \tag{4.61}$$

式中：$\boldsymbol{M}_p = \frac{1}{c^2}\int_{\Omega}\boldsymbol{N}^{\mathrm{T}}\boldsymbol{N}\mathrm{d}\Omega + \frac{1}{g}\int_{\Gamma_1}\boldsymbol{N}^{\mathrm{T}}\boldsymbol{N}\mathrm{d}\Gamma_1$；$\boldsymbol{C}_w = \frac{1}{c}\int_{\Gamma_3}\boldsymbol{N}^{\mathrm{T}}\boldsymbol{N}\mathrm{d}\Gamma_3 + A\int_{\Gamma_4}\boldsymbol{N}^{\mathrm{T}}\boldsymbol{N}\mathrm{d}\Gamma_4$；$\boldsymbol{H} = \int_{\Omega}\nabla\boldsymbol{N}^{\mathrm{T}}\nabla\boldsymbol{N}\mathrm{d}\Omega$；$\boldsymbol{S} = \int_{\Gamma_2}\boldsymbol{N}^{\mathrm{T}}\boldsymbol{n}\boldsymbol{N}_s\mathrm{d}\Gamma_2$。

采用广义 Newmark 法对式（4.60）进行时间域离散，即 GN_{pj} 法，其中 p 为未知量展开为多项式的阶数，j 为微分方程的阶数。取 GN_{22}，得

$$\begin{aligned}
&\left(\frac{1}{\beta\Delta t^2}\boldsymbol{M}_p + \frac{\gamma}{\beta\Delta t}\boldsymbol{C}_w + \boldsymbol{H}\right)\boldsymbol{p}_{n+1} \\
&= \boldsymbol{M}_p\left[\frac{1}{\beta\Delta t^2}\boldsymbol{p}_n + \frac{1}{\beta\Delta t}\dot{\boldsymbol{p}}_n + \left(\frac{1}{2\beta} - 1\right)\ddot{\boldsymbol{p}}_n\right] \\
&+ \boldsymbol{C}_w\left[\frac{\gamma}{\beta\Delta t}\boldsymbol{p}_n + \left(\frac{\gamma}{\beta} - 1\right)\dot{\boldsymbol{p}}_n + \Delta t\left(\frac{\gamma}{2\beta} - 1\right)\ddot{\boldsymbol{p}}_n\right] \\
&- \rho_w\boldsymbol{S}\left(\ddot{\boldsymbol{u}}_g + \ddot{\boldsymbol{u}}\right)
\end{aligned} \tag{4.62}$$

或简写为

$$\tilde{\boldsymbol{K}}_w\boldsymbol{p}_{n+1} = \tilde{\boldsymbol{F}}_w \tag{4.63}$$

式中：$\tilde{\boldsymbol{K}}_w = \frac{1}{\beta\Delta t^2}\boldsymbol{M}_p + \frac{\gamma}{\beta\Delta t}\boldsymbol{C}_w + \boldsymbol{H}$ 为水体的“等效刚度矩阵”；$\tilde{\boldsymbol{F}}_w = \boldsymbol{M}_p\left[\frac{1}{\beta\Delta t^2}\boldsymbol{p}_n + \frac{1}{\beta\Delta t}\dot{\boldsymbol{p}}_n + \left(\frac{1}{2\beta} - 1\right)\ddot{\boldsymbol{p}}_n\right] + \boldsymbol{C}_w\left[\frac{\gamma}{\beta\Delta t}\boldsymbol{p}_n + \left(\frac{\gamma}{\beta} - 1\right)\dot{\boldsymbol{p}}_n + \Delta t\left(\frac{\gamma}{2\beta} - 1\right)\ddot{\boldsymbol{p}}_n\right] - \rho_w\boldsymbol{S}\left(\ddot{\boldsymbol{u}}_g + \ddot{\boldsymbol{u}}\right)$ 为水体的“等效荷载”。

4.3.4 动水压力的附加质量法

基本 Westergaard 动水压力公式[15]为

$$P_z = \frac{7}{8} K_h \gamma_w \sqrt{H(H-z)} \tag{4.64}$$

式中：K_h 为水平向地震系数，$K_h = a_h / g$，a_h 为水平向地震加速度，g 为重力加速度；γ_w 为水体的重度；H 为坝前最大水深；z 为自库底垂直向上的坐标；P_z 为高度 z 处的动水压力，垂直指向坝面。

式（4.64）仅适用于坝面直立的情况。推广的 Westergaard 公式适用于任意形状的坝面和任意的河谷形状，并可以考虑任意方向的地震加速度。有限元分析中，上游坝面结点 i 处的动水压力为[16]

$$\boldsymbol{p}_i = \alpha_i \ddot{\boldsymbol{u}}_{ni}^t \tag{4.65}$$

式中：$\boldsymbol{p}_i$ 为结点 i 的动水压力，以压为正；$\ddot{\boldsymbol{u}}_{ni}^t$ 为结点 i 的总法向加速度；α_i 为 Westergaard 压力系数，$\alpha_i = \frac{7}{8}\rho\sqrt{H_i(H_i - z_i)}$，$H_i$ 为结点 i 所在铅直面的水深，z_i 为结点 i 的高度。

$$\ddot{\boldsymbol{u}}_{ni}^t = \boldsymbol{\lambda}_i \ddot{\boldsymbol{u}}_i^t = \boldsymbol{\lambda}_i \left[\begin{pmatrix} \ddot{u}_x \\ \ddot{u}_y \\ \ddot{u}_z \end{pmatrix} + \boldsymbol{\beta}_i \begin{pmatrix} \ddot{u}_{gx} \\ \ddot{u}_{gy} \\ \ddot{u}_{gz} \end{pmatrix} \right] \tag{4.66}$$

式中：$\ddot{\boldsymbol{u}}_i^t = \begin{pmatrix} \ddot{u}_x^t & \ddot{u}_y^t & \ddot{u}_z^t \end{pmatrix}_i^{\mathrm{T}}$，结点 i 的总加速度；$\boldsymbol{\lambda}_i = \begin{pmatrix} \lambda_x & \lambda_y & \lambda_z \end{pmatrix}_i$，结点 i 的法向方向余弦；$\boldsymbol{\beta}_i$ 为一个 3×3 的位移转换矩阵。

把式（4.66）代入式（4.65），得到由地面加速度和相对加速度表示的在结点 i 的动水压力为

$$\boldsymbol{p}_i = \alpha_i \boldsymbol{\lambda}_i \ddot{\boldsymbol{u}}_i^t = \alpha_i \boldsymbol{\lambda}_i (\ddot{\boldsymbol{u}}_i + \boldsymbol{\beta}_i \ddot{\boldsymbol{u}}_g) \tag{4.67}$$

式（4.67）中结点 i 的动水压力由结点加速度表示，系数相当于“附加质量”。

结点 i 的动水压力的等效结点力为

$$\boldsymbol{F}_i = -\boldsymbol{\lambda}_i^{\mathrm{T}} \boldsymbol{p}_i A_i \tag{4.68}$$

式中：$\boldsymbol{F}_i = \begin{pmatrix} F_x & F_y & F_z \end{pmatrix}_i^{\mathrm{T}}$；$p_i$ 为结点 i 的动水压力，以压为正；A_i 为结点 i 的作用面积；$\boldsymbol{\lambda}_i = \begin{pmatrix} \lambda_x & \lambda_y & \lambda_z \end{pmatrix}_i$ 为结点 i 的方向余弦。

把式（4.67）代入式（4.68），得

$$\boldsymbol{F}_i = -\boldsymbol{M}_{\alpha s_i} (\ddot{\boldsymbol{u}}_i + \boldsymbol{\beta}_i \ddot{\boldsymbol{u}}_g) \tag{4.69}$$

式中：$\ddot{\boldsymbol{u}}_i = \begin{pmatrix} \ddot{u}_x & \ddot{u}_y & \ddot{u}_z \end{pmatrix}_i^{\mathrm{T}}$；$\ddot{\boldsymbol{u}}_g = \begin{pmatrix} \ddot{u}_{gx} & \ddot{u}_{gy} & \ddot{u}_{gz} \end{pmatrix}_i^{\mathrm{T}}$，

$$\boldsymbol{M}_{\alpha s_i} = \alpha_i A_i \boldsymbol{\lambda}_i^{\mathrm{T}} \boldsymbol{\lambda}_i = \alpha_i A_i \begin{bmatrix} \lambda_x^2 & & \text{对称} \\ \lambda_y \lambda_x & \lambda_y^2 & \\ \lambda_z \lambda_x & \lambda_z \lambda_y & \lambda_z^2 \end{bmatrix}_i \tag{4.70}$$

$\boldsymbol{M}_{\alpha s_i}$ 为结点 i 的附加质量矩阵，则大坝整个受水坝面的动水压力等效结点力可表示为[15]

$$\begin{Bmatrix} F_1 \\ F_2 \\ \vdots \\ F_m \end{Bmatrix} = -\begin{bmatrix} M_{\alpha s_1} & & & \\ & M_{\alpha s_2} & & \\ & & \ddots & \\ & & & M_{\alpha s_m} \end{bmatrix} \begin{Bmatrix} \ddot{u}_1 \\ \ddot{u}_2 \\ \vdots \\ \ddot{u}_m \end{Bmatrix} - \begin{bmatrix} M_{\alpha s_1} & & & \\ & M_{\alpha s_2} & & \\ & & \ddots & \\ & & & M_{\alpha s_m} \end{bmatrix} \begin{Bmatrix} \beta_1 \\ \beta_2 \\ \vdots \\ \beta_m \end{Bmatrix} \begin{pmatrix} \ddot{u}_{gx} \\ \ddot{u}_{gy} \\ \ddot{u}_{gz} \end{pmatrix} \tag{4.71}$$

或

$$\boldsymbol{F}_{(3m\times1)} = -\boldsymbol{M}_{\alpha s_{(3m\times3m)}} \ddot{\boldsymbol{u}}_{(3m\times1)} - \boldsymbol{M}_{\alpha s_{(3m\times3m)}} \boldsymbol{\beta}_{(3m\times3)} \ddot{\boldsymbol{u}}_{g_{(3\times1)}} \tag{4.72}$$

式中：m 为大坝上游面总结点数；$\boldsymbol{M}_{\alpha s}$ 为动水压力作用于大坝上游面所产生的附加质量系数矩阵。

4.3.5 “坝-水”宏观流固耦合求解

将流体控制方程和坝体控制方程联立，同时考虑坝体瑞利阻尼$(\alpha \boldsymbol{M}_s + \beta' \boldsymbol{K}_s)$、坝体所受动水压力荷载项$\boldsymbol{S}^{\mathrm{T}} \boldsymbol{P}_w$及地震荷载项$\boldsymbol{M}_s \ddot{\boldsymbol{u}}_g$，得到如下“坝-水”宏观流固耦合方程：

$$\begin{bmatrix} \boldsymbol{M}_s & \boldsymbol{0} \\ \rho_w \boldsymbol{S} & \boldsymbol{M}_p \end{bmatrix} \begin{Bmatrix} \ddot{\boldsymbol{U}} \\ \ddot{\boldsymbol{P}}_w \end{Bmatrix} + \begin{bmatrix} \alpha \boldsymbol{M}_s + \beta' \boldsymbol{K}_s & \boldsymbol{0} \\ \boldsymbol{0} & \boldsymbol{C}_w \end{bmatrix} \begin{Bmatrix} \dot{\boldsymbol{U}} \\ \dot{\boldsymbol{P}}_w \end{Bmatrix} + \begin{bmatrix} \boldsymbol{K}_s & -\boldsymbol{S}^{\mathrm{T}} \\ \boldsymbol{0} & \boldsymbol{H} \end{bmatrix} \begin{Bmatrix} \boldsymbol{U} \\ \boldsymbol{P}_w \end{Bmatrix} = \begin{Bmatrix} \boldsymbol{F}_s - \boldsymbol{M}_s \ddot{\boldsymbol{u}}_g \\ -\rho_w \boldsymbol{S} \ddot{\boldsymbol{u}}_g \end{Bmatrix} \tag{4.73}$$

采用广义 Newmark 法对控制方程进行时间离散，取 GN_{22}，有

$$\begin{cases} \ddot{\boldsymbol{X}}_{n+1} = \ddot{\boldsymbol{X}}_n + \Delta \ddot{\boldsymbol{X}}_n \\ \dot{\boldsymbol{X}}_{n+1} = \dot{\boldsymbol{X}}_n + \ddot{\boldsymbol{X}}_n \Delta t + \gamma \Delta \ddot{\boldsymbol{X}}_n \Delta t \\ \boldsymbol{X}_{n+1} = \boldsymbol{X}_n + \dot{\boldsymbol{X}}_n \Delta t + \dfrac{1}{2} \ddot{\boldsymbol{X}}_n \Delta t^2 + \dfrac{1}{2} \beta \Delta \ddot{\boldsymbol{X}}_n \Delta t^2 \end{cases} \tag{4.74}$$

式中：γ 和 β 为 Newmark 法的参数。

将矩阵对称化处理，整理得第 n+1 时步以坝体位移和库水压力为变量的代数方程组[17]：

$$\begin{bmatrix} -\dfrac{\boldsymbol{M}_s}{\beta \Delta t^2} - \dfrac{\gamma}{\beta \Delta t} (\alpha \boldsymbol{M}_s + \beta' \boldsymbol{K}_s) - \boldsymbol{K}_s & \boldsymbol{S}^{\mathrm{T}} \\ \boldsymbol{S} & \dfrac{1}{\rho_w} \left(\boldsymbol{M}_p + \Delta t \gamma \mathbf{C}_w + \beta \Delta t^2 \boldsymbol{H} \right) \end{bmatrix} \begin{Bmatrix} \boldsymbol{U}_{n+1} \\ \boldsymbol{P}_{w(n+1)} \end{Bmatrix} = \begin{Bmatrix} \boldsymbol{F}^*_{s(n+1)} \\ \boldsymbol{F}^*_{p_w(n+1)} \end{Bmatrix} \tag{4.75}$$

$$\begin{aligned} \boldsymbol{F}^*_{s(n+1)} = & -\boldsymbol{F}_s + \boldsymbol{M}_s \ddot{\boldsymbol{u}}_{g(n+1)} - \boldsymbol{M}_s \left[\frac{1}{\beta \Delta t^2} \boldsymbol{U}_n + \frac{1}{\beta \Delta t} \dot{\boldsymbol{U}}_n + \left(\frac{1}{2\beta} - 1 \right) \ddot{\boldsymbol{U}}_n \right] \\ & - (\alpha \boldsymbol{M}_s + \beta' \boldsymbol{K}_s) \left[\frac{\gamma}{\beta \Delta t} \boldsymbol{U}_n + \left(\frac{\gamma}{\beta} - 1 \right) \dot{\boldsymbol{U}}_n + \Delta t \left(\frac{\gamma}{2\beta} - 1 \right) \ddot{\boldsymbol{U}}_n \right] \end{aligned} \tag{4.76}$$

$$\begin{aligned}\boldsymbol{F}^{*}_{p_w(n+1)} = & -\beta\Delta t^2 \boldsymbol{S}\ddot{\boldsymbol{u}}_{g(n+1)} + \frac{\beta\Delta t^2}{\rho_w}\rho_w \boldsymbol{S}\left[\frac{1}{\beta\Delta t^2}\boldsymbol{U}_n + \frac{1}{\beta\Delta t}\dot{\boldsymbol{U}}_n + \left(\frac{1}{2\beta}-1\right)\ddot{\boldsymbol{U}}_n\right] \\ & + \frac{\beta\Delta t^2}{\rho_w}\boldsymbol{M}_p\left[\frac{1}{\beta\Delta t^2}\boldsymbol{P}_{w(n)} + \frac{1}{\beta\Delta t}\dot{\boldsymbol{P}}_{w(n)} + \left(\frac{1}{2\beta}-1\right)\ddot{\boldsymbol{P}}_{w(n)}\right] \\ & + \frac{\beta\Delta t^2}{\rho_w}\boldsymbol{C}_w\left[\frac{\gamma}{\beta\Delta t}\boldsymbol{P}_{w(n)} + \left(\frac{\gamma}{\beta}-1\right)\dot{\boldsymbol{P}}_{w(n)} + \Delta t\left(\frac{\gamma}{2\beta}-1\right)\ddot{\boldsymbol{P}}_{w(n)}\right]\end{aligned} \tag{4.77}$$

4.4 算例验证

选取著名的 103m 高的柯依那（Koyna）重力坝，研究大坝与水库之间的宏观动力流固耦合作用，用两种不同的耦合方程求解方法进行求解，考察坝面动水压力的大小和变化规律，以及动水压力对坝体反应的影响[17]。

“坝-水”宏观动力流固耦合系统有限元网格如图 4.2 所示，其中坝体结点数 176 个，坝体单元数 150 个，水库结点数 192 个，水库单元数 150 个，库水计算域长度取 412m，坝库共用耦合结点 16 个。假定基础为刚性，从坝底输入 $\ddot{u}_g(t)=\sin(10t)$ 的正弦加速度波，时间步长取Δt=0.01s，计算时长为 3s。坝体和库水的计算参数见表 4.2。

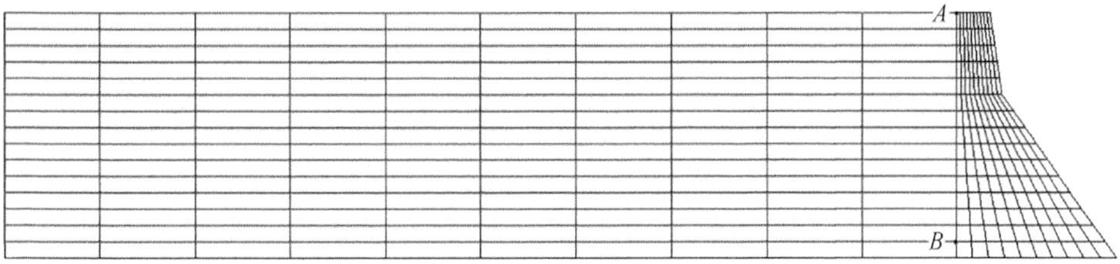

图 4.2 “坝-水”宏观动力流固耦合系统有限元网格

表 4.2 大坝和库水计算参数

项目	密度/（kg/m^3）	弹性模量或体积模量/GPa	其他参数	
坝体	2650	E=31.5	泊松比 μ =0.17	阻尼比ξ=0
库水	1000	K_f=2.0	水中声速 c=1430m/s	库底反射系数α=1.0

“坝-水”动力流固耦合系统的求解分别采用整体耦合求解法（简称整体法）和迭代耦合求解法（简称迭代法）。表 4.3 给出了不同求解方法总体劲度矩阵特性比较。整体法半带宽及存储容量均较迭代法坝体和库水两者之和大。若假定坝体材料为线弹性，则不涉及材料非线性迭代。因此，整体法在每一时步只需一次求解，而迭代法在每个时步内需要进行耦合面动水压力与坝面加速度的平衡迭代。

本算例中，迭代法在每个时步需要迭代 6～8 次才能达到 10^{-5} 的收敛精度，计算耗时较整体法长很多。整体法虽然一次求解，但由于存储容量大大增加，在总体刚度矩阵的存储和分解方面耗时较多。

表 4.3 不同求解方法总体劲度矩阵特性比较

计算指标	整体法	迭代法	
		坝体	库水
自由度	506（其中库水 176）	330	176
半带宽	376	124	162
存储容量	17041	7631	3164

表 4.4 给出了不同求解方法大坝动力反应极值比较。图 4.3（a）为用整体法和迭代法求得的近库底 *B* 点的动水压力时程曲线，两者结果重合。另外，将坝体设为刚体，库水设为不可压缩，并忽略水库表面的重力波，可以得到刚性坝体的坝面动水压力，如图 4.3（b）所示，与 Westergaard 公式得到的理论解有较好的一致性。

表 4.4 不同求解方法大坝动力反应极值比较

方法	坝体位移/cm		速度/（m/s）		加速度/（m/s^2）		动水压力/kPa
	水平向	竖向	水平向	竖向	水平向	竖向	
整体法	1.36	0.37	0.17	0.05	3.18	0.61	96.65
迭代法	1.35	0.37	0.17	0.05	3.18	0.61	96.60

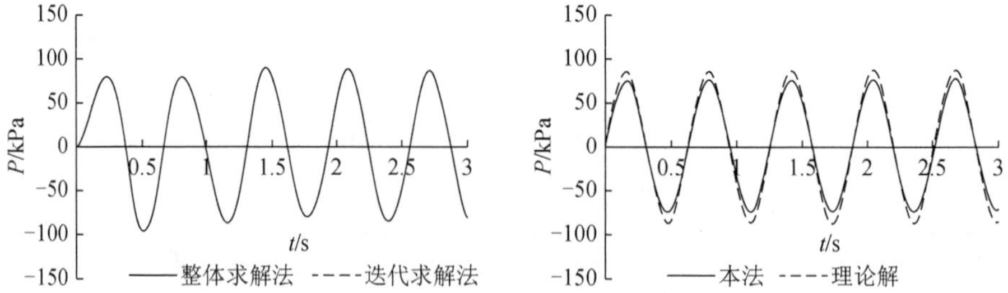

（a）不同求解方法（虚线与实线重合）　（b）与理论解对比

图 4.3 近库底 *B* 点的动水压力时程曲线

为了比较库水压缩性的影响，将库水的体积模量取大值，用于模拟不可压缩的情况，相关计算结果见表 4.5 和图 4.4。由图表可见，整体法和迭代法求解结果完全一致，库水不可压缩与可压缩相比，坝体的动力反应和动水压力均有一定的增大。

表 4.5　库水压缩性对大坝动力反应极值的影响

	坝体位移/cm		速度/（m/s）		加速度/（m/s^2）		动水压力/kPa
	水平向	竖向	水平向	竖向	水平向	竖向	
不可压缩	1.45	0.40	0.19	0.05	3.38	0.67	101.67
可压缩	1.36	0.37	0.17	0.05	3.18	0.61	96.65

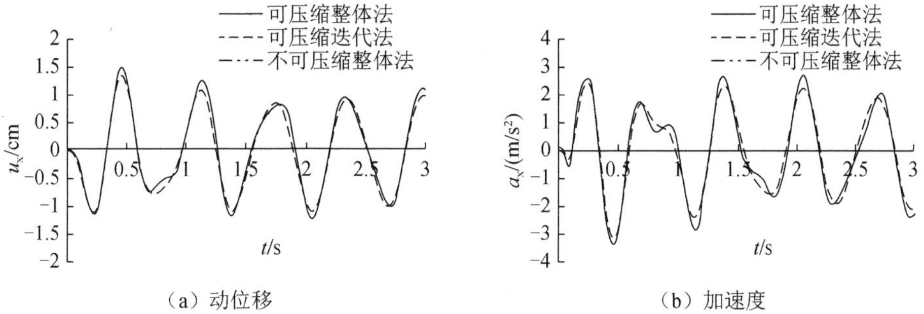

图 4.4　坝顶 A 点动力反应时程曲线

4.5　混凝土面板坝“坝-水”动力流固耦合分析

4.5.1　计算模型与计算参数

研究对象为基岩上 100m 高的混凝土面板堆石坝，采用“坝-水”动力流固耦合理论，分析不同体型条件下坝水相互作用效应[18]。坝体堆石料动力本构模型采用等效线性黏弹性模型，主要计算参数见表 4.6。基岩按线弹性材料考虑，其中弹性模量为 20GPa，泊松比为 0.2。

表 4.6　坝料动力计算参数

材料	模量基数 K	模量指数 n
主堆石料	1760	0.625
次堆石料	1650	0.781
垫层料	1900	0.653
过渡层料	1800	0.635

“坝-水”动力流固耦合计算模型如图 4.5 所示，其中 R_1 为岸坡坡比（对称河谷），R_2 为上下游坝坡坡比，H_w 为库水深度，L 为水库库底长度。设定不同几何参数，构造不同计算模型（均采用对称河谷），其中岸坡坡比 R_1 分别取 0.8、1.0 和 1.5，上下游坝坡坡比 R_2 分别取 1.4、1.6 和 1.8，水深 H_w 取 80m，库水长度 L 分别取 1、3 和 5 倍坝高 H。图 4.6 为上下游坝坡坡比取 1∶1.6，两岸岸坡坡比为 1∶1.0 时的

"坝-水"流固耦合模型有限元网格，其中结点总数 8384 个，单元总数 6886 个。

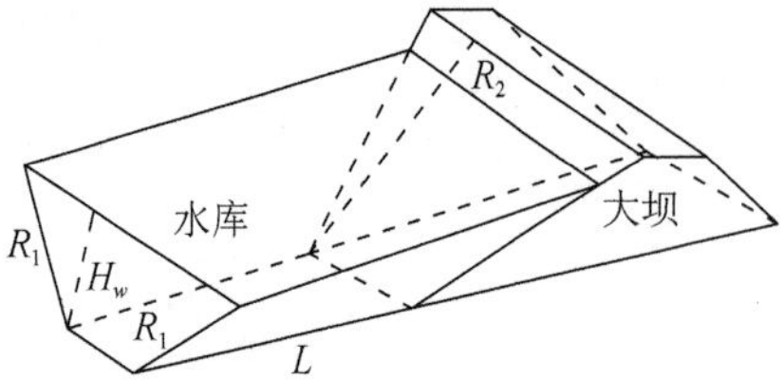

图 4.5 "坝-水"流固耦合模型示意图

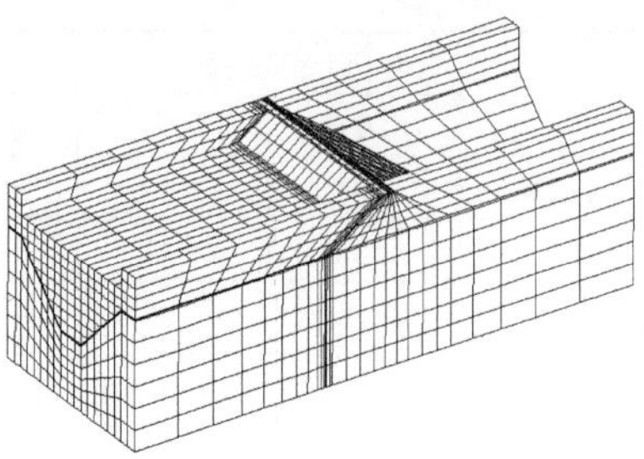

图 4.6 "坝-水"流固耦合模型有限元网格

4.5.2 坝库自振特性

表 4.7 为图 4.6 所示的计算模型（上下游坝坡坡比 1∶1.6，两岸岸坡坡比 1∶1.0）在空库和满库（取不同水库长度）时大坝（或坝库）前 5 阶自振频率。由表可见，考虑水库作用后，耦合系统的自振频率降低，自振周期增大。库水长度取值不同时，坝库耦合系统的自振频率相差不大。当库水长度取 3 倍坝高或更长时，坝库耦合系统各阶自振频率不再有差别。

表 4.7 不同坝体（或坝库）模型的自振频率 （单位：Hz）

阶数	空库	满库		
		L=H	L=3H	L=5H
1	1.88	1.87	1.87	1.87
2	2.36	2.35	2.33	2.33
3	2.52	2.51	2.50	2.50
4	2.75	2.74	2.71	2.71
5	2.81	2.75	2.73	2.73

4.5.3 坝面动水压力

不同库水长度 L、不同岸坡坡比 R_1 和不同上下游坝坡坡比 R_2 下，各计算模型上游坝面动水压力分布如图 4.7 所示。大坝最大剖面处坝面动水压力沿坝高的分布如图 4.8 所示。由图可见：①各计算模型动水压力分布规律基本相似，总体上呈现中下部大四周逐步减小的分布特点，在面板中部偏下部位（约一半库水深处）动水压力达到最大值。坝面动水压力沿坝高大致呈抛物线分布。库水长度取 1 倍坝高较 3 倍及 5 倍坝高相比，动水压力偏大。当库水长度取 3 倍坝高及更长时，坝面动水压力基本相同，说明库水长度取 1 倍坝高存在一定的截断误差，取 3 倍坝高可满足计算精度要求。②两岸岸坡坡比为 1.5 时，库岸相对较缓，水库容量大，动水压力极值及影响范围大；反之岸坡较陡时动水压力较小，影响范围也小，说明高坝大库往往会产生更大的动水压力，坝水流固耦合更为明显。③上游坝坡坡比为 1.4 时，动水压力最大；上游坝坡坡比为 1.8 时，动水压力最小。随着坝坡的减缓，坝面动水压力逐渐减小，且减小量与坝坡坡比变化大致呈线性变化，这种分布规律与 Zanger 的试验曲线[19]相同。

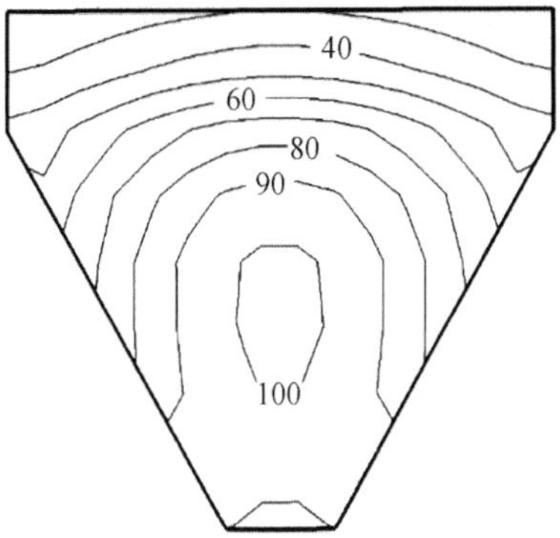

（a）L取1倍坝高

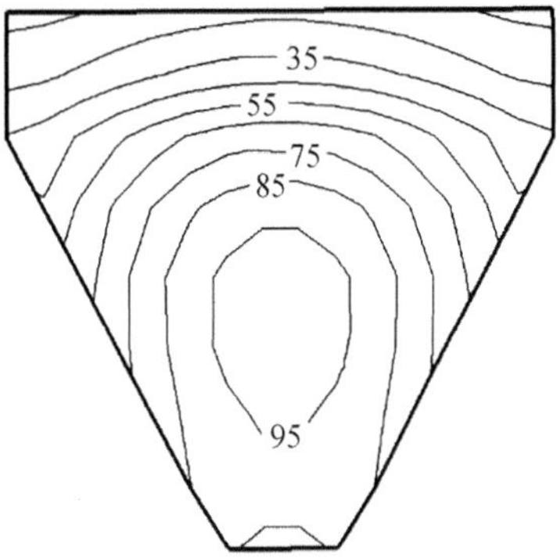

（b）L取3倍坝高

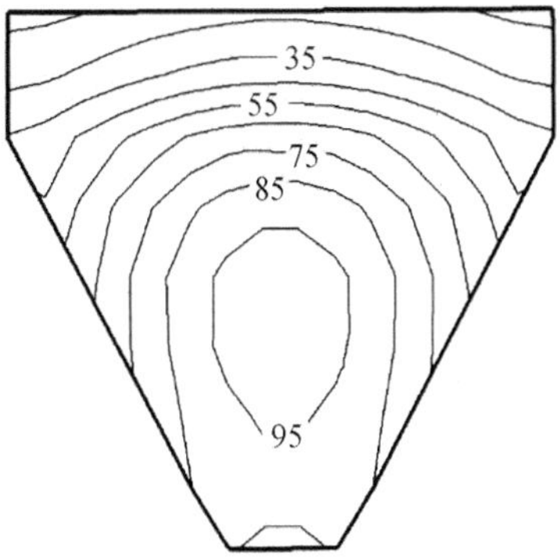

（c）L取5倍坝高

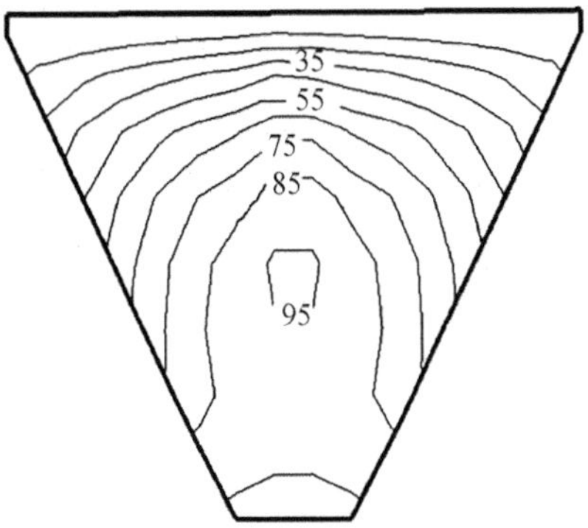

（d）岸坡坡比0.8

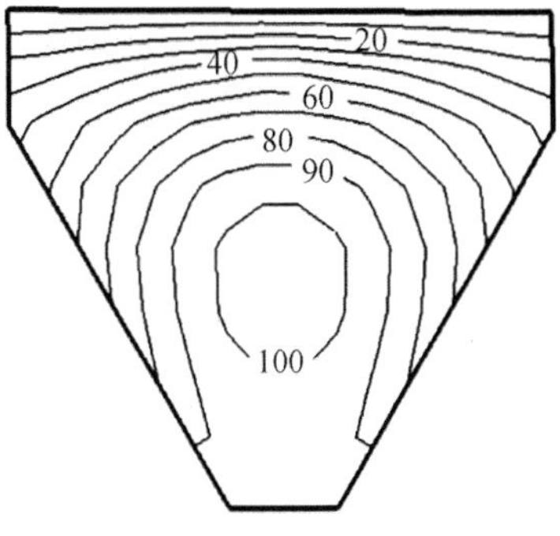

（e）岸坡坡比1.0

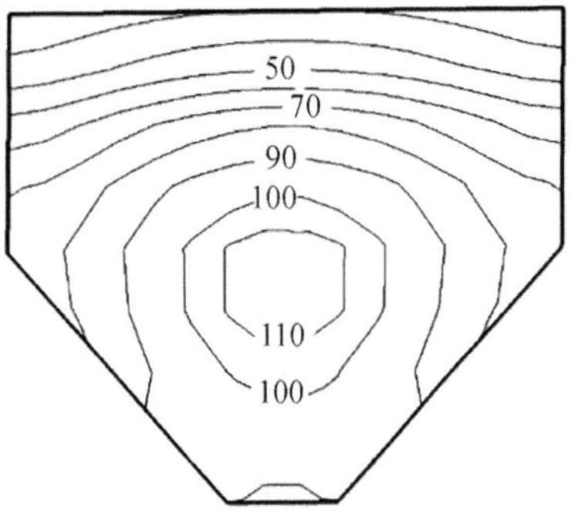

（f）岸坡坡比1.5

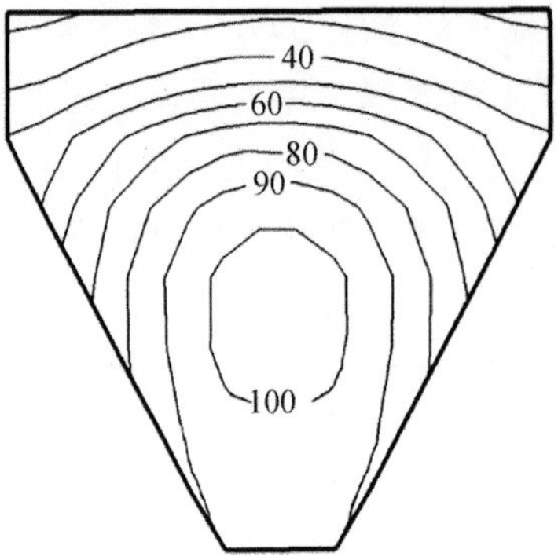

（g）坝坡坡比1.4

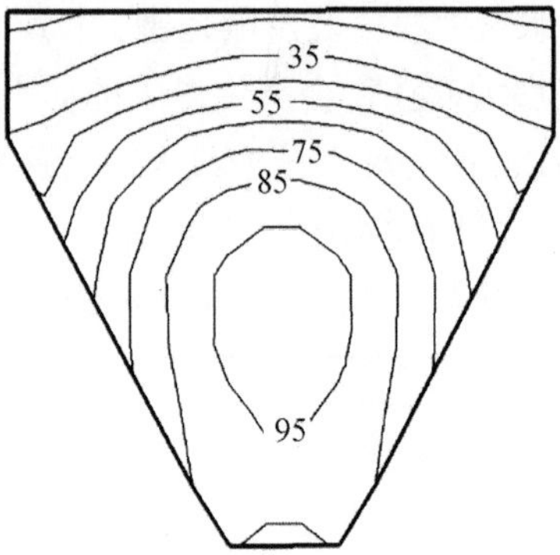

（h）坝坡坡比1.6

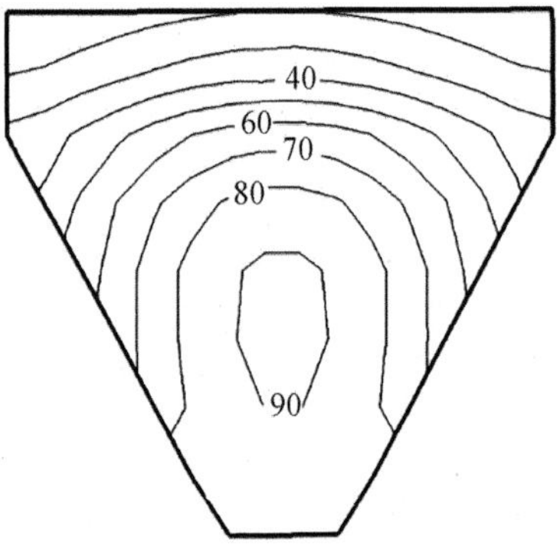

（i）坝坡坡比1.8

图 4.7　各计算模型上游坝面动水压力分布图（单位：kPa）

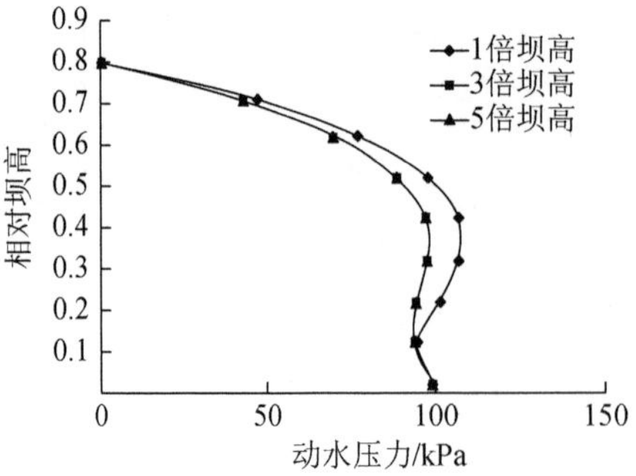

（a）不同库水长度

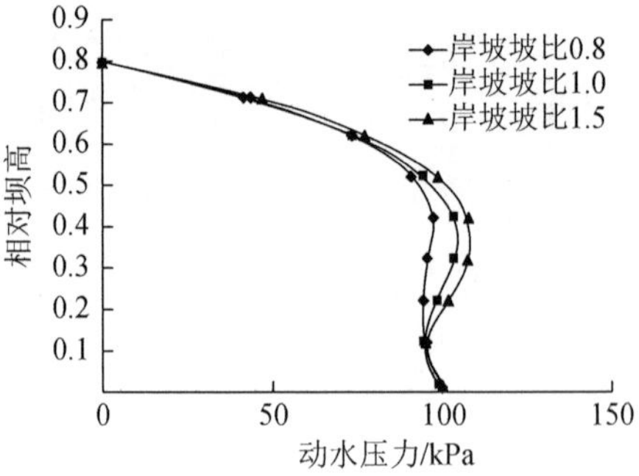

（b）不同岸坡

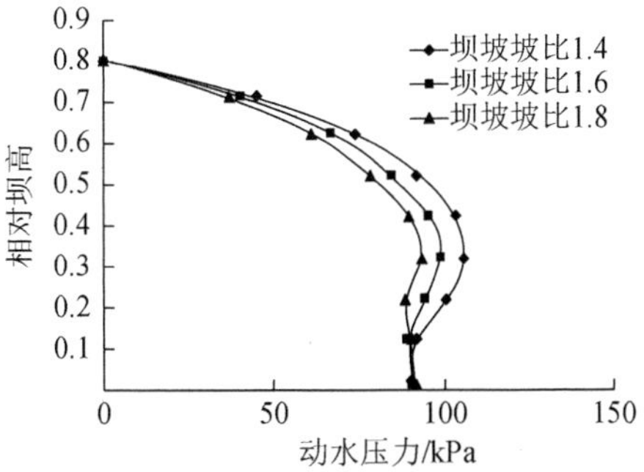

（c）不同坝坡

图 4.8 大坝最大剖面处坝面动水压力沿坝高的分布图

4.5.4 坝体绝对加速度反应

各计算模型河床最大剖面上游坝面顺河向绝对加速度分布如图 4.9 所示。由图可见，不同计算模型绝对加速度分布规律基本一致，满库时大坝绝对加速度均较空库时大，顺河向绝对加速度随坝高增加而增大，在坝顶达到最大值；在接近坝顶处（约 0.8 倍坝高以上），绝对加速度增大明显，显现出“鞭鞘效应”。在 0.8 倍坝高以下 0.2 倍坝高以上区域，随着坝坡变陡，绝对加速度有所增大；在 0.2 倍坝高以下区域，各相对坝高处绝对加速度变化很小。岸坡变化对绝对加速度分布的影响与坝坡变化的影响规律类似。

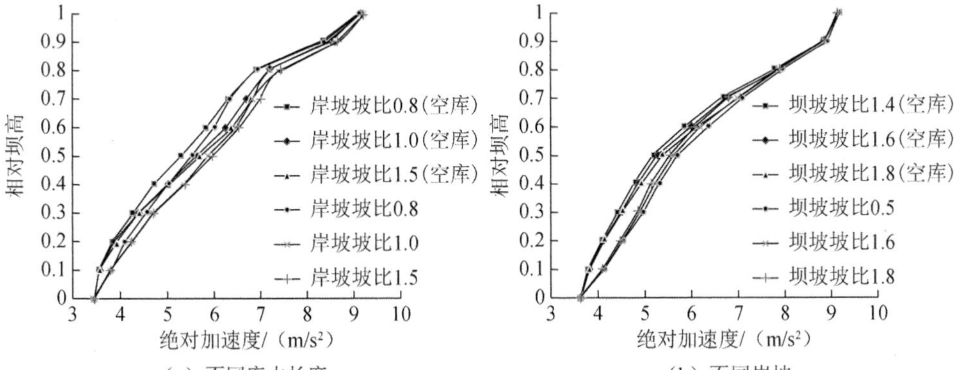

（a）不同库水长度 （b）不同岸坡

图 4.9 各计算模型河床最大剖面上游坝面顺河向绝对加速度分布图

4.5.5 坝体动位移反应

不同岸坡坡比计算模型空库与满库时顺河向坝体动位移等值线包络图如图 4.10 所示。由图可见，河岸坡比不同时，动位移分布规律基本相同，均是随高程增加而增大；岸比相同时，满库所得结果较空库大；满库时，岸坡坡比为 0.8 时顺河向和竖向动位移峰值分别为 5.99cm 和 1.04cm，岸坡坡比为 1.0 时顺河向和竖向动位移峰值分别为 6.93cm 和 1.06cm，岸坡坡比为 1.5 时顺河向和竖向动位移峰值分别为 7.75cm 和 1.12cm。动位移峰值均随岸坡减缓而增大，且随着岸坡变缓峰值变化率变大。这表明岸坡变缓，坝体和水库容积增大，坝库动力耦合作用加剧，水体对大坝的动力影响增大。

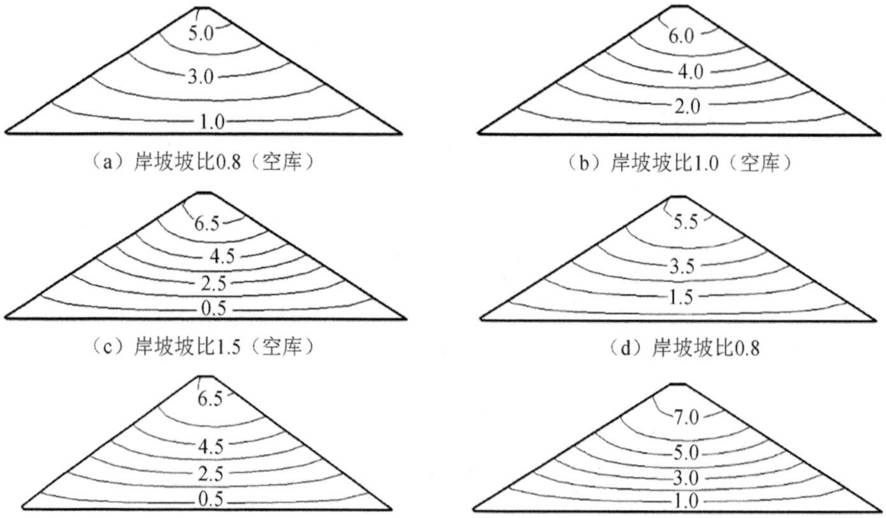

（a）岸坡坡比0.8（空库）　（b）岸坡坡比1.0（空库）

（c）岸坡坡比1.5（空库）　（d）岸坡坡比0.8

（e）岸坡坡比1.0　（f）岸坡坡比1.5

图 4.10　不同岸坡坡比计算模型空库与满库时顺河向坝体动位移等值线包络图（单位：cm）

4.5.6　地震峰值加速度的影响

进一步讨论地震输入强度对“坝-水”流固耦合系统地震反应的影响，地震峰值加速度分别取 0.10*g*、0.15*g*、0.20*g*、0.25*g*、0.30*g*、0.35*g* 和 0.40*g*。图 4.11 为不同地震峰值加速度下大坝地震反应沿坝高的分布。由图可见，动水压力随地震峰值加速度变化明显，动水压力极值随输入地震加速度的增加而明显增大，且坝体底部的动水压力也有所增加。坝体顺河向动位移随高程增高而增大，在坝顶处达到最大值，动位移极值随输入地震加速度的增加而增大。在坝体底部，坝体顺河向加速度与输入地震加速度的峰值大小相差不大，但随着坝高的增加，坝体加速度逐渐增大，在坝体顶部达到最大。在近坝顶处，加速度沿坝高增加明显，且随着地震峰值加速度增大，坝体加速度增加越来越大。可见，坝体顶部存在“鞭鞘效应”，且地震峰值加速度越大，这种效应越显著。

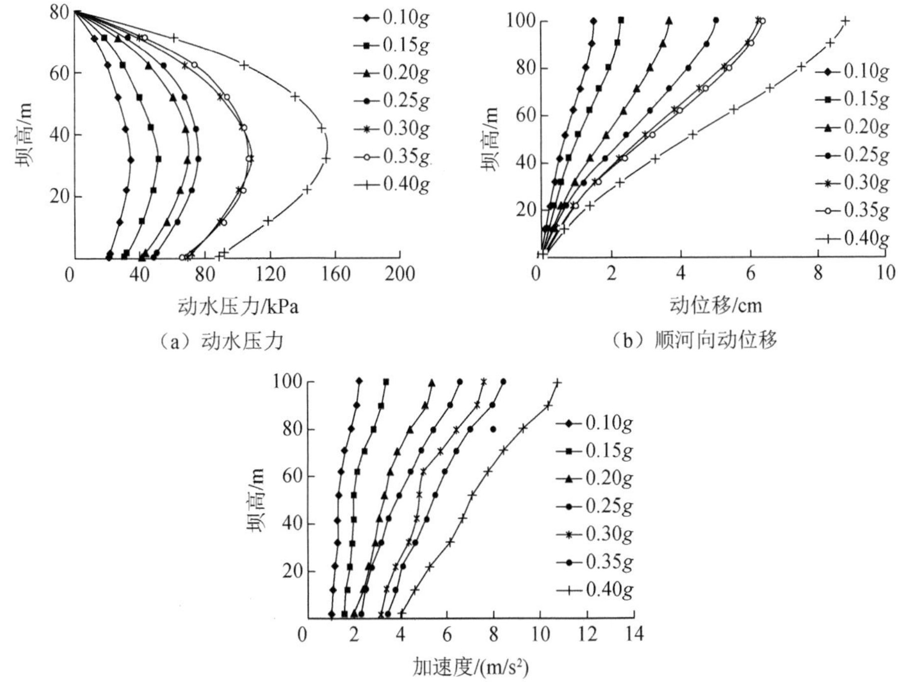

（a）动水压力 （b）顺河向动位移

（c）顺河向加速度

图 4.11 不同地震峰值加速度下大坝地震反应沿坝高的分布图

参 考 文 献

[1] 庄礼贤，尹协远，马晖扬．流体力学[M]．2 版．合肥：中国科学技术大学出版社，2009.

[2] 秦延飞．水下结构考虑流固耦合效应的动力分析[D]．武汉：武汉理工大学，2009.

[3] 王国辉．大坝-库水系统流固动力耦合作用有限元数值模拟[D]．西安：西安理工大学，2009.

[4] 王国辉，柴军瑞，杜成伟．坝库系统流固耦合数值分析方法简述[J]．水利水电科技进展，2009，29（4）：89-94.

[5] 华蕾娜．ALE 分步有限元法研究及其在自由表面水波问题中的应用[D]．天津：天津大学，2005.

[6] 王学．基于 ALE 方法求解流固耦合问题[D]．长沙：中国人民解放军国防科学技术大学，2006.

[7] 方超．应用 ALE 有限元法对飞机水上迫降过程的流固耦合仿真[D]．上海：复旦大学，2011.

[8] 赵一博．弹性动脉局部狭窄血管内血流的 ALE 有限元分析[D]．衡阳：南华大学，2011.

[9] 张秋艳．二维矩形液舱内液体晃荡的数值模拟[D]．大连：大连理工大学，2011.

[10] 顾淦臣，沈长松，岑威钧．土石坝地震工程学[M]．北京：中国水利水电出版社，2009.

[11] 江凡．考虑流固耦合的坝-库相互作用研究[D]．武汉：武汉大学，2011.

[12] 刘源，李进，王赤忠．基于任意欧拉-拉格朗日有限元法的波浪和结构物相互作用数值模拟[J]．江苏科技大学学报（自然科学版），2017，31（2）：129-135.

[13] 岑威钧，孙辉．坝水动力流固耦合理论：流体部分的 ALE 有限元求解[R]．南京：河海大学，2012.

[14] 迟世春．高面板堆石坝动力反应分析和抗震稳定分析方法[D]．南京：河海大学，1995.

[15] WESTERGAARD H M. Water pressures on dams during earthquakes[J]. Trans. ASCE, 1933, 98(2): 418-432.

[16] 陈亚南．考虑坝水动力耦合效应的高面板坝地震反应特性研究[D]．南京：河海大学，2014.
[17] 孙辉．基于宏观和细观水土动力耦合理论的高土石坝地震反应特性研究[D]．南京：河海大学，2014.
[18] 岑威钧，张自齐，袁丽娜，等．库水对高面板堆石坝动力反应的影响[J]．武汉大学学报（工学版），2015（4）：441-446.
[19] ZANGER C N. Hydrodynamic pressures on dams due to horizontal earthquakes[C]// Proceedings of Society of Experimental Stress Analysis, 1953, 10(2): 93-102.

第 5 章 “土骨架-孔隙水”细观动力流固耦合

5.1 饱和土体动力微分方程

5.1.1 完全动力总控制方程

5.1.1.1 “$\boldsymbol{u}$-$\boldsymbol{w}$-$\boldsymbol{P}$”格式的完全动力控制方程

饱和土体的微分控制方程包括土体平衡方程、物理方程、几何方程、孔隙流体平衡方程和连续方程等。分别取微元土体和微元流体单元进行受力平衡分析，可以得到相应的平衡方程。同时，根据质量守恒定律，可以得到饱和土体单元中孔隙流体运动的连续方程[1]。

土体平衡方程：

$$\nabla \cdot \boldsymbol{\sigma} - \rho \boldsymbol{g} = -\rho_f \ddot{\boldsymbol{w}} - \rho \ddot{\boldsymbol{u}} \tag{5.1}$$

孔隙水平衡方程：

$$\nabla p + \frac{\dot{\boldsymbol{w}}}{\boldsymbol{k}} \rho_f g + \rho_f \ddot{\boldsymbol{u}} + \frac{\rho_f}{n} \ddot{\boldsymbol{w}} - \rho_f \boldsymbol{g} = 0 \tag{5.2}$$

渗流连续方程：

$$\nabla^{\mathrm{T}} \dot{\boldsymbol{w}} + \nabla^{\mathrm{T}} \dot{\boldsymbol{u}} = \frac{n}{K_f} \dot{p} \tag{5.3}$$

式中：$\ddot{\boldsymbol{u}}$ 为土骨架加速度；$\ddot{\boldsymbol{w}}$ 为孔隙流体平均相对加速度；$\dot{\boldsymbol{w}}$ 为孔隙流体的平均相对速度；p 为孔隙流体压力（简称孔压，下同）；$\boldsymbol{k}$ 为渗透张量；ρ 为土体密度；ρ_f 为孔隙流体密度；K_f 为流体的体积弹性模量；n 为土体孔隙率。顺带指出，土体微元受力分析时应力和孔压均以压为正，z 轴向下。

式（5.1）～式（5.3）构成了饱和土体以土骨架位移 $\boldsymbol{u}$、孔隙流体相对位移 $\boldsymbol{w}$ 和孔压 $\boldsymbol{P}$ 表示的“$\boldsymbol{u}$-$\boldsymbol{w}$-$\boldsymbol{P}$”格式的完全动力（fully dynamic，FD）控制方程。（注：土骨架位移 $\boldsymbol{u}$ 和孔隙流体相对位移 $\boldsymbol{w}$ 均为列向量。孔压为标量，若用黑体 $\boldsymbol{P}$ 表示，依旧表示含有一个物理量 p，不再严格区分孔压表达形式，下同。）

5.1.1.2 “$\boldsymbol{u}$-$\boldsymbol{w}$”格式的完全动力控制方程

土骨架的物理方程：

$$\boldsymbol{\sigma}' = \boldsymbol{D}\boldsymbol{\varepsilon} \tag{5.4}$$

式中：$\boldsymbol{D}$ 为四阶本构张量。

土体的有效应力原理（以压为正）：

$$\boldsymbol{\sigma} = \boldsymbol{\sigma}' + \boldsymbol{I}p \tag{5.5}$$

式中：$\boldsymbol{I} = \begin{bmatrix}1 & 1 & 1 & 0 & 0 & 0\end{bmatrix}^{\mathrm{T}}$。

几何方程：

$$\boldsymbol{\varepsilon} = -\boldsymbol{L}\boldsymbol{u} \tag{5.6}$$

由式（5.3）可以得到

$$p = Q\nabla^{\mathrm{T}}(\bar{\boldsymbol{w}} + \boldsymbol{u}) \tag{5.7}$$

式中：$Q = \dfrac{K_f}{n}$。

根据式（5.4）～式（5.7），将式（5.1）～ 式（5.3）中的孔压 p 消去，得到以土骨架位移 $\boldsymbol{u}$ 和孔隙流体相对位移 $\boldsymbol{w}$ 表示的“$\boldsymbol{u}$-$\boldsymbol{w}$”格式的完全动力形式的控制方程，即

$$\begin{cases}\boldsymbol{L}^{\mathrm{T}}\boldsymbol{D}\boldsymbol{L}\boldsymbol{u} - \nabla Q\nabla^{\mathrm{T}}(\bar{\boldsymbol{w}} + \boldsymbol{u}) + \rho\boldsymbol{g} = \rho_f\ddot{\bar{\boldsymbol{w}}} + \rho\ddot{\boldsymbol{u}} \\ \nabla Q\nabla^{\mathrm{T}}(\bar{\boldsymbol{w}} + \boldsymbol{u}) + \dfrac{\dot{\bar{\boldsymbol{w}}}}{\boldsymbol{k}}\rho_f g + \rho_f\ddot{\boldsymbol{u}} + \dfrac{\rho_f}{n}\ddot{\bar{\boldsymbol{w}}} - \rho_f\boldsymbol{g} = 0\end{cases} \tag{5.8}$$

5.1.1.3 “$\boldsymbol{u}$-$\boldsymbol{U}$”格式的完全动力控制方程

将控制方程（5.8）转换成以土骨架位移 $\boldsymbol{u}$ 和流体总位移 $\boldsymbol{U}$ 表示，其中

$$\boldsymbol{U} = \boldsymbol{u} + \boldsymbol{w} = \boldsymbol{u} + \frac{\bar{\boldsymbol{w}}}{n} \tag{5.9}$$

将式（5.9）和有效应力原理式（5.5）代入土体平衡方程式（5.1），得（注：为了便于张量的运算和检查，中间计算过程采用指标形式的张量，下同）

$$\sigma'_{ij,i} + p_{,i} - \rho g_i + \rho_f n(\ddot{U}_i - \ddot{u}_i) + \rho\ddot{u}_i = 0 \tag{5.10}$$

将式（5.10）代入连续方程式（5.3），可以求出孔压 p，即

$$p = Q\left[u_{i,i}(1-n) + nU_{i,i}\right] \tag{5.11}$$

将式（5.11）代入式（5.10），并将式（5.9）和式（5.11）代入式（5.2），得

$$\begin{cases}\sigma'_{ij,i} + Q(1-n)u_{i,ij} + nQU_{i,ij} - \rho g_i + \rho_f n\ddot{U}_i - (\rho_f n - \rho)\ddot{u}_i = 0 \\ (1-n)Qu_{i,ij} + nQU_{i,ij} - \rho_f g_i + \dfrac{n}{k_i}\rho_f g\dot{U}_i - \dfrac{n}{k_i}\rho_f g\dot{u}_i + \rho_f\ddot{U}_i = 0\end{cases} \tag{5.12}$$

将式（5.12）中的第 2 式乘以 n 再减去式（5.12）中的第 1 式消去流体加速度项，用 $\rho = (1-n)\rho_s + n\rho_f$ 进行替换，为保持对称，对式（5.12）第 2 式乘以 n，最后得到“$\boldsymbol{u}$-$\boldsymbol{U}$”格式的控制方程：

$$\begin{cases}-\boldsymbol{L}^{\mathrm{T}}\boldsymbol{D}\boldsymbol{L}\boldsymbol{u} + \nabla Q(1-n)^2\nabla^{\mathrm{T}}\boldsymbol{u} + \nabla n(1-n)Q\nabla^{\mathrm{T}}\boldsymbol{U} + (n-1)\rho_s\boldsymbol{g} \\ -\dfrac{n^2}{\boldsymbol{k}}\rho_f g(\dot{\boldsymbol{U}} - \dot{\boldsymbol{u}}) + (1-n)\rho_s\ddot{\boldsymbol{u}} = 0 \\ \nabla n(1-n)Q\nabla^{\mathrm{T}}\boldsymbol{u} + \nabla n^2 Q\nabla^{\mathrm{T}}\boldsymbol{U} - n\rho_f\boldsymbol{g} + \dfrac{n^2\rho_f g}{\boldsymbol{k}}(\dot{\boldsymbol{U}} - \dot{\boldsymbol{u}}) + n\rho_f\ddot{\boldsymbol{U}} = 0\end{cases} \tag{5.13}$$

式（5.13）即以土骨架位移 $\boldsymbol{u}$ 和孔隙流体总位移 $\boldsymbol{U}$ 表示的“$\boldsymbol{u}$-$\boldsymbol{U}$”格式的完全动力控制方程。

5.1.2 动力控制方程的各种简化形式

如果忽略孔隙流体的平均相对加速度项 $\ddot{\boldsymbol{w}}$，则得到部分动力（partly dynamic，PD）控制方程为

$$\begin{cases} \boldsymbol{L}^{\mathrm{T}}\boldsymbol{DLu}-\nabla p+\rho\boldsymbol{g}-\rho\ddot{\boldsymbol{u}}=0 \\ \nabla^{\mathrm{T}}\dot{\boldsymbol{u}}+\nabla^{\mathrm{T}}\left[\dfrac{\boldsymbol{k}}{\rho_f g}(\rho_f\boldsymbol{g}-\nabla p-\rho_f\ddot{\boldsymbol{u}})\right]-\dfrac{n}{K_f}\dot{p}=0 \end{cases} \tag{5.14}$$

如果同时忽略土骨架和流体的加速度项，则得到如下拟静力（quasi-static，QS）控制方程：

$$\begin{cases} \nabla\cdot\boldsymbol{\sigma}-\rho\boldsymbol{g}=0 \\ \nabla p+\dfrac{\dot{\boldsymbol{w}}}{\boldsymbol{k}}\rho_f g-\rho_f\boldsymbol{g}=0 \\ \nabla^{\mathrm{T}}\dot{\boldsymbol{w}}+\nabla^{\mathrm{T}}\dot{\boldsymbol{u}}=\dfrac{n}{K_f}\dot{p} \end{cases} \tag{5.15}$$

对于完全不排水（fully undrained，FU）的情况，$\boldsymbol{k}$ 为 $\boldsymbol{0}$，相应的控制方程简化为

$$\begin{cases} \nabla\cdot\boldsymbol{\sigma}-\rho\boldsymbol{g}=0 \\ \nabla^{\mathrm{T}}\dot{\boldsymbol{u}}=\dfrac{n}{K_f}\dot{p} \end{cases} \tag{5.16}$$

对于完全排水（fully drained，FDR）的情况，$\dot{p}$ 项为0，$\boldsymbol{k}$ 趋近于无穷大，则简化得到如下控制方程：

$$\begin{cases} \nabla\cdot\boldsymbol{\sigma}-\rho\boldsymbol{g}=-\rho_f\ddot{\boldsymbol{w}}-\rho\ddot{\boldsymbol{u}} \\ \nabla p+\rho_f\ddot{\boldsymbol{u}}+\dfrac{\rho_f}{n}\ddot{\boldsymbol{w}}-\rho_f\boldsymbol{g}=0 \\ \nabla^{\mathrm{T}}\dot{\boldsymbol{w}}+\nabla^{\mathrm{T}}\dot{\boldsymbol{u}}=0 \end{cases} \tag{5.17}$$

5.2 非饱和土体动力微分方程

对非饱和土体，土体孔压为[1]

$$p=\chi_w p_w+\chi_a p_a \tag{5.18}$$

式中：$\chi_w+\chi_a=1$，χ_w 和 χ_a 分别为孔隙水压力和气压力所占比例。

对于接近饱和的非饱和土体，有

$$p=\chi_w p_w+(1-\chi_w)p_a\approx\chi_w p_w \tag{5.19}$$

对于非饱和土体，在饱和土体有效应力公式基础上进行修正，即

$$\boldsymbol{\sigma} = -\boldsymbol{DLu} + \alpha S_w \boldsymbol{I} p_w \tag{5.20}$$

式中：$\alpha = 1 - K_T / K_s$；S_w 为土体饱和度。

类似地，经过系列推导可以得到非饱和土体以土骨架位移 $\boldsymbol{u}$、孔隙流体相对位移 $\boldsymbol{w}$ 和孔压 $\boldsymbol{P}$ 表示的“$\boldsymbol{u}$-$\boldsymbol{w}$-$\boldsymbol{P}$”格式的完全动力控制方程，即

非饱和土体平衡方程：

$$\boldsymbol{L}^{\mathrm{T}} \boldsymbol{DLu} - \alpha S_w \nabla p_w + \rho \boldsymbol{g} - \rho \ddot{\boldsymbol{u}} = 0 \tag{5.21}$$

非饱和土体孔隙流体平衡方程：

$$\nabla p_w + \frac{\dot{\boldsymbol{w}}}{\boldsymbol{k}} \rho_f g + S_w \rho_f \ddot{\boldsymbol{u}} - S_w \rho_f \boldsymbol{g} = 0 \tag{5.22}$$

非饱和土体连续性方程：

$$\nabla^{\mathrm{T}} \dot{\boldsymbol{w}} + \nabla^{\mathrm{T}} \dot{\boldsymbol{u}} = \left(\frac{n S_w}{K_f} + C_s \right) \dot{p}_w = \frac{1}{Q'} \dot{p}_w \tag{5.23}$$

式中：$\dfrac{1}{Q'} = \dfrac{n S_w}{K_f} + n S_{w,p_w} = \dfrac{n S_w}{K_f} + C_s$；$C_s = n S_{w,p_w}$ 为容水度。

类似地，可推导出非饱和土体部分动力控制方程，即

$$\begin{cases} \boldsymbol{L}^{\mathrm{T}} \boldsymbol{DLu} - \alpha S_w \nabla p_w + \rho \boldsymbol{g} - \rho \ddot{\boldsymbol{u}} = 0 \\ \nabla^{\mathrm{T}} \dot{\boldsymbol{u}} + \nabla^{\mathrm{T}} \left[\dfrac{\boldsymbol{k}}{\rho_f g} \left(S_w \rho_f \boldsymbol{g} - \nabla p_w - S_w \rho_f \ddot{\boldsymbol{u}} \right) \right] - \dfrac{1}{Q'} \dot{p}_w = 0 \end{cases} \tag{5.24}$$

Safai 和 Pinder 提出了非饱和土体饱和度和渗透系数与水头的关系，可以借用[1]。

$$S_w = S_{irr} + \left(1 - S_{irr}\right) \Big/ \left[1 + \left(\beta h_w\right)^{\gamma} \right] \tag{5.25}$$

$$k_{rw} = \left[1 + \left(a h_w\right)^{b} \right]^{-\alpha} \tag{5.26}$$

式中：S_w 为水的饱和度；S_{irr} 为初始饱和度；k_{rw} 为相对渗透系数；h_w 为压力水头；α、β、γ、a、b 为参数。对于砂土 $S_{irr} = 0.06689$，$\beta = 0.0174$，$\gamma = 2.5$，$a = 0.0667$，$b = 5$，$\alpha = 1$；对于壤土 $S_{irr} = 0.2$，$\beta = 0.00481$，$\gamma = 1.5$，$a = 0.04$，$b = 3.5$，$\alpha = 0.64$。

$$S_{w,p_w} = \frac{\partial S_w}{\partial h_w} \frac{\partial h_w}{\partial p} = \frac{\partial S_w}{\partial h_w} \frac{1}{\rho g} = -\frac{\left(1 - S_{irr}\right)}{\left[1 + \left(\beta h_w\right)^{\gamma} \right]^2} \beta \gamma \left(\beta h_w\right)^{\gamma - 1} \frac{1}{\rho g} \tag{5.27}$$

5.3 有限元动力控制方程的推导

5.3.1 饱和土体“*u-w*”格式完全动力有限元方程

采用加权余量法建立有限元方程[2, 3]，首先对土骨架及孔隙流体位移选取合适

的试函数，对求解域进行空间离散。设采用 n 个结点的单元，选取试函数为

$$\begin{cases}\boldsymbol{u}=\boldsymbol{N}_u\boldsymbol{U}\\ \dot{\boldsymbol{u}}=\boldsymbol{N}_u\dot{\boldsymbol{U}}\\ \ddot{\boldsymbol{u}}=\boldsymbol{N}_u\ddot{\boldsymbol{U}}\\ \boldsymbol{w}=\boldsymbol{N}_w\boldsymbol{W}\\ \dot{\boldsymbol{w}}=\boldsymbol{N}_w\dot{\boldsymbol{W}}\\ \ddot{\boldsymbol{w}}=\boldsymbol{N}_w\ddot{\boldsymbol{W}}\end{cases} \tag{5.28}$$

式中：$\boldsymbol{u}$、$\dot{\boldsymbol{u}}$、$\ddot{\boldsymbol{u}}$ 分别为土骨架的位移、速度和加速度，均为三维列向量，$\boldsymbol{u}=\left\{u_s\ \ v_s\ \ w_s\right\}^{\mathrm{T}}$，$\dot{\boldsymbol{u}}=\{\dot{u}_s\ \ \dot{v}_s\ \ \dot{w}_s\}^{\mathrm{T}}$，$\ddot{\boldsymbol{u}}=\left\{\ddot{u}_s\ \ \ddot{v}_s\ \ \ddot{w}_s\right\}^{\mathrm{T}}$；$\boldsymbol{w}$、$\dot{\boldsymbol{w}}$、$\ddot{\boldsymbol{w}}$ 分别为流体的相对位移、相对速度和相对加速度，均为三维列向量，$\boldsymbol{w}=\left\{u_f\ \ v_f\ \ w_f\right\}^{\mathrm{T}}$，$\dot{\boldsymbol{w}}=\left\{\dot{u}_f\ \ \dot{v}_f\ \ \dot{w}_f\right\}^{\mathrm{T}}$，$\ddot{\boldsymbol{w}}=\left\{\ddot{u}_f\ \ \ddot{v}_f\ \ \ddot{w}_f\right\}^{\mathrm{T}}$；$\boldsymbol{U}$、$\dot{\boldsymbol{U}}$、$\ddot{\boldsymbol{U}}$ 分别为土骨架单元结点的位移、速度和加速度，其中 $\boldsymbol{U}=\left\{U_{1s}\ \ V_{1s}\ \ W_{1s}\ \ U_{2s}\ \ V_{2s}\ \ W_{2s}\ \ \cdots\ \ U_{ns}\ \ V_{ns}\ \ W_{ns}\right\}^{\mathrm{T}}$；$\boldsymbol{W}$、$\dot{\boldsymbol{W}}$、$\ddot{\boldsymbol{W}}$ 分别为流体单元结点的相对位移、相对速度和相对加速度，其中 $\boldsymbol{W}=\left\{U_{1f}\ \ V_{1f}\ \ W_{1f}\ \ U_{2f}\ \ V_{2f}\ \ W_{2f}\ \ \cdots\ \ U_{nf}\ \ V_{nf}\ \ W_{nf}\right\}^{\mathrm{T}}$；$\boldsymbol{U}$、$\dot{\boldsymbol{U}}$、$\ddot{\boldsymbol{U}}$、$\boldsymbol{W}$、$\dot{\boldsymbol{W}}$、$\ddot{\boldsymbol{W}}$ 均为 $3n$ 维列向量；$\boldsymbol{N}_u$ 和 $\boldsymbol{N}_w$ 分别为土骨架单元和流体单元的 $3\times 3n$ 维形函数矩阵。

将式（5.28）代入式（5.8），得

$$\begin{cases}\boldsymbol{L}^{\mathrm{T}}\boldsymbol{DLN}_u\boldsymbol{U}-\nabla Q\nabla^{\mathrm{T}}\boldsymbol{N}_u\boldsymbol{U}-\nabla Q\nabla^{\mathrm{T}}\boldsymbol{N}_w\bar{\boldsymbol{W}}+\rho\boldsymbol{g}=\rho_f\boldsymbol{N}_w\ddot{\bar{\boldsymbol{W}}}+\rho\boldsymbol{N}_u\ddot{\boldsymbol{U}}\\ \nabla Q\nabla^{\mathrm{T}}\left(\boldsymbol{N}_u\boldsymbol{U}+\boldsymbol{N}_w\bar{\boldsymbol{W}}\right)+\dfrac{\boldsymbol{N}_w\dot{\bar{\boldsymbol{W}}}}{\boldsymbol{k}}\rho_f g+\rho_f\boldsymbol{N}_u\ddot{\boldsymbol{U}}+\dfrac{\rho_f}{n}\boldsymbol{N}_w\ddot{\bar{\boldsymbol{W}}}-\rho_f\boldsymbol{g}=0\end{cases} \tag{5.29}$$

根据伽辽金加权余量法，对式（5.29）分别取 $\boldsymbol{N}_u^{\mathrm{T}}$ 和 $\boldsymbol{N}_w^{\mathrm{T}}$ 作为权函数，并根据 $\boldsymbol{L}^{\mathrm{T}}\boldsymbol{I}=\nabla$，得到余量的加权积分式。通过分部积分，得到等效积分的"弱"形式，即

$$\begin{cases}-\displaystyle\int_\Omega\left(\boldsymbol{LN}_u\right)^{\mathrm{T}}\left(\boldsymbol{DLN}_u\boldsymbol{U}-\boldsymbol{I}Q\nabla^{\mathrm{T}}\boldsymbol{N}_u\boldsymbol{U}-\boldsymbol{I}Q\nabla^{\mathrm{T}}\boldsymbol{N}_w\bar{\boldsymbol{W}}\right)\mathrm{d}\Omega\\ \qquad+\displaystyle\int_\Gamma\boldsymbol{N}_u^{\mathrm{T}}\boldsymbol{S}^{\mathrm{T}}\left(\boldsymbol{DLN}_u\boldsymbol{U}-\boldsymbol{I}Q\nabla^{\mathrm{T}}\boldsymbol{N}_u\boldsymbol{U}-\boldsymbol{I}Q\nabla^{\mathrm{T}}\boldsymbol{N}_w\bar{\boldsymbol{W}}\right)\mathrm{d}\Gamma\\ \qquad+\displaystyle\int_\Omega\boldsymbol{N}_u^{\mathrm{T}}\rho\boldsymbol{g}\mathrm{d}\Omega=\int_\Omega\boldsymbol{N}_u^{\mathrm{T}}\rho_f\boldsymbol{N}_w\ddot{\bar{\boldsymbol{W}}}\mathrm{d}\Omega+\int_\Omega\boldsymbol{N}_u^{\mathrm{T}}\rho\boldsymbol{N}_u\ddot{\boldsymbol{U}}\mathrm{d}\Omega\\ -\displaystyle\int_\Omega\left(\nabla^{\mathrm{T}}\boldsymbol{N}_w\right)^{\mathrm{T}}Q\nabla^{T}\left(\boldsymbol{N}_u\boldsymbol{U}+\boldsymbol{N}_w\bar{\boldsymbol{W}}\right)\mathrm{d}\Omega+\int_\Gamma\boldsymbol{N}_w^{\mathrm{T}}Q\nabla^{\mathrm{T}}\left(\boldsymbol{N}_u\boldsymbol{U}+\boldsymbol{N}_w\bar{\boldsymbol{W}}\right)\boldsymbol{n}\mathrm{d}\Gamma\\ \qquad+\displaystyle\int_\Omega\boldsymbol{N}_w^{\mathrm{T}}\frac{\rho_f g}{\boldsymbol{k}}\boldsymbol{N}_w\dot{\bar{\boldsymbol{W}}}\mathrm{d}\Omega+\int_\Omega\boldsymbol{N}_w^{\mathrm{T}}\rho_f\boldsymbol{N}_u\ddot{\boldsymbol{U}}\mathrm{d}\Omega\\ \qquad+\displaystyle\int_\Omega\boldsymbol{N}_w^{\mathrm{T}}\frac{\rho_f}{n}\boldsymbol{N}_w\ddot{\bar{\boldsymbol{W}}}\mathrm{d}\Omega-\int_\Omega\boldsymbol{N}_w^{\mathrm{T}}\rho_f\boldsymbol{g}\mathrm{d}\Omega=0\end{cases} \tag{5.30}$$

式中：$\boldsymbol{S}=\begin{bmatrix} l & 0 & 0 \\ 0 & m & 0 \\ 0 & 0 & n \\ m & l & 0 \\ 0 & n & m \\ n & 0 & l \end{bmatrix}$；$l$、$m$、$n$ 为边界外法线与 x、y、z 轴正向的方向余弦，$l=\cos\alpha$，$m=\cos\beta$，$n=\cos\gamma$，α、β、γ 分别为边界外法线与 x、y、z 轴正向的夹角。

由式（5.5）～式（5.7）可得

$$\int_\Gamma \boldsymbol{N}_u^{\mathrm{T}}\boldsymbol{S}^{\mathrm{T}}\left(\boldsymbol{DLN}_u\boldsymbol{U}-\boldsymbol{I}Q\nabla^{\mathrm{T}}\boldsymbol{N}_u\boldsymbol{U}-\boldsymbol{I}Q\nabla^{\mathrm{T}}\boldsymbol{N}_w\bar{\boldsymbol{W}}\right)\mathrm{d}\Gamma=-\int_\Gamma \boldsymbol{N}_u^{\mathrm{T}}\boldsymbol{S}^{\mathrm{T}}\boldsymbol{\sigma}\mathrm{d}\Gamma \tag{5.31}$$

$$\int_\Gamma \boldsymbol{N}_w^{\mathrm{T}}Q\nabla^{\mathrm{T}}\left(\boldsymbol{N}_u\boldsymbol{U}+\boldsymbol{N}_w\bar{\boldsymbol{W}}\right)\boldsymbol{n}\mathrm{d}\Gamma=\int_\Gamma \boldsymbol{N}_w^{\mathrm{T}}p\boldsymbol{n}\mathrm{d}\Gamma \tag{5.32}$$

式中：$\boldsymbol{n}$ 为边界 Γ 的单位法向量，$\boldsymbol{n}=\{l\ \ m\ \ n\}^{\mathrm{T}}$。

将式（5.31）和式（5.32）代入式（5.30），整理后写成以下矩阵形式：

$$\begin{bmatrix} \boldsymbol{M}_{uu} & \boldsymbol{M}_{uw} \\ \boldsymbol{M}_{wu} & \boldsymbol{M}_{ww} \end{bmatrix}\begin{Bmatrix} \ddot{\boldsymbol{U}} \\ \ddot{\bar{\boldsymbol{W}}} \end{Bmatrix}+\begin{bmatrix} \boldsymbol{0} & \boldsymbol{0} \\ \boldsymbol{0} & \boldsymbol{C}_{ww} \end{bmatrix}\begin{Bmatrix} \dot{\boldsymbol{U}} \\ \dot{\bar{\boldsymbol{W}}} \end{Bmatrix}+\begin{bmatrix} \boldsymbol{K}_{uu} & \boldsymbol{K}_{uw} \\ \boldsymbol{K}_{wu} & \boldsymbol{K}_{ww} \end{bmatrix}\begin{Bmatrix} \boldsymbol{U} \\ \bar{\boldsymbol{W}} \end{Bmatrix}=\begin{Bmatrix} \boldsymbol{F}_u \\ \boldsymbol{F}_w \end{Bmatrix} \tag{5.33}$$

式中：

$$\boldsymbol{M}_{uu}=\int_\Omega \boldsymbol{N}_u^{\mathrm{T}}\rho\boldsymbol{N}_u\mathrm{d}\Omega；\ \boldsymbol{M}_{uw}=\int_\Omega \boldsymbol{N}_u^{\mathrm{T}}\rho_f\boldsymbol{N}_w\mathrm{d}\Omega；\ \boldsymbol{M}_{wu}=\int_\Omega \boldsymbol{N}_w^{\mathrm{T}}\rho_f\boldsymbol{N}_u\mathrm{d}\Omega=\boldsymbol{M}_{uw}^{\mathrm{T}}；$$

$$\boldsymbol{M}_{ww}=\int_\Omega \boldsymbol{N}_w^{\mathrm{T}}\frac{\rho_f}{n}\boldsymbol{N}_w\mathrm{d}\Omega；\boldsymbol{C}_{ww}=\int_\Omega \boldsymbol{N}_w^{\mathrm{T}}\frac{\rho_f g}{\boldsymbol{k}}\boldsymbol{N}_w\mathrm{d}\Omega；\boldsymbol{K}_{uu}=\int_\Omega \boldsymbol{B}_u^{\mathrm{T}}\boldsymbol{DB}_u\mathrm{d}\Omega-\int_\Omega \boldsymbol{B}_u^{\mathrm{T}}Q\boldsymbol{IB}_u^{*}\mathrm{d}\Omega；$$

$$\boldsymbol{K}_{uw}=-\int_\Omega \boldsymbol{B}_u^{\mathrm{T}}Q\boldsymbol{IB}_w^{*}\mathrm{d}\Omega；\ \boldsymbol{K}_{wu}=\boldsymbol{K}_{uw}^{\mathrm{T}}；\ \boldsymbol{K}_{ww}=-\int_\Omega \boldsymbol{B}_w^{*\mathrm{T}}Q\boldsymbol{B}_w^{*}\mathrm{d}\Omega；$$

$$\boldsymbol{F}_u=-\int_\Gamma \boldsymbol{N}_u^{\mathrm{T}}\boldsymbol{S}^{\mathrm{T}}\boldsymbol{\sigma}\mathrm{d}\Gamma+\int_\Omega \boldsymbol{N}_u^{\mathrm{T}}\rho\boldsymbol{g}\mathrm{d}\Omega；\ \boldsymbol{F}_w=-\int_\Gamma \boldsymbol{N}_w^{\mathrm{T}}p\boldsymbol{n}\mathrm{d}\Gamma+\int_\Omega \boldsymbol{N}_w^{\mathrm{T}}\rho_f\boldsymbol{g}\mathrm{d}\Omega$$

注意：$\boldsymbol{M}_{uu}$、$\boldsymbol{M}_{uw}$、$\boldsymbol{M}_{wu}$、$\boldsymbol{M}_{ww}$、$\boldsymbol{C}_{ww}$、$\boldsymbol{K}_{uu}$、$\boldsymbol{K}_{uw}$、$\boldsymbol{K}_{wu}$ 和 $\boldsymbol{K}_{ww}$ 均为 $3n\times 3n$ 维矩阵；$\boldsymbol{F}_u$ 和 $\boldsymbol{F}_w$ 均为 $3n$ 维列向量。

5.3.2 饱和土体“*u-P*”格式部分动力有限元方程

类似地，采用加权余量法可以推导得到饱和土体部分动力形式的有限元方程[2, 3]，即

$$\begin{bmatrix} \boldsymbol{M}_s & \boldsymbol{0} \\ \boldsymbol{M}_{sf} & \boldsymbol{0} \end{bmatrix}\begin{Bmatrix} \ddot{\boldsymbol{U}} \\ \ddot{\boldsymbol{P}} \end{Bmatrix}+\begin{bmatrix} \boldsymbol{0} & \boldsymbol{0} \\ \boldsymbol{C}^{\mathrm{T}} & \boldsymbol{C}_f \end{bmatrix}\begin{Bmatrix} \dot{\boldsymbol{U}} \\ \dot{\boldsymbol{P}} \end{Bmatrix}+\begin{bmatrix} \boldsymbol{K}_s & -\boldsymbol{C} \\ \boldsymbol{0} & \boldsymbol{K}_f \end{bmatrix}\begin{Bmatrix} \boldsymbol{U} \\ \boldsymbol{P} \end{Bmatrix}=\begin{Bmatrix} \boldsymbol{F}_s \\ \boldsymbol{F}_f \end{Bmatrix} \tag{5.34}$$

式中：

$$\boldsymbol{M}_s=\int_\Omega \boldsymbol{N}_u^{\mathrm{T}}\rho\boldsymbol{N}_u\mathrm{d}\Omega;\ \boldsymbol{M}_{sf}=\int_\Omega \boldsymbol{B}_p^{\mathrm{T}}\frac{\boldsymbol{k}}{g}\boldsymbol{N}_u\mathrm{d}\Omega;\ \boldsymbol{C}=\int_\Omega \boldsymbol{B}_u^{\mathrm{T}}\boldsymbol{I}\boldsymbol{N}_p\mathrm{d}\Omega;\ \boldsymbol{C}^{\mathrm{T}}=\int_\Omega(\boldsymbol{I}\boldsymbol{N}_p)^{\mathrm{T}}\boldsymbol{B}_u\mathrm{d}\Omega;$$

$$\boldsymbol{C}_f=-\int_\Omega \boldsymbol{N}_p^{\mathrm{T}}\frac{n}{K_f}\boldsymbol{N}_p\mathrm{d}\Omega;\ \boldsymbol{K}_s=\int_\Omega \boldsymbol{B}_u^{\mathrm{T}}\boldsymbol{D}\boldsymbol{B}_u\mathrm{d}\Omega;\ \boldsymbol{K}_f=\int_\Omega \boldsymbol{B}_p^{\mathrm{T}}\frac{\boldsymbol{k}}{\rho_f g}\boldsymbol{B}_p\mathrm{d}\Omega;$$

$$\boldsymbol{F}_s=\int_\Omega \boldsymbol{N}_u^{\mathrm{T}}\rho\boldsymbol{g}\mathrm{d}\Omega-\int_\Gamma \boldsymbol{N}_u^{\mathrm{T}}\boldsymbol{S}^{\mathrm{T}}\boldsymbol{\sigma}\mathrm{d}\Gamma;\ \boldsymbol{F}_f=-\int_\Gamma \boldsymbol{N}_p^{\mathrm{T}}\boldsymbol{n}^{\mathrm{T}}\boldsymbol{V}\mathrm{d}\Gamma+\int_\Omega \boldsymbol{B}_p^{\mathrm{T}}\frac{\boldsymbol{k}}{\rho_f g}\rho_f\boldsymbol{g}\mathrm{d}\Omega$$

5.3.3 非饱和土体“*u-P*”格式部分动力有限元方程

类似地，采用加权余量法可以推导得到非饱和土体部分动力形式的有限元方程[2, 3]，即

$$\begin{bmatrix}\boldsymbol{M}_s & \boldsymbol{0}\\ \boldsymbol{M}_{sf} & \boldsymbol{0}\end{bmatrix}\begin{Bmatrix}\ddot{\boldsymbol{U}}\\ \ddot{\boldsymbol{P}}\end{Bmatrix}+\begin{bmatrix}\boldsymbol{0} & \boldsymbol{0}\\ \boldsymbol{C}^{\mathrm{T}} & \boldsymbol{C}_f\end{bmatrix}\begin{Bmatrix}\dot{\boldsymbol{U}}\\ \dot{\boldsymbol{P}}\end{Bmatrix}+\begin{bmatrix}\boldsymbol{K}_s & -\alpha S_w\boldsymbol{C}\\ \boldsymbol{0} & \boldsymbol{K}_f\end{bmatrix}\begin{Bmatrix}\boldsymbol{U}\\ \boldsymbol{P}\end{Bmatrix}=\begin{Bmatrix}\boldsymbol{F}_s\\ \boldsymbol{F}_f\end{Bmatrix} \tag{5.35}$$

式中：

$$\boldsymbol{M}_s=\int_\Omega \boldsymbol{N}_u^{\mathrm{T}}\rho\boldsymbol{N}_u\mathrm{d}\Omega;\ \boldsymbol{M}_{sf}=S_w\int_\Omega \boldsymbol{B}_p^{\mathrm{T}}\frac{\boldsymbol{k}}{g}\boldsymbol{N}_u\mathrm{d}\Omega;\ \boldsymbol{C}=\int_\Omega \boldsymbol{B}_u^{\mathrm{T}}\boldsymbol{I}\boldsymbol{N}_p\mathrm{d}\Omega;\ \boldsymbol{C}^{\mathrm{T}}=\int_\Omega(\boldsymbol{I}\boldsymbol{N}_p)^{\mathrm{T}}\boldsymbol{B}_u\mathrm{d}\Omega;$$

$$\boldsymbol{C}_f=-\int_\Omega \boldsymbol{N}_p^{\mathrm{T}}\left(\frac{nS_w}{K_f}+nS_{w,p_w}\right)\boldsymbol{N}_p\mathrm{d}\Omega;\ \boldsymbol{K}_s=\int_\Omega \boldsymbol{B}_u^{\mathrm{T}}\boldsymbol{D}\boldsymbol{B}_u\mathrm{d}\Omega;\ \boldsymbol{K}_f=\int_\Omega \boldsymbol{B}_p^{\mathrm{T}}\frac{\boldsymbol{k}}{\rho_f g}\boldsymbol{B}_p\mathrm{d}\Omega;$$

$$\boldsymbol{F}_f=-S_w\int_\Gamma \boldsymbol{N}_p^{\mathrm{T}}\boldsymbol{n}^{\mathrm{T}}\boldsymbol{V}\mathrm{d}\Gamma+S_w\int_\Omega \boldsymbol{B}_p^{\mathrm{T}}\frac{\boldsymbol{k}}{\rho_f g}\rho_f\boldsymbol{g}\mathrm{d}\Omega;\ \boldsymbol{F}_s=\int_\Omega \boldsymbol{N}_u^{\mathrm{T}}\rho\boldsymbol{g}\mathrm{d}\Omega-\int_\Gamma \boldsymbol{N}_u^{\mathrm{T}}\boldsymbol{S}^{\mathrm{T}}\boldsymbol{\sigma}\mathrm{d}\Gamma$$

注意：$\boldsymbol{M}_s$和$\boldsymbol{K}_s$为$3n\times 3n$维矩阵；$\boldsymbol{M}_{sf}$为$n\times 3n$维矩阵；$\boldsymbol{K}_f$和$\boldsymbol{C}_f$为$n\times n$维矩阵；$\boldsymbol{C}$为$3n\times n$维矩阵；$\boldsymbol{I}$为变换矩阵，6×1维矩阵，$\boldsymbol{I}=\{1\ \ 1\ \ 1\ \ 0\ \ 0\ \ 0\}^{\mathrm{T}}$；$\boldsymbol{F}_s$为$3n$维列向量；$\boldsymbol{F}_f$为$n$维列向量；$\boldsymbol{k}$为对角渗透系数矩阵；$\boldsymbol{V}$为流速矩阵；$\boldsymbol{n}$为边界的法向量。

5.3.4 饱和土体拟静力有限元方程

拟静力方程略去了土骨架和孔隙水的加速度项，其推导过程同部分动力方程。

$$\begin{bmatrix}\boldsymbol{0} & \boldsymbol{0}\\ \boldsymbol{C}^{\mathrm{T}} & \boldsymbol{C}_f\end{bmatrix}\begin{Bmatrix}\dot{\boldsymbol{U}}\\ \dot{\boldsymbol{P}}\end{Bmatrix}+\begin{bmatrix}\boldsymbol{K}_s & -\boldsymbol{C}\\ \boldsymbol{0} & \boldsymbol{K}_f\end{bmatrix}\begin{Bmatrix}\boldsymbol{U}\\ \boldsymbol{P}\end{Bmatrix}=\begin{Bmatrix}\boldsymbol{F}_s\\ \boldsymbol{F}_f\end{Bmatrix} \tag{5.36}$$

若假设流体不可压缩，则K_f趋于无穷大，$\boldsymbol{C}_f$为$\boldsymbol{0}$，式（5.36）简化为

$$\begin{bmatrix}\boldsymbol{0} & \boldsymbol{0}\\ \boldsymbol{C}^{\mathrm{T}} & \boldsymbol{0}\end{bmatrix}\begin{Bmatrix}\dot{\boldsymbol{U}}\\ \dot{\boldsymbol{P}}\end{Bmatrix}+\begin{bmatrix}\boldsymbol{K}_s & -\boldsymbol{C}\\ \boldsymbol{0} & \boldsymbol{K}_f\end{bmatrix}\begin{Bmatrix}\boldsymbol{U}\\ \boldsymbol{P}\end{Bmatrix}=\begin{Bmatrix}\boldsymbol{F}_s\\ \boldsymbol{F}_f\end{Bmatrix} \tag{5.37}$$

式（5.36）和式（5.37）中各子矩阵和向量的表达式见式（5.34）的说明。

如果再忽略体力，$\boldsymbol{F}_s$ 中的 $\int_{\Omega} \boldsymbol{N}_u^{\mathrm{T}} \rho \boldsymbol{g} \mathrm{d}\Omega$ 项和 $\boldsymbol{F}_f$ 中的 $\int_{\Omega} \boldsymbol{N}_p^{\mathrm{T}} \frac{\boldsymbol{k}}{\rho_f g} \rho_f \boldsymbol{g} \mathrm{d}\Omega$ 项都为 0，则有限元控制方程式（5.37）退化为空间离散后的三维 Biot 固结方程。为了便于求解，对式（5.37）中一阶导数项进行变换，如下：

$$\boldsymbol{C}^{\mathrm{T}}\left(\boldsymbol{U}_{n+1}-\boldsymbol{U}_n\right)+\boldsymbol{K}_f \Delta t \boldsymbol{P}_{n+1}=\boldsymbol{F}_f \Delta t \tag{5.38}$$

进一步变换，并化简成对称矩阵的形式：

$$\begin{bmatrix} -\boldsymbol{K}_s & \boldsymbol{C} \\ \boldsymbol{C}^{\mathrm{T}} & \boldsymbol{K}_f \Delta t \end{bmatrix} \begin{Bmatrix} \boldsymbol{U}_{n+1} \\ \boldsymbol{P}_{n+1} \end{Bmatrix} = \begin{Bmatrix} -\boldsymbol{F}_s \\ \boldsymbol{F}_f \Delta t+\boldsymbol{C}^{\mathrm{T}} \boldsymbol{U}_n \end{Bmatrix} \tag{5.39}$$

5.4 有限元控制方程的时间离散

5.4.1 动力平衡方程的数值积分格式

求解复杂的动力平衡方程时，可采用广义 Newmark 法，将连续的时间域划分为若干步，步长为 Δt 。对于第 $n+1$ 时间步，得到[1]

$$\boldsymbol{M}\ddot{\boldsymbol{X}}_{n+1}+\boldsymbol{C}\dot{\boldsymbol{X}}_{n+1}+\boldsymbol{K}\boldsymbol{X}_{n+1}=\boldsymbol{F}_{n+1} \tag{5.40}$$

取 GN_{22}，则有

$$\begin{cases} \ddot{\boldsymbol{X}}_{n+1}=\ddot{\boldsymbol{X}}_n+\Delta\ddot{\boldsymbol{X}}_n \\ \dot{\boldsymbol{X}}_{n+1}=\dot{\boldsymbol{X}}_n+\ddot{\boldsymbol{X}}_n\Delta t+\gamma\Delta\ddot{\boldsymbol{X}}_n\Delta t \\ \boldsymbol{X}_{n+1}=\boldsymbol{X}_n+\dot{\boldsymbol{X}}_n\Delta t+\dfrac{1}{2}\ddot{\boldsymbol{X}}_n\Delta t^2+\dfrac{1}{2}\beta\Delta\ddot{\boldsymbol{X}}_n\Delta t^2 \end{cases} \tag{5.41}$$

式中：γ 、β 为 Newmark 法的参数。

将 $\Delta\ddot{\boldsymbol{X}}_n=\ddot{\boldsymbol{X}}_{n+1}-\ddot{\boldsymbol{X}}_n$ 代入式（5.41）中的第 2 式和第 3 式，得到

$$\begin{cases} \ddot{\boldsymbol{X}}_{n+1}=\ddot{\boldsymbol{X}}_n+\Delta\ddot{\boldsymbol{X}}_n \\ \dot{\boldsymbol{X}}_{n+1}=\dot{\boldsymbol{X}}_n+\left[\ddot{\boldsymbol{X}}_n(1-\gamma)+\gamma\ddot{\boldsymbol{X}}_{n+1}\right]\Delta t \\ \boldsymbol{X}_{n+1}=\boldsymbol{X}_n+\Delta t\dot{\boldsymbol{X}}_n+\left[(1-2\beta)\ddot{\boldsymbol{X}}_n+2\beta\ddot{\boldsymbol{X}}_{n+1}\right]\dfrac{1}{2}\Delta t^2 \end{cases} \tag{5.42}$$

对式（5.42）中的第 3 式进行变换，并代入第 2 式，得到

$$\begin{cases} \ddot{\boldsymbol{X}}_{n+1}=\dfrac{1}{\beta\Delta t^2}\left(\boldsymbol{X}_{n+1}-\boldsymbol{X}_n-\Delta t\dot{\boldsymbol{X}}_n\right)-\left(\dfrac{1}{2\beta}-1\right)\ddot{\boldsymbol{X}}_n \\ \dot{\boldsymbol{X}}_{n+1}=\dfrac{\gamma}{\beta\Delta t}\left(\boldsymbol{X}_{n+1}-\boldsymbol{X}_n\right)-\left(\dfrac{\gamma}{\beta}-1\right)\dot{\boldsymbol{X}}_n-\Delta t\left(\dfrac{\gamma}{2\beta}-1\right)\ddot{\boldsymbol{X}}_n \end{cases} \tag{5.43}$$

将式（5.43）代入式（5.40），得到

$$\left(\frac{1}{\beta\Delta t^2}\boldsymbol{M}+\frac{\gamma}{\beta\Delta t}\boldsymbol{C}+\boldsymbol{K}\right)\boldsymbol{X}_{n+1}=\boldsymbol{M}\left[\frac{1}{\beta\Delta t^2}\boldsymbol{X}_n+\frac{1}{\beta\Delta t}\dot{\boldsymbol{X}}_n+\left(\frac{1}{2\beta}-1\right)\ddot{\boldsymbol{X}}_n\right]$$
$$+\boldsymbol{C}\left[\frac{\gamma}{\beta\Delta t}\boldsymbol{X}_n+\left(\frac{\gamma}{\beta}-1\right)\dot{\boldsymbol{X}}_n+\Delta t\left(\frac{\gamma}{2\beta}-1\right)\ddot{\boldsymbol{X}}_n\right]+\boldsymbol{F}_{n+1} \tag{5.44}$$

当满足式（5.45）时，Newmark 法求解动力平衡方程是无条件稳定的，即时间步长 Δt 的大小不影响解的稳定性。

$$\begin{cases}\gamma\geqslant 0.5\\ \beta=\dfrac{1}{4}\left(\gamma+\dfrac{1}{2}\right)^2\end{cases} \tag{5.45}$$

5.4.2　“*u-P*”格式动力平衡方程的时间离散

为了使饱和土体部分动力控制方程式（5.34）对称化，令 $\boldsymbol{M}_{sf}=\boldsymbol{0}$（可忽略）。同时，固相考虑 Rayleigh 阻尼 $\boldsymbol{C}=\alpha\boldsymbol{M}_s+\beta'\boldsymbol{K}_s$，固相右端项加入地震荷载 $\boldsymbol{M}_s\ddot{\boldsymbol{u}}_g$，形成第 $n+1$ 时步的动力平衡方程，即

$$\begin{bmatrix}\boldsymbol{M}_s & \boldsymbol{0}\\ \boldsymbol{0} & \boldsymbol{0}\end{bmatrix}\begin{Bmatrix}\ddot{\boldsymbol{U}}_{n+1}\\ \ddot{\boldsymbol{P}}_{n+1}\end{Bmatrix}+\begin{bmatrix}\alpha\boldsymbol{M}_s+\beta'\boldsymbol{K}_s & \boldsymbol{0}\\ \boldsymbol{C}^{\mathrm{T}} & \boldsymbol{C}_f\end{bmatrix}\begin{Bmatrix}\dot{\boldsymbol{U}}_{n+1}\\ \dot{\boldsymbol{P}}_{n+1}\end{Bmatrix}+\begin{bmatrix}\boldsymbol{K}_s & -\boldsymbol{C}\\ \boldsymbol{0} & \boldsymbol{K}_f\end{bmatrix}\begin{Bmatrix}\boldsymbol{U}_{n+1}\\ \boldsymbol{P}_{n+1}\end{Bmatrix}$$
$$=\begin{Bmatrix}\boldsymbol{F}_{s(n+1)}-\boldsymbol{M}_s\ddot{\boldsymbol{u}}_{g(n+1)}\\ \boldsymbol{F}_{f(n+1)}\end{Bmatrix} \tag{5.46}$$

为使方程对称化，对式（5.46）进行变换，得

$$\begin{bmatrix}-\boldsymbol{M}_s & \boldsymbol{0}\\ \boldsymbol{0} & \boldsymbol{0}\end{bmatrix}\begin{Bmatrix}\ddot{\boldsymbol{U}}_{n+1}\\ \ddot{\boldsymbol{P}}_{n+1}\end{Bmatrix}+\begin{bmatrix}-(\alpha\boldsymbol{M}_s+\beta'\boldsymbol{K}_s) & \boldsymbol{0}\\ \dfrac{\beta\Delta t}{\gamma}\boldsymbol{C}^{\mathrm{T}} & \dfrac{\beta\Delta t}{\gamma}\boldsymbol{C}_f\end{bmatrix}\begin{Bmatrix}\dot{\boldsymbol{U}}_{n+1}\\ \dot{\boldsymbol{P}}_{n+1}\end{Bmatrix}+\begin{bmatrix}-\boldsymbol{K}_s & \boldsymbol{C}\\ \boldsymbol{0} & \dfrac{\beta\Delta t}{\gamma}\boldsymbol{K}_f\end{bmatrix}\begin{Bmatrix}\boldsymbol{U}_{n+1}\\ \boldsymbol{P}_{n+1}\end{Bmatrix}$$
$$=\begin{Bmatrix}-\boldsymbol{F}_{s(n+1)}+\boldsymbol{M}_s\ddot{\boldsymbol{u}}_{g(n+1)}\\ \dfrac{\beta\Delta t}{\gamma}\boldsymbol{F}_{f(n+1)}\end{Bmatrix} \tag{5.47}$$

按照式（5.43），将 $\ddot{\boldsymbol{U}}_{n+1}$、$\dot{\boldsymbol{U}}_{n+1}$ 和 $\dot{\boldsymbol{P}}_{n+1}$ 进行形式转换，得

$$\begin{cases}\ddot{\boldsymbol{U}}_{n+1}=\dfrac{1}{\beta\Delta t^2}\left(\boldsymbol{U}_{n+1}-\boldsymbol{U}_n-\Delta t\dot{\boldsymbol{U}}_n\right)-\left(\dfrac{1}{2\beta}-1\right)\ddot{\boldsymbol{U}}_n\\ \dot{\boldsymbol{U}}_{n+1}=\dfrac{\gamma}{\beta\Delta t}\left(\boldsymbol{U}_{n+1}-\boldsymbol{U}_n\right)-\left(\dfrac{\gamma}{\beta}-1\right)\dot{\boldsymbol{U}}_n-\Delta t\left(\dfrac{\gamma}{2\beta}-1\right)\ddot{\boldsymbol{U}}_n\end{cases} \tag{5.48}$$

$$\dot{\boldsymbol{P}}_{n+1}=\frac{\gamma}{\beta\Delta t}\left(\boldsymbol{P}_{n+1}-\boldsymbol{P}_n\right)-\left(\frac{\gamma}{\beta}-1\right)\dot{\boldsymbol{P}}_n-\Delta t\left(\frac{\gamma}{2\beta}-1\right)\ddot{\boldsymbol{P}}_n \tag{5.49}$$

将式（5.48）和式（5.49）代入式（5.47），整理后得第 $n+1$ 时步的动力平衡方程，即

$$\begin{bmatrix} -\dfrac{\boldsymbol{M}_s}{\beta\Delta t^2}-\dfrac{\gamma}{\beta\Delta t}\left(\alpha\boldsymbol{M}_s+\beta'\boldsymbol{K}_s\right)-\boldsymbol{K}_s & \boldsymbol{C} \\ \boldsymbol{C}^{\mathrm{T}} & \boldsymbol{C}_f+\dfrac{\beta\Delta t}{\gamma}\boldsymbol{K}_f \end{bmatrix}\begin{bmatrix}\boldsymbol{U}_{n+1}\\ \boldsymbol{P}_{n+1}\end{bmatrix}=\begin{bmatrix}\boldsymbol{F}^*_{s(n+1)}\\ \boldsymbol{F}^*_{f(n+1)}\end{bmatrix} \tag{5.50}$$

式中：

$$\begin{aligned}\boldsymbol{F}^*_{s(n+1)}=&-\boldsymbol{F}_s+\boldsymbol{M}_s\ddot{\boldsymbol{u}}_{g(n+1)}-\boldsymbol{M}_s\left[\frac{1}{\beta\Delta t^2}\boldsymbol{U}_n+\frac{1}{\beta\Delta t}\dot{\boldsymbol{U}}_n+\left(\frac{1}{2\beta}-1\right)\ddot{\boldsymbol{U}}_n\right]\\&-\left(\alpha\boldsymbol{M}_s+\beta'\boldsymbol{K}_s\right)\left[\frac{\gamma}{\beta\Delta t}\boldsymbol{U}_n+\left(\frac{\gamma}{\beta}-1\right)\dot{\boldsymbol{U}}_n+\Delta t\left(\frac{\gamma}{2\beta}-1\right)\ddot{\boldsymbol{U}}_n\right]\end{aligned} \tag{5.51}$$

$$\begin{aligned}\boldsymbol{F}^*_{f(n+1)}=&\frac{\beta\Delta t}{\gamma}\boldsymbol{F}_f+\frac{\beta\Delta t}{\gamma}\boldsymbol{C}^{\mathrm{T}}\left[\frac{\gamma}{\beta\Delta t}\boldsymbol{U}_n+\left(\frac{\gamma}{\beta}-1\right)\dot{\boldsymbol{U}}_n+\Delta t\left(\frac{\gamma}{2\beta}-1\right)\ddot{\boldsymbol{U}}_n\right]\\&+\frac{\beta\Delta t}{\gamma}\boldsymbol{C}_f\left[\frac{\gamma}{\beta\Delta t}\boldsymbol{P}_n+\left(\frac{\gamma}{\beta}-1\right)\dot{\boldsymbol{P}}_n+\Delta t\left(\frac{\gamma}{2\beta}-1\right)\ddot{\boldsymbol{P}}_n\right]\end{aligned} \tag{5.52}$$

5.4.3 “*u-w*”格式动力平衡方程的时间离散

对于“***u-w***”形式的控制方程式（5.33），未知量 $\boldsymbol{u}$、$\boldsymbol{w}$ 为时间的函数，同样可利用 GN_{pj} 数值积分方法实现时间域内方程组的离散。若 $\ddot{\boldsymbol{U}}$ 和 $\ddot{\boldsymbol{W}}$ 采用 GN_{22} 法，利用式（5.43）进行展开表示，再代入式（5.33）中进行时间离散。同时考虑坝体瑞利阻尼 $\left(\alpha\boldsymbol{M}_s+\beta'\boldsymbol{K}_s\right)$ 及坝体所受地震荷载项 $\boldsymbol{M}_s\ddot{\boldsymbol{u}}_g$，即得如式（5.53）所示的“***u-w***”形式求解方程：

$$\begin{aligned}&\begin{bmatrix}\dfrac{1}{\beta\Delta t^2}\boldsymbol{M}_{uu}+\boldsymbol{K}_{uu}+\dfrac{\gamma}{\beta\Delta t}\left(\alpha\boldsymbol{M}_{uu}+\beta'\boldsymbol{K}_{uu}\right) & \dfrac{1}{\beta\Delta t^2}\boldsymbol{M}_{uw}+\boldsymbol{K}_{uw}\\ \dfrac{1}{\beta\Delta t^2}\boldsymbol{M}_{wu}+\boldsymbol{K}_{wu} & \dfrac{1}{\beta\Delta t^2}\boldsymbol{M}_{ww}+\dfrac{\gamma}{\beta\Delta t}\boldsymbol{C}_{ww}+\boldsymbol{K}_{ww}\end{bmatrix}\begin{bmatrix}\boldsymbol{U}_{n+1}\\ \boldsymbol{W}_{n+1}\end{bmatrix}\\&=\begin{Bmatrix}\boldsymbol{F}_{u(n+1)}\\ \boldsymbol{F}_{w(n+1)}\end{Bmatrix}+\begin{bmatrix}-\boldsymbol{M}_{uu} & \boldsymbol{0}\\ \boldsymbol{0} & \boldsymbol{0}\end{bmatrix}\begin{bmatrix}\ddot{\boldsymbol{u}}_g\\ \boldsymbol{0}\end{bmatrix}+\begin{bmatrix}\boldsymbol{M}_{uu} & \boldsymbol{M}_{uw}\\ \boldsymbol{M}_{wu} & \boldsymbol{M}_{ww}\end{bmatrix}\left[\frac{1}{\beta\Delta t^2}\begin{bmatrix}\boldsymbol{U}_n\\ \boldsymbol{W}_n\end{bmatrix}+\frac{1}{\beta\Delta t}\begin{bmatrix}\dot{\boldsymbol{U}}_n\\ \dot{\boldsymbol{W}}_n\end{bmatrix}+\left(\frac{1}{2\beta}-1\right)\begin{bmatrix}\ddot{\boldsymbol{U}}_n\\ \ddot{\boldsymbol{W}}_n\end{bmatrix}\right]\\&\quad+\begin{bmatrix}\left(\alpha\boldsymbol{M}_{uu}+\beta'\boldsymbol{K}_{uu}\right) & \boldsymbol{0}\\ \boldsymbol{0} & \boldsymbol{C}_{ww}\end{bmatrix}\left[\frac{\gamma}{\beta\Delta t}\begin{bmatrix}\boldsymbol{U}_n\\ \boldsymbol{W}_n\end{bmatrix}+\left(\frac{\gamma}{\beta}-1\right)\begin{bmatrix}\dot{\boldsymbol{U}}_n\\ \dot{\boldsymbol{W}}_n\end{bmatrix}+\Delta t\left(\frac{\gamma}{2\beta}-1\right)\begin{bmatrix}\ddot{\boldsymbol{U}}_n\\ \ddot{\boldsymbol{W}}_n\end{bmatrix}\right]\end{aligned} \tag{5.53}$$

式（5.53）中各子矩阵、列向量和物理量的意义同前，不再一一解释。

5.5 算例分析

5.5.1 静力流固耦合验证

将动力控制方程中的动力项去除，即退化为静力问题的控制方程。静力固结算例主要是为了将数值解与解析解进行对比，以验证计算理论和程序求解静力问题的正确性[2,3]。

5.5.1.1 一维土柱静力固结

取一维土柱（高 15m，宽 1m）作为分析对象，在土柱顶面施加 100kPa 的竖向均布压力，考虑单向排水和双向排水两种工况。有限元网格在竖向分 30 层，单元厚度 0.5m，单元水平向宽 1m，结点数 62 个，单元数 30 个。土体重度 19.6kN/m^3，弹性模量 1×10^{5}kPa，泊松比 0.3，渗透系数 9.8×10^{-7}m/s。

表 5.1 为顶部单向排水条件下土柱不同高程处时间 t 在 100s 和 1000s 时孔压数值解与解析解比较。由表可知，由程序计算的孔压数值解与解析解非常接近，最大误差不超过 0.4%。图 5.1 给出不同排水条件下典型时刻沿土柱高程方向孔压数值解与解析解的对比曲线，数值解与解析解几乎重合。本算例初步验证了上述推导的计算理论和所编程序求解静力水土耦合（静力固结）问题的正确性。

表 5.1 顶部单向排水条件下土柱不同高程处孔压数值解与解析解比较

Z/m	t=100s			t=1000s		
	数值解/kPa	解析解/kPa	误差/%	数值解/kPa	解析解/kPa	误差/%
15	100.00	100.05	0.05	99.23	99.28	0.05
10	100.00	100.05	0.05	94.62	94.64	0.03
5	99.90	99.82	0.08	66.59	66.52	0.11
2	77.96	77.76	0.26	30.08	30.03	0.17
1	45.71	45.80	0.21	15.32	15.29	0.18
0.5	23.87	23.96	0.36	7.70	7.68	0.24

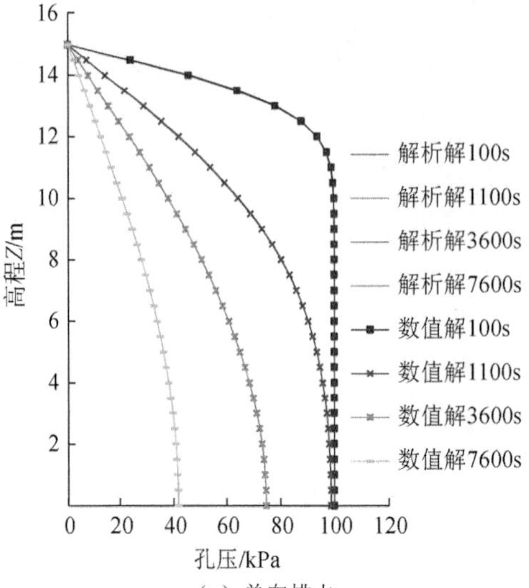

（a）单向排水

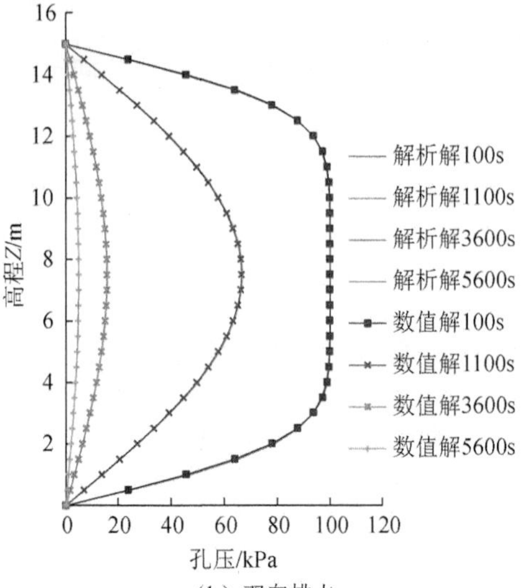

（b）双向排水

图 5.1　不同排水条件下典型时刻沿土柱高程方向孔压数值解与解析解的对比曲线

5.5.1.2　均质土坝静力固结

某覆盖层上均质土坝，坝高 60m，地基深度取 60m，坝前水位 60m，按面力施加。下游坝面及地基表面设为排水边界。有限元网格如图 5.2 所示。坝体及坝基材料按线弹性考虑，参数取值见表 5.2。本算例考察大坝蓄水后的静力固结特性。

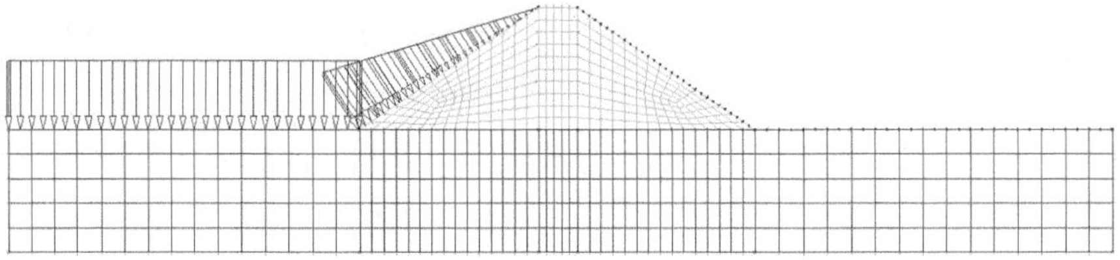

图 5.2　均质坝有限元网格

表 5.2　坝体及坝基材料参数

	密度/（kg/m³）	弹性模量/MPa	泊松比	渗透系数/（m/s）
坝体	2000	80	0.3	9.8×10^{-4}
坝基	2200	200	0.3	9.8×10^{-6}

图 5.3 和图 5.4 分别给出按上述理论自编程序与 ADINA 计算得到的典型时刻大坝孔压分布等值线（注：ADINA 中孔压以压为负，下同）。图 5.5 给出了坝内 3 个典型结点孔压变化时程曲线，这 3 个典型结点分别位于坝建基面上游侧（结点 26）、建基面中央（结点 148）和坝体中部（结点 173）。由图可见，程序计算值与 ADINA 计算结果几乎一致，验证了求解理论和自编程序的正确性。

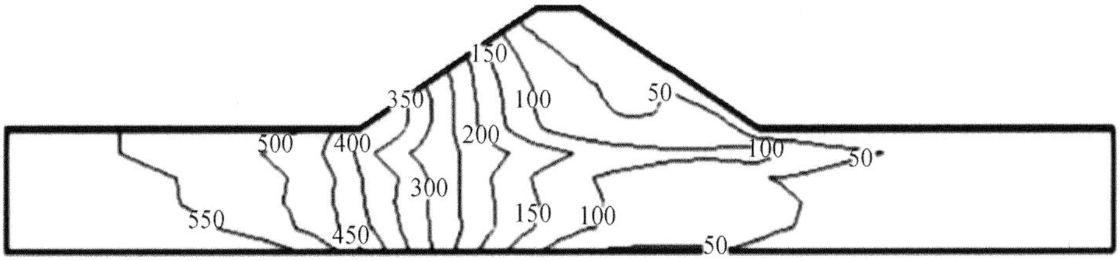

（a）自编程序结果

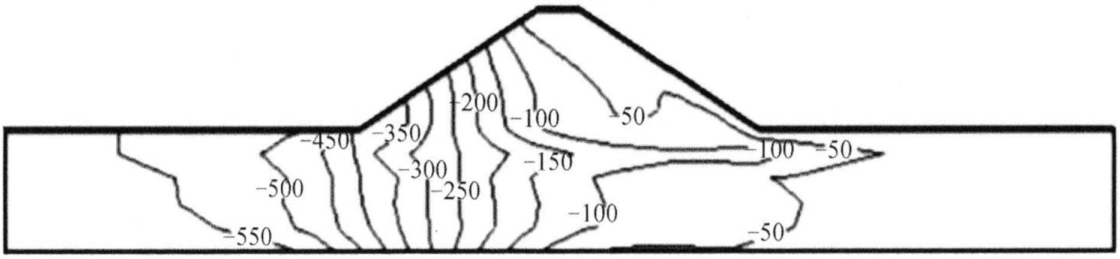

（b）ADINA结果

图 5.3 t=11s 时的大坝孔压分布比较（单位：kPa）

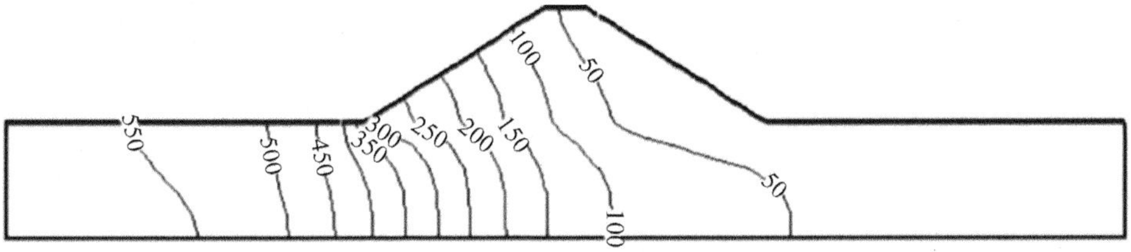

（a）自编程序结果

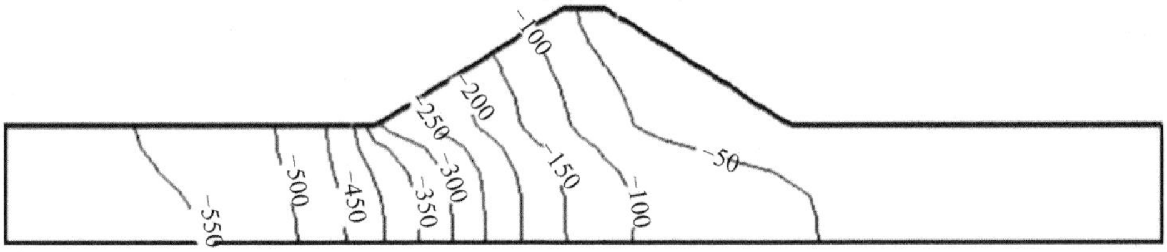

（b）ADINA结果

图 5.4 t=1011s 时的大坝孔压分布比较（单位：kPa）

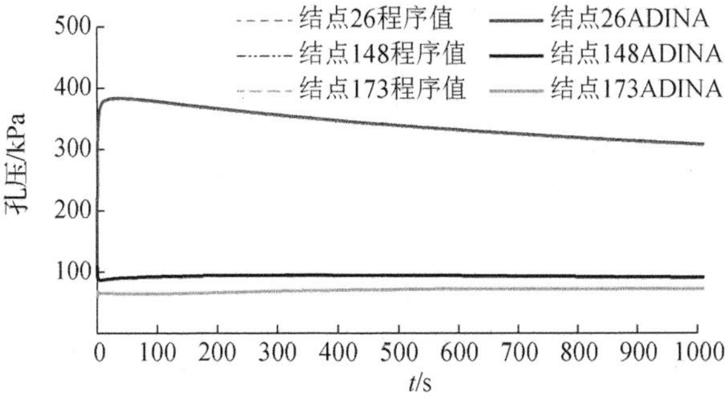

图 5.5 典型结点孔压变化时程曲线比较

5.5.2 动力流固耦合验证

5.5.2.1 一维土柱动力固结

仍以 5.5.1.1 节一维土柱为例，计算参数相同。以部分动力（“***u-P***”）格式固结方程为例，与 ADINA 中仅有的“***u-P***”格式的计算结果进行对比，验证计算理论和程序的正确性。在土柱底部输入 $\ddot{u}_g(t)=\sin(10t)$ 的正弦加速度波，时间步长取 Δt=0.01s，计算时长为 3s。土柱无其余外力作用，不受重力，无阻尼，顶部单向排水。

图 5.6 为单向排水条件下土柱不同高程处典型特征点动孔压和竖向加速度计算结果对比情况。由图可知，程序计算得到的典型特征点动孔压与加速度的时程曲线与 ADINA 计算结果几乎完全重合，初步验证了上述推导的计算理论和所编程序求解细观水土动力耦合（动力固结）问题的正确性。

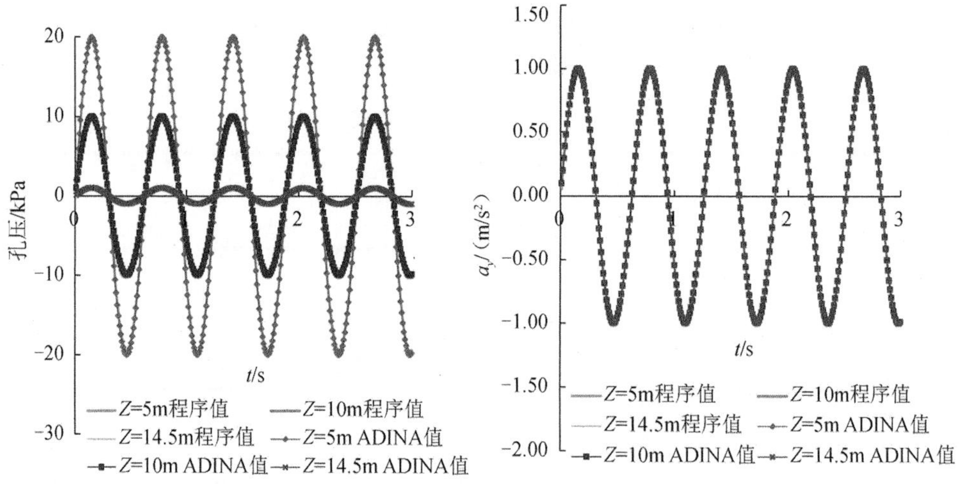

（a）动孔压　　（b）加速度

图 5.6 单向排水条件下土柱不同高程处典型特征点动孔压和竖向加速度计算结果对比情况

5.5.2.2 二维均质土坝动力固结

以 5.5.1.2 节中的均质土坝为例进行动力水土耦合分析。取 EL-CENTRO 波南北向和竖向作为大坝地震输入，取 EL-CENTRO 波前 10s 进行计算，其中水平向峰值为 3.47m/s^2，竖向峰值为 2.06m/s^2。按无阻尼和无质量地基进行验证计算。本算例主要考察计算理论和程序求解土石坝动力固结特性的正确性。图 5.7 为坝内典型结点动孔压变化时程曲线，3 个典型结点分别位于坝建基面上游侧（结点 26）、建基面中央（结点 148）和坝体中部（结点 173）。表 5.3 给出了由程序和 ADINA 计算得到的各物理量极值比较（注：地震反应物理量的极值合理性与参数设置有关，此处不做重点考察）。

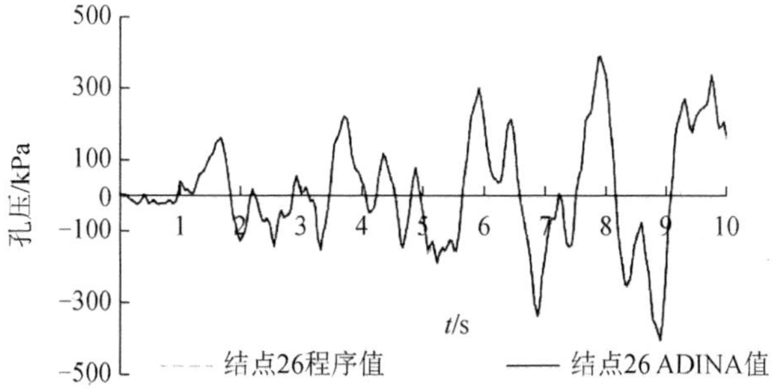

（a）结点26

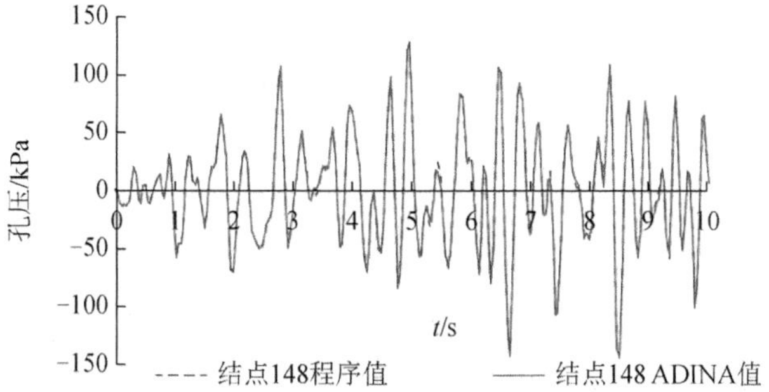

（b）结点148

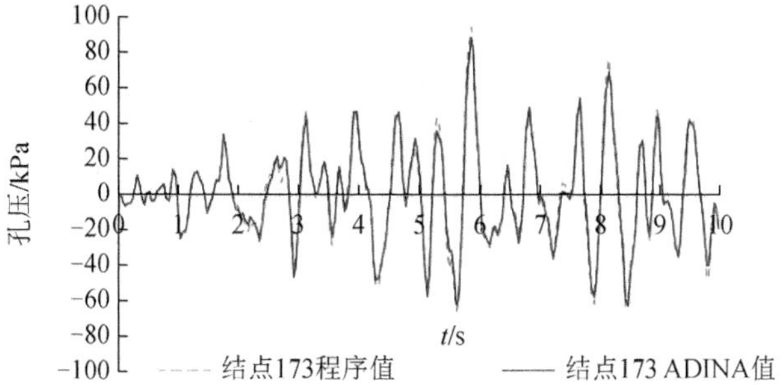

（c）结点173

图 5.7 坝内典型结点动孔压变化时程曲线

表 5.3 由程序和 ADINA 计算得到的各物理量极值比较

	位移/cm		动孔压/kPa	加速度/（m/s^2）	
	水平向	竖向		水平向	竖向
自编程序	32.82	8.56	400.00	13.39	11.41
ADINA	32.87	8.62	405.46	12.71	11.40
误差/%	0.15	0.70	1.35	5.35	0.09

由表 5.3 和图 5.7 可见，无论各物理量极值，还是典型结点的孔压时程曲线，自编程序计算值与 ADINA 计算值均有较好的一致性，进一步验证了上述推导的计算理论和所编程序求解土石坝水土动力耦合问题（动力固结）的正确性。

5.5.3 饱和土体完全动力（“*u-w*”）格式与部分动力（“*u-P*”）格式耦合比较

5.5.3.1 一维土柱固结分析

对一维土柱动力固结进行分析验证。土体重度 19.6kN/m^3，弹性模量 10MPa，泊松比 0.3，渗透系数 9.8×10^{-2}m/s。土柱顶部设为排水边界，底部固定，为不排水边界。在土柱底部输入 $\ddot{u}_g(t)=\sin(10t)$ 的正弦加速度波，时间步长取Δt=0.02s，计算时长为 8s。土柱无其余外力作用，不受重力，无阻尼。

表 5.4 给出了完全动力（“***u-w***”）格式与部分动力（“***u-P***”）格式条件下土柱动力反应极值比较。图 5.8 为两种方法得到的孔压等值线包络图。在一维土柱中选取了 3 个典型高程，绘制动位移、动孔压和加速度时程曲线，如图 5.9 所示。

表 5.4 两种动力格式下土柱动力反应极值比较

动力格式	竖向位移/cm	动孔压/kPa	加速度/（m/s^2）
完全动力（“***u-w***”）格式	0.30	28.37	1.06
部分动力（“***u-P***”）格式	0.31	27.49	1.07

由对比结果可以看出，对于简单的一维动力固结问题，二者具有很好的一致性，皆能正确反映动力过程中土骨架与孔隙水的动力耦合过程。

完全动力（“***u-w***”）格式与部分动力（“***u-P***”）格式的不同之处在于孔隙流体自由度的选择，完全动力（“***u-w***”）格式中孔隙水以位移作为自由度，相比部分动力（“***u-P***”）格式的流体孔压自由度来说，不仅可以反映出孔隙水的动孔隙水压力分布情况，而且能够真实模拟孔隙流体在土骨架中的动位移、速度与加速度等动力反应。图 5.10 为“***u-w***”格式下一维土柱中孔隙水的动位移与流速等值线包络图。由图可见，在土柱顶部设置排水边界的情况下，孔隙水有明显的向顶部流动的过程，越接近土柱顶部排水边界，孔隙水流速越快。

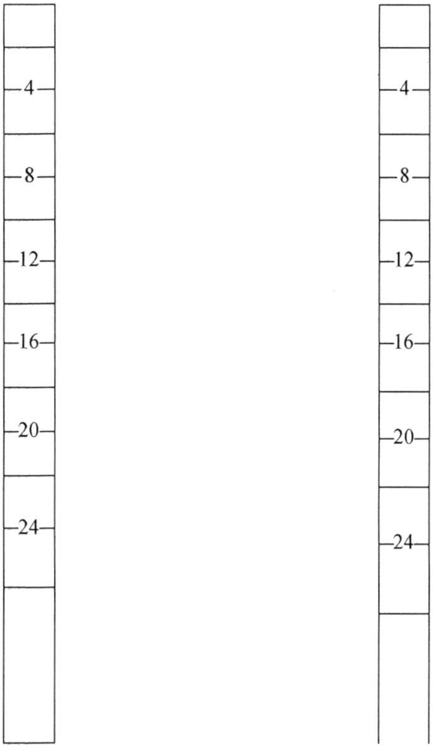

（a）完全动力（“***u-w***”）格式　　（b）部分动力（“***u-P***”）格式

图 5.8 两种动力格式计算得到的动孔压等值线包络图（单位：kPa）

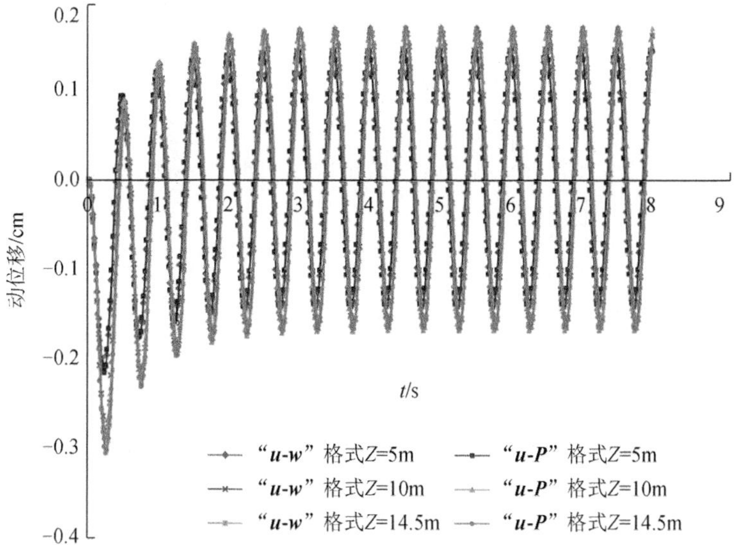

（a）动位移

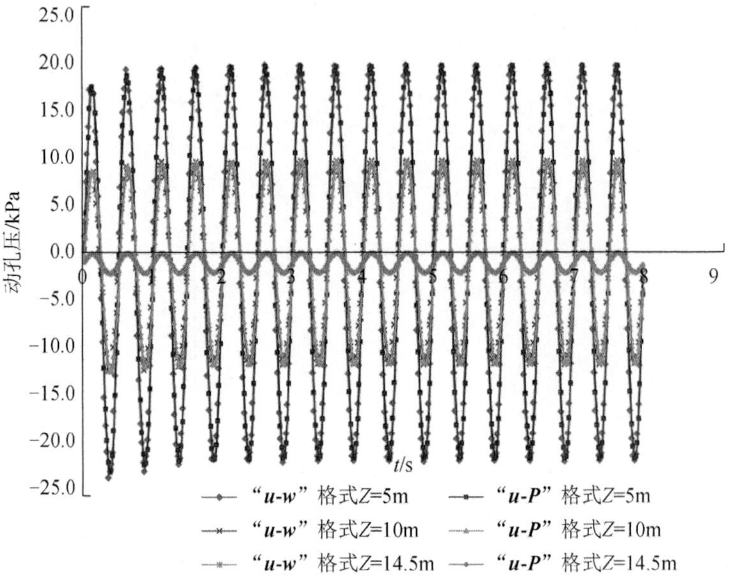

（b）动孔压

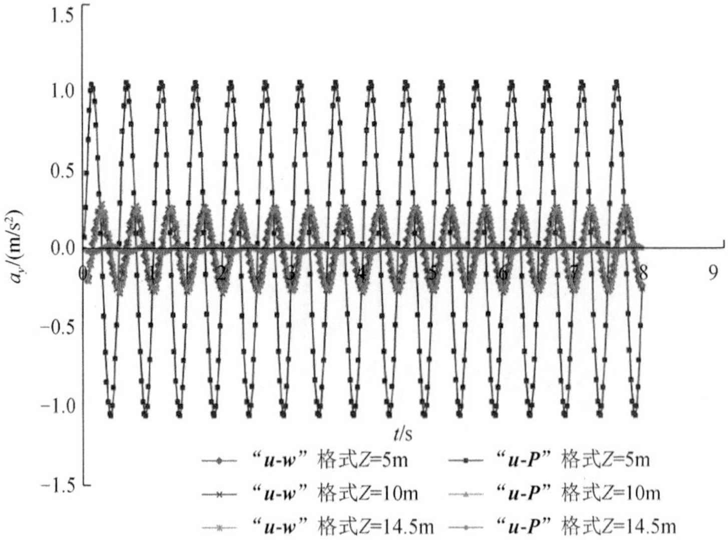

（c）加速度

图 5.9　典型特征点动力反应时程曲线

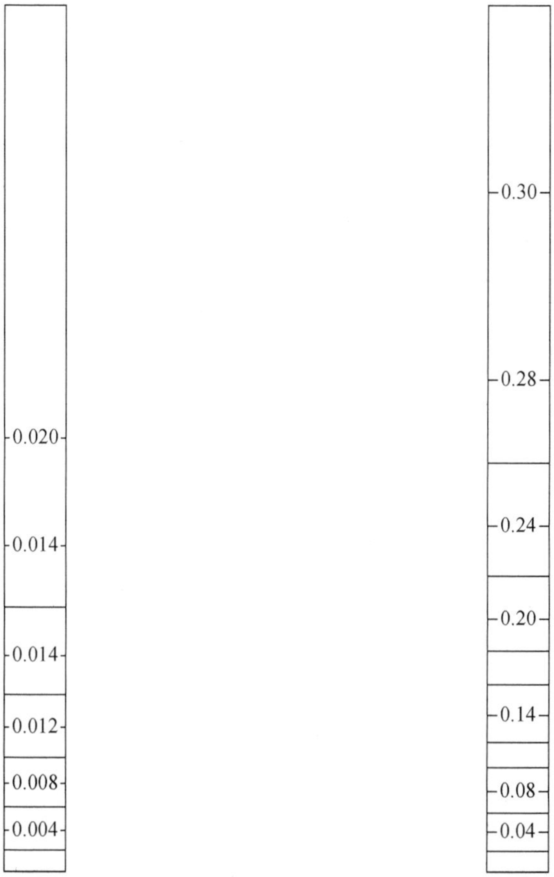

（a）动位移（单位：cm）　　（b）流速（单位：m/s）

图 5.10 “***u-w***”格式下一维土柱中孔隙水的动位移和流速等值线包络图

5.5.3.2 二维均质土坝固结分析

依然以 5.5.1.2 节中的均质土坝为例，输入水平向 $\ddot{u}_g(t)=\sin(10t)$ 的正弦加速度波，时间步长取Δt=0.02s，计算时长为 4s。地基弹性模量 6GPa，密度 2200kg/m^3；坝体密度 2000kg/m^3，泊松比 0.3，坝体地基渗透系数皆为 9.8×10^{-2}m/s，孔隙率 0.35。加速度波历时较短，边界处孔隙水无法迅速排出，上下游边界均设置为不排水边界。本算例主要对比两种动力固结格式下大坝的地震反应特性。

表 5.5 给出了二维均质坝完全动力（“***u-w***”）格式与部分动力（“***u-P***”）格式的动力反应极值比较。图 5.11～图 5.13 分别为两种动力格式的加速度、动位移和动孔压等值线包络图。取坝顶、坝脚和坝中部 3 个典型结点，绘制这 3 个典型结点相关的动位移、动孔压、加速度时程曲线，如图 5.14～图 5.16 所示。

表 5.5　两种动力格式下大坝动力反应极值比较

动力格式	动位移/cm		动孔压/kPa	速度/（m/s）		加速度/（m/s²）	
	水平向	竖向		水平向	竖向	水平向	竖向
完全动力（“***u-w***”）格式	1.13	0.08	89.62	0.18	0.01	3.67	0.26
部分动力（“***u-P***”）格式	1.22	0.09	75.71	0.19	0.01	3.89	0.30

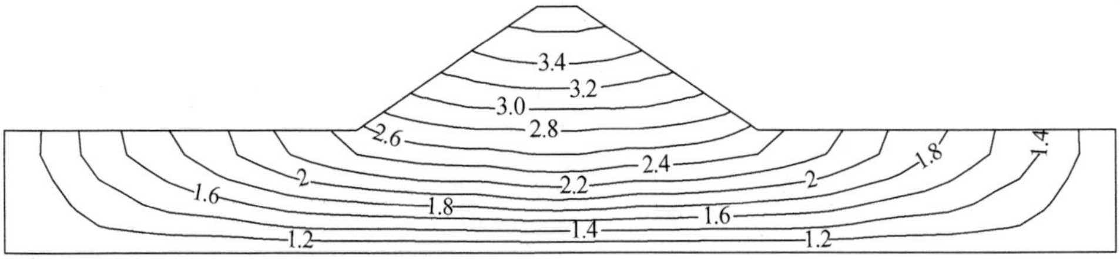

（a）完全动力（“***u-w***”）格式

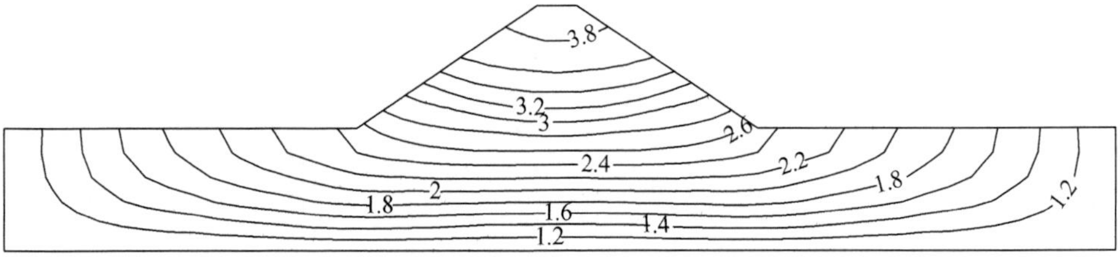

（b）部分动力（“***u-P***”）格式

图 5.11　两种动力格式下大坝水平向加速度等值线包络图（单位：m/s^2）

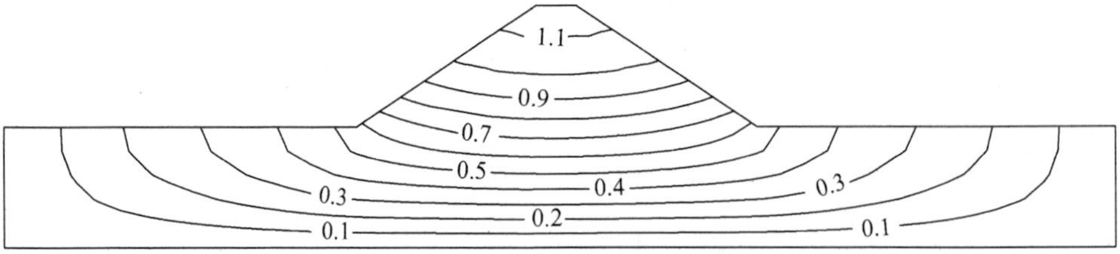

（a）全动力（“***u-w***”）格式

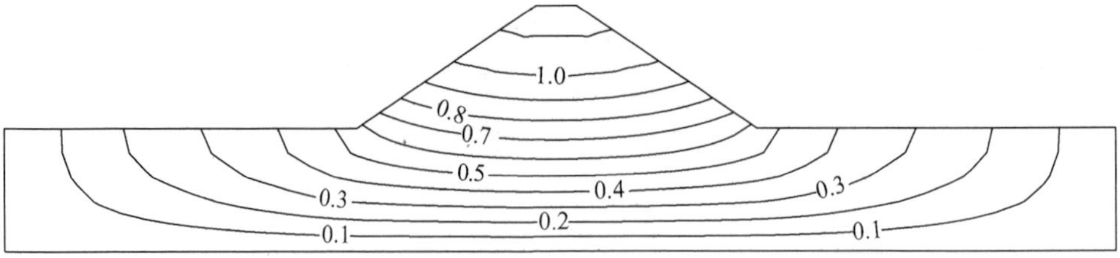

（b）部分动力（“***u-P***”）格式

图 5.12　两种动力格式下大坝水平向动位移等值线包络图（单位：cm）

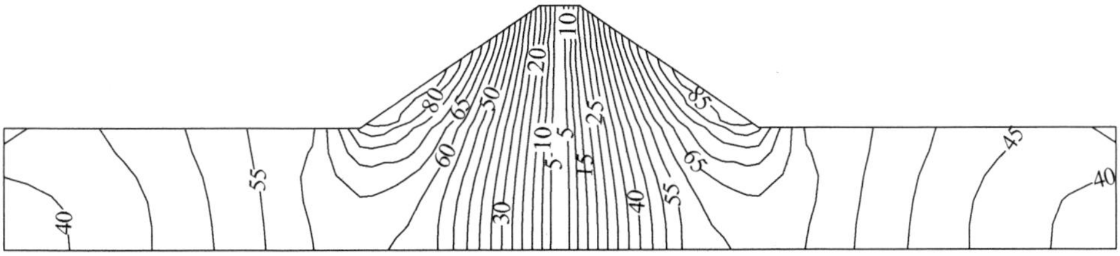

（a） 完全动力（“***u-w***”）格式

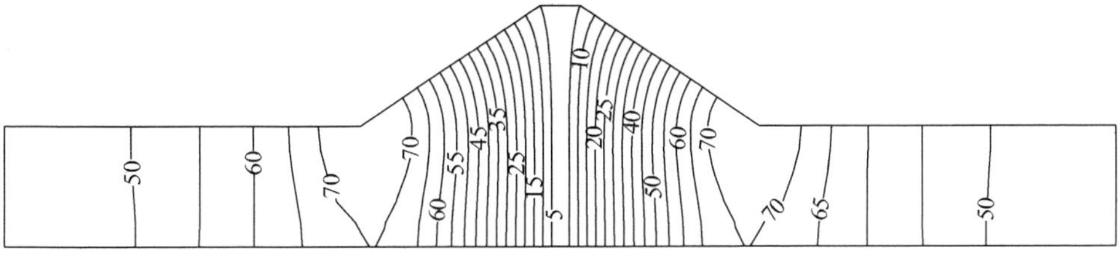

（b） 部分动力（“***u-P***”）格式

图 5.13　两种动力格式下大坝动孔压等值线包络图（单位：kPa）

由表 5.5 和图 5.11～图 5.13 可以看出，在二维均质坝的动力反应计算中，两种方法皆能正确模拟土石坝的地震反应，得到较为合理的结果。两种动力格式下求得的大坝动力反应规律相似，部分动力（“***u-P***”）格式的动力反应极值略大于完全动力（“***u-w***”）格式。由图 5.13 可以看出，动孔压极值出现在上下游坝脚处。在实际地震过程中，上下游坝脚也是最容易发生液化的地方。由此可见，该方法能够比较正确地反映地震过程中动孔压的变化特性。

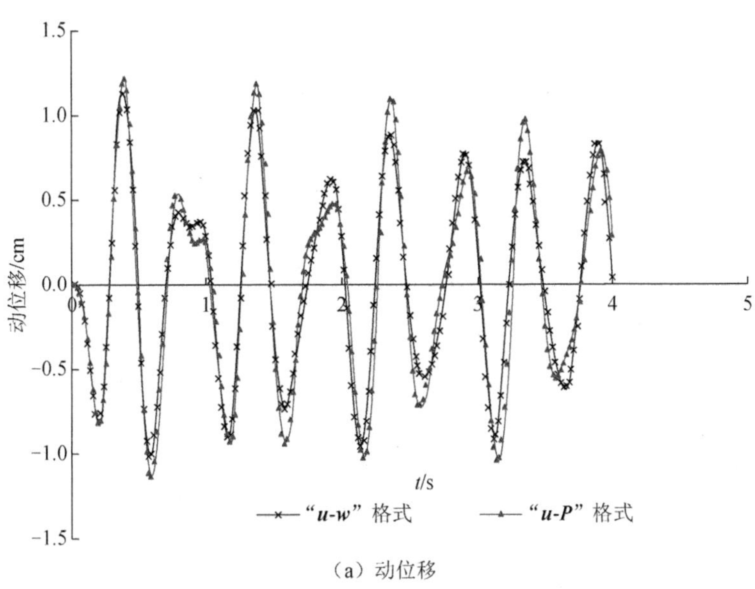

（a）动位移

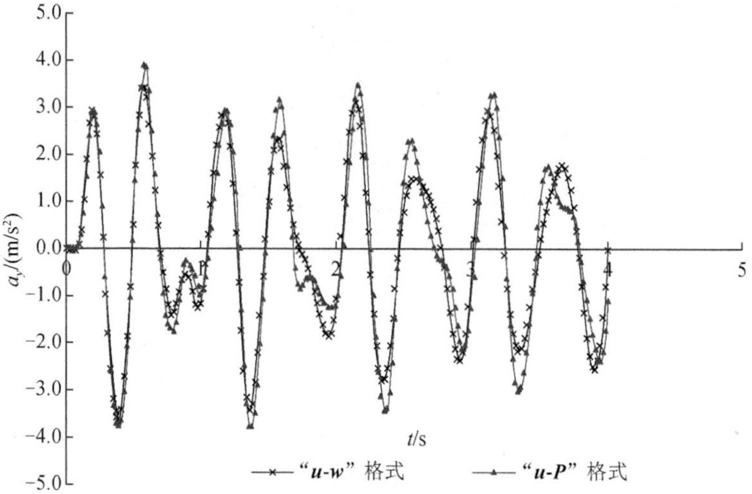

（b）加速度

图 5.14　坝顶典型特征点动力反应时程曲线对比

以结点位移作为孔隙水自由度的完全动力（"***u-w***"）方程相对于仅有动孔压自由度的部分动力（"***u-P***"）方程来说，对于二维问题，每个结点多出一个自由度，三维问题则多出两个自由度。在求解大规模实际土石坝工程的地震反应时，随着自由度的增加，完全动力（"***u-w***"）格式下的控制方程将占用更大的存储容量，需要更长的计算时间。同样的三维大坝网格，完全动力（"***u-w***"）格式比部分动力（"***u-P***"）格式要多出 30%的自由度。但是，完全动力（"***u-w***"）格式能够更加真实地模拟孔隙流体的动位移、速度、加速度和动孔压等动力反应。

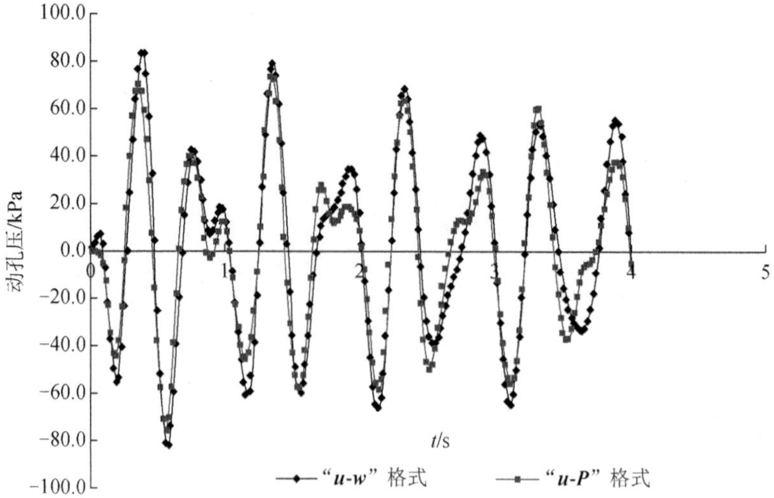

图 5.15　坝脚典型特征点动孔压时程曲线对比

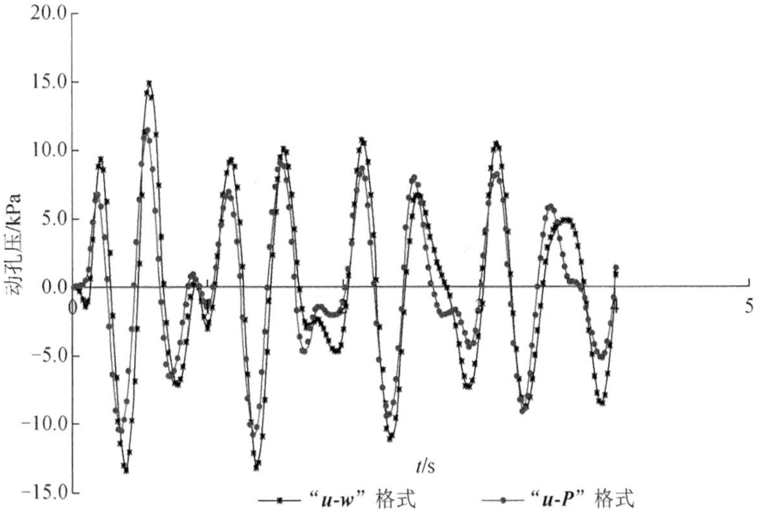
20.0
15.0
10.0
5.0
0.0
−5.0
−10.0
−15.0
动孔压/kPa
0
1
2
3
4
5
t/s
“u-w” 格式
“u-P” 格式

（a）动孔压

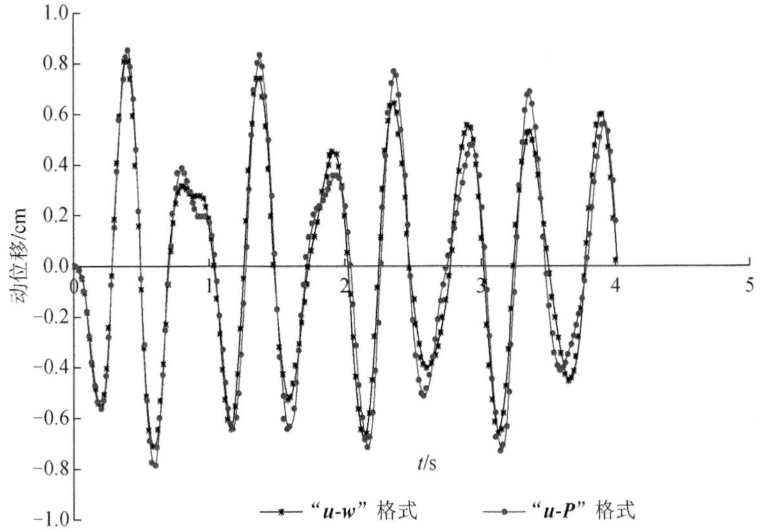
1.0
0.8
0.6
0.4
0.2
0.0
−0.2
−0.4
−0.6
−0.8
−1.0
动位移/cm
0
1
2
3
4
5
t/s
“u-w” 格式
“u-P” 格式

（b）动位移

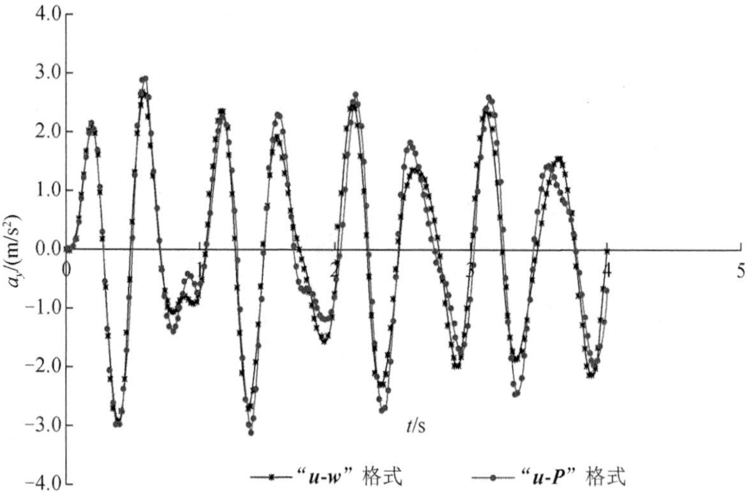

（c）加速度

图 5.16　坝中部典型特征点动力反应时程曲线对比

图 5.17～图 5.19 分别为二维均质坝中孔隙流体的动位移、速度和加速度等值线包络图。由图可见，上下游坝脚处孔隙水的动位移与速度均较大，在较短时间的地震作用过程中，孔隙水无法迅速排出坝体与地基，在坝脚及坝坡两侧有较大的孔隙水动位移与速度，该处易发生液化，这与传统的仅孔压自由度模型（无论是解耦的有效应力法还是耦合的有效应力法）计算的结果吻合。

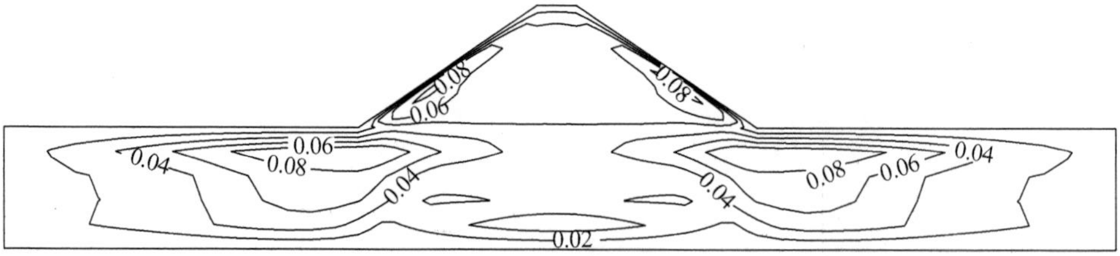

（a）水平向动位移

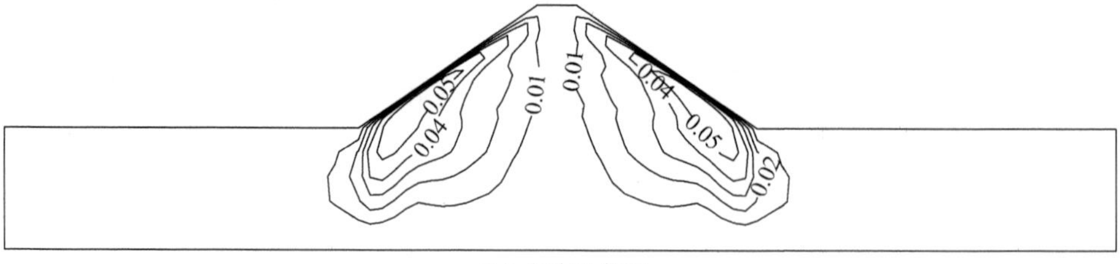

（b）竖向动位移

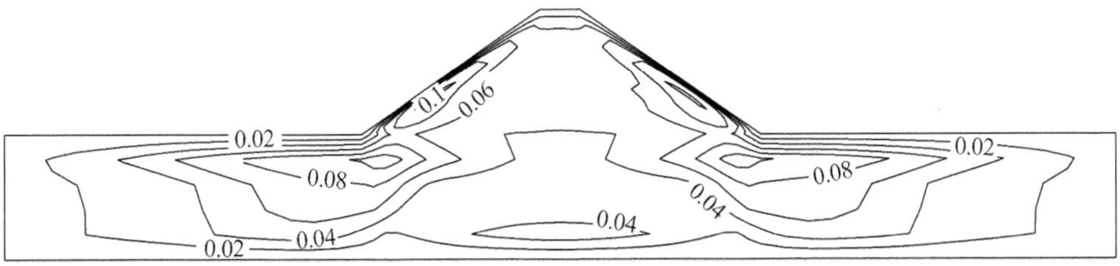

（c）总动位移

图 5.17 完全动力（“***u-w***”）格式孔隙流体动位移等值线包络图（单位：cm）

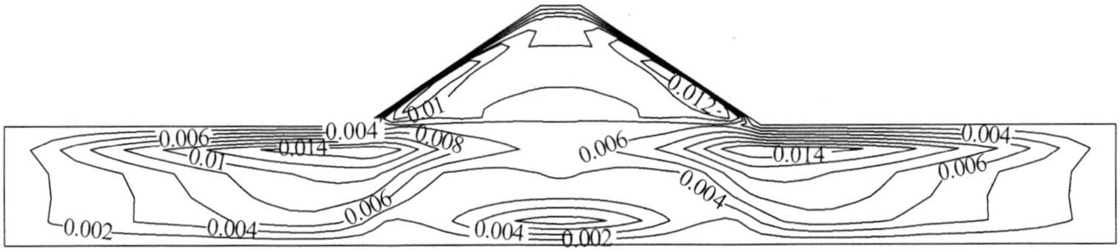

（a）水平向速度

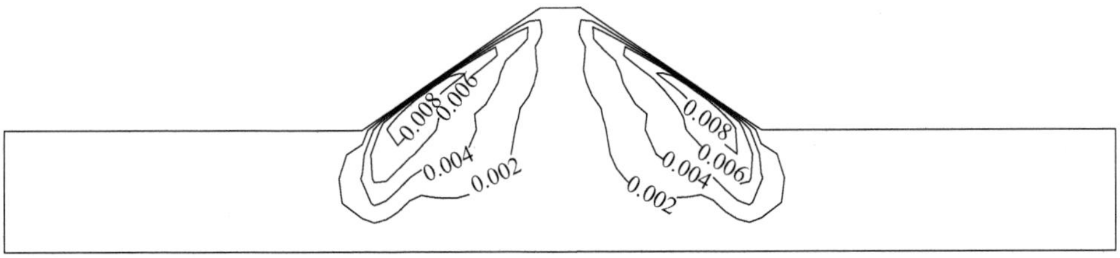

（b）竖向速度

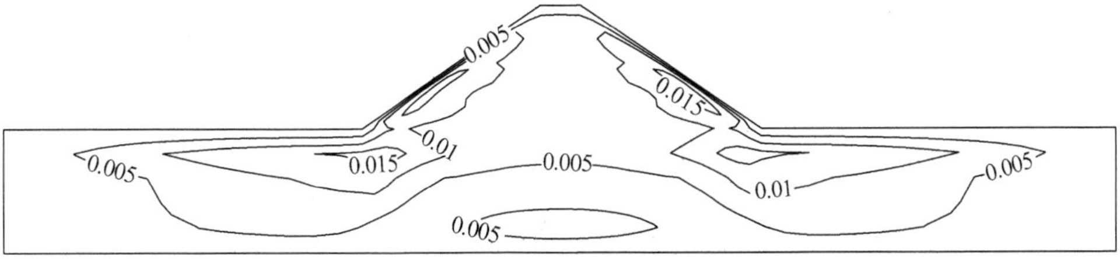

（c）总速度

图 5.18 完全动力（“***u-w***”）格式孔隙流体速度等值线包络图（单位：m/s）

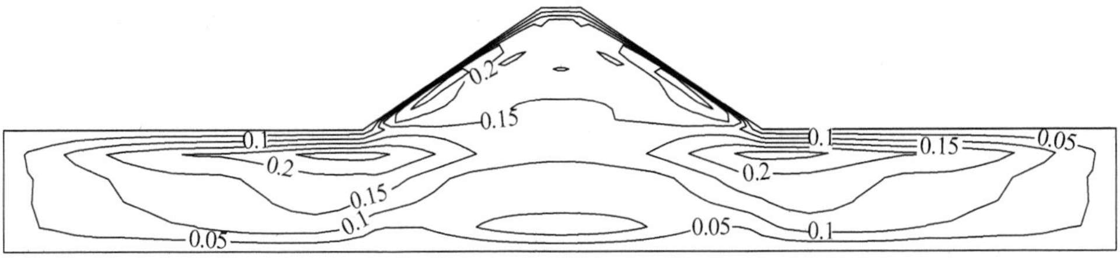

（a）水平向加速度

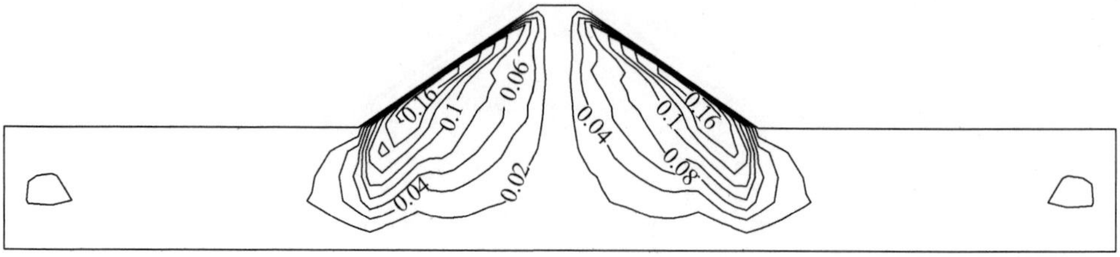

（b）竖向加速度

图 5.19　完全动力（“**u-w**”）格式孔隙流体加速度等值线包络图（单位：m/s^2）

图 5.20 给出了完全动力（“**u-w**”）格式坝内孔隙流体动位移与速度矢量分布图。由图可见，坝体与地基有明显的孔隙水交换过程，在靠近两侧坝脚的坝体地基交界处孔隙水动位移最大。坝脚两侧的孔隙水流速最大，有明显的向外排出的趋势，但是由于孔隙水在短时间地震过程中无法迅速排出，该处的孔隙水速度分布相对杂乱。

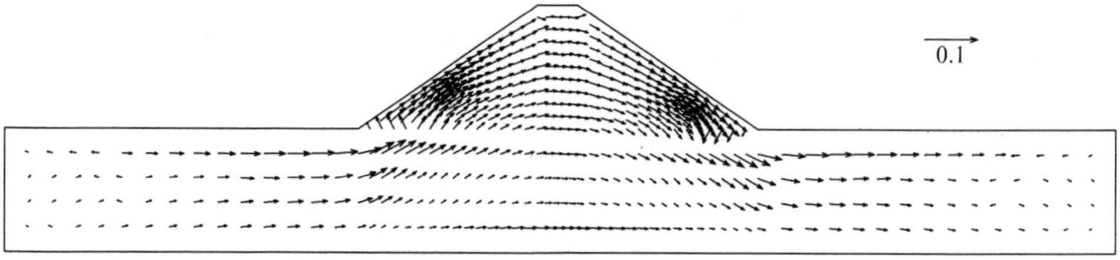

（a）动位移矢量图（单位：cm）

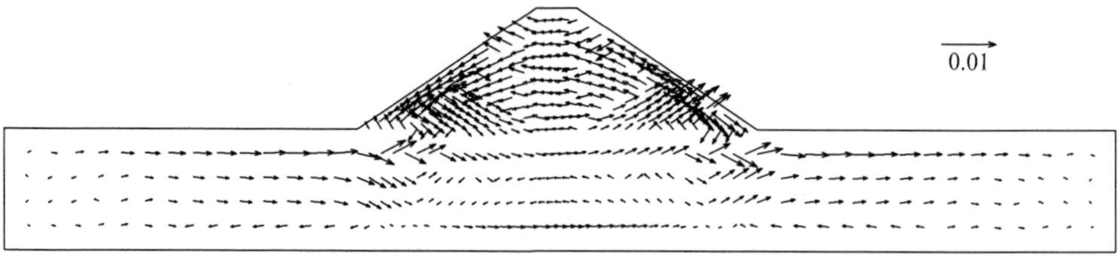

（b）速度矢量图（单位：cm/s）

图 5.20　完全动力（“**u-w**”）格式坝内孔隙流体动位移和速度矢量分布图

图 5.21 为完全动力（“**u-w**”）格式不同时刻坝体内孔隙水速度矢量图。由图可见，在地震过程中，坝体内部的孔隙水始终在不停地运动，坝体地基无时无刻不在进行着孔隙水的交换。0.5s 时刻孔隙水主要从地基向坝体中运动。1s 时刻和 3.3s 时刻孔隙水在坝体与地基中顺时针运动。2.2s 时刻孔隙水在坝体和地基中逆时针运动。由此可见，从整个地震的时间跨度上来说，孔隙水的运动是杂乱无章的，但具体到某一较短时刻孔隙水的运动又是有迹可循的。

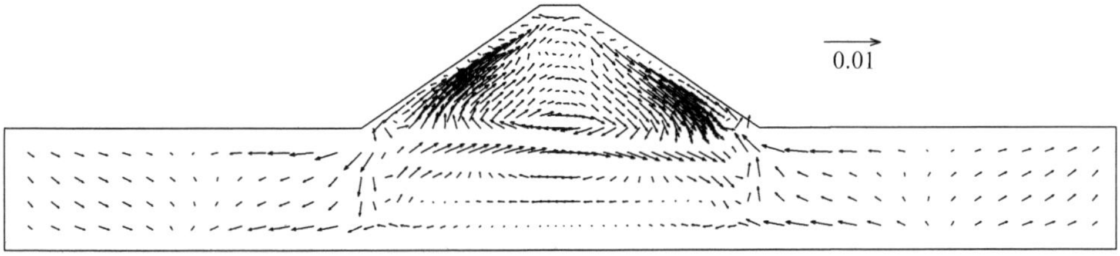

（a）0.5s

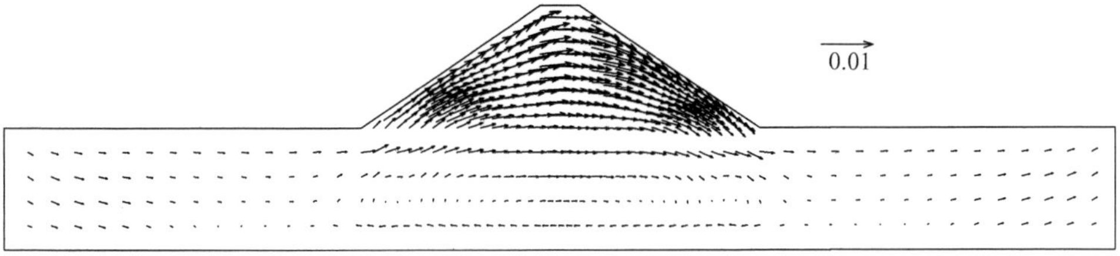

（b）1s

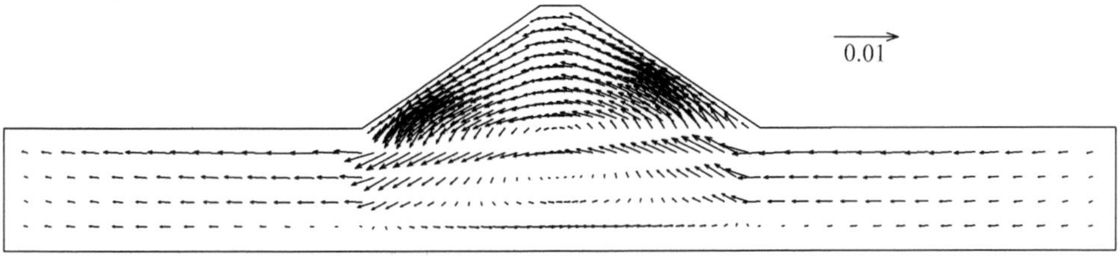

（c）2.2s

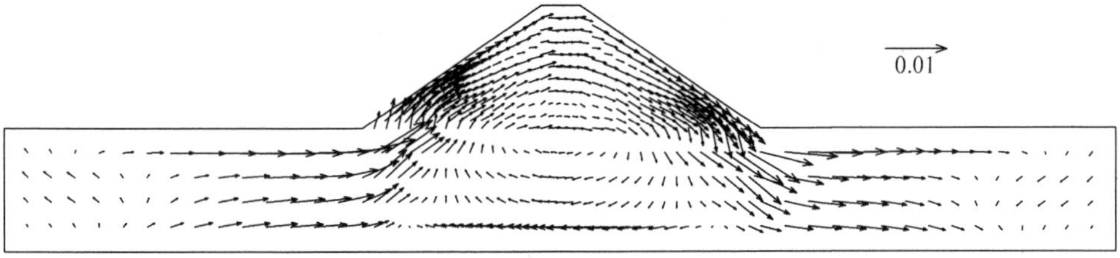

（d）3.3s

图 5.21 完全动力（"***u-w***"）格式不同时刻坝内孔隙水速度矢量图（单位：cm/s）

5.5.4 非饱和土体动力水土耦合分析

仍以二维均质坝为例，进一步分析考虑坝体非饱和时土石坝动力反应特性。首先通过渗流分析计算出坝内静孔压分布，确定饱和区与非饱和区。依旧施加 $\ddot{u}_g(t)=\sin(10t)$ 的正弦加速度波，此例中改为竖向输入。为了便于将坝体饱和与非饱和时的计算结果进行对比，适当减小坝体与地基的弹性模量。

表 5.6 给出了二维均质坝饱和与非饱和理论得到的大坝动力反应极值比较。图 5.22 和图 5.23 分别为两种情况下大坝动位移和动孔压等值线包络图。绘制典型结点动孔压和动位移时程曲线，如图 5.24 和图 5.25 所示。

坝体非饱和时大坝动力反应较饱和情况要小。坝顶及下游侧坝体处在非饱和状态，动孔隙水作用很小，饱和多孔介质理论将整个坝体都视为饱和土体处理。在非饱和多孔介质理论中，根据饱和度来判断土体的状态。当 $S_w = 1$ 时，完全饱和状态；当 $0.9 \leqslant S_w < 1$ 时，非饱和状态，考虑非饱和孔隙水影响；当 $S_w < 0.9$ 时，非饱和状态，孔隙水对土体作用非常小，忽略孔隙水的作用。因此，非饱和理论求解的动力反应会小于饱和理论。在坝体浸润面附近，非饱和理论得到的动孔压会剧烈变化，如图 5.23（b）所示。

表 5.6 二维均质坝饱和与非饱和理论得到的大坝动力反应极值比较

	动位移/cm		动孔压/kPa	速度/（m/s）		加速度/（m/s^2）	
	水平向	竖向		水平向	竖向	水平向	竖向
饱和理论	2.89	2.45	202.89	0.36	0.28	4.55	3.45
非饱和理论	3.06	1.72	164.74	0.20	0.13	2.06	1.94

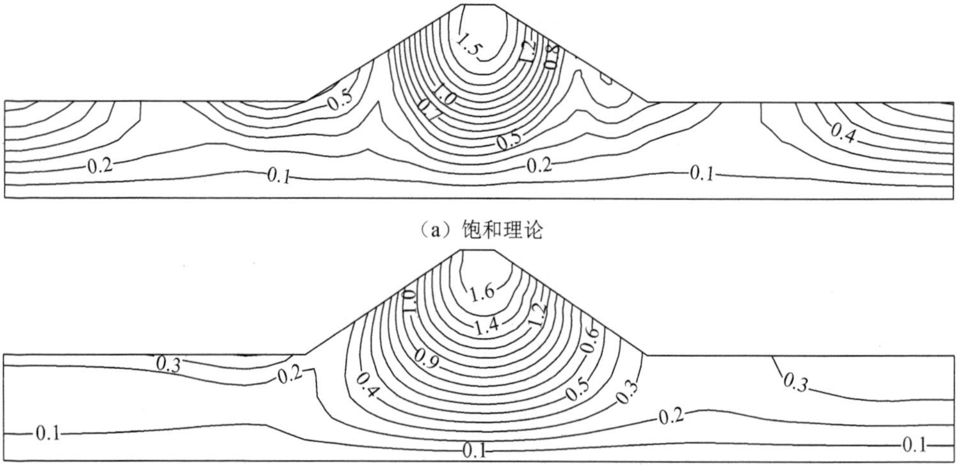

（a）饱和理论

（b）非饱和理论

图 5.22 大坝竖向动位移等值线包络图（单位：cm）

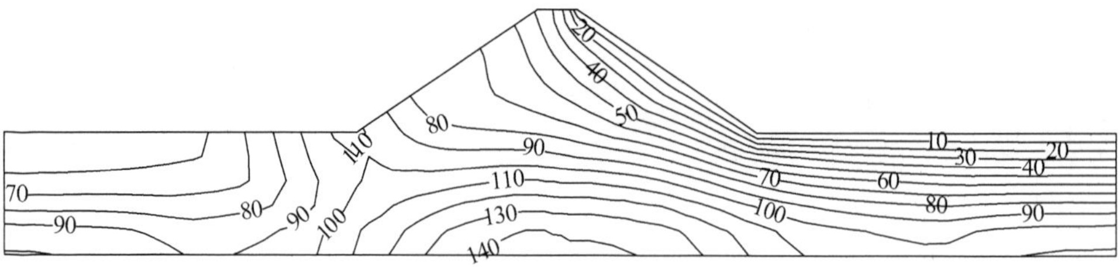

（a）饱和理论

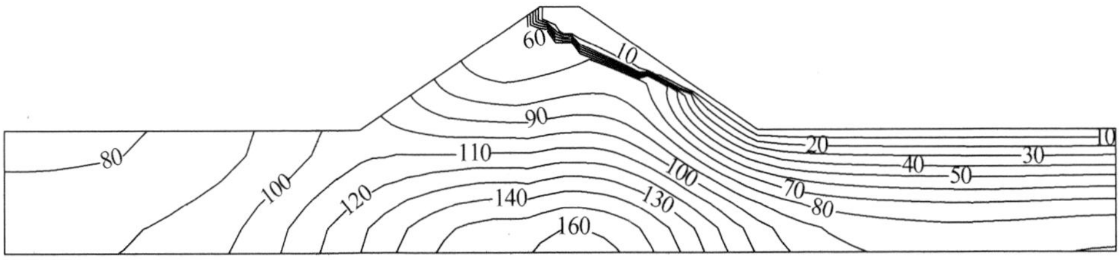

（b）非饱和理论

图 5.23 大坝动孔压等值线包络图（单位：kPa）

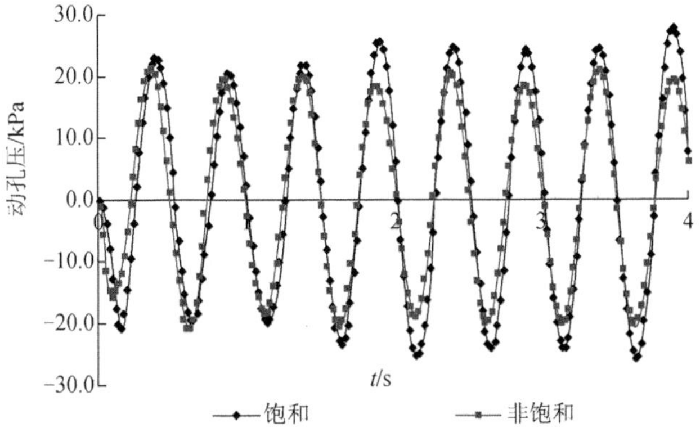

图 5.24 下游逸出面附近动孔压时程曲线对比

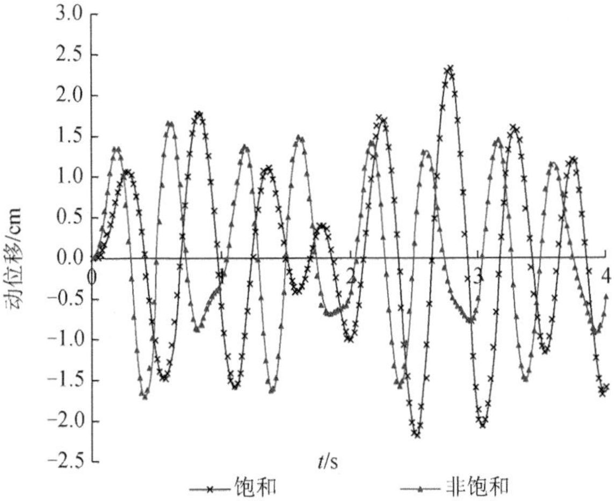

图 5.25 坝顶竖向动位移时程曲线对比

参 考 文 献

[1] ZIENKIEWICZ O C. Computational geomechanics with special reference to earthquake engineering[M]. NewYork: John Wiley, 1999.

[2] 岑威钧，孙辉. 坝水动力流固耦合理论：水土动力流固耦合理论及应用[R]. 南京：河海大学，2012.

[3] 孙辉. 基于宏观和细观水土动力耦合理论的高土石坝地震反应特性研究[D]. 南京：河海大学，2014.

第 6 章　“库水-土石坝-地基-孔隙水”宏、细观动力流固耦合分析

6.1　宏、细观动力流固耦合系统控制方程的建立

大坝和库水在地震作用下发生动力相互作用：可变形的坝体在库水作用下产生变形和运动，而这个变形和运动又影响水体的运动和变形，导致水体荷载的大小和分布发生改变。地震时的坝水相互作用是一类典型的动力流固耦合问题，涉及固体力学、振动力学、流体力学等多门学科[1]。与混凝土坝不同，高土石坝遭遇强烈地震时同时会和库水与孔隙水发生动力相互作用，形成所谓的宏、细观动力流固耦合，如图 6.1 所示[2,3]。其中，“土石坝-库水”动力流固耦合发生在库水与大坝（含地基，下同）的交界面上，两者在宏观上是相互分离的，如岩基上的面板堆石坝。另一类是水与坝体土石料无法宏观分开，即坝内孔隙水和土骨架之间发生细观水土动力耦合作用。地震作用下，“库水-土石坝-地基-孔隙水”之间发生宏、细观动力互相作用，因此为了精细计算蓄水期土石坝地震反应，宜将“坝水”宏、细观动力耦合作用统一起来，建立“库水-土石坝-地基-孔隙水”耦合系统，直接求解该系统在地震作用下的耦合动力反应。

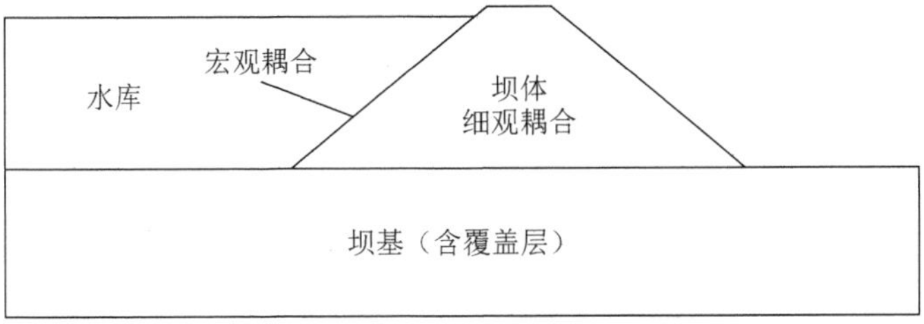

图 6.1　土石坝宏、细观动力流固耦合系统

土石坝（含地基，下同）与孔隙水的细观动力耦合方程见式（5.34）。若此时考虑与水库进行动力耦合，则需增加库水对大坝的动水压力，即在右端荷载项中增加 $\boldsymbol{S}^{\mathrm{T}}\boldsymbol{P}_w$（本节中动水压力 $\boldsymbol{P}_w$ 和动孔压 $\boldsymbol{P}$ 均以张量形式表示），同时再增加地震荷载 $\boldsymbol{M}_s\ddot{\boldsymbol{u}}_g$ 。为了保持矩阵对称性，忽略孔隙水的质量矩阵 $\boldsymbol{M}_{sf}$（该项的影响很小），即[4,5]

$$\begin{bmatrix}\boldsymbol{M}_s & \boldsymbol{0}\\ \boldsymbol{0} & \boldsymbol{0}\end{bmatrix}\begin{Bmatrix}\ddot{\boldsymbol{U}}\\ \ddot{\boldsymbol{P}}\end{Bmatrix}+\begin{bmatrix}\boldsymbol{0} & \boldsymbol{0}\\ \boldsymbol{C}^{\mathrm{T}} & \boldsymbol{C}_f\end{bmatrix}\begin{Bmatrix}\dot{\boldsymbol{U}}\\ \dot{\boldsymbol{P}}\end{Bmatrix}+\begin{bmatrix}\boldsymbol{K}_s & -\boldsymbol{C}\\ \boldsymbol{0} & \boldsymbol{K}_f\end{bmatrix}\begin{Bmatrix}\boldsymbol{U}\\ \boldsymbol{P}\end{Bmatrix}=\begin{Bmatrix}\boldsymbol{F}_s-\boldsymbol{M}_s\ddot{\boldsymbol{u}}_g+\boldsymbol{S}^{\mathrm{T}}\boldsymbol{P}_w\\ \boldsymbol{F}_f\end{Bmatrix} \tag{6.1}$$

土石坝对库水运动的宏观动力作用方程，由式（4.60）可得[6]

$$\boldsymbol{M}_p\ddot{\boldsymbol{P}}_w+\boldsymbol{C}_w\dot{\boldsymbol{P}}_w+\boldsymbol{H}\boldsymbol{P}_w+\rho_w\boldsymbol{S}\left(\ddot{\boldsymbol{u}}_g+\ddot{\boldsymbol{u}}\right)=0 \tag{6.2}$$

式（6.2）和式（6.1）是一对动力耦合方程组，用于刻画“库水-土石坝-地基-孔隙水”宏、细观动力耦合问题。若将两者合并，同时考虑坝体和地基的瑞利阻尼$\left(\alpha\boldsymbol{M}_s+\beta'\boldsymbol{K}_s\right)$，得

$$\begin{bmatrix}\boldsymbol{M}_s & \boldsymbol{0} & \boldsymbol{0}\\ \boldsymbol{0} & \boldsymbol{0} & \boldsymbol{0}\\ \rho_w\boldsymbol{S} & \boldsymbol{0} & \boldsymbol{M}_p\end{bmatrix}\begin{Bmatrix}\ddot{\boldsymbol{U}}\\ \ddot{\boldsymbol{P}}\\ \ddot{\boldsymbol{P}}_w\end{Bmatrix}+\begin{bmatrix}\left(\alpha\boldsymbol{M}_s+\beta'\boldsymbol{K}_s\right) & \boldsymbol{0} & \boldsymbol{0}\\ \boldsymbol{C}^{\mathrm{T}} & \boldsymbol{C}_f & \boldsymbol{0}\\ \boldsymbol{0} & \boldsymbol{0} & \boldsymbol{C}_w\end{bmatrix}\begin{Bmatrix}\dot{\boldsymbol{U}}\\ \dot{\boldsymbol{P}}\\ \dot{\boldsymbol{P}}_w\end{Bmatrix}$$

$$+\begin{bmatrix}\boldsymbol{K}_s & -\boldsymbol{C} & -\boldsymbol{S}^{\mathrm{T}}\\ \boldsymbol{0} & \boldsymbol{K}_f & \boldsymbol{0}\\ \boldsymbol{0} & \boldsymbol{0} & \boldsymbol{H}\end{bmatrix}\begin{Bmatrix}\boldsymbol{U}\\ \boldsymbol{P}\\ \boldsymbol{P}_w\end{Bmatrix}=\begin{Bmatrix}\boldsymbol{F}_s-\boldsymbol{M}_s\ddot{\boldsymbol{u}}_g\\ \boldsymbol{F}_f\\ -\rho_w\boldsymbol{S}\ddot{\boldsymbol{u}}_g\end{Bmatrix} \tag{6.3}$$

式（6.3）即为“库水-土石坝-地基-孔隙水”宏、细观动力耦合问题统一形式的耦合方程（组）。相应的边界条件如下[1]。

1）固体域（土石坝和地基）

固体域位移边界：

$$\boldsymbol{U}_s=\bar{\boldsymbol{U}}_s \tag{6.4}$$

固体域应力边界：

$$\boldsymbol{\sigma}_s=\bar{\boldsymbol{\sigma}}_s \tag{6.5}$$

固体域孔压边界：

$$\boldsymbol{P}=\bar{\boldsymbol{P}} \tag{6.6}$$

固体域流量边界：

$$-\boldsymbol{k}\cdot\nabla(\boldsymbol{P}+z)\boldsymbol{n}=\bar{q} \tag{6.7}$$

2）流体域（水库）

流体域自由面边界：

$$\frac{\partial\boldsymbol{P}_w}{\partial z}=-\frac{1}{g}\ddot{\boldsymbol{P}}_w \tag{6.8}$$

流体域耦合边界：

$$\frac{\partial\boldsymbol{P}_w}{\partial\boldsymbol{n}}=-\rho_w\ddot{\boldsymbol{u}}_n \tag{6.9}$$

流体域库端放射边界：

$$\frac{\partial\boldsymbol{P}_w}{\partial\boldsymbol{n}}=-\frac{1}{c}\dot{\boldsymbol{P}}_w \tag{6.10}$$

流体域库底吸收边界：

$$\frac{\partial\boldsymbol{P}_w}{\partial\boldsymbol{n}}=-\frac{1-a}{c(1+a)}\dot{\boldsymbol{P}}_w \tag{6.11}$$

6.2 宏、细观动力流固耦合有限元方程的时间域离散

按照 5.4 节介绍的时间域离散方法，可得

$$\left[\tilde{\boldsymbol{K}}_{sf}\right]\begin{Bmatrix}\boldsymbol{U}_{n+1}\\ \boldsymbol{P}_{n+1}\\ \boldsymbol{P}_{w(n+1)}\end{Bmatrix}=\left\{\tilde{\boldsymbol{F}}_{sf}\right\} \tag{6.12}$$

式中：$\left[\tilde{\boldsymbol{K}}_{sf}\right]$为流固耦合系统的等效刚度矩阵；$\left\{\tilde{\boldsymbol{F}}_{sf}\right\}$为流固耦合系统的等效荷载列阵，$\left\{\tilde{\boldsymbol{F}}_{sf}\right\}=\left\{\boldsymbol{F}^{*}_{s(n+1)}\quad \boldsymbol{F}^{*}_{f(n+1)}\quad \boldsymbol{F}^{*}_{p_w(n+1)}\right\}^{\mathrm{T}}$。

$$\left[\tilde{\boldsymbol{K}}_{sf}\right]=\begin{bmatrix}-\dfrac{\boldsymbol{M}_s}{\beta\Delta t^2}-\dfrac{\gamma}{\beta\Delta t}\left(\alpha\boldsymbol{M}_s+\beta'\boldsymbol{K}_s\right)-\boldsymbol{K}_s & \boldsymbol{C} & \boldsymbol{S}^{\mathrm{T}}\\ \boldsymbol{C}^{\mathrm{T}} & \boldsymbol{C}_f+\dfrac{\beta\Delta t}{\gamma}\boldsymbol{K}_f & \boldsymbol{0}\\ \boldsymbol{S} & \boldsymbol{0} & \dfrac{1}{\rho_w}\left(\boldsymbol{M}_p+\Delta t\gamma\boldsymbol{C}_w+\beta\Delta t^2\boldsymbol{H}\right)\end{bmatrix} \tag{6.13}$$

$$\begin{aligned}\boldsymbol{F}^{*}_{s(n+1)}=&-\boldsymbol{F}_s+\boldsymbol{M}_s\ddot{\boldsymbol{u}}_{g(n+1)}-\boldsymbol{M}_s\left[\frac{1}{\beta\Delta t^2}\boldsymbol{U}_n+\frac{1}{\beta\Delta t}\dot{\boldsymbol{U}}_n+\left(\frac{1}{2\beta}-1\right)\ddot{\boldsymbol{U}}_n\right]\\&-\left(\alpha\boldsymbol{M}_s+\beta'\boldsymbol{K}_s\right)\left[\frac{\gamma}{\beta\Delta t}\boldsymbol{U}_n+\left(\frac{\gamma}{\beta}-1\right)\dot{\boldsymbol{U}}_n+\Delta t\left(\frac{\gamma}{2\beta}-1\right)\ddot{\boldsymbol{U}}_n\right]\end{aligned} \tag{6.14}$$

$$\begin{aligned}\boldsymbol{F}^{*}_{f(n+1)}=&\frac{\beta\Delta t}{\gamma}\boldsymbol{F}_f+\frac{\beta\Delta t}{\gamma}\boldsymbol{C}^{\mathrm{T}}\left[\frac{1}{\beta\Delta t^2}\boldsymbol{U}_n+\frac{1}{\beta\Delta t}\dot{\boldsymbol{U}}_n+\left(\frac{1}{2\beta}-1\right)\ddot{\boldsymbol{U}}_n\right]\\&+\frac{\beta\Delta t}{\gamma}\boldsymbol{C}_f\left[\frac{\gamma}{\beta\Delta t}\boldsymbol{P}_n+\left(\frac{\gamma}{\beta}-1\right)\dot{\boldsymbol{P}}_n+\Delta t\left(\frac{\gamma}{2\beta}-1\right)\ddot{\boldsymbol{P}}_n\right]\end{aligned} \tag{6.15}$$

$$\begin{aligned}\boldsymbol{F}^{*}_{p_w(n+1)}=&-\beta\Delta t^2\boldsymbol{S}\ddot{\boldsymbol{u}}_{g(n+1)}+\frac{\beta\Delta t^2}{\rho_w}\rho_w\boldsymbol{S}\left[\frac{1}{\beta\Delta t^2}\boldsymbol{U}_n+\frac{1}{\beta\Delta t}\dot{\boldsymbol{U}}_n+\left(\frac{1}{2\beta}-1\right)\ddot{\boldsymbol{U}}_n\right]\\&+\frac{\beta\Delta t^2}{\rho_w}\boldsymbol{M}_p\left[\frac{1}{\beta\Delta t^2}\boldsymbol{P}_{w(n)}+\frac{1}{\beta\Delta t}\dot{\boldsymbol{P}}_{w(n)}+\left(\frac{1}{2\beta}-1\right)\ddot{\boldsymbol{P}}_{w(n)}\right]\\&+\frac{\beta\Delta t^2}{\rho_w}\boldsymbol{C}_w\left[\frac{\gamma}{\beta\Delta t}\boldsymbol{P}_{w(n)}+\left(\frac{\gamma}{\beta}-1\right)\dot{\boldsymbol{P}}_{w(n)}+\Delta t\left(\frac{\gamma}{2\beta}-1\right)\ddot{\boldsymbol{P}}_{w(n)}\right]\end{aligned} \tag{6.16}$$

6.3 宏、细观动力流固耦合系统的频域求解

土石坝宏、细观动力耦合系统的控制方程见式（6.3），相应的特征方程为

$$\lambda\begin{bmatrix}\boldsymbol{K}_s & -\boldsymbol{C} & -\boldsymbol{S}^{\mathrm{T}}\\ \boldsymbol{0} & \boldsymbol{K}_f & \boldsymbol{0}\\ \boldsymbol{0} & \boldsymbol{0} & \boldsymbol{H}\end{bmatrix}\begin{Bmatrix}\boldsymbol{U}\\ \boldsymbol{P}\\ \boldsymbol{P}_w\end{Bmatrix}=\begin{bmatrix}\boldsymbol{M}_s & \boldsymbol{0} & \boldsymbol{0}\\ \boldsymbol{M}_{sf} & \boldsymbol{0} & \boldsymbol{0}\\ \rho_w\boldsymbol{S} & \boldsymbol{0} & \boldsymbol{M}_p\end{bmatrix}\begin{Bmatrix}\boldsymbol{U}\\ \boldsymbol{P}\\ \boldsymbol{P}_w\end{Bmatrix} \tag{6.17}$$

式中：λ为特征值；$\begin{Bmatrix}\boldsymbol{U}\\ \boldsymbol{P}\\ \boldsymbol{P}_w\end{Bmatrix}$为特征向量。

采用直接滤频法，将特征方程变换为滤频方程。

$$\lambda\begin{Bmatrix}\boldsymbol{U}\\ \boldsymbol{P}\\ \boldsymbol{P}_w\end{Bmatrix}=\begin{bmatrix}\boldsymbol{K}_s & -\boldsymbol{C} & -\boldsymbol{S}^{\mathrm{T}}\\ \boldsymbol{0} & \boldsymbol{K}_f & \boldsymbol{0}\\ \boldsymbol{0} & \boldsymbol{0} & \boldsymbol{H}\end{bmatrix}^{-1}\begin{bmatrix}\boldsymbol{M}_s & \boldsymbol{0} & \boldsymbol{0}\\ \boldsymbol{M}_{sf} & \boldsymbol{0} & \boldsymbol{0}\\ \rho_w\boldsymbol{S} & \boldsymbol{0} & \boldsymbol{M}_p\end{bmatrix}\begin{Bmatrix}\boldsymbol{U}\\ \boldsymbol{P}\\ \boldsymbol{P}_w\end{Bmatrix}$$
$$-\sum_{l=1}^{j-1}\left[\frac{\mu_l\left(\begin{Bmatrix}\boldsymbol{U}\\ \boldsymbol{P}\\ \boldsymbol{P}_w\end{Bmatrix}_l\right)^{\mathrm{T}}\begin{bmatrix}\boldsymbol{M}_s & \boldsymbol{0} & \boldsymbol{0}\\ \boldsymbol{M}_{sf} & \boldsymbol{0} & \boldsymbol{0}\\ \rho_w\boldsymbol{S} & \boldsymbol{0} & \boldsymbol{M}_p\end{bmatrix}\begin{Bmatrix}\boldsymbol{U}\\ \boldsymbol{P}\\ \boldsymbol{P}_w\end{Bmatrix}_j}{\left(\begin{Bmatrix}\boldsymbol{U}\\ \boldsymbol{P}\\ \boldsymbol{P}_w\end{Bmatrix}_l\right)^{\mathrm{T}}\begin{bmatrix}\boldsymbol{M}_s & \boldsymbol{0} & \boldsymbol{0}\\ \boldsymbol{M}_{sf} & \boldsymbol{0} & \boldsymbol{0}\\ \rho_w\boldsymbol{S} & \boldsymbol{0} & \boldsymbol{M}_p\end{bmatrix}\begin{Bmatrix}\boldsymbol{U}\\ \boldsymbol{P}\\ \boldsymbol{P}_w\end{Bmatrix}_l}\right]\begin{Bmatrix}\boldsymbol{U}\\ \boldsymbol{P}\\ \boldsymbol{P}_w\end{Bmatrix} \tag{6.18}$$

式中：$\begin{Bmatrix}\boldsymbol{U}\\ \boldsymbol{P}\\ \boldsymbol{P}_w\end{Bmatrix}_j$ 为动力耦合系统第 j 阶特征向量。

令 $\boldsymbol{X}_{lj}=\left(\begin{Bmatrix}\boldsymbol{U}\\ \boldsymbol{P}\\ \boldsymbol{P}_w\end{Bmatrix}_l\right)^{\mathrm{T}}\begin{bmatrix}\boldsymbol{M}_s & \boldsymbol{0} & \boldsymbol{0}\\ \boldsymbol{M}_{sf} & \boldsymbol{0} & \boldsymbol{0}\\ \rho_w\boldsymbol{S} & \boldsymbol{0} & \boldsymbol{M}_p\end{bmatrix}\begin{Bmatrix}\boldsymbol{U}\\ \boldsymbol{P}\\ \boldsymbol{P}_w\end{Bmatrix}_j$，已知$\boldsymbol{U}$、$\boldsymbol{P}$、$\boldsymbol{P}_w$的第$k-1$次的近似值$\boldsymbol{U}^{k-1}$、$\boldsymbol{P}^{k-1}$、$\boldsymbol{P}_w^{k-1}$，按以下步骤进行迭代计算：

（1）$\boldsymbol{H}\left\{\boldsymbol{P}'_w\right\}_j^k=\boldsymbol{M}_p\left\{\boldsymbol{P}_w\right\}_j^{k-1}+\rho_w\boldsymbol{S}\left\{\boldsymbol{U}\right\}_j^{k-1}$。

（2）$\boldsymbol{K}_f\left\{\boldsymbol{P}'\right\}_j^k=\boldsymbol{M}_{sf}\left\{\boldsymbol{U}\right\}_j^{k-1}$。

（3）$\boldsymbol{K}_s\left\{\boldsymbol{U}'\right\}_j^k=\boldsymbol{M}_s\left\{\boldsymbol{U}\right\}_j^{k-1}+\boldsymbol{C}\left\{\boldsymbol{P}'\right\}_j^k+\boldsymbol{S}^{\mathrm{T}}\left\{\boldsymbol{P}'_w\right\}_j^k$。

（4）计算 $\beta_l^{k-1}=\dfrac{X_{lj}}{X_{ll}}$。

（5）$\mu\begin{Bmatrix}\boldsymbol{U}\\ \boldsymbol{P}\\ \boldsymbol{P}_w\end{Bmatrix}_j^k=\begin{Bmatrix}\boldsymbol{U}'\\ \boldsymbol{P}'\\ \boldsymbol{P}'_w\end{Bmatrix}_j^k-\sum_{l=1}^{j-1}\mu_l\beta_l^{k-1}\begin{Bmatrix}\boldsymbol{U}\\ \boldsymbol{P}\\ \boldsymbol{P}_w\end{Bmatrix}_l$，计算出$\begin{Bmatrix}\boldsymbol{U}\\ \boldsymbol{P}\\ \boldsymbol{P}_w\end{Bmatrix}_j^k$。

（6）利用 Rayleigh 商，求得

$$\lambda_j^k=\frac{R_3}{R_4} \tag{6.19}$$

式中：$R_3=\left(\begin{Bmatrix}\boldsymbol{U}\\ \boldsymbol{P}\\ \boldsymbol{P}_w\end{Bmatrix}_j^k\right)^{\mathrm{T}}\begin{bmatrix}\boldsymbol{M}_s & \boldsymbol{0} & \boldsymbol{0}\\ \boldsymbol{M}_{sf} & \boldsymbol{0} & \boldsymbol{0}\\ \rho_w\boldsymbol{S} & \boldsymbol{0} & \boldsymbol{M}_p\end{bmatrix}\begin{Bmatrix}\boldsymbol{U}\\ \boldsymbol{P}\\ \boldsymbol{P}_w\end{Bmatrix}_j^k$；$R_4=\left(\begin{Bmatrix}\boldsymbol{U}\\ \boldsymbol{P}\\ \boldsymbol{P}_w\end{Bmatrix}_j^k\right)^{\mathrm{T}}\begin{bmatrix}\boldsymbol{K}_s & -\boldsymbol{C} & -\boldsymbol{S}^{\mathrm{T}}\\ \boldsymbol{0} & \boldsymbol{K}_f & \boldsymbol{0}\\ \boldsymbol{0} & \boldsymbol{0} & \boldsymbol{H}\end{bmatrix}\begin{Bmatrix}\boldsymbol{U}\\ \boldsymbol{P}\\ \boldsymbol{P}_w\end{Bmatrix}_j^k$。

（7）迭代直到前后两次特征值满足如下控制条件：

$$\left|\frac{\lambda_j^k-\lambda_j^{k-1}}{\lambda_j^k}\right|\leqslant\varepsilon \tag{6.20}$$

式中：ε 为迭代容差。

（8）计算第 j 阶频率：

$$\omega_j=\sqrt{1/\lambda_j} \tag{6.21}$$

直接滤频法可以求解“库水-土石坝-地基-孔隙水”宏、细观动力耦合体系的频率，也可以仅求解水库自身的频率，一般仅求解前几阶频率即可。对于土石坝而言，一般求 5～10 阶，高坝可多取几阶。

6.4 宏、细观动力流固耦合方程求解

6.4.1 迭代耦合求解法

（1）初始时刻 $t=0$，相应的各物理量初值均赋为 **0**，即坝体动位移 $\boldsymbol{U}_n$、速度 $\dot{\boldsymbol{U}}_n$ 和加速度 $\ddot{\boldsymbol{U}}_n$，动孔压 $\boldsymbol{P}_n$、一阶导数项 $\dot{\boldsymbol{P}}_n$ 和二阶导数项 $\ddot{\boldsymbol{P}}_n$，动水压力 $\boldsymbol{P}_{w(n)}$、一阶导数项 $\dot{\boldsymbol{P}}_{w(n)}$ 和二阶导数项 $\ddot{\boldsymbol{P}}_{w(n)}$ 均赋为 **0**。

（2）根据式（4.63），分别计算 $t+\Delta t$ 时刻库水的等效荷载 $\tilde{\boldsymbol{F}}_w$，其中计算第 1 个非零时刻时仅有地震加速度 $\ddot{\boldsymbol{u}}_{g(n+1)}$ 和坝体的相对加速度 $\ddot{\boldsymbol{u}}_{n+1}$（固体域迭代求得），以后各时刻还需用到上一时刻的动水压力及其导数项 $\boldsymbol{P}_{w(n)}$、$\dot{\boldsymbol{P}}_{w(n)}$ 和 $\ddot{\boldsymbol{P}}_{w(n)}$。

（3）计算库水的质量阵 $\boldsymbol{M}_p$、阻尼阵 $\boldsymbol{C}_w$、刚度阵 $\boldsymbol{H}$ 和流固耦合阵 $\boldsymbol{S}$，按照式（4.63），将其组合成水体的等效刚度矩阵 $\tilde{\boldsymbol{K}}_w$。

（4）求解代数方程式（4.63），得到 $t+\Delta t$ 时刻库水的动水压力 $\boldsymbol{P}_{w(n+1)}$。计算 $t+\Delta t$ 时刻动水压力的一阶导数项 $\dot{\boldsymbol{P}}_{w(n+1)}$ 和二阶导数项 $\ddot{\boldsymbol{P}}_{w(n+1)}$。

（5）根据式（5.51）和式（5.52），分别计算 $t+\Delta t$ 时刻固体域中土骨架和孔隙水的等效荷载 $\tilde{\boldsymbol{F}}$，其中计算第 1 个非零时刻仅有地震加速度 $\ddot{\boldsymbol{u}}_{g(n+1)}$ 和本时刻的动水压力荷载项 $\boldsymbol{S}^{\mathrm{T}}\boldsymbol{P}_{w(n+1)}$（流体域迭代求得），以后各时刻则还需用到上一时刻的动位移与动孔压及其一阶和二阶导数项，即 $\boldsymbol{U}_n$、$\dot{\boldsymbol{U}}_n$、$\ddot{\boldsymbol{U}}_n$、$\boldsymbol{P}_n$、$\dot{\boldsymbol{P}}_n$、$\ddot{\boldsymbol{P}}_n$。

（6）计算土骨架的质量阵 $\boldsymbol{M}_s$、刚度阵 $\boldsymbol{K}_s$ 和瑞利阻尼阵 $\alpha\boldsymbol{M}_s+\beta'\boldsymbol{K}_s$（频域计算得到体系的一阶频率，进而计算 α、β'），孔隙水的刚度阵 $\boldsymbol{K}_f$ 和阻尼阵 $\boldsymbol{C}_f$，按照式（5.50）组合成固体域细观动力流固耦合作用的等效刚度矩阵 $\tilde{\boldsymbol{K}}$。

（7）求解代数方程式（5.50），得到 $t+\Delta t$ 时刻的土骨架位移 $\boldsymbol{U}_{n+1}$ 和动孔压 $\boldsymbol{P}_{n+1}$。计算 $t+\Delta t$ 时刻的土骨架位移 $\boldsymbol{U}_{n+1}$ 和动孔压 $\boldsymbol{P}_{n+1}$ 的一阶导数及二阶导数项，即 $\dot{\boldsymbol{U}}_{n+1}$、$\ddot{\boldsymbol{U}}_{n+1}$、$\dot{\boldsymbol{P}}_{n+1}$ 和 $\ddot{\boldsymbol{P}}_{n+1}$。

（8）在某一时步内重复步骤（2）～（7），判断其收敛性。取固体域的结点动位移相对误差作为判断条件，即 $\left|\left(\boldsymbol{U}_{n+1}^{k}-\boldsymbol{U}_{n+1}^{k-1}\right)/\boldsymbol{U}_{n+1}^{k-1}\right|<\varepsilon$，其中 ε 为迭代容差，可取 0.001。如果收敛，则进入下一时刻的迭代，直至地震过程结束为止；如果未满足收敛条件，则将第 k 迭代步的动水压力 $\boldsymbol{P}_{w(n+1)}^{k}$ 及其一阶和二阶导数项作为下一迭代步的初始值，重复步骤（2）～（7），直至满足这一时步的收敛性条件，进而再进入下一时步的迭代计算，最终至地震过程结束。

与整体耦合求解法不同，迭代法分别求解固体域和流体域，两者之间通过耦合矩阵 $\boldsymbol{S}$ 实现相互作用。其中，流体域对固体域的作用是 $\boldsymbol{S}^{\mathrm{T}}\boldsymbol{P}_w$，固体域对流体域的作用是 $\boldsymbol{S}\left(\ddot{\boldsymbol{u}}_g+\ddot{\boldsymbol{u}}\right)$，相当于在流固耦合面上通过这两个荷载进行相互作用，实现动力耦合。迭代法求解思路较为简单，无论是流体域还是固体域，其等效刚度矩阵的半带宽和存储容量均较整体法小很多，迭代过程也容易实现编程，但不足之处是计算时间为整体法的 m 倍，其中 m 为各时步的平均迭代次数。一般地，若迭代容差 ε 取 0.001，则各时步内需要迭代 10～15 次，即计算时间是整体法的 10～15 倍。

6.4.2　整体耦合求解法

（1）初始时刻 $t=0$，相应的各物理量初值均为 0，即坝体位移 $\boldsymbol{U}_n$、速度 $\dot{\boldsymbol{U}}_n$ 和

加速度$\ddot{\boldsymbol{U}}_n$，动孔压$\boldsymbol{P}_n$、一阶导数项$\dot{\boldsymbol{P}}_n$和二阶导数项$\ddot{\boldsymbol{P}}_n$，动水压力$\boldsymbol{P}_{w(n)}$、一阶导数项$\dot{\boldsymbol{P}}_{w(n)}$和二阶导数项$\ddot{\boldsymbol{P}}_{w(n)}$均为$\boldsymbol{0}$。

（2）根据式（6.14）、式（6.15）和式（6.16），分别计算$t+\Delta t$时刻土骨架、孔隙水和库水的等效荷载$\tilde{\boldsymbol{F}}_{sf}$，其中计算第 1 个非零时刻仅有地震加速度$\ddot{\boldsymbol{u}}_{g(n+1)}$，以后各时刻则需用到上一时刻的$\boldsymbol{U}_n$、$\dot{\boldsymbol{U}}_n$、$\ddot{\boldsymbol{U}}_n$、$\boldsymbol{P}_n$、$\dot{\boldsymbol{P}}_n$、$\ddot{\boldsymbol{P}}_n$、$\boldsymbol{P}_{w(n)}$、$\dot{\boldsymbol{P}}_{w(n)}$和$\ddot{\boldsymbol{P}}_{w(n)}$。

（3）计算土骨架的质量阵$\boldsymbol{M}_s$、刚度阵$\boldsymbol{K}_s$和瑞利阻尼阵$\alpha\boldsymbol{M}_s+\beta'\boldsymbol{K}_s$（频域计算得到一阶频率，进而计算$\alpha$、$\beta'$），孔隙水的刚度阵$\boldsymbol{K}_f$和阻尼阵$\boldsymbol{C}_f$，库水的质量阵$\boldsymbol{M}_p$、阻尼阵$\boldsymbol{C}_w$、刚度阵$\boldsymbol{H}$和流固耦合阵$\boldsymbol{S}$，按照式（6.13）将其组合成宏、细观动力流固耦合的等效刚度矩阵$\tilde{\boldsymbol{K}}_{sf}$。由于$\tilde{\boldsymbol{K}}_{sf}$是对称阵，依然可以采用一维变带宽存储$\tilde{\boldsymbol{K}}_{sf}$的上三角或下三角的非零元素。

（4）求解代数方程式（6.12），得到$t+\Delta t$时刻的土骨架位移$\boldsymbol{U}_{n+1}$、动孔压$\boldsymbol{P}_{n+1}$及库水的动水压力$\boldsymbol{P}_{w(n+1)}$。

（5）计算$t+\Delta t$时刻的土骨架动位移$\boldsymbol{U}_{n+1}$、动孔压$\boldsymbol{P}_{n+1}$和库水的动水压力$\boldsymbol{P}_{w(n+1)}$，以及相应的一阶导数和二阶导数项，即$\dot{\boldsymbol{U}}_{n+1}$、$\ddot{\boldsymbol{U}}_{n+1}$、$\dot{\boldsymbol{P}}_{n+1}$、$\ddot{\boldsymbol{P}}_{n+1}$、$\dot{\boldsymbol{P}}_{w(n+1)}$和$\ddot{\boldsymbol{P}}_{w(n+1)}$。

（6）返回步骤（2），重复至地震过程结束。

与迭代法不同，整体耦合求解法每一时步仅需一次求解，不需要任何迭代，计算时间较迭代法大为节省。但是，整体耦合求解法的等效刚度矩阵和迭代法相比，其半带宽大大增加。即使按照一维变带宽存储等效刚度矩阵上三角或下三角的非零元素，对于实际工程来说其存储容量也往往是十分庞大的。事实上由于库水与大坝之间仅在耦合面上相互作用，其他非直接接触的流固单元之间互不影响，即在等效刚度矩阵$\tilde{\boldsymbol{K}}_{sf}$中对应零元素。因此，若等效刚度矩阵$\tilde{\boldsymbol{K}}_{sf}$按一维变带宽存储且仅存储非零元素，则存储容量可大大减小，提高了求解效率。

6.5　动力流固耦合计算程序（软件）的开发研制

根据上述动力流固耦合理论及求解方法，采用 FORTRAN 语言编写了计算代码，同时采用 VB 语言编制了相应的操作界面，开发了“库水-土石坝-地基-孔隙水”宏、细观动力流固耦合分析程序（软件）DWI（Dam Water Interaction，坝水相互作用），其主要功能包括：

（1）可计算岩基或土基上各类土石坝与库水及孔隙水之间的静、动力流固耦合作用。

（2）根据不同的参数设置，可退化为常规的土石坝应力变形的总应力法和有效应力法静动力，以及土石坝（面板坝）与库水动力流固耦合计算程序等。

（3）包含常用的土石料静、动力本构模型（含永久变形模型）及水库模型。

（4）可以考虑或不考虑库水的压缩性和孔隙水的压缩性。与水库动力耦合求解时，可根据计算机硬件条件，合理选择迭代法或整体法进行求解。

（5）可以计算“***u*-*P***”格式和“***u*-*w***”格式的土石坝细观动力耦合作用，并可以考虑坝体饱和与非饱和的情况。

（6）根据不同的计算类型，可以自由控制大坝、地基、库水和孔隙水计算成果的输出。

本程序（软件）有二维（DWI2D）和三维（DWI3D）两个版本，均已申请国家版权局计算机软件著作权登记证书，登记号分别为 2014SR056800（DWI2D）和 2015SR184192（DWI3D）。DWI3D 的操作主界面如图 6.2 所示。

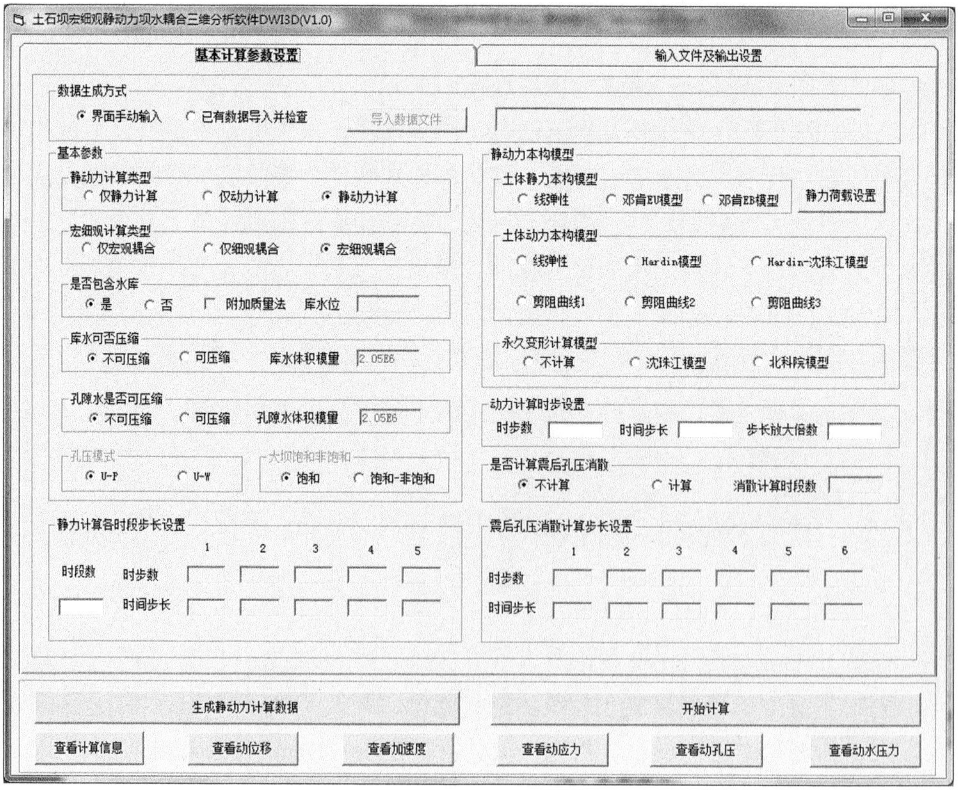

（a）主界面（1）

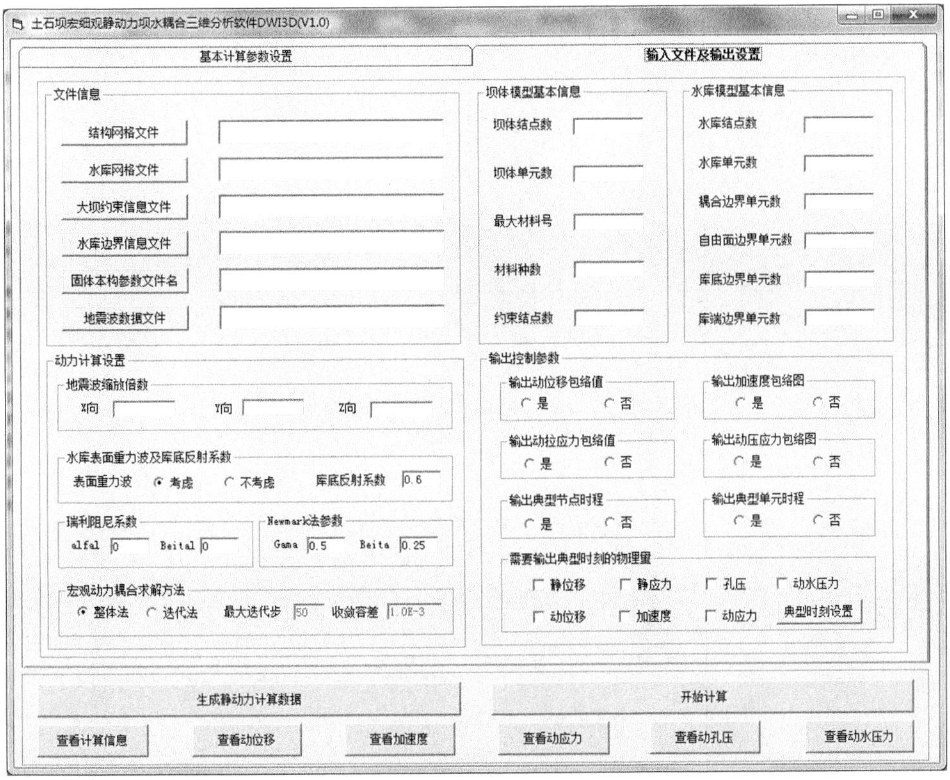

（b）主界面（2）

图 6.2 DWI3D 的操作主界面

6.6 覆盖层上高面板堆石坝动力流固耦合分析

6.6.1 工程概况

某水电站拦河大坝采用混凝土面板堆石坝，坝顶高程 3168.00m，坝顶长度 550m，最大坝高 106m，坝顶宽 10.00m，防浪墙顶高程 3169.20m，正常蓄水位 3165.00m。大坝上游坝坡坡比为 1∶1.4，下游坝坡坡比为 1∶1.35，下游坝坡在高程 3110.00m、3136.50m 分别设一宽 5m 的马道。面板厚度 0.3～0.62m。上游坝坡高程 3116.00m 以下设置粉土质砂铺盖和石渣压坡盖重。下游坝坡用厚度 0.5m 的干砌块石进行衬护。防渗墙厚度 1.2m，深入基岩 1m，防渗墙最大深度约 69m。两岸坝肩及河床底部透水基岩采用帷幕灌浆防渗，以死水位为界，死水位以上布置为单排帷幕，以下为双排帷幕，帷幕穿过卸荷岩体深入相对不透水层以下 5m。图 6.3 为大坝典型剖面结构设计图。

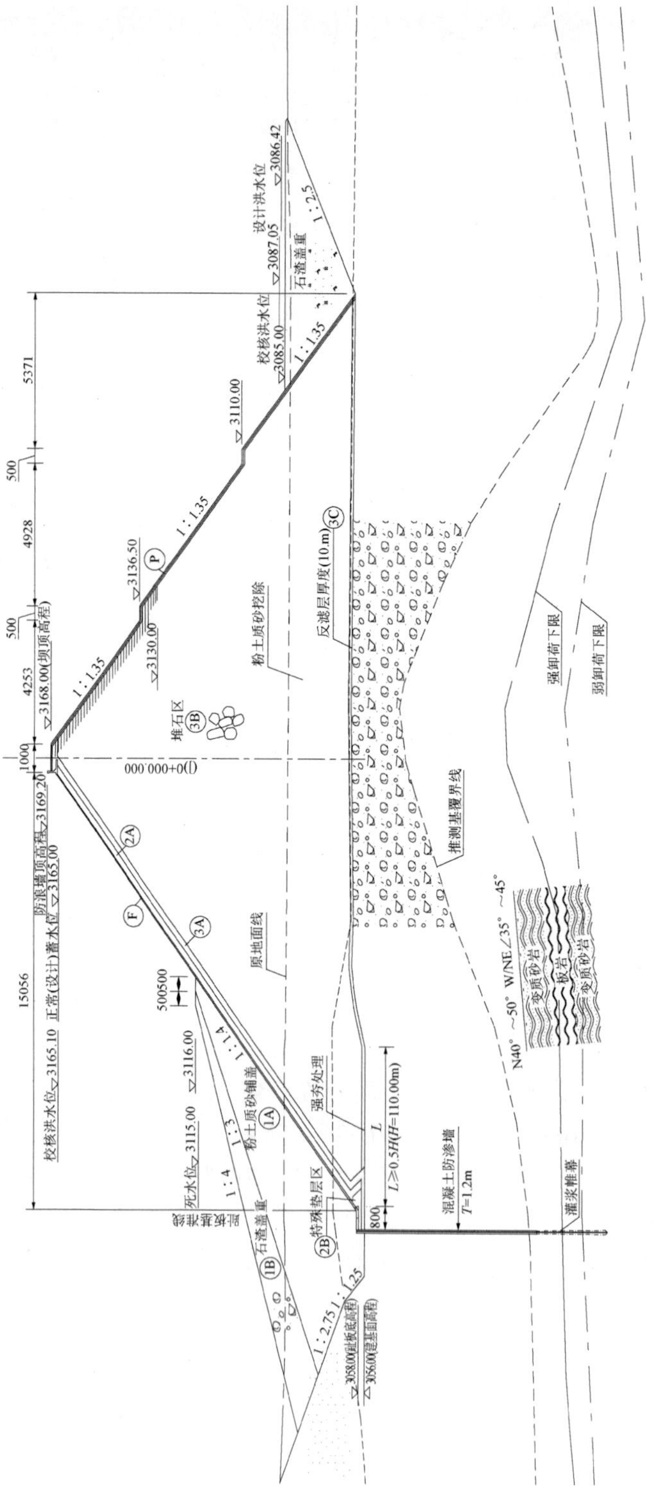

图 6.3　大坝典型剖面结构设计图（单位：m）

6.6.2 有限元模型和计算参数

“库水-土石坝-地基-孔隙水”宏、细观流固耦合分析有限元模型如图 6.4 所示，结点总数 1720 个，单元总数 1596 个，其中结构部分单元 1161 个，水库单元 435 个。面板和基岩采用线弹性模型，不考虑动孔压的影响，面板和基岩弹性模量均取 10GPa，泊松比 0.2。覆盖层则为考虑坝水细观流固耦合的多孔介质黏弹性模型，$\lambda_{\max}=0.3$，$K_2=2000$，$n=0.5$，渗透系数 1×10^{-4}m/s，孔隙率 0.3。堆石区完全在浸润线以上，不考虑动孔压，$\lambda_{\max}=0.23$，$K_2=2900$，$n=0.48$。

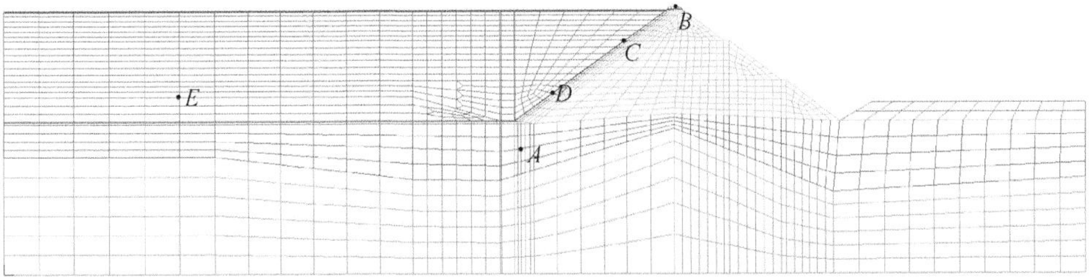

图 6.4　“库水-土石坝-地基-孔隙水”宏、细观流固耦合分析有限元模型

采用 Taft 地震波进行水平向地震动输入，地震计算时长取 20s。Taft 地震波加速度时程曲线如图 6.5 所示，其中水平向峰值为 0.2g。在每一步的迭代中计算耦合系统的基频，取一阶频率，从而计算瑞利阻尼系数。

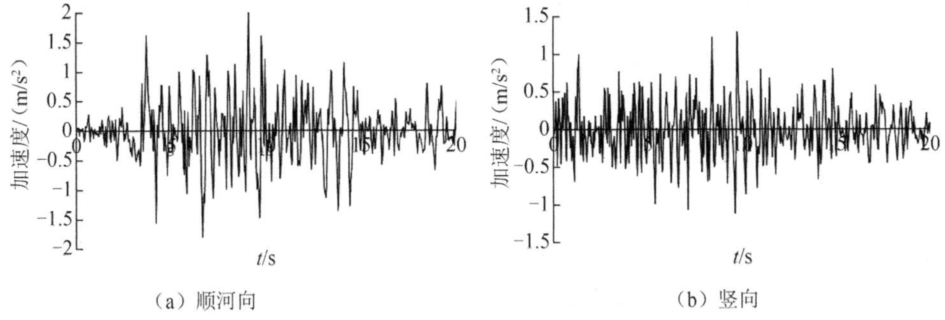

图 6.5　Taft 地震波加速度时程曲线（前 20s）

6.6.3 大坝及库水动力反应

表 6.1 给出了动力耦合系统大坝地震反应极值。图 6.6～图 6.10 分别为两种耦合方程求解方法得到的面板坝的动位移、动孔压和加速度等值线包络图。由表 6.1 和图 6.6～图 6.10 可以看出，整体耦合求解法与迭代耦合求解法的动力反应结果均合理，二者较为接近。整体耦合求解法在上游坝脚处发生了应力集中，导致动孔压极值偏大，该处坝体很可能已经进入了液化状态。

表 6.1　动力耦合系统大坝地震反应极值

方法	动位移/cm		速度/（m/s）		加速度/（m/s^2）		动孔压/kPa	动水压力/kPa
	水平向	竖向	水平向	竖向	水平向	竖向		
整体耦合求解法	3.88	1.11	0.39	0.17	5.38	3.48	928.86	395.94
迭代耦合求解法	3.73	1.00	0.35	0.16	6.17	3.36	386.54	415.2

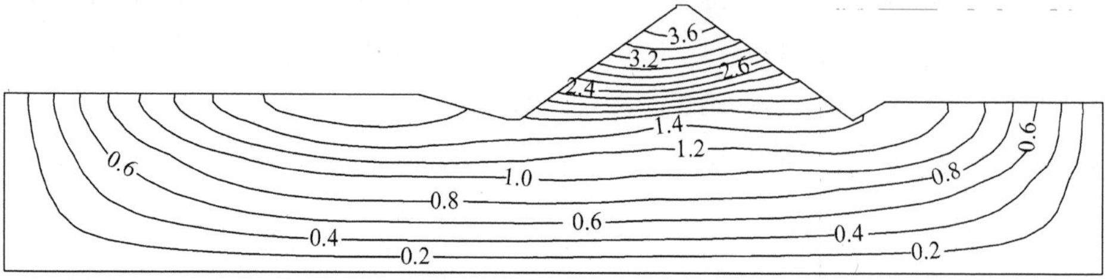

（a）整体耦合求解法

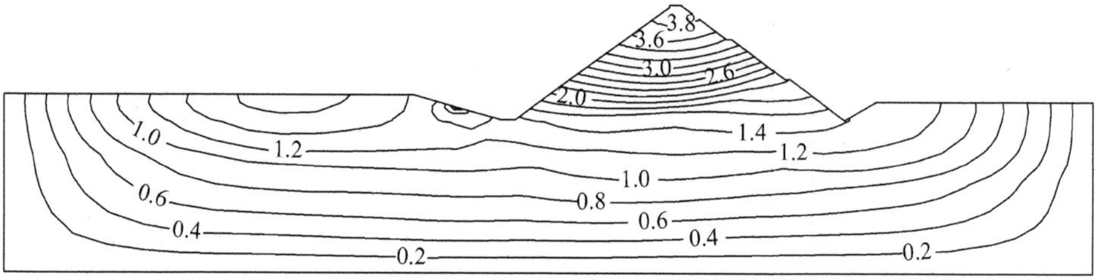

（b）迭代耦合求解法

图 6.6　水平向动位移等值线包络图（单位：cm）

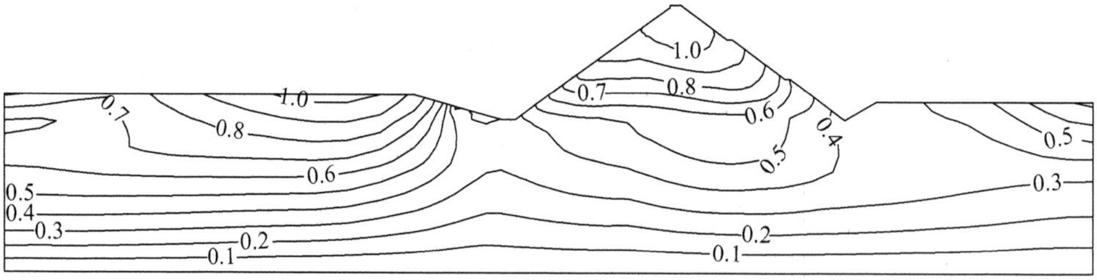

（a）整体耦合求解法

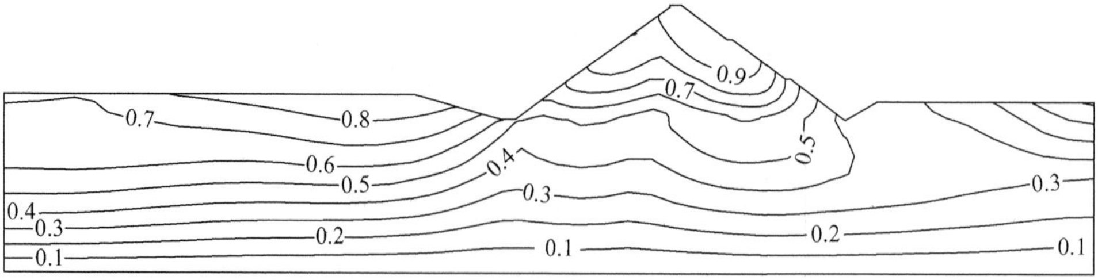

（b）迭代耦合求解法

图 6.7　竖向动位移等值线包络图（单位：cm）

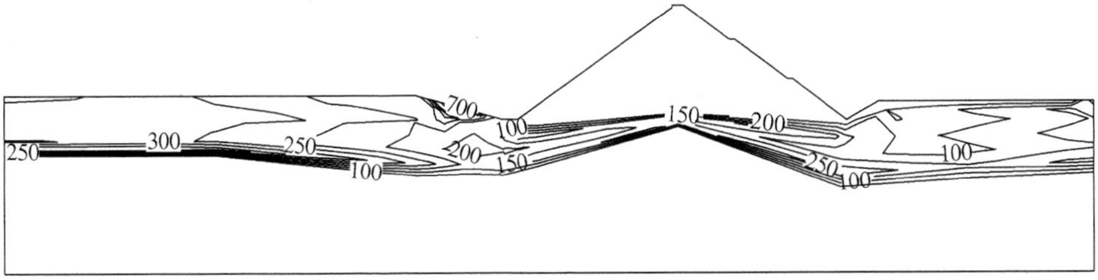

（a）整体耦合求解法

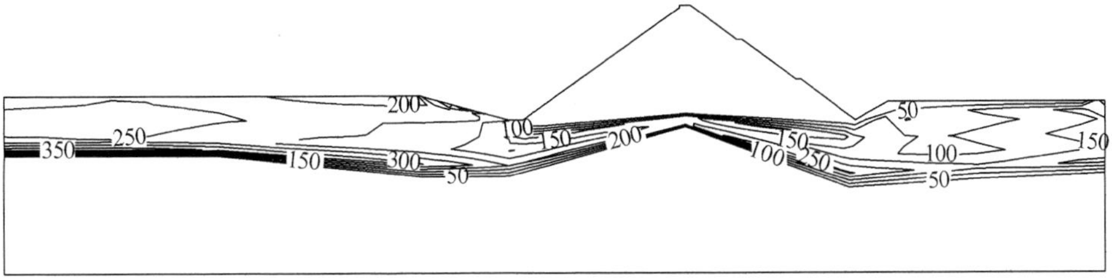

（b）迭代耦合求解法

图 6.8 动孔压等值线包络图（单位：kPa）

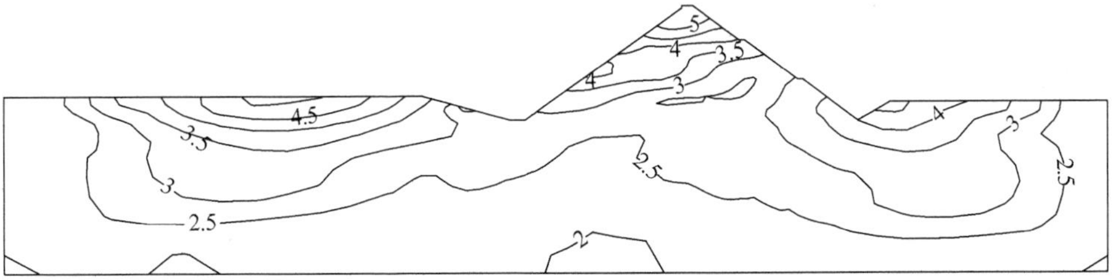

（a）整体耦合求解法

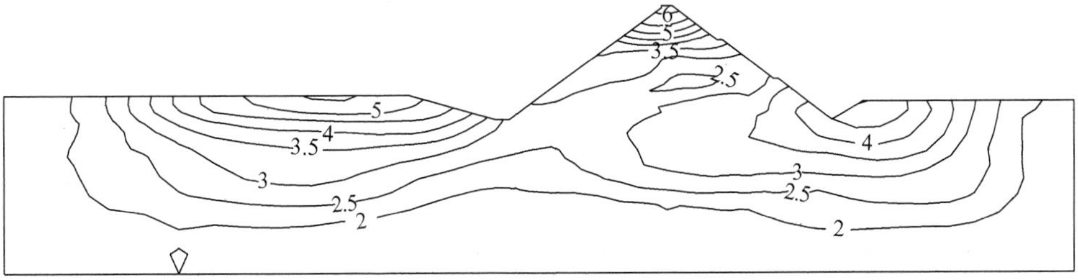

（b）迭代耦合求解法

图 6.9 水平向加速度等值线包络图（单位：m/s^2）

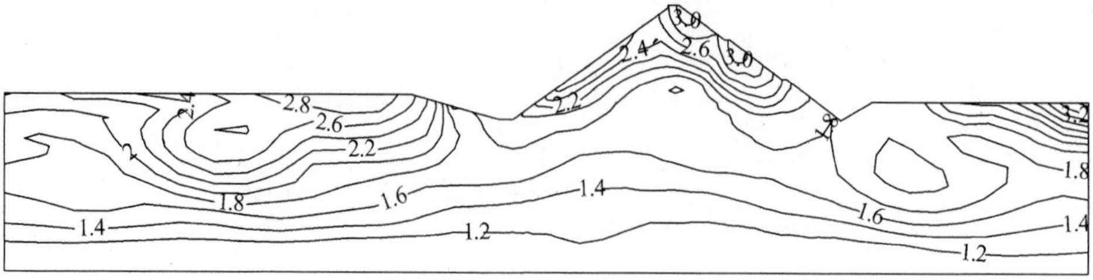

（a）整体耦合求解法

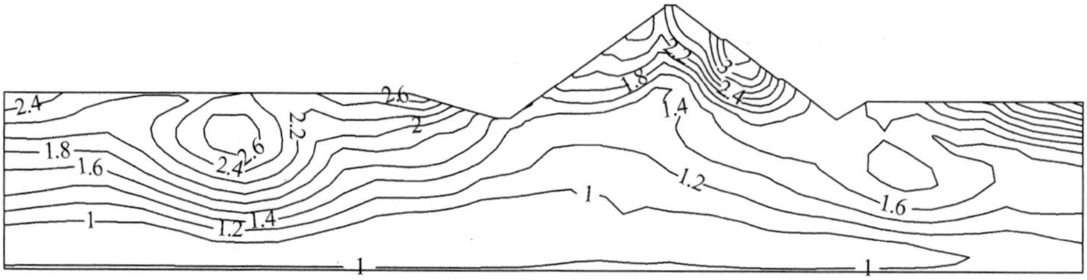

（b）迭代耦合求解法

图 6.10　竖向加速度等值线包络图（单位：m/s^2）

图 6.11 为水库动水压力等值线包络图。图 6.12 为坝面动水压力包络图。图 6.13 为 15s 时刻水库动水压力等值线包络图。由图可见，整体耦合求解法与迭代耦合求解法二者的包络图分布规律较为相似，但是坝前动水压力的分布有所不同。整体耦合求解法坝面动水压力极值在水深约 3/4 处，比较符合附加质量法的坝面动水压力分布。迭代耦合求解法的动水压力在某些时刻（如 15s）呈现抛物线分布，但极值沿水深增大，这可能是由于迭代耦合求解法在流固耦合交界面进行位移应力传递时迭代产生了误差。整体耦合求解法在坝前动孔压发生了应力集中，该处与库水相连，导致该处库水的动水压力也出现集中，这体现了坝体动孔压与水库动水压力之间的相互作用。由于竖向地震波的存在，坝前库底也产生了较大的动水压力，进一步对库底覆盖层的动孔压产生了影响。

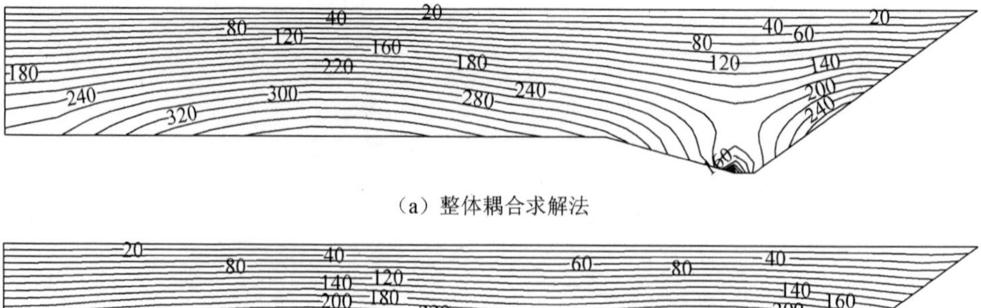

（a）整体耦合求解法

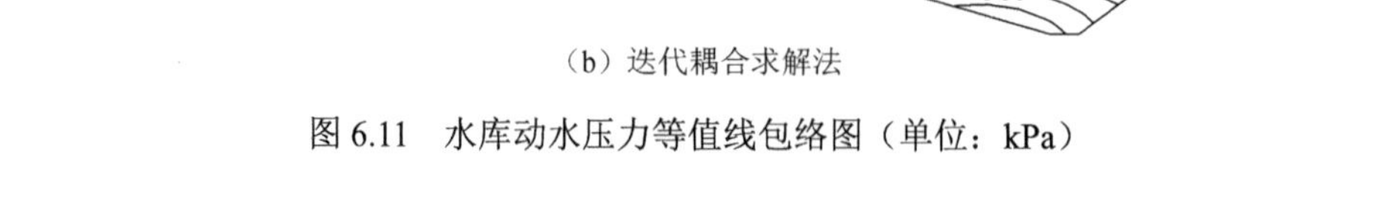

（b）迭代耦合求解法

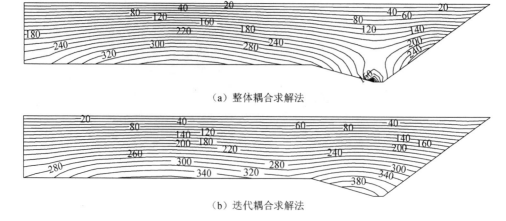

图 6.11　水库动水压力等值线包络图（单位：kPa）

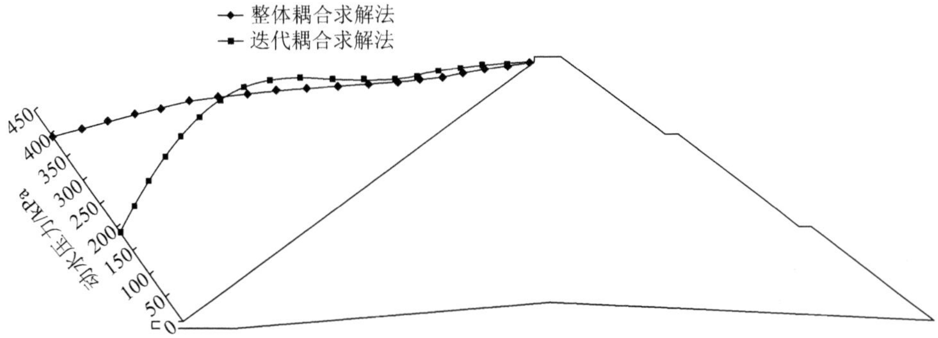

图 6.12 坝面动水压力包络图

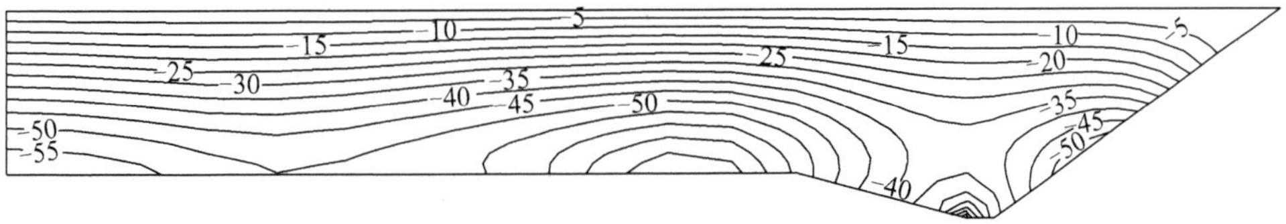

（a）整体耦合求解法

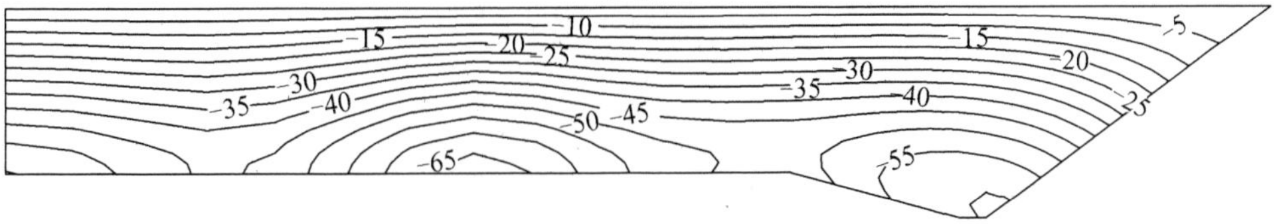

（b）迭代耦合求解法

图 6.13 15s 时刻水库动水压力等值线包络图（单位：kPa）

图 6.14～图 6.17 分别为特征点 A～E（位置见图 6.4）的各动力物理量过程线。从这些图中也可以看出，两种方法的计算结果较为接近。

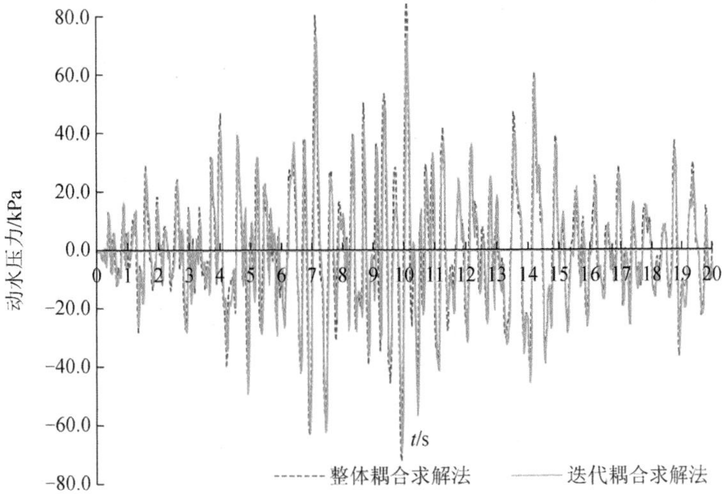

（a）特征点C

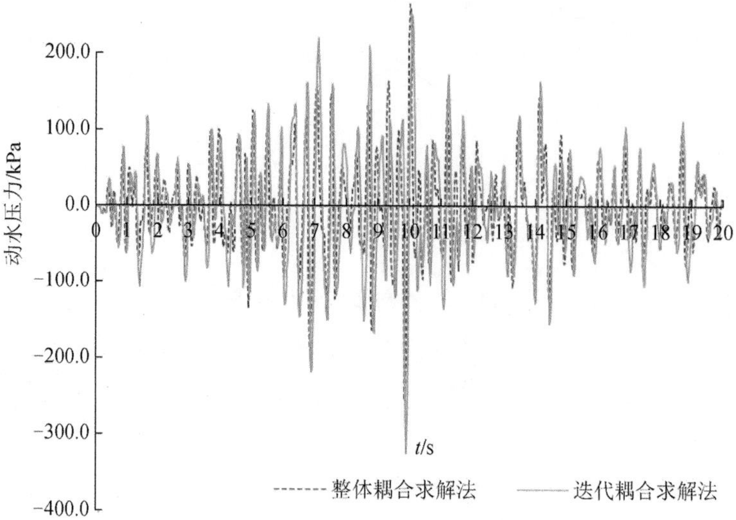

（b） 特征点D

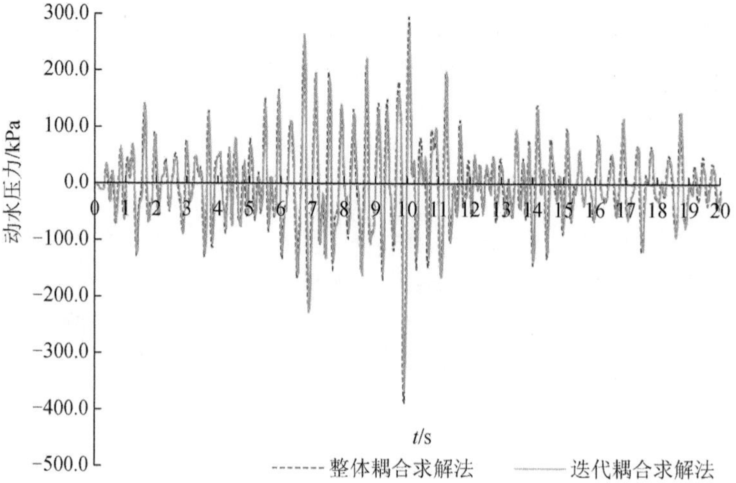

（c） 特征点E

图 6.14　特征点处的动水压力时程曲线

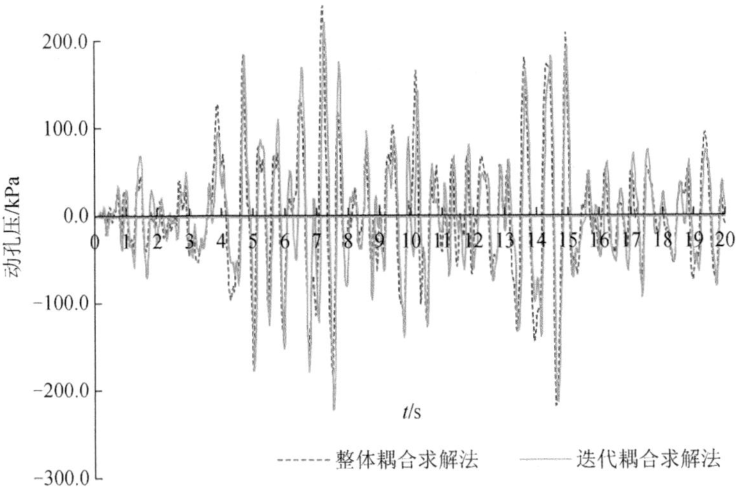

图 6.15 特征点 *A* 动孔压时程曲线

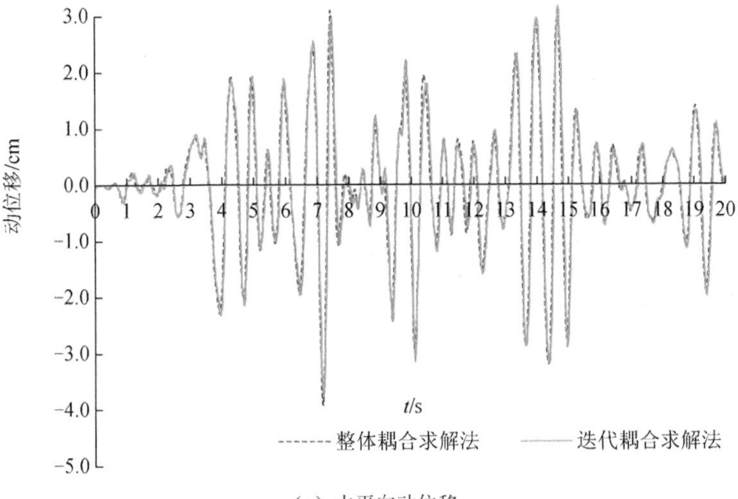

（a）水平向动位移

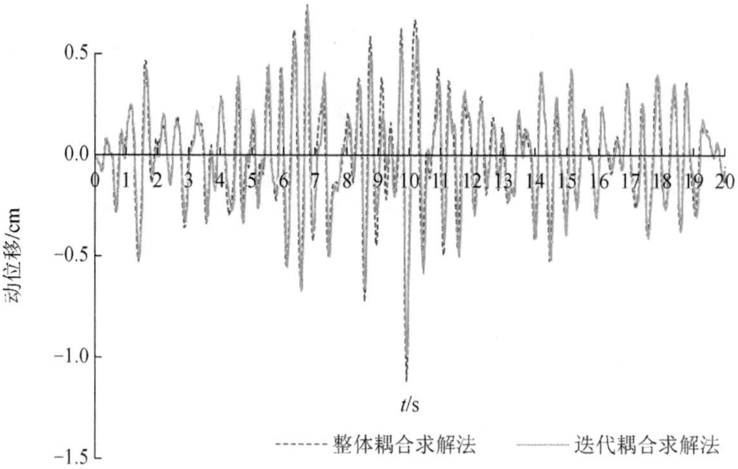

（b）竖向动位移

图 6.16　坝顶特征点 *B* 动位移时程曲线

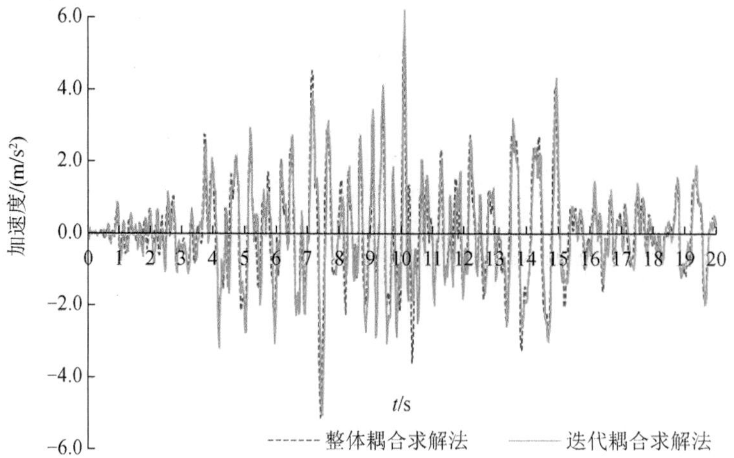

（a）水平向加速度

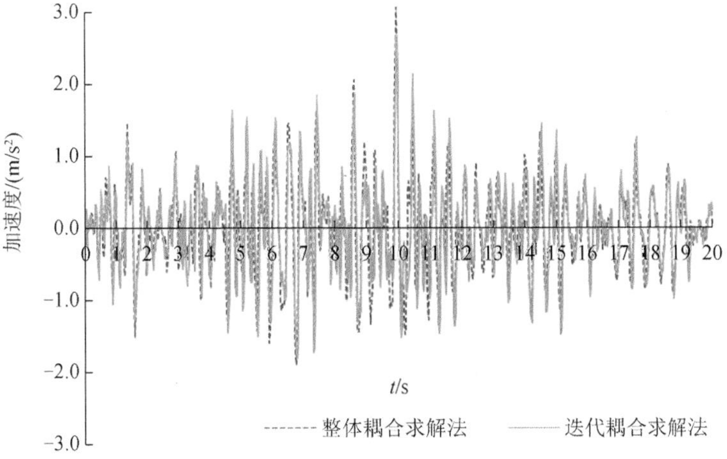

（b）竖向加速度

图 6.17 坝顶特征点 B 加速度时程曲线

整体耦合求解法将宏观坝水动力耦合与细观土骨架孔隙水动力耦合统一在一组方程中进行联合求解；而迭代耦合求解法是对库水与土石坝分开独立求解，通过位移与应力协调条件来进行迭代耦合。从理论上来说，整体耦合求解法具有更高的精度。由于整体耦合求解法的这种特点，求解方程中的自由度相对于各自独立的迭代耦合求解法来说要多出很多，存储容量也远远高于迭代耦合求解法，单次求解速度要慢于迭代耦合求解法。但是迭代耦合求解法每一步都要经过多次迭代，因此从求解时间上来说，整体耦合求解法还是显著优于迭代耦合求解法。对于大型三维土石坝工程，网格结点数庞大，整体耦合求解法的存储容量可能过大，易超出计算机的最大存储容量，导致计算无法进行，这时迭代耦合求解法更具有优势。

以上动力分析算例中，土体采用 Hardin-Drnevich 等效黏弹性模型。由于本构模型自身的限制，坝体内部动孔压没有在地震荷载作用下呈现不断增长的过程，没有反映出动孔压的积累特性，在地震结束后也没有呈现出动孔压随之出现的消散过程。实际上，如果土体采用合适的弹塑性本构模型，则可以模拟地震过程中坝内动孔压的增长、扩散和消散过程。为了对比，图 6.18 给出了分别采用 Hardin-Drnevich 等效黏弹性模型和 Mohr-Coulomb 弹塑性模型时趾板下部特征点 A 动孔压时程曲线。由图可见，采用 Hardin-Drnevich 等效黏弹性模型分析时，坝体内部动孔压在地震荷载作用下没有呈现出动孔压的积累过程，在地震结束后也没有呈现出动孔压的消散过程；而采用 Mohr-Coulomb 弹塑性模型分析时，可以比较明显地反映出动孔压在地震过程中增长和地震结束后逐渐消散的整个过程。从数值上来看，采用 Mohr-Coulomb 弹塑性模型计算所得动孔压峰值大于采用 Hardin-Drnevich 等效黏弹性模型计算所得值。因此，采用能够反映土体动力弹塑性特性的本构模型才能合理反映出地震中土体动孔压的增长、扩散与消散过程。需要指出，Mohr-Coulomb 弹塑性模型是一个静力本构模型，用于土石坝动力计算时有许多不合理之处，因此建议考虑采用土体广义弹塑性模型，以更加真实、科学地反映土石坝的动力流固耦合特性。

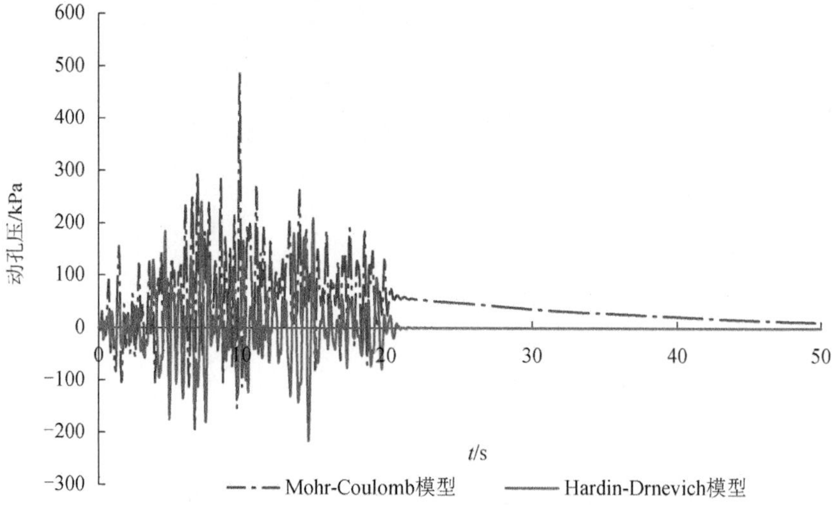

图 6.18　趾板下部特征点 *A* 动孔压时程曲线

6.7　300m 级高心墙堆石坝动力流固耦合分析

6.7.1　工程概况

双江口水电站是大渡河流域水电梯级开发的上游控制性水库工程，是大渡河流域梯级电站开发的关键项目之一。双江口水库由脚木足河、绰斯甲河和梭磨河三部分组成，其中脚木足河部分长 61km，绰斯甲河部分长 30km，梭磨河部分长 12km，水库面积为 40km^2，最大水面宽度 1km，是一个河道型水库。坝址处控制流域面积 39 330km^2，多年平均流量 527m^3/s。水库正常蓄水位 2500m，对应库容约 27.32 亿 m^3，具备年调节能力，电站装机容量为 2000MW。

大坝坝高 315.0m，坝顶宽度 16.0m，上游坝坡坡比为 1∶2.0，下游坝坡坡比为 1∶1.8；防渗心墙顶宽度为 4.0m，上下游坡比均为 1∶0.2，在心墙和两岸坝肩的连接部位采用高塑性黏土进行连接，其水平厚度为 4.0m。两层反滤分别设置在心墙的上下游，其中上游的两层反滤水平厚度均为 4.0m，下游的两层反滤水平厚度均为 6.0m。在上下游反滤层和堆石体之间设置过渡层。

为了防止渗透水流对心墙基础接触面的冲刷，在心墙岩石基础面设置混凝土盖板以保护基岩面。心墙基座厚度约为 5m，两岸坝肩的混凝土盖板厚度 1m。混凝土盖板除了以上作用外，还能起到固结灌浆压重的作用。图 6.19 为大坝典型剖面结构设计图（本例仅作算例之用）。

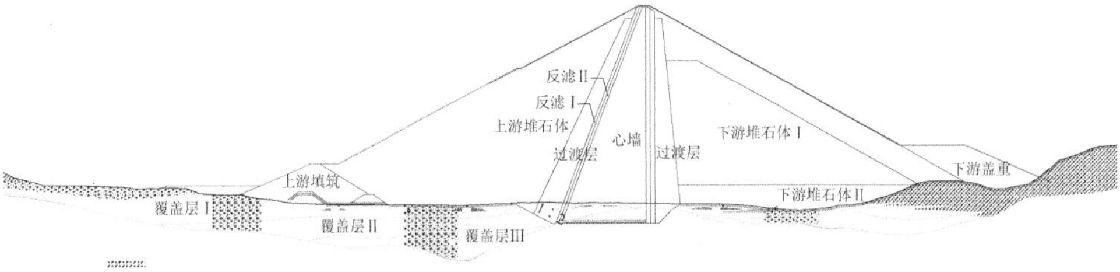

图 6.19　大坝典型剖面结构设计图

6.7.2　有限元模型和计算参数

由于考虑坝体、库水及地基间的相互作用，有限元计算采用如图 6.20 所示的含地基和水体的三维网格模型[7]。其中，x 轴为坝轴向，指向坝体右岸为正；y 轴为顺河向，指向下游为正；z 轴为竖向，向上为正。为充分考虑水体作用，上游向外延伸 3 倍坝高，下游延伸 1.5 倍坝高，底面边界延伸 1 倍坝高。坝体各部分及地基均采用八结点六面体等参单元进行剖分，某些过渡处采用六结点五面体和四结点四面体等形式的单元。对于廊道、防渗墙、灌浆帷幕等部位的具体位置和形式在模型中未予考虑，进行了简化。坝体地基部分共 8124 个结点，8073 个单元。坝前水体均采用八结点六面体等参单元及部分过渡单元进行剖分，共 2648 个结点，2154 个单元。

动力计算过程中基岩及混凝土基座采用线弹性材料模型，混凝土弹性模量 E=26GPa，泊松比为 0.167。地基介质密度为 2400kg/m^3，弹性模量 E=20GPa，泊松比为 0.2。基岩及混凝土基座近似不透水，按不透水材料处理。下游堆石区基本都处于浸润线以上，也近似不考虑动孔压作用。其他按多孔介质材料处理，参数见表 6.2。库水与孔隙水取相同的流体参数，密度为 1000kg/m^3，体积模量 E=2.05GPa。

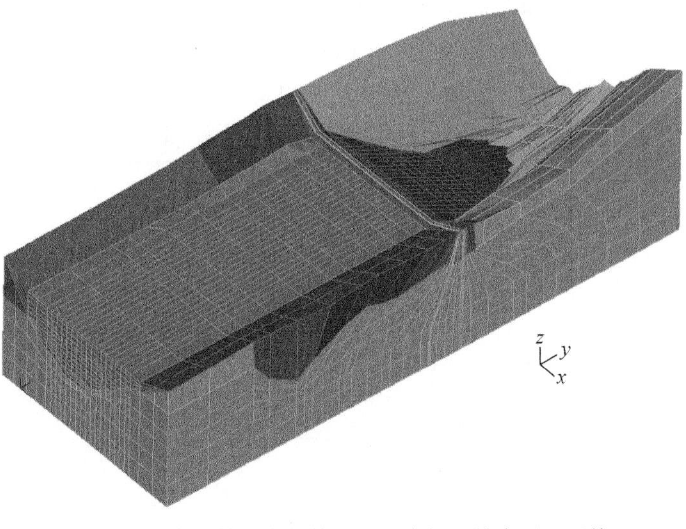

图 6.20　带地基和水体的双江口大坝三维有限元网格

表 6.2　坝体及覆盖层渗流特性参数

参数	覆盖层 I	覆盖层 II	覆盖层 III	上游堆石	反滤 I	反滤 II	心墙
孔隙率	0.31	0.30	0.27	0.32	0.30	0.30	0.27
渗透系数/（m/s）	1.8×10^{-3}	1.5×10^{-3}	1.0×10^{-3}	1.0×10^{-2}	1.0×10^{-3}	1.0×10^{-5}	1.0×10^{-8}

地震波采用标准 EL-CENTRO 波，取地震波历时前 16s，顺河向峰值加速度调整为 0.2*g*，地震加速度时程曲线不再给出。

6.7.3　坝体地震反应

6.7.3.1　加速度

表 6.3 给出了坝体加速度极值及放大倍数。图 6.21 为最大剖面加速度等值线包络图。由表 6.3 可知，地震作用下，顺河向动位移峰值出现在河床中间坝段靠近坝顶下游侧，坝轴向动位移峰值出现在最大断面靠近下游坝坡，竖向动位移峰值出现在中间坝段坝顶两侧。坝体顺河向加速度放大系数为 3.58，坝轴向为 4.30，竖向为 2.20。从图 6.21 可以看出，对于 300m 级的高土石坝而言，整个坝体呈现出明显的“鞭鞘效应”加速度分布特征，即较大的加速度反应数值上移，最大加速度反应均发生在坝顶位置。另外，坝体表层加速度也有明显的放大效应，在工程上应注意坝坡处的抗震保护。

表 6.3　坝体加速度极值及放大倍数

参数	顺河向	坝轴向	竖向
极值/（m/s^2）	7.16	5.59	3.07
放大倍数	3.58	4.30	2.20
位置	中间坝段靠近坝顶下游侧	最大断面靠近下游坝坡	中间坝段坝顶两侧

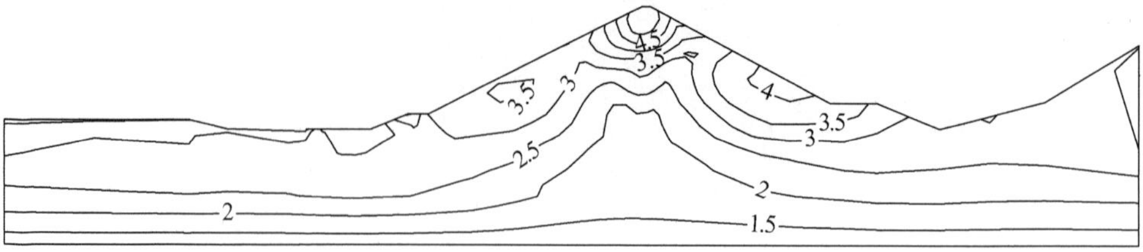

（a）坝轴向

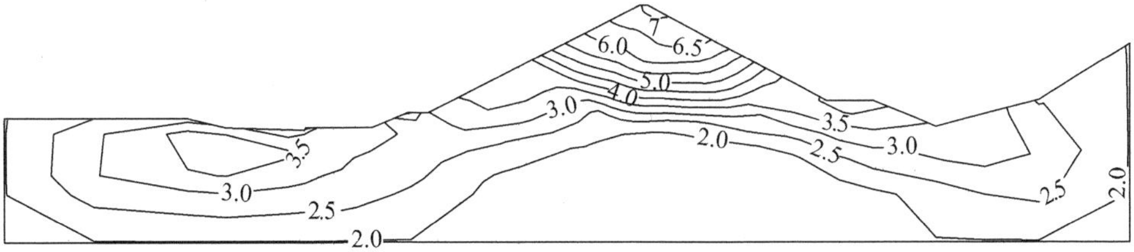

（b）顺河向

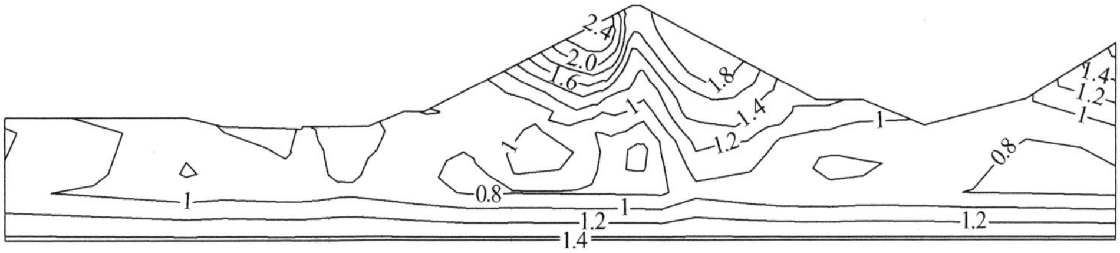

（c）竖向

图 6.21 最大剖面加速度等值线包络图（单位：m/s²）

6.7.3.2 动位移

表 6.4 为坝体动位移反应极值。图 6.22 为典型剖面动位移等值线包络图。由图可见，顺河向、坝轴向、竖向最大动位移均由底部到顶部逐步增大。

表 6.4 坝体动位移反应极值 （单位：cm）

参数	顺河向	坝轴向	竖向
极值	22.56	6.50	4.71
位置	中间坝段坝顶附近	最大断面靠近坝顶附近	中间坝段坝顶下游侧

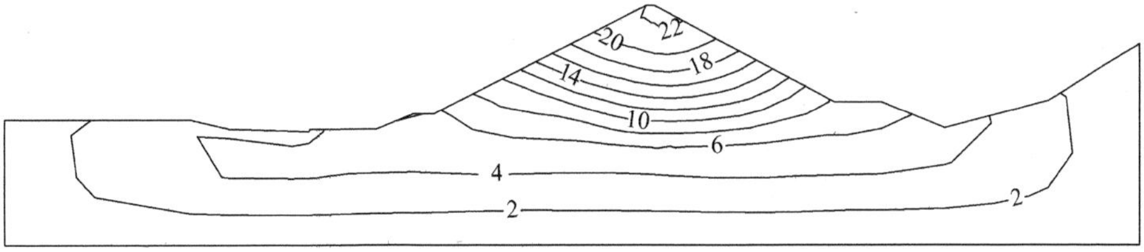

（a）顺河向

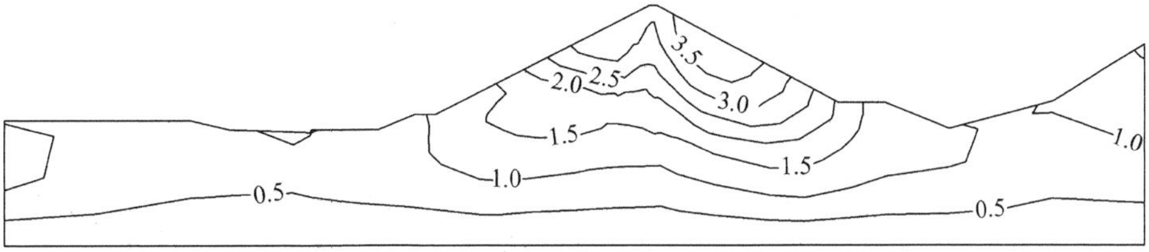

（b）竖向

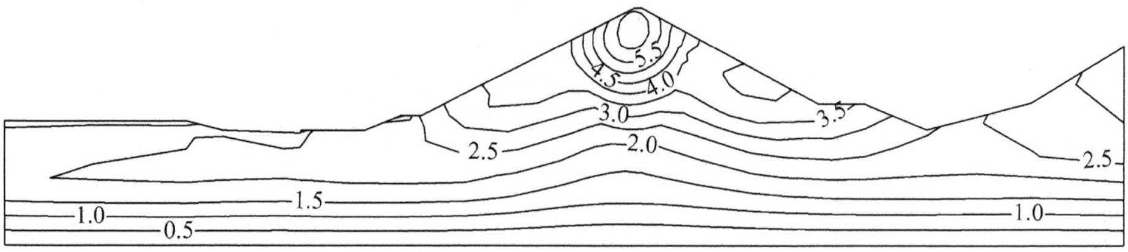

（c）坝轴向

图 6.22　典型剖面动位移等值线包络图（单位：cm）

6.7.3.3　动孔压

动孔压的最大值为 996.84kPa，位置在心墙底部下游侧附近。由于下游堆石体与基岩皆不产生动孔压，只需要对覆盖层上游堆石与心墙进行相关分析。图 6.23 为上游部分坝体动孔压等值线包络图。由图可见，在上游坝脚覆盖层处和心墙与反滤层交界处动孔压较大。坝体上游面部分同时受到库水与坝体的作用，在上游坝脚处，二者的动力作用最为强烈，该处覆盖层受到动水压力与土骨架动压力的强烈作用，因此呈现出较大的动孔压。在下部心墙两侧与反滤层接触处，随着地震过程动孔压不断增加。由于心墙的渗透系数远远小于反滤层，反滤层中孔隙水无法向心墙侧扩散，而心墙由于自身渗透系数过小，孔隙水也难以向四周消散，该处动孔压发生集中。对于心墙坝来说，浸润线在过坝体心墙后迅速下降，下游堆石中基本不存在动孔压，因此，在心墙与下游堆石之间的反滤层与过渡层，动孔压的下降非常明显，土体迅速进入了非饱和区。图 6.24 为心墙典型结点的动孔压时程曲线。由于采用的本构模型的限制，该结果未能很好地反映动孔压在地震过程中的增长与消散过程。

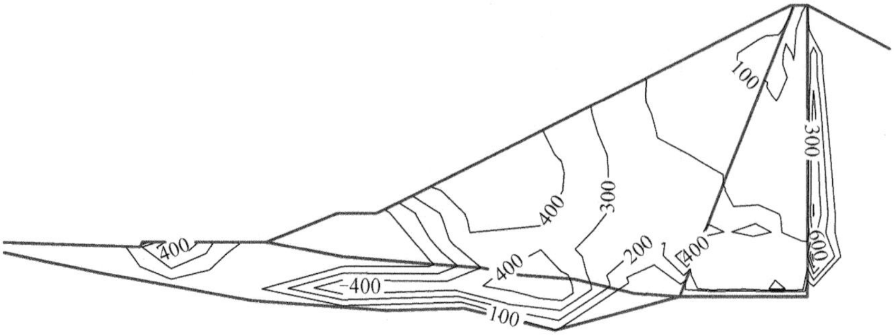

图 6.23　上游部分坝体动孔压等值线包络图（单位：kPa）

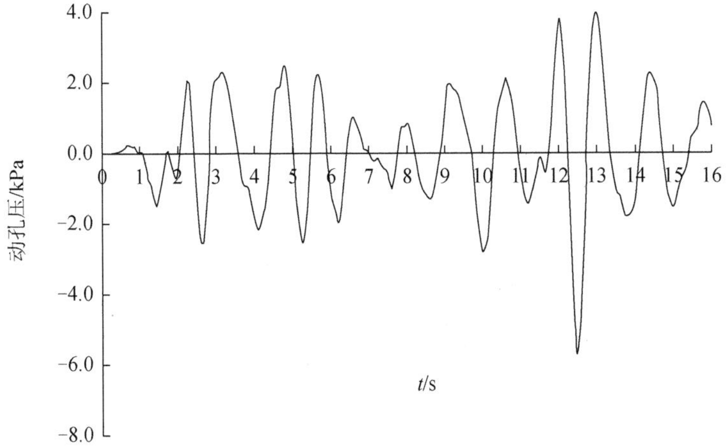

（a）心墙中上部结点

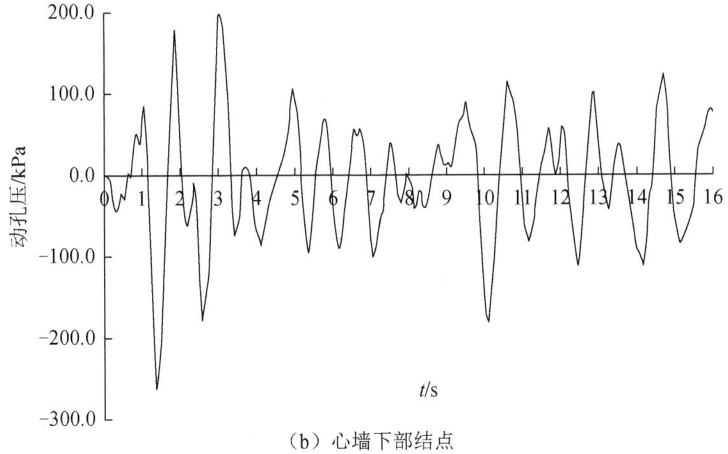

（b）心墙下部结点

图 6.24 心墙典型结点的动孔压时程曲线

6.7.4 库水地震反应

库水动水压力极值为 348.94kPa，位置在库水最深处与覆盖层交界处。图 6.25 为上游坝面动水压力等值线包络图。图 6.26 为库水顺河向典型剖面动水压力等值线包络图。由图看出，库水动水压力整体呈现随水深增大的趋势，靠近上游坝面处，坝面动水压力极值出现在水深 3/4 处，依次向两侧递减；靠近远端边界处，由于覆盖层与库水的相互作用，出现了较大的动水压力。图 6.27 为不同断面坝面动水压力分布图。由图可见，坝面所受到的动水压力从靠近中部向四周依次递减，在坝脚处受到上游盖重的影响，再加上坝体覆盖层与库水的多重作用，动水压力又略有增加。

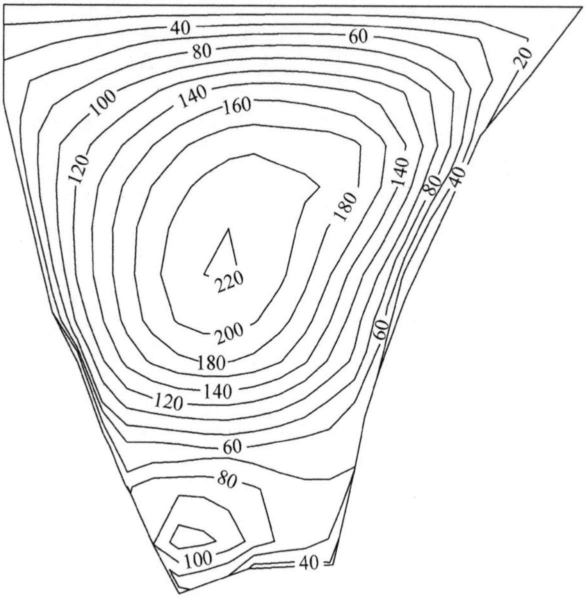

图 6.25　上游坝面动水压力等值线包络图（单位：kPa）

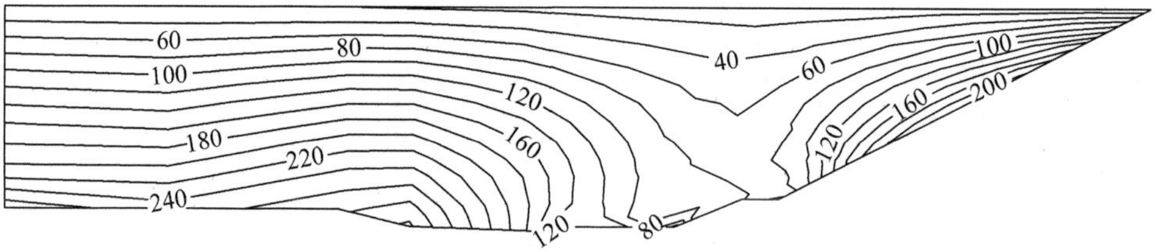

图 6.26　库水顺河向典型剖面动水压力等值线包络图（单位：kPa）

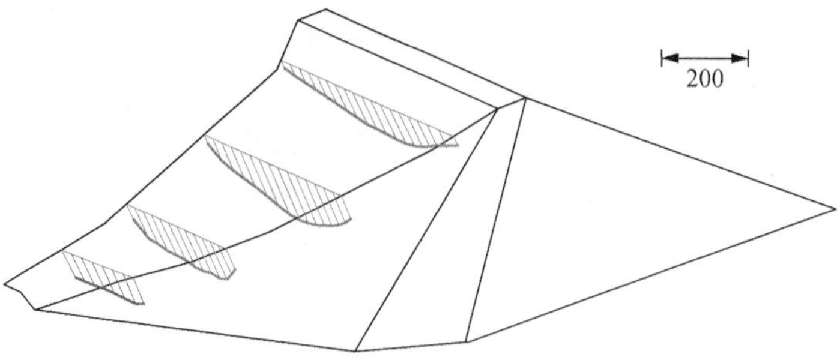

（a）坝轴向

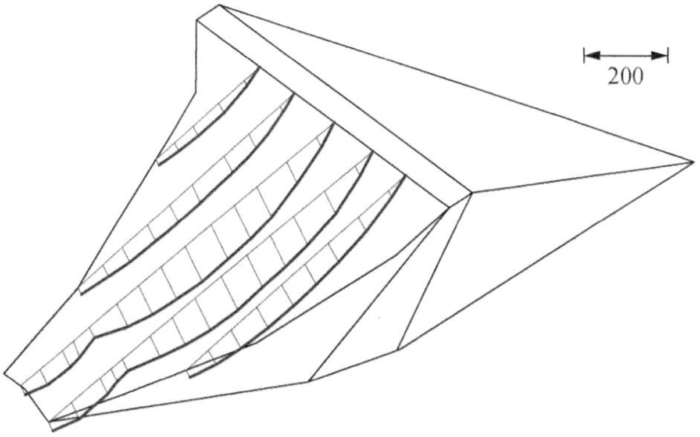

(b) 顺坡向

图 6.27 不同断面坝面动水压力分布包络图(单位:kPa)

参 考 文 献

[1] 顾淦臣,沈长松,岑威钧. 土石坝地震工程学[M]. 北京:中国水利水电出版社,2009.

[2] 岑威钧,孙辉,陈亚南. 高土石坝宏细观坝水动力流固耦合理论研究进展[J]. 水利水电科技进展,2013,33(6):10-16.

[3] WANG X, WANG L B. Dynamic analysis of a water-soil-pore water coupling System[J]. Computers and Structures, 2007,85(11): 1020-1031.

[4] 岑威钧,孙辉. 坝水动力流固耦合理论:水土动力流固耦合理论及应用[R]. 南京:河海大学,2012.

[5] ZIENKIEWICZ O C. Computational geomechanics with special reference to earthquake engineering[M]. NewYork: John Wiley, 1999.

[6] 岑威钧,孙辉. 坝水动力流固耦合理论:流体部分的 ALE 有限元求解[R]. 南京:河海大学,2012.

[7] 孙辉. 基于宏观和细观水土动力耦合理论的高土石坝地震反应特性研究[D]. 南京:河海大学,2014.

第 7 章　波动理论及动力人工边界

7.1　波动基本理论

7.1.1　波动基本方程

波在弹性介质中传播的基本方程为[1,2]

$$\nabla \cdot \boldsymbol{\sigma} = \rho \ddot{\boldsymbol{u}} \tag{7.1}$$

$$\boldsymbol{\varepsilon} = \boldsymbol{L}\boldsymbol{u} \tag{7.2}$$

$$\boldsymbol{\sigma} = \boldsymbol{D}\boldsymbol{\varepsilon} \tag{7.3}$$

式中：$\boldsymbol{u}$ 为位移张量；$\boldsymbol{\varepsilon}$ 为应变张量；$\boldsymbol{\sigma}$ 为应力张量；$\boldsymbol{L}$ 为应变转换张量；$\boldsymbol{D}$ 为本构张量；ρ 为介质密度。

将式（7.2）和式（7.3）代入式（7.1），得

$$(\lambda + G)\nabla\nabla \cdot \boldsymbol{u} + G\nabla^2 \boldsymbol{u} = \rho \ddot{\boldsymbol{u}} \tag{7.4}$$

式中：G 为剪切模量；λ 为拉梅常数，$\lambda = \mu E / [(1+\mu)(1-2\mu)]$，$E$ 为弹性模量，μ 为泊松比；∇^2 为拉普拉斯算子。

7.1.2　地震波

地震引起的振动以地震波的形式从震源向各个方向传播，一般情况下可将地震波视为弹性波进行计算分析。在地层介质中传播的弹性波包括体波和面波。体波可分为纵波和横波两种，即 P 波和 S 波。纵波传播时其质点的振动方向和传播方向一致，导致介质质点呈压缩与扩张的位移振动，因此纵波也称为压缩波。横波质点振动方向与波的传播方向垂直，导致介质质点呈现剪切位移振动，因此横波也称为剪切波。由于剪切波的振动方向与传播方向相垂直，因此剪切波又可分为平面内的振动和出平面振动，分别对应 SV（垂直偏振剪切）波和 SH（水平偏振剪切）波[3]。

纵波和横波的传播波速可用下式计算：

$$\begin{cases} v_P = \sqrt{\dfrac{\lambda + 2G}{\rho}} \\ v_S = \sqrt{\dfrac{G}{\rho}} \end{cases} \tag{7.5}$$

式中：v_P、v_S 分别为纵波和横波波速；λ 为拉梅常数；G 为剪切模量；ρ 为介质密度。

面波是由体波经地层界面多次反射形成的次生波。面波有瑞利波和勒夫波两种类型。瑞利波主要产生于各向同性的半无限弹性体表面，而勒夫波的产生条件为半无限体上面存有另一层弹性体，且上层的剪切波速小于下层的剪切波速。

7.1.3　波的反射

当体波在均匀介质中沿直线传播，入射到不同介质的交界面或自由表面时，将产生波的反射和折射现象[4]。由斯内尔（Snell）定律可知：

$$\frac{v_1}{\sin\alpha_1}=\frac{v_2}{\sin\alpha_2}=\frac{v_3}{\sin\alpha_3}=\cdots=\frac{v_n}{\sin\alpha_n} \tag{7.6}$$

式中：v_i 为波的传播速度；α_i 为波传播射线与界面法线之间的夹角。

在入射波的入射角度和波速已知的情况下，反射角度和折射角度可由式（7.6）确定，但其振幅仍未知，仍需根据界面上的应力平衡和位移连续条件确定反射波和折射波的振幅。如图 7.1 所示，通常一个入射 P 波可以产生一个反射 P 波和一个反射 SV 波；一个入射 SV 波可以产生一个反射 P 波和一个反射 SV 波；但入射 SH 波时仅产生反射 SH 波，因此需分别求解各种情况下反射波的振幅。

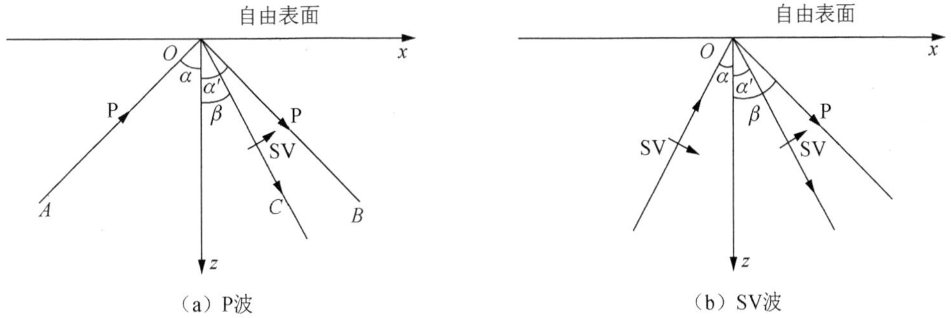

图 7.1　波在自由表面的反射

1）P 波的反射

如图 7.1（a）所示，设 P 波沿 AO 线射向自由表面（xOy 平面），从自由表面向下沿线 OB 和 OC 分别反射 P 波和 SV 波，设这 3 个波的振动位移分别为[1]

入射 P 波：

$$S(x,z,t)=A\mathrm{e}^{\mathrm{i}(k_x x-k_z z-\omega t)} \tag{7.7}$$

反射 P 波：

$$S'(x,z,t)=A'\mathrm{e}^{\mathrm{i}(k'_x x+k'_z z-\omega' t)} \tag{7.8}$$

反射 SV 波：

$$S''(x,z,t)=B\mathrm{e}^{\mathrm{i}(k''_x x+k''_z z-\omega'' t)} \tag{7.9}$$

式中：$k_x = \dfrac{\omega}{v_P}\sin\alpha$；$k_x' = \dfrac{\omega'}{v_P}\sin\alpha'$；$k_x'' = \dfrac{\omega''}{v_s}\sin\beta$；$k_z = \dfrac{\omega}{v_P}\cos\alpha$；$k_z' = \dfrac{\omega'}{v_P}\cos\alpha'$；$k_z'' = \dfrac{\omega''}{v_s}\cos\beta$；$A$、$A'$ 和 B 为相应波的振幅。

这 3 个波函数均满足波动方程。在自由表面上，边界条件为

$$\omega = \omega' = \omega'', \qquad k_x = k_x' = k_x'' \tag{7.10}$$

由斯内尔定律可知 $\alpha = \alpha'$，由边界处的应力平衡条件可得波的振幅比值为

$$\begin{cases} A_2 = \dfrac{A'}{A} = \dfrac{v_S^2\sin(2\alpha)\sin(2\beta) - v_P^2\cos^2(2\beta)}{v_S^2\sin(2\alpha)\sin(2\beta) + v_P^2\cos^2(2\beta)} \\ A_4 = \dfrac{B}{A} = \dfrac{2v_P v_S\sin(2\alpha)\cos(2\beta)}{v_S^2\sin(2\alpha)\sin(2\beta) + v_P^2\cos^2(2\beta)} \end{cases} \tag{7.11}$$

式中：A_2 和 A_4 分别为反射 P 波和反射 S 波与入射 P 波的振幅比。

2）SV 波的反射

同样，对于如图 7.1（b）所示的入射角度为 α、振幅为 B 的 SV 波射向自由表面，有[1]

入射 SV 波：

$$S(x,z,t) = B\mathrm{e}^{\mathrm{i}(k_x x + k_z z - \omega t)} \tag{7.12}$$

反射 SV 波：

$$S'(x,z,t) = B'\mathrm{e}^{\mathrm{i}(k_x' x + k_z' z - \omega' t)} \tag{7.13}$$

反射 P 波：

$$S''(x,z,t) = A\mathrm{e}^{\mathrm{i}(k_x'' x + k_z'' z - \omega'' t)} \tag{7.14}$$

式中：$k_x = k_x' = \dfrac{\omega}{v_S}\sin\alpha$；$k_x'' = \dfrac{\omega}{v_S}\sin\beta$；$\dfrac{\sin\alpha}{\sin\beta} = \dfrac{v_S}{v_P}$；$k_z = -\dfrac{\omega}{v_S}\cos\alpha = -k_z'$；$k_z'' = \dfrac{\omega}{v_P}\cos\beta$。

同理，根据边界处位移连续及应力平衡条件，求得反射 SV 波和反射 P 波与入射 SV 波的振幅比值为

$$\begin{cases} C_1 = \dfrac{B'}{B} = \dfrac{-v_S^2\sin(2\alpha)\sin(2\beta) + v_P^2\cos^2(2\alpha)}{v_S^2\sin(2\alpha)\sin(2\beta) + v_P^2\cos^2(2\beta)} \\ C_2 = \dfrac{A}{B} = \dfrac{2v_P v_S\sin(2\alpha)\cos(2\alpha)}{v_S^2\sin(2\alpha)\sin(2\beta) + v_P^2\cos^2(2\beta)} \end{cases} \tag{7.15}$$

式中：C_1 和 C_2 分别为反射 S 波和反射 P 波与入射 SV 波的振幅比。

3）SH 波的反射

类似地，SH 波向自由表面入射时，将会产生一个与入射波相同角度和振幅的反射 SH 波，即全反射。

7.2　动力人工边界

7.2.1　地基辐射阻尼

当大坝等结构受地震作用发生振动时，会向地基远处传播反射波，波动能量传向无限远地基并逐渐消散，即地基的远域能量逸散。这部分逸散到远域地基的能量对结构体系起到相当于阻尼的作用，称为地基辐射阻尼[4,5]。在应用有限元法对大坝等结构进行地震反应分析时，通常需要在半无限地基中切取一定大小的有限地基区域进行仿真分析，地震作用下大坝等结构产生的部分波动能量将会在截断边界处发生波的反射现象，无法进入远域地基进行逸散，导致仿真失真。因此，需在截断的地基边界处设法吸收散射波或使散射波透射过截断边界。为此引入动力人工边界条件，模拟地基的辐射阻尼，以保证大坝等结构产生的散射波从有限计算域内部穿过人工边界时发生完全透射或被吸收掉。

常用的动力人工边界主要有黏性边界、旁轴近似边界、Higdon 边界、叠加边界、透射边界和黏弹性边界等[6]。各人工边界之间有一定关联，如黏弹性人工边界可以退化为黏性边界；透射边界可以退化为 Higdon 边界；旁轴近似边界也可以退化为黏性边界等。在选取人工边界时要综合考虑边界的精度、稳定性及程序实现的难易程度等因素。目前，黏弹性人工边界因计算模型简单、物理意义合理、自身稳定性好、易于编程实现等特点得到了广泛应用。

7.2.2　黏弹性动力边界

1969 年，Lysmer 和 Kuhlemeyer 提出了黏性人工边界[7]。因其概念清晰，易于实现，并可考虑对散射波的吸收作用而得到了广泛应用。由于黏性人工边界只有一阶精度，且无法模拟无限地基的弹性恢复能力，于是 Deeks 和 Randolph 在此基础上提出了黏弹性人工边界[8]。

在实际问题中，由局部不规则区域结构基础产生的散射波一般存在几何扩散，因此对散射波采用柱面波（二维问题）或球面波（三维问题）假设。极坐标下出平面波的运动方程可表示为[4]

$$\frac{\partial^2 w}{\partial t^2}=c^2\left(\frac{\partial^2 w}{\partial r^2}+\frac{1}{r}\frac{\partial w}{\partial r}\right) \tag{7.16}$$

式中：w 为出平面位移；c 为波速；r 为波源到计算点的距离。

对于从坐标原点射出的柱面波，可以采用如下形式的解：

$$w(r,t)=\frac{1}{\sqrt{r}}f\left(t-\frac{r}{c}\right) \tag{7.17}$$

由式（7.17）可得介质中任一点的剪应力为

$$\tau(r,t)=-G\left[\frac{1}{2r\sqrt{r}}f\left(t-\frac{r}{c}\right)+\frac{1}{c\sqrt{r}}f'\left(t-\frac{r}{c}\right)\right] \tag{7.18}$$

式中：f' 表示 f 对括号内变量的导数。

由式（7.17）可得介质中任一点的速度为

$$\frac{\partial w(r,t)}{\partial t}=\frac{1}{\sqrt{r}}f'\left(t-\frac{r}{c}\right) \tag{7.19}$$

将式（7.17）和式（7.19）代入式（7.18），可得任一半径 r_b 处以矢径 $\boldsymbol{r}_b$ 为外法线的单元面上应力与该处速度和位移的关系，即

$$\tau(r_b,t)=-\frac{G}{2r_b}w(r_b,t)-\rho c\frac{\partial w(r_b,t)}{\partial t} \tag{7.20}$$

式（7.20）的物理意义是在半径为 r_b 的截断边界上布置一系列单位面积刚度系数为 K_b 的线性弹簧和阻尼系数为 C_b 的阻尼器，其中 $K_b=G/2r_b$，$C_b=\rho c$。如果忽略弹簧作用，则退化为 Lysmer 的黏性边界。

刘晶波和杜修力等[9-13]对黏弹性人工边界做了大量的研究工作，证明黏弹性人工边界具有良好的鲁棒性，给出了三维黏弹性人工边界法向、切向弹簧和阻尼系数计算公式及相应参数合理的取值范围。

法向：

$$\begin{cases}K_N=\alpha_N\dfrac{G}{R}\\ C_N=\rho c_P\end{cases} \tag{7.21}$$

切向：

$$\begin{cases}K_T=\alpha_T\dfrac{G}{R}\\ C_T=\rho c_S\end{cases} \tag{7.22}$$

式中：K_N 和 K_T 分别为弹簧的法向和切向刚度；C_N 和 C_T 分别为阻尼器的法向和切向阻尼系数；R 为波源至人工边界的距离；c_P 和 c_S 分别为 P 波和 S 波的波速；G 为介质剪切模量；ρ 为介质密度；α_N 与 α_T 分别为法向和切向黏弹性人工边界修正系数，参见表 7.1。

表 7.1　刘晶波等建议的人工边界参数 α_N 与 α_T 的取值范围[9]

维数	参数	取值范围	推荐系数
二维问题	α_T	0.35～0.65	1/2
	α_N	0.8～1.2	2/2
三维问题	α_T	0.5～1.0	2/3
	α_N	1.0～2.0	4/3

谷音等采用平面波和远场散射波混合透射的思想，并考虑散射波远场的几何衰减，引入无限介质线弹性本构关系，建立了黏弹性人工边界[11]。该方法在边界结点处采用与内部相同的显式有限元法进行计算，进行局部解耦的时域波动分析。具体表达式如下[12]：

（1）二维平面内波动人工边界的弹簧-阻尼元件参数：

法向：

$$\begin{cases} K_N = \dfrac{1}{1+A}\dfrac{\lambda+2G}{2r} \\ C_N = B\rho c_P \end{cases} \tag{7.23}$$

切向：

$$\begin{cases} K_T = \dfrac{1}{1+A}\dfrac{G}{2r} \\ C_T = B\rho c_S \end{cases} \tag{7.24}$$

（2）三维人工边界的弹簧-阻尼元件参数：

法向：

$$\begin{cases} K_N = \dfrac{1}{1+A}\dfrac{\lambda+2G}{r} \\ C_N = B\rho c_P \end{cases} \tag{7.25}$$

切向：

$$\begin{cases} K_T = \dfrac{1}{1+A}\dfrac{G}{r} \\ C_T = B\rho c_S \end{cases} \tag{7.26}$$

式中：ρ 为介质密度；c_P 和 c_S 分别为 P 波和 S 波的波速；λ 为拉梅常数；半径 r 为边界结点至散射波源的距离；A 为表示平面波与散射波的幅值含量比的参数，反映人工边界外行透射波的传播特性；B 为表示物理波速与视波速关系的参数，反映不同角度透射的多子波的平均波速特性。调节参数 A 和 B 的选取将会影响人工边界的计算精度，因此选择合理的调节参数很重要。杜修力通过一定的数值试验得出了 A 和 B 较优的建议值，可取为 A=0.8，B=1.1[12]。

7.2.3　人工边界的比较

本例主要研究动力面荷载作用下平面波动问题的黏弹性边界作用效应，同时对比黏性边界、远置边界等的计算精度[14]。计算模型如图 7.2 所示，其中介质的弹性模量为 5000Pa，泊松比为 0.3，密度为 2000kg/m^3。波源作用于弹性半空间表面，暂态分布，荷载作用方向为 z 向，荷载数学表达式为

$$F(t,y)=T(t)S(y) \tag{7.27}$$

$$T(t)=\begin{cases} t & (0\leqslant t\leqslant 0.5) \\ 1-t & (0.5<t\leqslant 1) \\ 0 & (t>1 \text{或} t<0) \end{cases} \tag{7.28}$$

$$S(y)=\begin{cases} 1.0 & (|y|\leqslant 1.0) \\ 0 & (|y|>1.0) \end{cases} \tag{7.29}$$

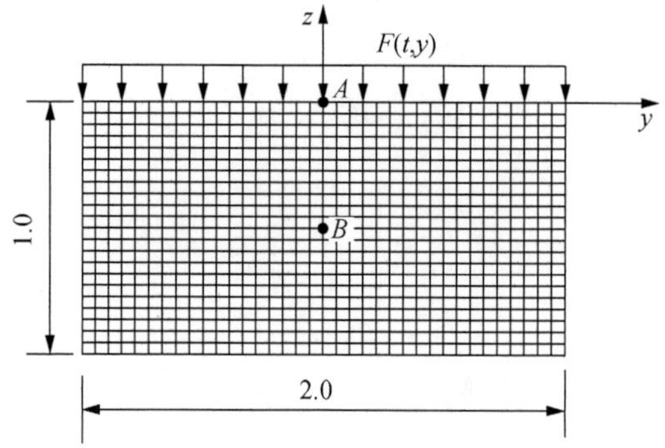

图 7.2　有限元模型及特征点位置

在计算域中选取特征点 A 和 B，位置见图 7.2，分析其在几种常用人工边界下的动力反应。同时，将计算域扩大 20 倍（20m×40m）作为远置边界计算域。波速 $c_S=1.0\ \text{m/s}$，$c_P=1.834\ \text{m/s}$。

$$L=20\text{m}\geqslant\frac{cT}{2}=\frac{1.834\text{m/s}\times 15\text{s}}{2}=13.755\text{m}$$

由此可知，所选计算域满足远置边界计算精度要求，能使结构在 15s 的计算时间内不受散射波的影响。同时，将远置边界加设黏弹性人工边界模型作为相对精确解。

图 7.3 给出了特征点 A 和 B 的 z 向位移时程曲线。由图 7.3 可见，黏弹性边界和远置边界的计算结果均接近于相对精确解，尤其是远置边界，其计算结果基本与精确解重合。黏弹性边界计算结果明显优于黏性边界及固定边界。固定边界模型在截断边界处产生散射波，导致地基在无外力荷载后（1s 后）仍在不断地波动。而黏性边界及黏弹性边界可有效吸收散射波，不会出现上述现象。相比黏性边界，黏弹性边界具有一定的无限地基恢复能力，不会出现黏性边界结果“漂移”的现象。

虽然远置边界计算结果较其他几种人工边界计算结果更优，但远置边界计算工作量较大，在实际工程中不便于实施。而对于计算精度相差不大的黏弹性人工边界模型，则无上述问题。

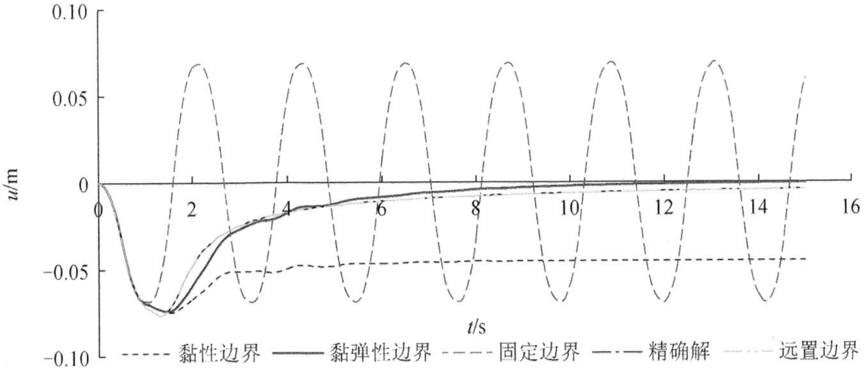

（a）A点

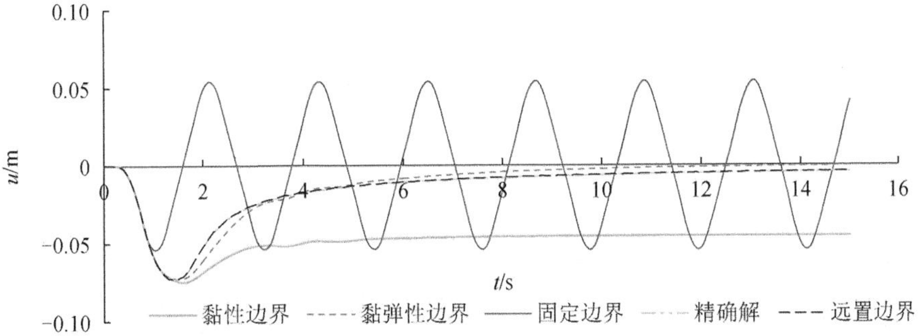

（b）B点

图 7.3　各类边界下特征点的 z 向位移时程曲线

7.3　黏弹性边界的实施

7.3.1　编程要点

大型有限元软件 ADINA、ABAQUS 等均自带弹簧阻尼单元，可以快速实现黏弹性边界的设置。例如，ADINA 软件中自带一维线性单自由度接地弹簧阻尼单元，可以直接设置弹簧的刚度和阻尼器的阻尼[14,15]。对于二维问题，式（7.23）和式（7.24）计算出的每个结点的 K_{bN}、K_{bT}、C_{bN}和 C_{bT} 均是单位宽度的刚度和阻尼值，因此还需考虑该结点分担的有效长度（图 7.4），即

$$
\begin{cases}
K_{bNi} = \dfrac{1}{2} K_{bN} (L_1 + L_2) \\
C_{bNi} = \dfrac{1}{2} C_{bN} (L_1 + L_2) \\
K_{bTi} = \dfrac{1}{2} K_{bT} (L_1 + L_2) \\
C_{bTi} = \dfrac{1}{2} C_{bT} (L_1 + L_2)
\end{cases}
\tag{7.30}
$$

式中：L_i 为该结点分担的有效长度。

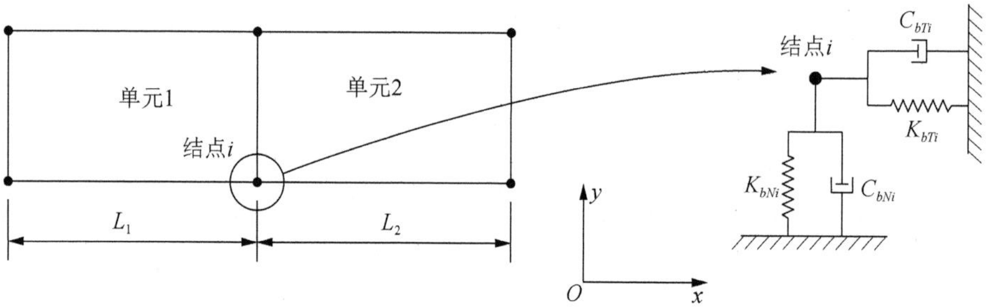

图 7.4　二维模型弹簧阻尼单元示意图

类似地，对于三维问题，每个接地弹簧阻尼单元分担的刚度和阻尼要考虑该结点所分担的有效面积（图 7.5）进行计算，即

$$
\begin{cases}
K_{bNi} = \dfrac{1}{m} K_{bN} \sum\limits_{i=1}^{n} (A_1 + A_2 + \cdots + A_n) \\
C_{bNi} = \dfrac{1}{m} C_{bN} \sum\limits_{i=1}^{n} (A_1 + A_2 + \cdots + A_n) \\
K_{bTi} = \dfrac{1}{m} K_{bT} \sum\limits_{i=1}^{n} (A_1 + A_2 + \cdots + A_n) \\
C_{bTi} = \dfrac{1}{m} C_{bT} \sum\limits_{i=1}^{n} (A_1 + A_2 + \cdots + A_n)
\end{cases}
\tag{7.31}
$$

式中：m 为单元的结点数（如八结点六面体单元取为 4）；n 为共用该边界结点的单元数；A_i 为该结点分担的有效面积。

具体编程时，可根据地基网格信息及边界条件，依次计算每个边界结点的有效长度（或面积）、单位刚度系数和阻尼系数，对每个边界结点进行逐个设置即可实现黏弹性边界的施加[14]。

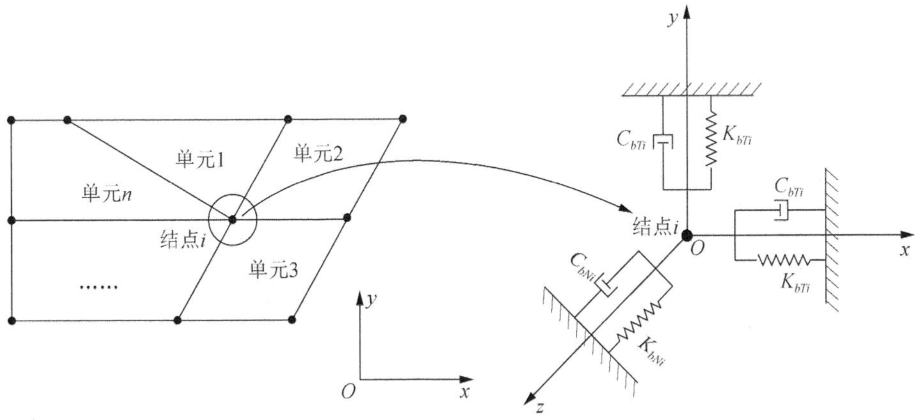

图 7.5　三维模型弹簧阻尼单元示意图

7.3.2　应用分析

目前，动力人工边界在重力坝和拱坝抗震分析中应用较为广泛，在土石坝中的应用相对较少。本节选取柯依那（Koyna）重力坝进行不同动力人工边界下的抗震分析。该坝是众多学者进行动力分析时经常选用的经典“考题”。柯依那重力坝高 103m，坝长 853m，坝顶宽度 14.8m，底宽 70.2m，有限元网格如图 7.6 所示[14]。作为算例，地震波选取 EL Centro 地震波的前 20s，其中顺河向地震波选择 N-S 向地震波（峰值 3.417m/s^2），竖向地震波选择 V 向地震波（峰值 2.063 m/s^2）。

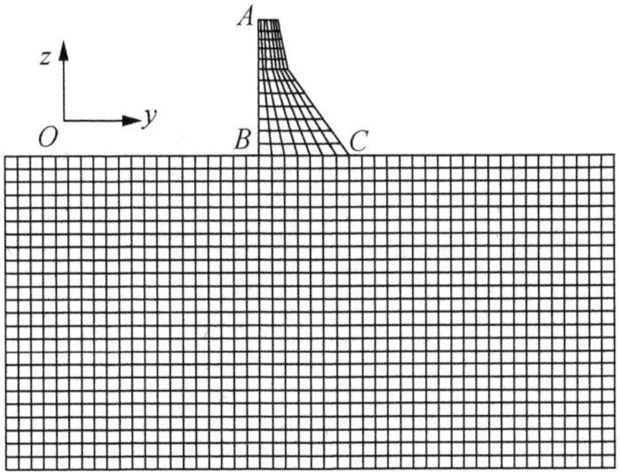

图 7.6　有限元网格

分别选取黏弹性边界、黏性边界、无质量地基、截断边界和无地基模型进行大坝地震反应计算。表 7.2～表 7.4 给出了大坝加速度、动位移和动应力极值。图 7.7 给出了各种边界下大坝顺河向加速度等值线包络图。

表 7.2　加速度极值　　（单位：m/s^2）

物理量	黏弹性边界	黏性边界	无质量地基	截断边界	无地基
顺河向加速度	10.12	10.74	23.77	28.81	14.23
竖向加速度	3.43	3.59	8.62	12.22	10.05

表 7.3　动位移极值　　（单位：m）

物理量	黏弹性边界	黏性边界	无质量地基	截断边界	无地基
顺河向位移	0.09	0.11	0.11	0.18	0.03
竖向位移	0.03	0.03	0.04	0.06	0.01

表 7.4　动应力极值　　（单位：MPa）

物理量	黏弹性边界	黏性边界	无质量地基	截断边界	无地基
主压应力	3.74	4.08	7.56	11.62	4.13
主拉应力	−3.41	−3.78	−7.29	−11.41	-4.01

注：应力以压为正，以拉为负。

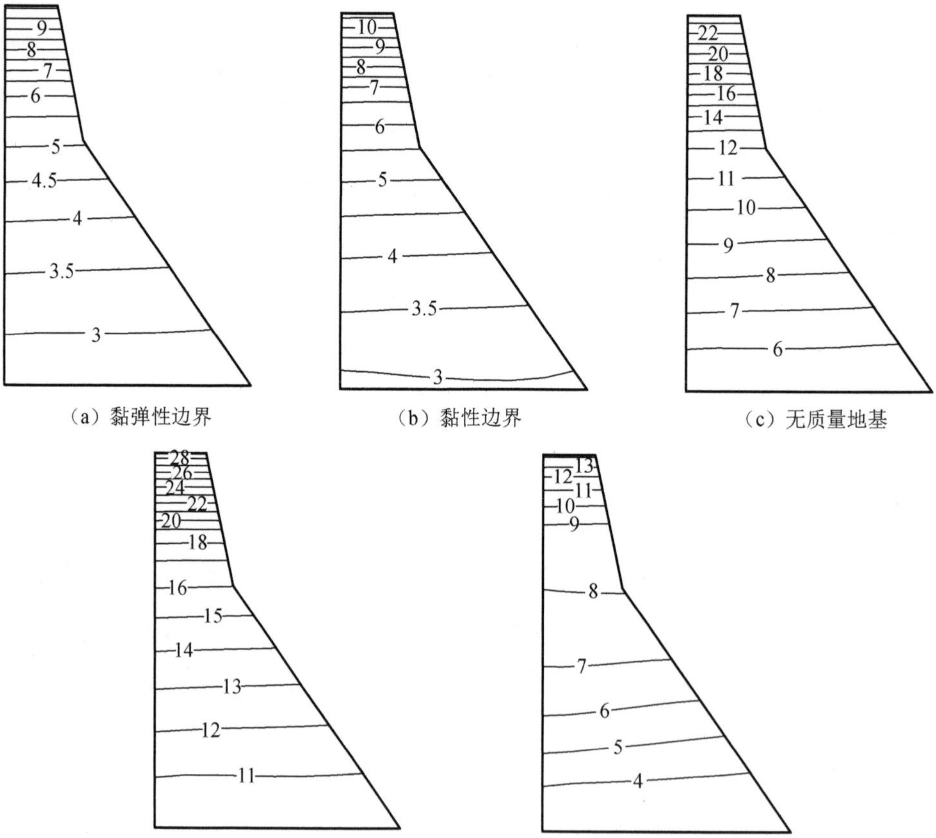

（a）黏弹性边界　（b）黏性边界　（c）无质量地基

（d）截断边界　（e）无地基

图 7.7　各种边界下大坝顺河向加速度等值线包络图（单位：m/s^2）

由图 7.7 可知，各种边界条件下坝体顺河向加速度等值线包络图分布规律相似，均由坝基至坝顶逐渐增大。黏弹性边界和黏性边界下大坝的加速度峰值明显小于截断边界和无质量地基模型的结果，与无地基模型的结果相近，这是由于黏弹性边界和黏性边界在截断边界处设置的阻尼器吸收了大坝产生的散射波，对大坝起到了辐射阻尼的作用。由表 7.3 和表 7.4 可知，黏弹性人工边界较其他边界能使重力坝动位移和动应力出现一定的降低。综上可知，在重力坝抗震分析中地基辐射阻尼的作用效应是不可忽略的，并且黏弹性人工边界在大坝抗震分析中优于其他几种边界。

选取图 7.6 中所示特征点，分别对比采用黏弹性人工边界模型及无质量地基固定边界模型计算所得相关物理量的时程曲线，如图 7.8 所示。

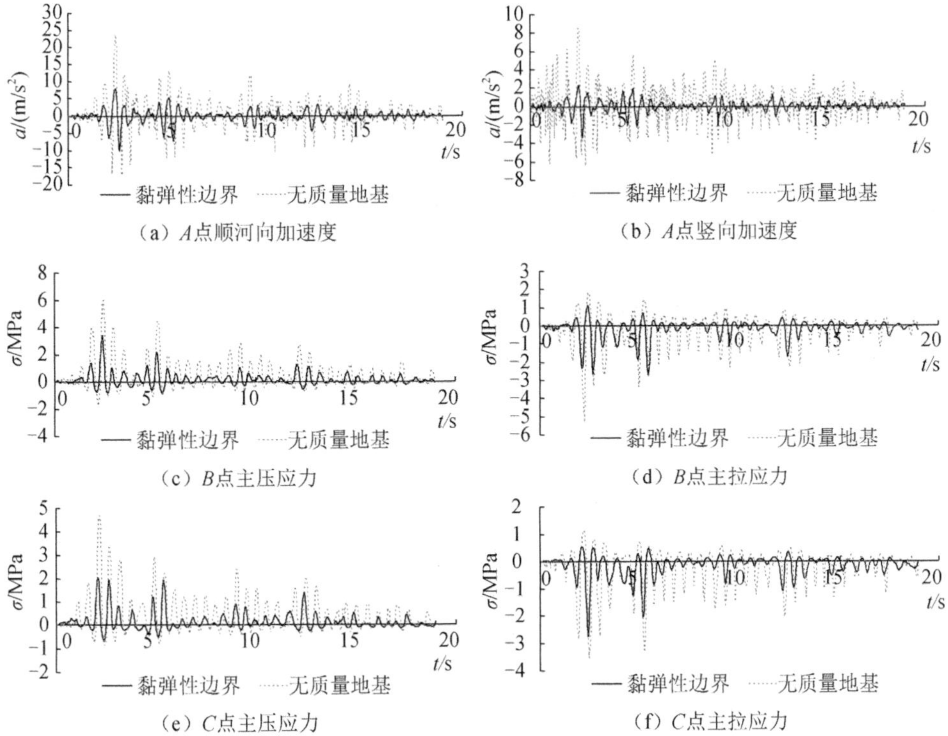

图 7.8 特征点相关物理量时程曲线

由图 7.8 可知，黏弹性人工边界情况下各特征点的加速度、主压应力和主拉应力均明显小于无质量地基情况下的相应值。黏弹性人工边界在坝踵（*B* 点）和坝趾（*C* 点）两处的动应力较传统无质量地基模型的动应力有明显的降低，最大降幅达 50%左右。

通过比较可知，考虑地基辐射阻尼的黏弹性人工边界模型与传统无质量地基模型相比，坝体绝对加速度、动位移及动应力均出现不同程度的降低，这说明地基辐射阻尼在大坝抗震计算中是不可忽略的。黏弹性人工边界是考虑地基辐射阻尼效应的一种简便实用方法。

参 考 文 献

[1] 廖振鹏. 工程波动理论导论[M]. 北京：科学出版社，1996.

[2] 杜修力. 工程波动理论与方法[M]. 北京：科学出版社，2009.

[3] 顾淦臣，沈长松，岑威钧. 土石坝地震工程学[M]. 北京：中国水利水电出版社，2009.

[4] 沈聚敏，周锡元，高小旺，等. 抗震工程学[M]. 北京：科学出版社，2015.

[5] 陈厚群. 坝址地震动输入机制探讨[J]. 水利学报，2006（12）：1417-1423.

[6] 贺向丽. 高混凝土坝抗震分析中远域能量逸散时域模拟方法研究[D]. 南京：河海大学，2006.

[7] LYSMER J, KUHLEMEYER R L. Finite dynamic model for infinite media[J]. Journal of the Engineering Mechanics Division ASCE, 1969, 95(EM4): 859-878.

[8] DEEKS A J, RANDOLPH M F. Axisymmetric time-domain transmitting boundaries[J]. Journal of Engineering Mechanics ASCE, 1994, 120(1): 25-42.

[9] 刘晶波，王振宇，杜修力，等. 波动问题中的三维时域粘弹性人工边界[J]. 工程力学，2005，22（6）：46-51.

[10] 刘晶波，谷音，杜义欣. 一致粘弹性人工边界及粘弹性边界单元[J]. 岩土工程学报，2006，28（9）：1070-1075.

[11] 谷音，刘晶波，杜义欣. 三维一致粘弹性人工边界及等效粘弹性边界单元[J]. 工程力学，2007，24（12）：31-37.

[12] 杜修力，赵密，王进廷. 近场波动模拟的人工应力边界条件[J]. 力学学报，2006，38（1）：49-56.

[13] 杜修力，赵密. 基于黏弹性边界的拱坝地震反应分析方法[J]. 水利学报，2006，37（9）：1063-1069.

[14] 王帅. 考虑地基远域能量逸散及地震波斜入射时土石坝地震反应分析研究[D]. 南京：河海大学，2012.

[15] 岑威钧，周涛，熊堃. ADINA 在水利工程中的应用与开发[M]. 北京：人民邮电出版社，2017.

第 8 章　地震动输入方法

8.1　基于黏弹性边界的波动输入

8.1.1　地震波输入方法

人工边界主要模拟计算区域内射向远处无限地基的外行波，而在计算中总波场既有不规则区产生的外行波，又存在已知的入射地震波，因此需要采用一定的技术完成地震波动输入。将动力人工边界应用于大坝-地基的动力相互作用时，还需进一步解决地震动输入问题。目前已有多种基于人工边界的波动输入方法，如加速度输入、位移输入、大质量法等。波动输入方法有时受到人工边界具体形式的影响，但基本都是基于波场分离技术。主要可分为以下 3 种[1-3]：

第一种波场分离方法将总波场分解为自由波场和散射波场，这种波场分离方法成立的条件是局部不规则区以外左、右两侧的均匀弹性半空间或成层弹性空间完全相同。

第二种波场分离方法将总波场分解为入射波场和散射波场，此处的入射波场是指在均匀弹性全空间中传播的入射波，即不考虑覆盖层和下卧半空间界面影响时的波场。

第三种波场分离方法为分区域实行波场分离，即把计算区域划分为几个子区域，在不同的子区域中可采用第一种或第二种波场分离方法或者在不同子区域中定义不同的散射波场。其中，散射波场是指在总波场中扣除已知的入射波场或自由波场后的部分。

当周围介质为均匀弹性半空间时，第一、第二种方法都是有效的；当周围介质为均匀水平成层弹性半空间时，第一种方法较为有效；而当包含结构在内局部不规则区域两侧的水平成层弹性半空间不相同时，采用第三种方法通过分区实行可解决这一问题。

8.1.2　波动输入

文献[1]提出将波动输入问题转化为波源问题，通过在人工边界结点上施加等效荷载实现地震波动输入，即将地震动位移和速度时程转换为等效结点荷载时程施加于人工边界上完成地震动的输入。在黏弹性人工边界上也可采用波场分离技术进行波动输入，将输入问题转化为波源问题进行处理。此时人工边界处满足力的叠加原理，并且入射波场和散射波场互不影响，因此可以将入射波和散射波分开处理。

设$u_0(x,y,z,t)$为已知入射波场，入射波场的角度可以是任意方向的。当结构与震源相距较远时，可以近似地认为地震波从人工边界处垂直入射。对于人工边界上任一点 B，地震波场所产生的位移为$u_0(x_B,y_B,z_B,t)$。当选用截取有限区域的黏弹性人工边界模型模拟无限区域时，实现地震波动准确输入的条件是在人工边界上施加的等效结点荷载使人工边界上所产生的位移和应力与原自由场的相同，即

$$u(x_B,y_B,z_B,t)=u_0(x_B,y_B,z_B,t) \tag{8.1}$$

$$\tau(x_B,y_B,z_B,t)=\tau_0(x_B,y_B,z_B,t) \tag{8.2}$$

式中：$u_0(x_B,y_B,z_B,t)$、$\tau_0(x_B,y_B,z_B,t)$分别是原入射波场产生的位移与应力；$u(x_B,y_B,z_B,t)$、$\tau(x_B,y_B,z_B,t)$分别是人工边界上入射波产生的位移与应力。

为了实现地震波动输入，将人工边界与附加其上的物理元件（弹簧和阻尼器）脱离，如图 8.1 所示。其中，$F_B(t)$为施加在人工边界结点 B 上的应力，$f_B(t)$为物理元件在人工边界连接处的应力。

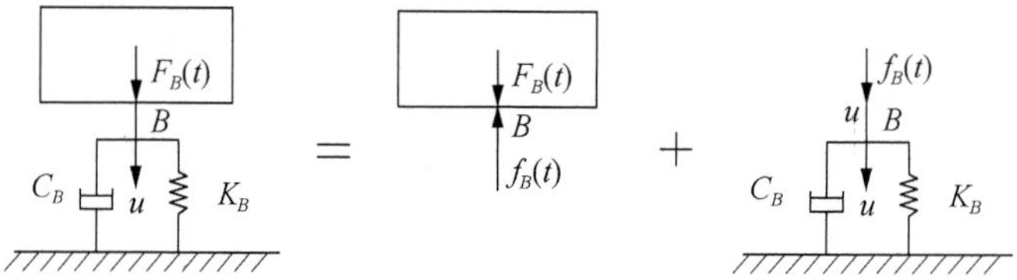

图 8.1 人工边界及其脱离体示意图

根据受力平衡条件，人工边界上 B 点的应力为

$$\tau(x_B,y_B,z_B,t)=F_B(t)-f_B(t) \tag{8.3}$$

将式（8.2）代入式（8.3）得

$$F_B(t)=\tau_0(x_B,y_B,z_B,t)+f_B(t) \tag{8.4}$$

由弹簧和阻尼器构成的物理元件的运动方程为

$$C_B\dot{u}(x_B,y_B,z_B,t)+K_Bu(x_B,y_B,z_B,t)=f_B(t) \tag{8.5}$$

将式（8.1）代入式（8.5）得

$$f_B(t)=C_B\dot{u}_0(x_B,y_B,z_B,t)+K_Bu_0(x_B,y_B,z_B,t) \tag{8.6}$$

将式（8.6）代入式（8.4）得

$$F_B(t)=\tau_0(x_B,y_B,z_B,t)+C_B\dot{u}_0(x_B,y_B,z_B,t)+K_Bu_0(x_B,y_B,z_B,t) \tag{8.7}$$

式（8.7）为施加于人工边界上的总荷载$F_B(t)$，由此实现在黏弹性边界上的波动输入问题。

8.2　垂直入射时的地震动输入

8.2.1　输入荷载

将黏弹性人工边界条件引入“土石坝-地基”体系中，其地震反应的有限元运动方程可表示为

$$\boldsymbol{M}\ddot{\boldsymbol{u}}+\left(\boldsymbol{C}+\boldsymbol{C}_{\Gamma}\right)\dot{\boldsymbol{u}}+\left(\boldsymbol{K}+\boldsymbol{K}_{\Gamma}\right)\boldsymbol{u}=\boldsymbol{F}+\boldsymbol{f} \tag{8.8}$$

式中：$\ddot{\boldsymbol{u}}$、$\dot{\boldsymbol{u}}$和$\boldsymbol{u}$分别为体系的加速度、速度及位移向量；$\boldsymbol{M}$、$\boldsymbol{C}$和$\boldsymbol{K}$分别为体系的质量矩阵、阻尼矩阵和刚度矩阵；$\boldsymbol{F}$为外力向量；$\boldsymbol{K}_{\Gamma}$和$\boldsymbol{C}_{\Gamma}$分别为人工边界上的弹簧刚度系数矩阵和黏性阻尼器的阻尼系数矩阵；$\boldsymbol{f}$为地震波在人工边界上作用的等效荷载，可由式（8.7）求得。

散射波产生的力满足黏弹性人工边界条件，即

$$\boldsymbol{f}_S=-\boldsymbol{K}\boldsymbol{u}_S-\boldsymbol{C}\dot{\boldsymbol{u}}_S \tag{8.9}$$

式（8.8）所表示的总等效荷载为入射波场所产生的荷载与人工边界结点对散射波场所产生荷载的抗力之和。

当震源与结构相距较远时，可近似认为地震波是从计算边界处垂直入射的。图 8.2 为平面 P 波和 S 波在底部边界垂直入射计算模型。设位移时程分别为$u_P(t)$和$u_S(t)$，根据波动传播规律及波场应力状态，可计算各人工边界结点各方向的等效结点荷载$f_{ki}(t)$，具体如下[4]：

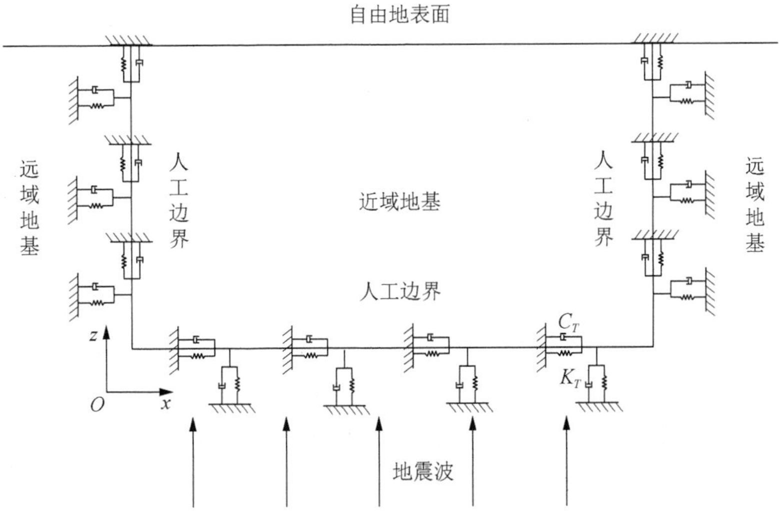

图 8.2　地震波垂直入射示意图

（1）P 波入射：

$$f_{kz}^{-z}(t)=A_k[K_N u_P(t)+C_N\dot{u}_P(t)+\rho c_P\dot{u}_P(t)] \tag{8.10}$$

$$\begin{cases} f_{kx}^{-x}(t)=A_k\dfrac{\lambda}{c_P}[\dot{u}_P(t-\Delta t_1)-\dot{u}_P(t-\Delta t_2)] \\ f_{kz}^{-x}(t)=A_k[K_T u_P(t-\Delta t_1)+C_T\dot{u}_P(t-\Delta t_1)+K_T u_P(t-\Delta t_2)+C_T\dot{u}_P(t-\Delta t_2)] \end{cases} \tag{8.11}$$

$$\begin{cases} f_{ky}^{-y}(t)=-f_{kx}^{+x}(t)=-f_{ky}^{+y}(t)=f_{kx}^{-x}(t) \\ f_{kz}^{-y}(t)=f_{kz}^{+x}(t)=f_{kz}^{+y}(t)=f_{kz}^{-x}(t) \end{cases} \tag{8.12}$$

（2）SV 波入射：

$$f_{kx}^{-z}(t)=A_k[K_T u_S(t)+C_T\dot{u}_S(t)+\rho c_S\dot{u}_S(t)] \tag{8.13}$$

$$\begin{cases} f_{kz}^{-x}(t)=A_k\rho c_S[\dot{u}_S(t-\Delta t_3)-\dot{u}_S(t-\Delta t_4)] \\ f_{kx}^{-x}(t)=A_k[K_N u_S(t-\Delta t_3)+C_N\dot{u}_S(t-\Delta t_3)+K_N u_S(t-\Delta t_4)+C_N\dot{u}_S(t-\Delta t_4)] \end{cases} \tag{8.14}$$

$$\begin{cases} f_{kx}^{+x}(t)=f_{kx}^{-x}(t) \\ f_{kz}^{+x}(t)=-f_{kz}^{-x}(t) \end{cases} \tag{8.15}$$

$$f_{kx}^{-y}(t)=A_k[K_{bT}u_S(t-\Delta t_3)+C_{bT}\dot{u}_S(t-\Delta t_3)+K_{bT}u_S(t-\Delta t_4)+C_{bT}\dot{u}_S(t-\Delta t_4)] \tag{8.16}$$

$$f_{kx}^{+y}(t)=f_{kx}^{-y}(t) \tag{8.17}$$

式中：等效结点荷载的下标分别代表结点号和荷载方向，上标代表结点所在人工边界面的外法线方向，与坐标轴方向一致为正，相反为负；ρ、c_P、c_S 和 λ 分别为介质密度、P 波波速、S 波波速和拉梅常数；Δt_1 和 Δt_2 分别为结点 k 处入射 P 波和地表反射 P 波的时间延迟，$\Delta t_1=l/c_P,\Delta t_2=(2L-l)/c_P$；$\Delta t_3$ 和 Δt_4 分别为结点 k 处入射 S 波和地表反射 S 波的时间延迟，$\Delta t_3=l/c_S,\Delta t_4=(2L-l)/c_S$；$L$ 为底边界到地表的距离；l 为结点 k 到底边界的距离；A_k 为边界结点 k 的人工边界影响面积。

当地震波垂直入射时，出平面的 SH 波与平面内的 SV 波所对应的等效荷载大小相等，方向相差 90°，因此将 SV 波所对应的等效荷载旋转 90° 即为 SH 波所对应的等效荷载。

8.2.2 算例分析

采用文献[5]中二维半平面算例进行验证计算，有限元计算模型如图 8.3 所示。介质的弹性模量为 5.0kPa，泊松比为 0.3，密度为 2000kg/m^3。

假定地震波从模型底部垂直输入，分别计算 P 波和 S 波沿模型底部垂直输入时的动力反应。输入地震波的位移时程见式（8.18），速度和加速度时程可通过求导得到，如图 8.4 所示。

$$u(t)=0.5-0.5\cos(4\pi t) \tag{8.18}$$

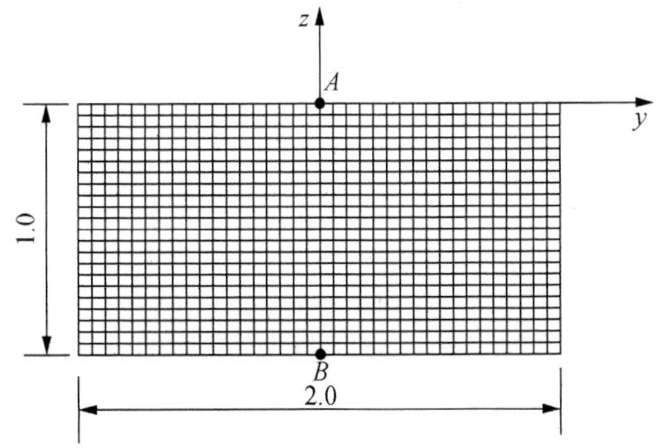

图 8.3　有限元计算模型

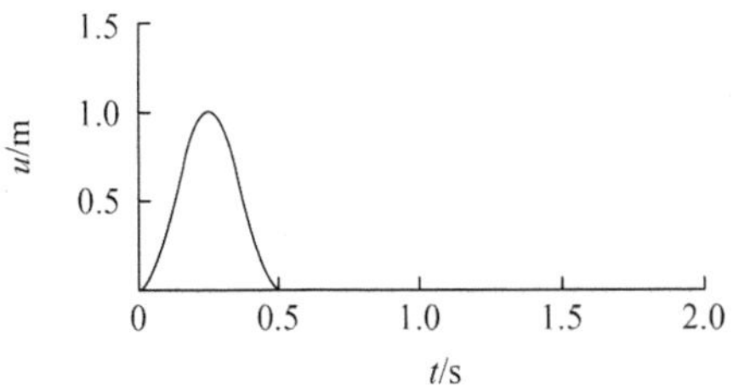

（a）位移

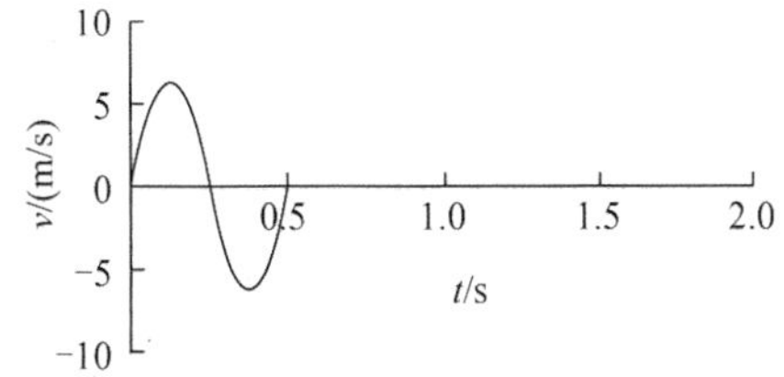

（b）速度

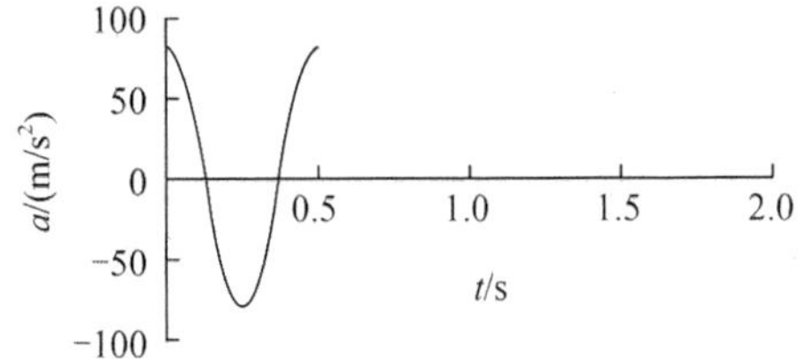

（c）加速度

图 8.4　输入的地震动时程曲线

边界结点设置的弹簧刚度及阻尼器阻尼相关参数的计算采用杜修力建议的式（7.23）和式（7.24）。图 8.5～图 8.7 给出了特征点 A、B（位置见图 8.3）分别在 P 波和 S 波垂直入射时的竖向和水平向位移、速度及加速度时程曲线。

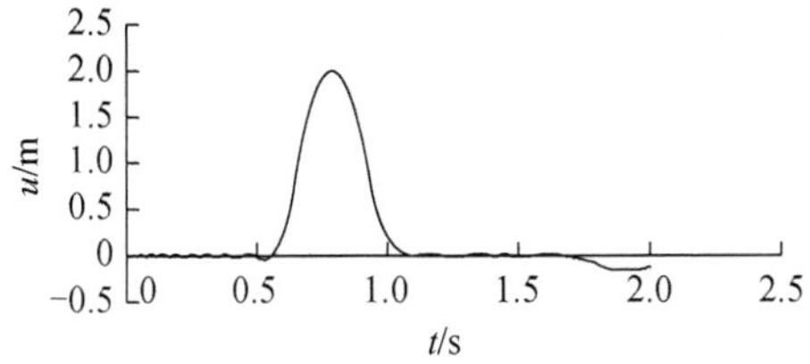

（a）P波入射时A点z向位移

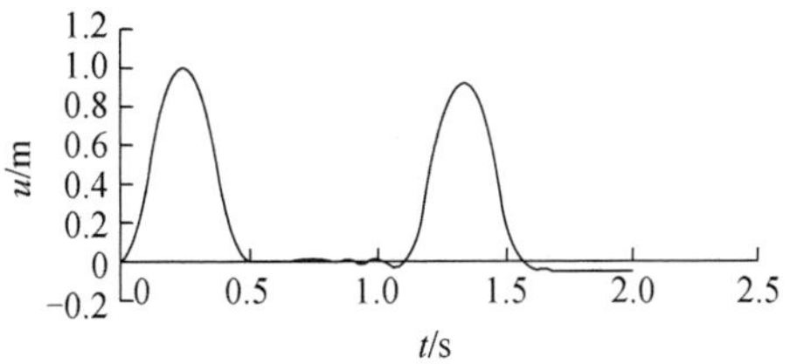

（b）P波入射时B点z向位移

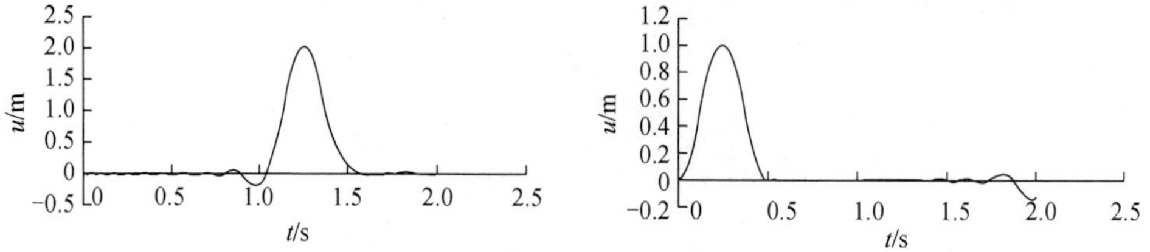

（c）S波入射时A点y向位移　　（d）S波入射时B点y向位移

图 8.5　特征点位移时程曲线

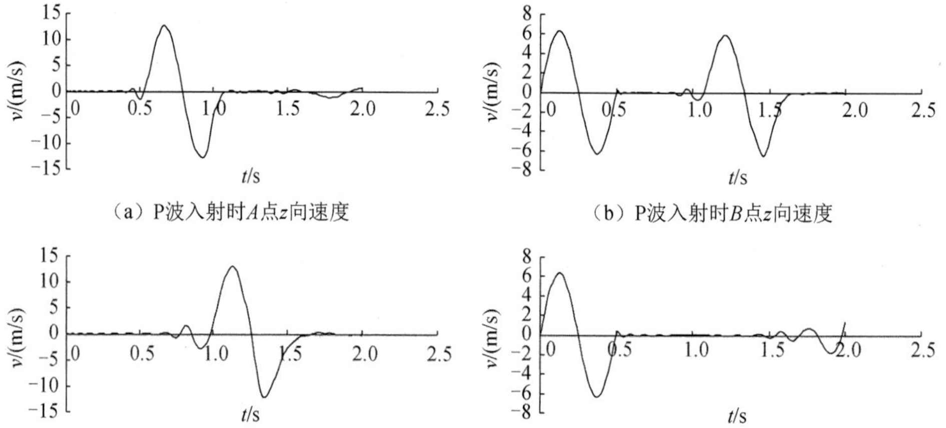

（a）P波入射时A点z向速度　　（b）P波入射时B点z向速度

（c）S波入射时A点y向速度　　（d）S波入射时B点y向速度

图 8.6　特征点速度时程曲线

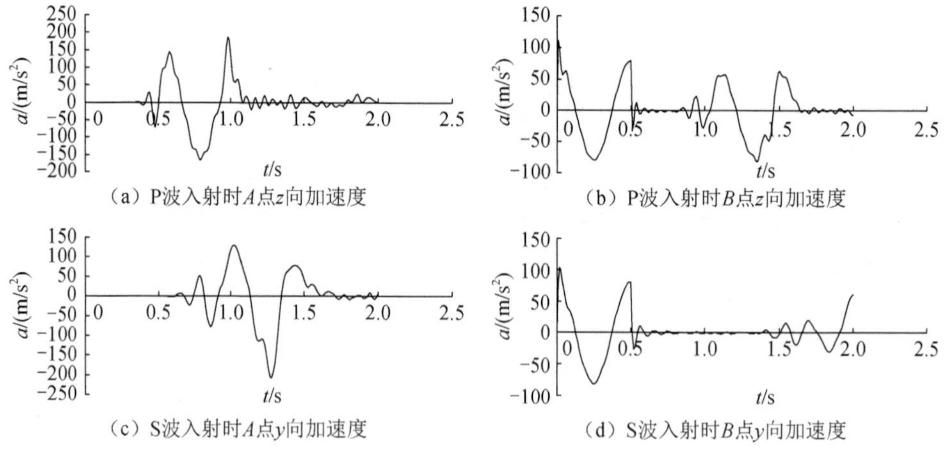

（a）P波入射时A点z向加速度　　（b）P波入射时B点z向加速度

（c）S波入射时A点y向加速度　　（d）S波入射时B点y向加速度

图 8.7　特征点加速度时程曲线

由图 8.5～图 8.7 可知，地表中心 A 点位移幅值无论在 P 波作用下还是在 S 波作用下均为入射位移幅值的两倍。模型底部 B 点处位移幅值与入射位移幅值相同，并且由 P 波入射时 B 点 z 向位移可知，此时位移时程曲线由入射波和地表反射波叠加作用产生。速度和加速度也存在类似规律。

8.3　斜入射时的地震动输入

8.3.1　P 波斜入射时的地震动输入

图 8.8 为三维平面 P 波斜入射计算模型。图中示意了人工边界上的内行场，其中左侧人工边界处内行场由入射 P 波、地表反射 P 波和地表反射 S 波构成，右侧人工边界处无内行场，前后侧人工边界处内行场与左侧人工边界相同，底部边界面的内行场仅由入射 P 波构成[6,7]。

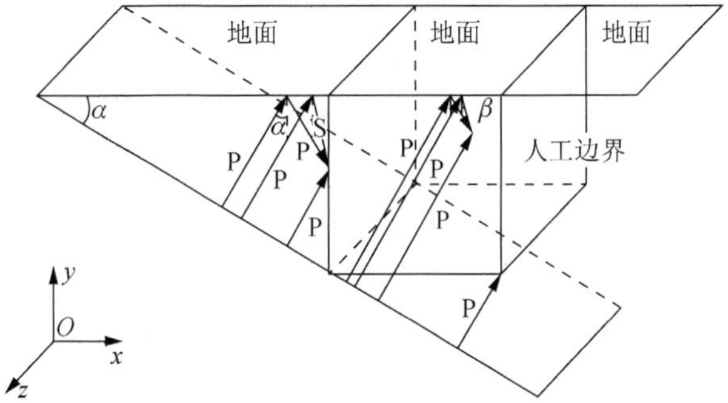

图 8.8　三维平面 P 波斜入射示意图

假定入射 P 波的位移时程为 $u(t)$，传播方向与竖向的夹角为 α，由式（7.11）可得 P 波入射时在半空间自由表面形成反射 P 波（反射角 α）和反射 S 波（反射角 β）的振幅比 A_2 和 A_4。左侧人工边界的长度为 L，无限域介质的拉梅常数为 λ，则各人工边界处内行波场的延迟时间分别为[7]

$$
\begin{cases}
\Delta t_1 = \dfrac{y\cos\alpha}{c_P} \\
\Delta t_2 = \dfrac{(2L-y)\cos\alpha}{c_P} \\
\Delta t_3 = \dfrac{L-y}{c_S\cos\beta} + \dfrac{\left[L-(L-y)\tan\alpha\tan\beta\right]\cos\alpha}{c_P} \\
\Delta t_4 = \dfrac{x\tan\alpha + y}{c_P}\cos\alpha \\
\Delta t_5 = \dfrac{2L + x\tan\alpha - y}{c_P}\cos\alpha
\end{cases}
\tag{8.19}
$$

$$
\left\{
\begin{aligned}
&\Delta t_6 = \frac{L-y}{c_S \cos\beta} + \frac{[L + x\tan\alpha - (L-y)\tan\alpha\tan\beta]\cos\alpha}{c_P} \\
&\Delta t_7 = \frac{x\sin\alpha}{c_P}
\end{aligned}
\right.
$$

式中：Δt_1～Δt_3为入射 P 波、地表反射 P 波和地表反射 S 波到达左侧边界结点时对于入射波的输入延迟时间；Δt_4～Δt_6为入射 P 波、地表反射 P 波和地表反射 S 波到达前后侧边界结点时对于入射波的输入延迟时间；Δt_7为入射 P 波到达底部边界结点时对于入射波的输入延迟时间；x为边界结点距左侧人工边界的距离；y为边界结点距底部人工边界的距离；L为左侧边界长度。

考虑波在传播过程的时间延迟，左侧人工边界面处的内行场由入射角为α的入射 P 波$u(t-\Delta t_1)$、反射角为α的地表反射 P 波$A_2u(t-\Delta t_2)$和反射角为β的地表反射 S 波$A_4u(t-\Delta t_3)$构成，内行位移场可以写为

$$
\left\{
\begin{aligned}
u_{kx}(t) &= u(t-\Delta t_1)\sin\alpha - A_2u(t-\Delta t_2)\sin\alpha + A_4u(t-\Delta t_3)\cos\beta \\
u_{ky}(t) &= u(t-\Delta t_1)\cos\alpha + A_2u(t-\Delta t_2)\cos\alpha + A_4u(t-\Delta t_3)\sin\beta
\end{aligned}
\right.
\tag{8.20}
$$

同理，可得前后侧人工边界面处的内行位移场为

$$
\left\{
\begin{aligned}
u_{kx}(t) &= u(t-\Delta t_4)\sin\alpha - A_2u(t-\Delta t_5)\sin\alpha + A_4u(t-\Delta t_6)\cos\beta \\
u_{ky}(t) &= u(t-\Delta t_4)\cos\alpha + A_2u(t-\Delta t_5)\cos\alpha + A_4u(t-\Delta t_6)\sin\beta
\end{aligned}
\right.
\tag{8.21}
$$

底部人工边界面处的内行位移场为

$$
\left\{
\begin{aligned}
u_{kx}(t) &= u(t-\Delta t_7)\sin\alpha \\
u_{ky}(t) &= u(t-\Delta t_7)\cos\alpha
\end{aligned}
\right.
\tag{8.22}
$$

式中：Δt_1～Δt_7为各人工边界上波传播到人工边界结点所需的时间。由于此处入射波垂直于z轴，各人工边界面上z方向位移$u_{kz}(t)$为零。

引入局部坐标系(ξ,η,ζ)，其中ξ为平面波传播方向。平面 P 波沿ξ方向传播时的应力为

$$
\left\{
\begin{aligned}
\sigma_\xi &= -\frac{\lambda+2G}{c_P}\dot{u}_\xi \\
\sigma_\eta &= -\frac{\lambda}{c_P}\dot{u}_\xi \\
\sigma_\zeta &= -\frac{\lambda}{c_P}\dot{u}_\xi
\end{aligned}
\right.
\tag{8.23}
$$

平面 S 波沿ξ方向传播时的应力为

$$
\tau_{\xi\eta} = -\frac{G}{c_S}\dot{u}_\eta
\tag{8.24}
$$

式中：u_ξ和u_η分别为 P 波和 S 波位移，由式（8.20）和式（8.21）计算得到。

根据平面波传播时的应力状态和应力状态变换公式，可得左侧人工边界结点

k 处入射角为 α 的入射 P 波 $u(t-\Delta t_1)$ 产生的荷载为

$$\begin{cases} f_{kx}^{-x}(t)=\dfrac{\lambda+2G\sin^2\alpha}{c_P}\dot{u}(t-\Delta t_1) \\ f_{ky}^{-x}(t)=\dfrac{2G\sin\alpha\cos\alpha}{c_P}\dot{u}(t-\Delta t_1) \\ f_{kz}^{-x}(t)=0 \end{cases} \tag{8.25}$$

反射角为 α 的反射 P 波 $A_2u(t-\Delta t_2)$ 于结点 k 处产生的荷载为

$$\begin{cases} f_{kx}^{-x}(t)=-\dfrac{\lambda+2G\sin^2\alpha}{c_P}A_2\dot{u}(t-\Delta t_2) \\ f_{ky}^{-x}(t)=\dfrac{2G\sin\alpha\cos\alpha}{c_P}A_2\dot{u}(t-\Delta t_2) \\ f_{kz}^{-x}(t)=0 \end{cases} \tag{8.26}$$

反射角为 β 的反射 S 波 $A_4u(t-\Delta t_3)$ 于结点 k 处产生的荷载为

$$\begin{cases} f_{kx}^{-x}(t)=\dfrac{2G\sin\beta\cos\beta}{c_S}A_4\dot{u}(t-\Delta t_3) \\ f_{ky}^{-x}(t)=\dfrac{G(\sin^2\beta-\cos^2\beta)}{c_S}A_4\dot{u}(t-\Delta t_3) \\ f_{kz}^{-x}(t)=0 \end{cases} \tag{8.27}$$

对于后侧人工边界处，入射角为 α 的入射 P 波 $u(t-\Delta t_4)$ 于结点 k 处产生的荷载为

$$\begin{cases} f_{kx}^{-z}=0 \\ f_{ky}^{-z}=0 \\ f_{kz}^{-z}=\dfrac{\lambda}{c_P}\dot{u}(t-\Delta t_4) \end{cases} \tag{8.28}$$

反射角为 α 的反射 P 波 $A_2u(t-\Delta t_5)$ 于结点 k 处产生的荷载为

$$\begin{cases} f_{kx}^{-z}=0 \\ f_{ky}^{-z}=0 \\ f_{kz}^{-z}=-\dfrac{\lambda}{c_P}A_2\dot{u}(t-\Delta t_5) \end{cases} \tag{8.29}$$

反射角为 β 的反射 S 波 $A_4u(t-\Delta t_6)$ 不在前后侧面产生荷载效果。

内行波在前侧人工边界面产生的荷载与在后侧人工边界面产生的荷载，大小

相同，方向相反。

对于底部人工边界面，内行波中仅入射 P 波对该人工边界面产生力的效果。入射角为α 的入射 P 波$u(t-\Delta t_7)$于结点k处产生的荷载为

$$\begin{cases} f_{kx}^{-y}(t)=\dfrac{2G\sin\alpha\cos\alpha}{c_P}\dot{u}(t-\Delta t_7) \\ f_{ky}^{-y}(t)=\dfrac{\lambda+G\cos^2\alpha}{c_P}\dot{u}(t-\Delta t_7) \\ f_{kz}^{-y}(t)=0 \end{cases} \tag{8.30}$$

根据外源问题等效荷载输入方法，可得各边界上施加的等效荷载为

$$\boldsymbol{f}=\boldsymbol{f}_0+K_{ij}\boldsymbol{U}+C_{ij}\dot{\boldsymbol{U}} \tag{8.31}$$

式中：$\boldsymbol{f}$ 为应在人工边界点施加的等效荷载；$\boldsymbol{f}_0$ 为内行场所产生的荷载；K_{ij} 为边界结点上对应的黏弹性边界弹性系数；C_{ij} 为边界结点上对应的黏弹性边界黏性系数；$\boldsymbol{U}$ 和 $\dot{\boldsymbol{U}}$ 分别为边界结点的位移和速度。

根据式（8.31）求得 P 波以一定角度α 从底部斜入射时，采用黏弹性人工边界地震动输入时施加于左侧人工边界面上各点的等效荷载为

$$\begin{cases} f_x^{-x}=\dfrac{\lambda+2G\sin^2\alpha}{c_P}\dot{u}(t-\Delta t_1)-\dfrac{\lambda+2G\sin^2\alpha}{c_P}A_2\dot{u}(t-\Delta t_2)+\dfrac{G\sin(2\beta)}{c_S}A_4\dot{u}(t-\Delta t_3) \\ \quad +\left[K_N u(t-\Delta t_1)+C_N\dot{u}(t-\Delta t_1)-A_2K_N u(t-\Delta t_2)-A_2C_N\dot{u}(t-\Delta t_2)\right]\sin\alpha \\ \quad +\left[A_4K_N u(t-\Delta t_3)+A_4C_N\dot{u}(t-\Delta t_3)\right]\cos\beta \\ f_y^{-x}=\dfrac{G\sin(2\alpha)}{c_P}\dot{u}(t-\Delta t_1)+\dfrac{G\sin(2\alpha)}{c_P}A_2\dot{u}(t-\Delta t_2)+\dfrac{G(\sin^2\beta-\cos^2\beta)}{c_S}A_4\dot{u}(t-\Delta t_3) \\ \quad +\left[K_T u(t-\Delta t_1)+C_T\dot{u}(t-\Delta t_1)+A_2K_T u(t-\Delta t_2)+A_2C_T\dot{u}(t-\Delta t_2)\right]\cos\alpha \\ \quad +\left[A_4K_T u(t-\Delta t_3)+A_4C_T\dot{u}(t-\Delta t_3)\right]\sin\beta \\ f_z^{-x}=0 \end{cases} \tag{8.32}$$

后侧人工边界面所施加的等效荷载为

$$\begin{cases} f_x^{-z}=\left[K_T u(t-\Delta t_1)+C_T\dot{u}(t-\Delta t_1)-A_2K_T u(t-\Delta t_2)-A_2C_T\dot{u}(t-\Delta t_2)\right]\sin\alpha \\ \quad +\left[A_4K_T u(t-\Delta t_3)+A_4C_T\dot{u}(t-\Delta t_3)\right]\cos\beta \\ f_y^{-z}=\left[K_T u(t-\Delta t_1)+C_T\dot{u}(t-\Delta t_1)+A_2K_T u(t-\Delta t_2)+A_2C_T\dot{u}(t-\Delta t_2)\right]\cos\alpha \\ \quad +\left[A_4K_T u(t-\Delta t_3)+A_4C_T\dot{u}(t-\Delta t_3)\right]\sin\beta \\ f_z^{-z}=\dfrac{\lambda}{c_P}\dot{u}(t-\Delta t_4)-\dfrac{\lambda}{c_P}A_2\dot{u}(t-\Delta t_5) \end{cases} \tag{8.33}$$

前侧人工边界面所施加的等效荷载为

$$\begin{cases} f_x^z = \left[K_T u(t-\Delta t_1) + C_T \dot{u}(t-\Delta t_1) - A_2 K_T u(t-\Delta t_2) - A_2 C_T \dot{u}(t-\Delta t_2)\right]\sin\alpha \\ \qquad + \left[A_4 K_T u(t-\Delta t_3) + A_4 C_T \dot{u}(t-\Delta t_3)\right]\cos\beta \\ f_y^z = \left[K_T u(t-\Delta t_1) + C_T \dot{u}(t-\Delta t_1) + A_2 K_T u(t-\Delta t_2) + A_2 C_T \dot{u}(t-\Delta t_2)\right]\cos\alpha \\ \qquad + \left[A_4 K_T u(t-\Delta t_3) + A_4 C_T \dot{u}(t-\Delta t_3)\right]\sin\beta \\ f_z^z = \dfrac{\lambda}{c_P} A_2 \dot{u}(t-\Delta t_5) - \dfrac{\lambda}{c_P}\dot{u}(t-\Delta t_4) \end{cases} \tag{8.34}$$

底部人工边界面所施加的等效荷载为

$$\begin{cases} f_x^{-y} = \dfrac{2G\sin\alpha\cos\alpha}{c_P}\dot{u}(t-\Delta t_7) + \left[K_T u(t-\Delta t_7) + C_T \dot{u}(t-\Delta t_7)\right]\sin\alpha \\ f_y^{-y} = \dfrac{\lambda + G\cos^2\alpha}{c_P}\dot{u}(t-\Delta t_7) + \left[K_T u(t-\Delta t_7) + C_T \dot{u}(t-\Delta t_7)\right]\cos\alpha \\ f_z^{-y} = 0 \end{cases} \tag{8.35}$$

按式（8.32）～式（8.35）求得各人工边界面的等效荷载，然后施加于各结点上，即实现了 P 波斜入射时黏弹性人工边界的地震动输入。

8.3.2 SV 波斜入射时的地震动输入

类似地，对于入射角为 α 的 SV 波在地表发生反射问题，由式（7.15）可得 S 波入射时在半空间自由表面形成反射 S 波（反射角 α ）和反射 P 波（反射角 β ）的振幅比 C_1 和 C_2 。各人工边界处内行波场的延迟时间分别为[8,9]

$$\begin{cases} \Delta t_1 = \dfrac{y\cos\alpha}{c_S} \\ \Delta t_2 = \dfrac{(2L-y)\cos\alpha}{c_S} \\ \Delta t_3 = \dfrac{L-y}{c_P\cos\beta} + \dfrac{[L-(L-y)\tan\alpha\tan\beta]\cos\alpha}{c_S} \\ \Delta t_4 = \dfrac{x\tan\alpha + y}{c_S}\cos\alpha \\ \Delta t_5 = \dfrac{2L + x\tan\alpha - y}{c_S}\cos\alpha \\ \Delta t_6 = \dfrac{L-y}{c_P\cos\beta} + \dfrac{[L + x\tan\alpha - (L-y)\tan\alpha\tan\beta]\cos\alpha}{c_S} \\ \Delta t_7 = \dfrac{x\sin\alpha}{c_S} \end{cases} \tag{8.36}$$

式中：Δt_1～Δt_3为入射 S 波、地表反射 S 波和地表反射 P 波到达左侧边界结点时对于入射波的输入延迟时间；Δt_4～Δt_6为入射 S 波、地表反射 S 波和地表反射 P 波到达前后侧边界结点时对于入射波的输入延迟时间；Δt_7为入射 S 波到达底部边界结点时对于入射波的输入延迟时间；x为边界结点距左侧边界的距离；y为边界结点距底面边界的距离；L为左侧边界长度。

同样采用 P 波斜入射时的基本方法，考虑波在传播过程中的时间延迟，左侧人工边界处的内行位移场可写为

$$\begin{cases} u_{kx}(t)=u_S(t-\Delta t_1)\cos\alpha-C_1u_S(t-\Delta t_2)\cos\alpha-C_2u_P(t-\Delta t_3)\sin\beta \\ u_{ky}(t)=-u_S(t-\Delta t_1)\sin\alpha-C_1u_S(t-\Delta t_2)\sin\alpha+C_2u_P(t-\Delta t_3)\cos\beta \end{cases} \tag{8.37}$$

前后侧人工边界处的内行位移场为

$$\begin{cases} u_{kx}(t)=u_S(t-\Delta t_4)\cos\alpha-C_1u_S(t-\Delta t_5)\cos\alpha-C_2u_P(t-\Delta t_6)\sin\beta \\ u_{ky}(t)=-u_S(t-\Delta t_4)\sin\alpha-C_1u_S(t-\Delta t_5)\sin\alpha+C_2u_P(t-\Delta t_6)\cos\beta \end{cases} \tag{8.38}$$

底部人工边界处的内行位移场为

$$\begin{cases} u_{kx}(t)=u_S(t-\Delta t_7)\cos\alpha \\ u_{ky}(t)=-u_S(t-\Delta t_7)\sin\alpha \end{cases} \tag{8.39}$$

引入局部坐标系(ξ,η,ζ)，其中ξ为波的传播方向。平面 P 波沿ξ方向传播时的应力为

$$\begin{cases} \sigma_\xi=-\dfrac{\lambda+2G}{c_P}\dot{u}_\eta \\ \sigma_\eta=-\dfrac{\lambda}{c_P}\dot{u}_\eta \\ \sigma_\zeta=-\dfrac{\lambda}{c_P}\dot{u}_\eta \end{cases} \tag{8.40}$$

平面 S 波沿ξ方向传播时的应力为

$$\tau_{\xi\eta}=-\frac{G}{c_S}\dot{u}_\eta \tag{8.41}$$

根据平面波传播时的应力状态和应力状态变换公式，得到左侧边界上入射角为α的入射 S 波$u(t-\Delta t_1)$于结点k处产生的荷载为

$$\begin{cases} f_{kx}^{-x}=\dfrac{G}{c_S}\dot{u}(t-\Delta t_1)\sin(2\alpha) \\ f_{ky}^{-x}=\dfrac{G}{c_S}\dot{u}(t-\Delta t_1)\cos(2\alpha) \\ f_{kz}^{-x}=0 \end{cases} \tag{8.42}$$

反射角为 α 的反射 S 波 $C_1u(t-\Delta t_2)$ 于结点 k 处产生的荷载为

$$\begin{cases} f_{kx}^{-x}=-C_1\dfrac{G}{c_S}\dot{u}(t-\Delta t_2)\sin(2\alpha) \\ f_{ky}^{-x}=C_1\dfrac{G}{c_S}\dot{u}(t-\Delta t_2)\cos(2\alpha) \\ f_{kz}^{-x}=0 \end{cases} \tag{8.43}$$

反射角为 β 的反射 P 波 $C_2u(t-\Delta t_6)$ 于结点 k 处产生的荷载为

$$\begin{cases} f_{kx}^{-x}=-C_2\dfrac{\lambda+2G\sin^2\beta}{c_P}\dot{u}(t-\Delta t_3) \\ f_{ky}^{-x}=C_2\dfrac{2G}{c_P}\sin\beta\cos\beta\dot{u}(t-\Delta t_3) \\ f_{kz}^{-x}=0 \end{cases} \tag{8.44}$$

对于后侧人工边界处，反射角为 β 的反射 P 波 $C_2u(t-\Delta t_6)$ 于结点 k 处产生的荷载为

$$\begin{cases} f_{kx}^{-z}=0 \\ f_{ky}^{-z}=0 \\ f_{kz}^{-z}=C_2\dfrac{2G}{c_P}\sin\beta\cos\beta\dot{u}(t-\Delta t_6) \end{cases} \tag{8.45}$$

入射角度为 α 的 S 波及反射角度为 α 的 S 波 $C_1u(t-\Delta t_5)$ 不在前后面产生荷载的作用。前后侧面人工边界面上的荷载大小相等，方向相反。

对于底部人工边界面，入射角为 α 的入射 S 波 $u(t-\Delta t_7)$ 于结点 k 处产生的荷载为

$$\begin{cases} f_{kx}^{-y}=\dfrac{G}{c_S}\cos(2\alpha)\dot{u}(t-\Delta t_7) \\ f_{ky}^{-y}=\dfrac{G}{c_S}\sin(2\alpha)\dot{u}(t-\Delta t_7) \\ f_{kz}^{-y}=0 \end{cases} \tag{8.46}$$

同样根据式（8.31）求得 SV 波以一定角度 α 从底部斜入射时，黏弹性人工边界左侧边界面上施加的等效荷载为

$$
\begin{cases}
f_x^{-x} = \dfrac{G}{c_S}\dot{u}(t-\Delta t_1)\sin(2\alpha) - C_1\dfrac{G}{c_S}\dot{u}(t-\Delta t_2)\sin(2\alpha) - C_2\dfrac{\lambda+2G\sin^2\beta}{c_P}\dot{u}(t-\Delta t_3) \\
\quad +\left[K_N u(t-\Delta t_1) + C_N\dot{u}(t-\Delta t_1) - C_1K_N u(t-\Delta t_2) - C_1C_N\dot{u}(t-\Delta t_2)\right]\cos\alpha \\
\quad -\left[C_2K_N u(t-\Delta t_3) + C_2C_N\dot{u}(t-\Delta t_3)\right]\sin\beta \\
f_y^{-x} = \dfrac{G}{c_S}\dot{u}(t-\Delta t_1)\cos(2\alpha) + C_1\dfrac{G}{c_S}\dot{u}(t-\Delta t_2)\cos(2\alpha) + C_2\dfrac{2G}{c_P}\sin\beta\cos\beta\dot{u}(t-\Delta t_3) \\
\quad -\left[K_T u(t-\Delta t_1) + C_T\dot{u}(t-\Delta t_1) + C_1K_T u(t-\Delta t_2) + C_1C_T\dot{u}(t-\Delta t_2)\right]\sin\alpha \\
\quad +\left[C_2K_T u(t-\Delta t_3) + C_2C_T\dot{u}(t-\Delta t_3)\right]\cos\beta \\
f_z^{-x} = 0
\end{cases}
\tag{8.47}
$$

后侧人工边界面所施加的等效荷载为

$$
\begin{cases}
f_x^{-z} = \left[K_T u(t-\Delta t_4) + C_T\dot{u}(t-\Delta t_4) - C_1K_T u(t-\Delta t_5) - C_1C_T\dot{u}(t-\Delta t_5)\right]\cos\alpha \\
\quad -\left[C_2K_T u(t-\Delta t_6) + C_2C_T\dot{u}(t-\Delta t_6)\right]\sin\beta \\
f_y^{-z} = -\left[K_T u(t-\Delta t_4) + C_T\dot{u}(t-\Delta t_4) + C_1K_T u(t-\Delta t_5) + C_1C_T\dot{u}(t-\Delta t_5)\right]\sin\alpha \\
\quad +\left[C_2K_T u(t-\Delta t_6) + C_2C_T\dot{u}(t-\Delta t_6)\right]\cos\beta \\
f_z^{-z} = C_2\dfrac{2G}{c_P}\sin\beta\cos\beta\dot{u}(t-\Delta t_6)
\end{cases}
\tag{8.48}
$$

前侧人工边界面所施加的等效荷载为

$$
\begin{cases}
f_x^{z} = \left[K_T u(t-\Delta t_4) + C_T\dot{u}(t-\Delta t_4) - C_1K_T u(t-\Delta t_5) - C_1C_T\dot{u}(t-\Delta t_5)\right]\cos\alpha \\
\quad -\left[C_2K_T u(t-\Delta t_6) + C_2C_T\dot{u}(t-\Delta t_6)\right]\sin\beta \\
f_y^{z} = -\left[K_T u(t-\Delta t_4) + C_T\dot{u}(t-\Delta t_4) + C_1K_T u(t-\Delta t_5) + C_1C_T\dot{u}(t-\Delta t_5)\right]\sin\alpha \\
\quad +\left[C_2K_T u(t-\Delta t_6) + C_2C_T\dot{u}(t-\Delta t_6)\right]\cos\beta \\
f_z^{z} = -C_2\dfrac{2G}{c_P}\sin\beta\cos\beta\dot{u}(t-\Delta t_6)
\end{cases}
\tag{8.49}
$$

底部人工边界面所施加的等效荷载为

$$
\begin{cases}
f_x^{-y} = \dfrac{G}{c_S}\cos 2\alpha\dot{u}(t-\Delta t_7) + \left[K_T u(t-\Delta t_7) + C_T\dot{u}(t-\Delta t_7)\right]\cos\alpha \\
f_y^{-y} = \dfrac{G}{c_S}\sin 2\alpha\dot{u}(t-\Delta t_7) - \left[K_N u(t-\Delta t_7) + C_N\dot{u}(t-\Delta t_7)\right]\sin\alpha \\
f_z^{-y} = 0
\end{cases}
\tag{8.50}
$$

分别按式（8.47）～式（8.50）求得各人工边界面的等效荷载，然后施加于各边界点，即可实现基于黏弹性人工边界的 SV 波斜入射时的地震动输入。

8.3.3 SH 波斜入射时的地震动输入

SH 波入射会产生一个与入射波相同角度和振幅的反射波。各人工边界处内行波场的延迟时间分别为

$$\begin{cases} \Delta t_1 = \dfrac{y\cos\alpha}{c_S} \\ \Delta t_2 = \dfrac{(2L-y)\cos\alpha}{c_S} \\ \Delta t_3 = \dfrac{y+x\tan\alpha}{c_S}\cos\alpha \\ \Delta t_4 = \dfrac{2L+x\tan\alpha-y}{c_S}\cos\alpha \\ \Delta t_5 = \dfrac{x\sin\alpha}{c_S} \end{cases} \tag{8.51}$$

式中：Δt_1、Δt_2 为入射 SH 波和地表反射 SH 波到达左侧人工边界面时对于入射波的输入延迟时间；Δt_3、Δt_4 为入射 SH 波和地表反射 SH 波到达前后侧人工边界时对于入射波的输入延迟时间；Δt_5 为入射 SH 波到达底部人工边界面时对于入射波的输入延迟时间；x 为结点距左侧边界的距离；y 为结点距底面边界的距离；L 为边界结点到左侧人工边界的距离。

引入局部坐标系 (ξ,η,ζ)，其中 ξ 为波的传播方向。平面 SH 波沿 ξ 方向传播时的应力为

$$\tau_{\xi\zeta} = -\frac{G}{c_S}\dot{u}_\zeta \tag{8.52}$$

根据平面波传播时的应力状态和应力状态变换公式，得到左侧边界上入射角为 α 的入射 SH 波 $u(t-\Delta t_1)$ 于结点 k 处产生的荷载为

$$\begin{cases} f_{kx}^{-x} = 0 \\ f_{ky}^{-x} = 0 \\ f_{kz}^{-x} = \dfrac{G}{c_S}\sin\alpha\dot{u}(t-\Delta t_1) \end{cases} \tag{8.53}$$

反射角为 α 的反射 SH 波 $u(t-\Delta t_2)$ 于结点 k 处产生的荷载为

$$\begin{cases} f_{kx}^{-x} = 0 \\ f_{ky}^{-x} = 0 \\ f_{kz}^{-x} = \dfrac{G}{c_S}\sin\alpha\dot{u}(t-\Delta t_2) \end{cases} \tag{8.54}$$

对于后侧人工边界处，入射角为 α 的入射 SH 波 $u(t-\Delta t_3)$ 于结点 k 处产生的荷载为

$$\begin{cases} f_{kx}^{-z} = \dfrac{G}{c_S}\sin\alpha\dot{u}(t-\Delta t_3) \\ f_{ky}^{-z} = \dfrac{G}{c_S}\cos\alpha\dot{u}(t-\Delta t_3) \\ f_{kz}^{-z} = 0 \end{cases} \tag{8.55}$$

反射角为 α 的反射 SH 波 $u(t-\Delta t_4)$ 于结点 k 处产生的荷载为

$$\begin{cases} f_{ky}^{-z} = \dfrac{G}{c_S}\sin\alpha\dot{u}(t-\Delta t_4) \\ f_{ky}^{-z} = -\dfrac{G}{c_S}\cos\alpha\dot{u}(t-\Delta t_4) \\ f_{kz}^{-z} = 0 \end{cases} \tag{8.56}$$

对于底部人工边界面，在底部人工边界上入射角为 α 的入射 SH 波 $u(t-\Delta t_5)$ 于结点 k 处产生的荷载为

$$\begin{cases} f_{kx}^{-y} = 0 \\ f_{ky}^{-y} = 0 \\ f_{kz}^{-y} = \dfrac{G}{c_S}\cos\alpha\dot{u}(t-\Delta t_5) \end{cases} \tag{8.57}$$

根据式（8.31）求得 SH 波以一定角度 α 从底部斜入射时，黏弹性人工边界左侧边界面所施加的等效荷载为

$$\begin{cases} f_x^{-x} = 0 \\ f_y^{-x} = 0 \\ f_z^{-x} = \dfrac{G}{c_S}\sin\alpha\dot{u}(t-\Delta t_1) + \dfrac{G}{c_S}\sin\alpha\dot{u}(t-\Delta t_2) \\ \qquad + K_T u(t-\Delta t_1) + C_T\dot{u}(t-\Delta t_1) + K_T u(t-\Delta t_2) + C_T\dot{u}(t-\Delta t_2) \end{cases} \tag{8.58}$$

后侧边界面所施加的等效荷载为

$$\begin{cases} f_x^{-z} = \dfrac{G}{c_S}\sin\alpha\dot{u}(t-\Delta t_3) + \dfrac{G}{c_S}\sin\alpha\dot{u}(t-\Delta t_4) \\ f_y^{-z} = \dfrac{G}{c_S}\cos\alpha\dot{u}(t-\Delta t_3) - \dfrac{G}{c_S}\cos\alpha\dot{u}(t-\Delta t_4) \\ f_z^{-z} = K_N u(t-\Delta t_3) + C_N\dot{u}(t-\Delta t_3) + K_N u(t-\Delta t_4) + C_N\dot{u}(t-\Delta t_4) \end{cases} \tag{8.59}$$

前侧边界面所施加的等效荷载为

$$\begin{cases} f_x^z = -\dfrac{G}{c_S}\sin\alpha\dot{u}(t-\Delta t_3) - \dfrac{G}{c_S}\sin\alpha\dot{u}(t-\Delta t_4) \\ f_y^z = \dfrac{G}{c_S}\cos\alpha\dot{u}(t-\Delta t_4) + \dfrac{G}{c_S}\cos\alpha\dot{u}(t-\Delta t_3) \\ f_z^z = K_N u(t-\Delta t_3) + C_N\dot{u}(t-\Delta t_3) + K_N u(t-\Delta t_4) + C_N\dot{u}(t-\Delta t_4) \end{cases} \tag{8.60}$$

底部边界面所施加的等效荷载为

$$\begin{cases} f_x^{-y} = 0 \\ f_y^{-y} = 0 \\ f_z^{-y} = \dfrac{G}{c_S}\cos\alpha\dot{u}(t-\Delta t_5) + K_T u(t-\Delta t_5) + C_T\dot{u}(t-\Delta t_5) \end{cases} \tag{8.61}$$

按式（8.58）～式（8.61）求得各人工边界面上的等效荷载，然后逐个施加于各结点，即可实现基于黏弹性人工边界的 SH 波斜入射。

8.3.4　算例分析

斜入射条件下地震波到达边界上各点时存在着一定的相位差，体现行波效应。选取 8.2.2 节半平面波动问题进行计算分析，计算模型如图 8.9 所示，假设地震波由模型底面沿水平方向（y 向）入射。

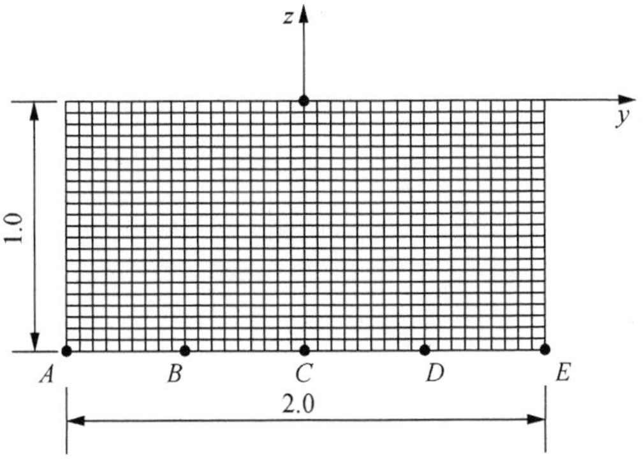

图 8.9　有限元模型及特征点

地震波从二维模型底部 A 点输入，验证水平向振动 SV 波沿模型底部由底部边界水平输入时各特征点的动力反应。输入地震波的位移时程见式（8.18），特征点 A、B、C、D 和 E（位置见图 8.9）的位移和速度时程曲线如图 8.10 所示。

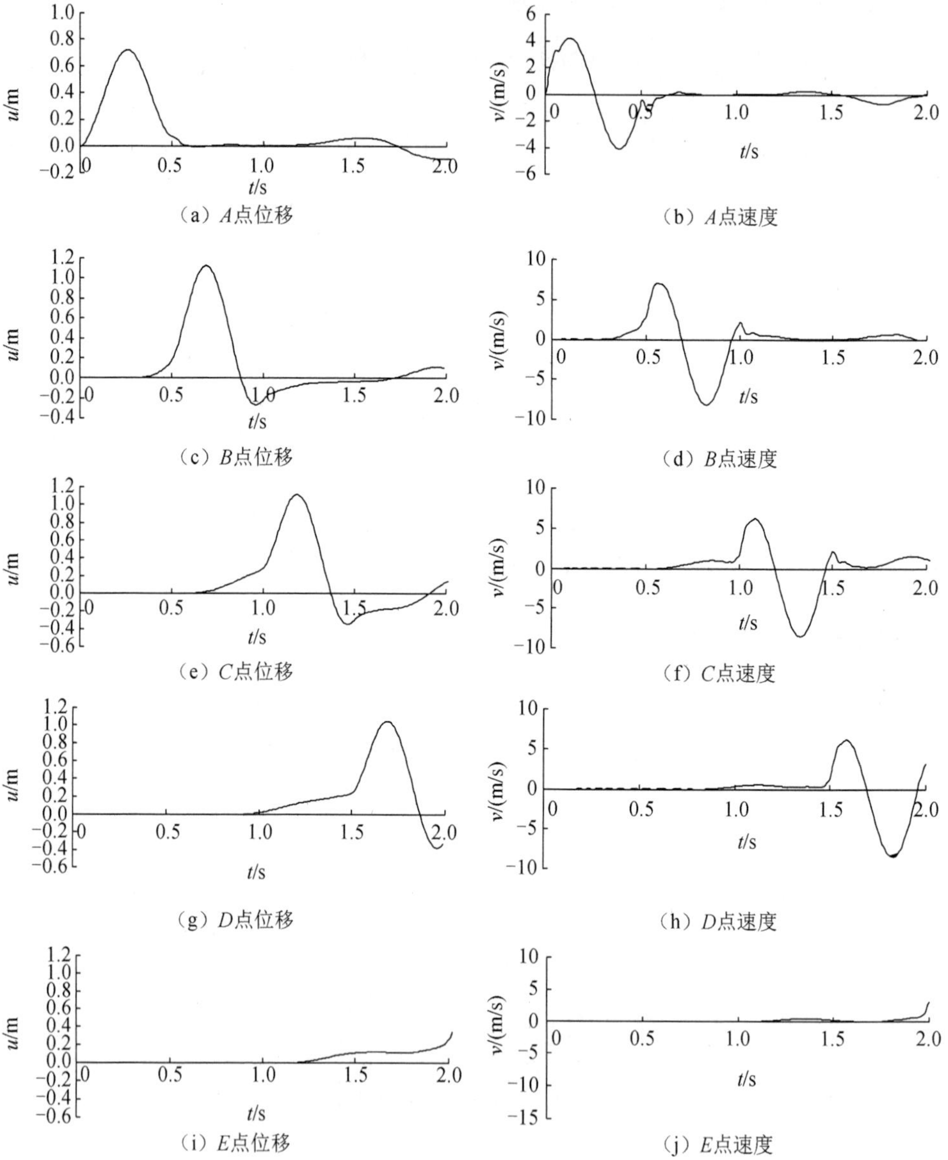

图 8.10　各特征点位移、速度时程曲线

图 8.9 中 A、B、C、D 和 E 点相距 0.5m，在行波行进方向相位差均为 0.5s，各特征点相互之间的位移和速度时程相位差也为 0.5s，由 A 点向右（沿波的传播方向）各点与 A 点相比的时程相位差逐渐增大，体现了波的行进效应。

8.3.5　高面板堆石坝地震斜入射分析

四川省境内某混凝土面板堆石坝，最大坝高 138m，坝顶高程 2925m，正常蓄水位 2920m，大坝典型剖面如图 8.11 所示。图 8.12 为大坝有限元网格，其中结点总数 13834 个，单元总数 12016 个。

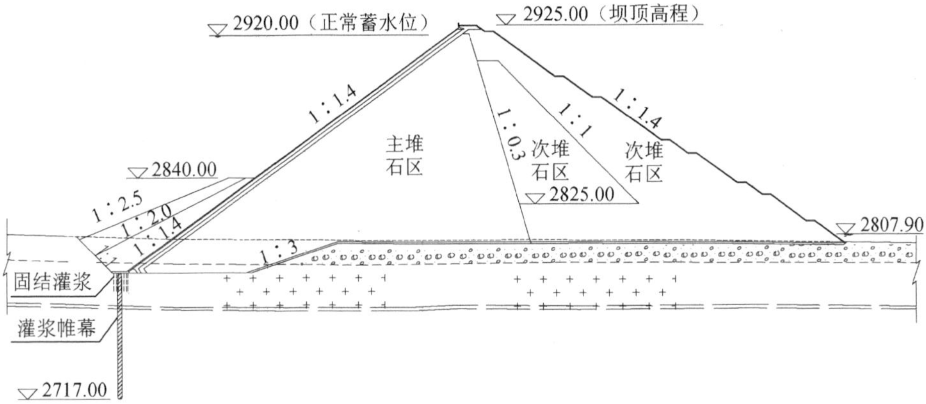

图 8.11　大坝典型剖面图

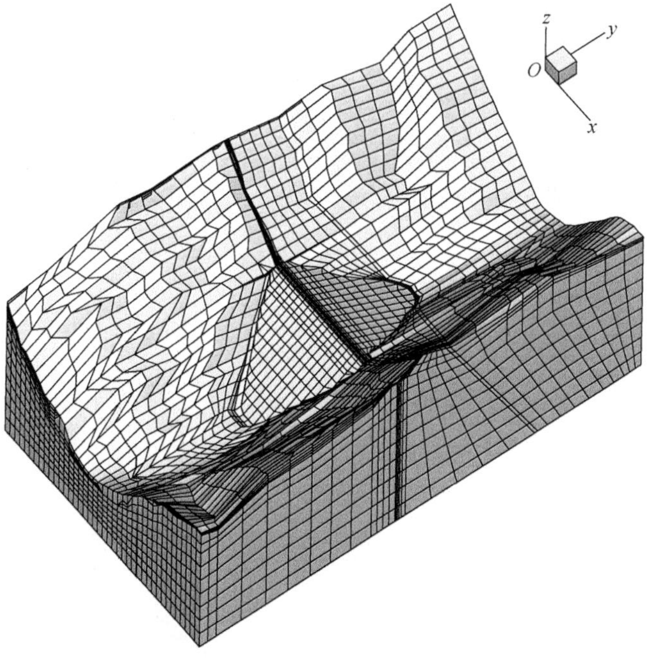

图 8.12　大坝有限元网格

采用上述计算理论及分析方法[10-16]，分别计算大坝在三向地震波垂直入射、以 15°斜入射和以 30°斜入射时的地震反应并做对比分析[17-19]。计算得到的大坝最大剖面加速度和位移包络图如图 8.13～图 8.16 所示，相应大坝物理量极值见表 8.1。坝顶中部特征点的动力反应曲线如图 8.17 和图 8.18 所示。

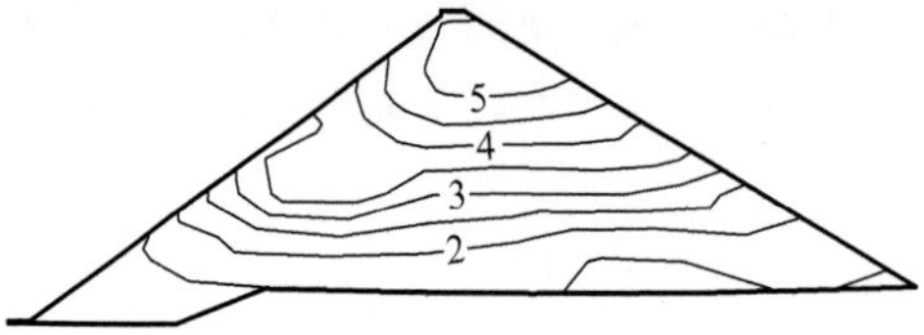

（a）垂直入射

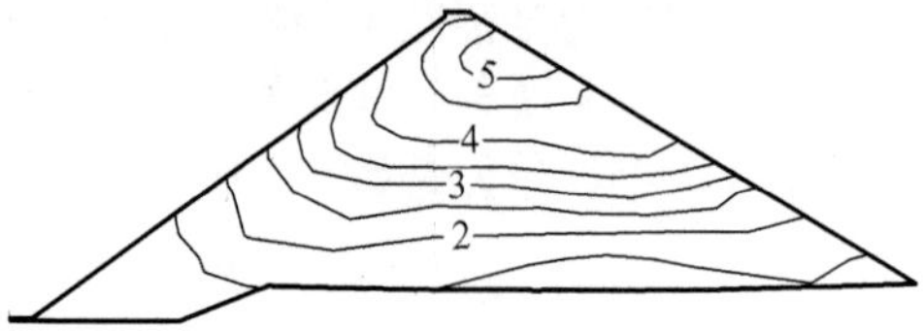

（b）15° 斜入射

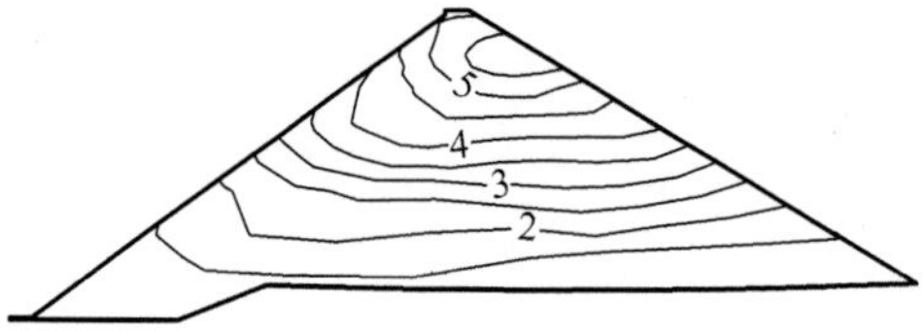

（c）30° 斜入射

图 8.13　顺河向加速度等值线包络图（单位：m/s²）

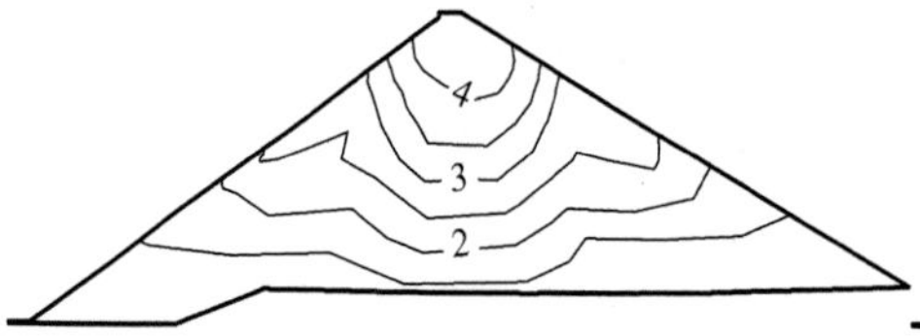

（a）垂直入射

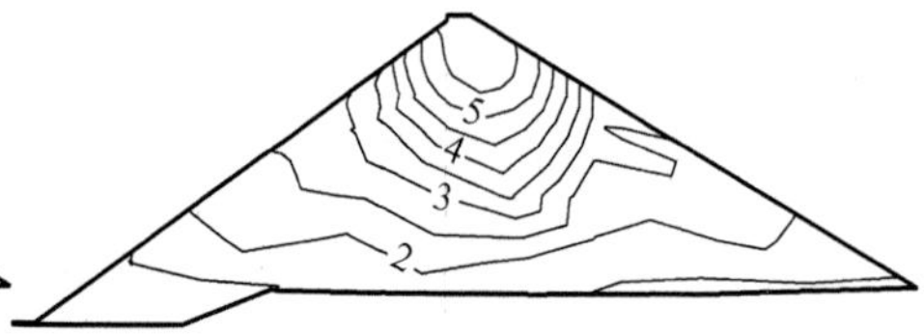

（b）15° 斜入射

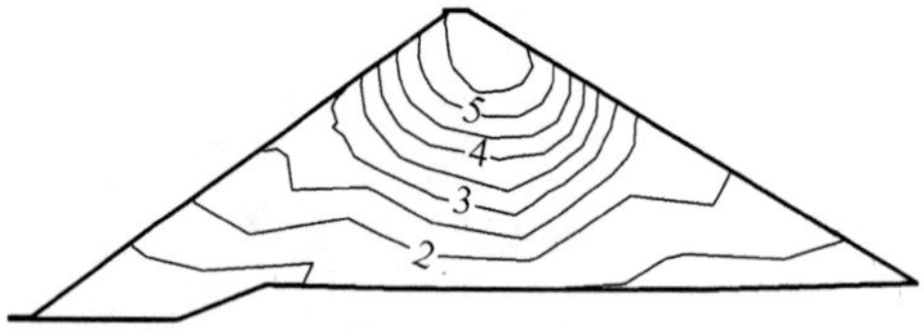

（c）30° 斜入射

图 8.14　竖向加速度等值线包络图（单位：m/s²）

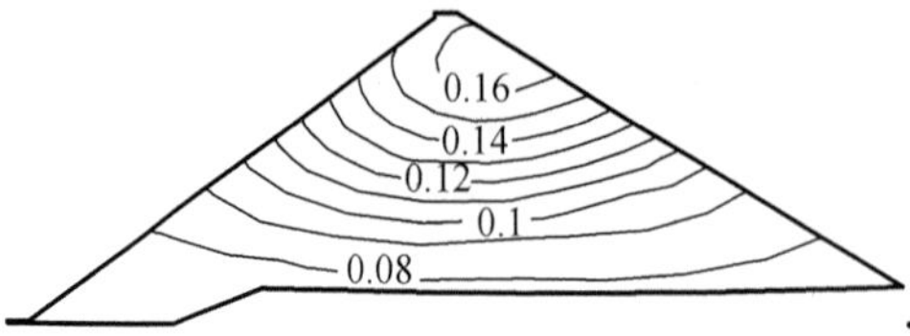

（a）垂直入射

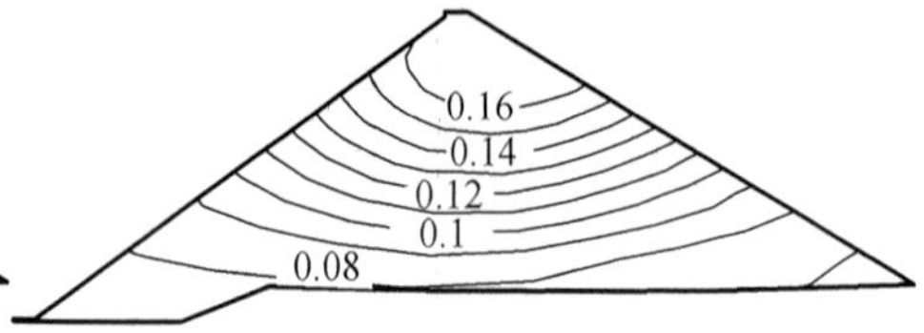

（b）15° 斜入射

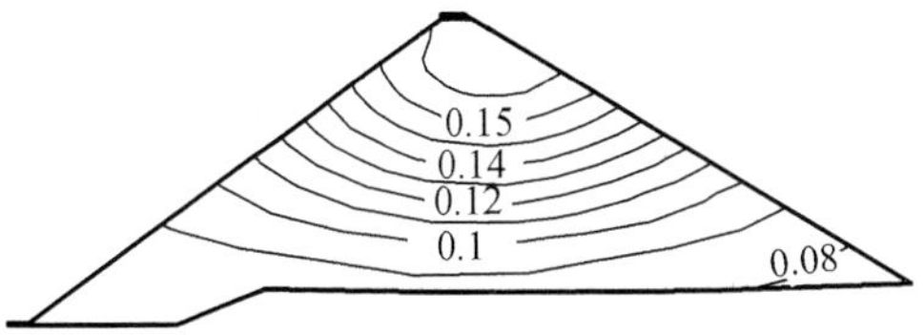

（c）30° 斜入射

图 8.15　顺河向位移等值线包络图（单位：m）

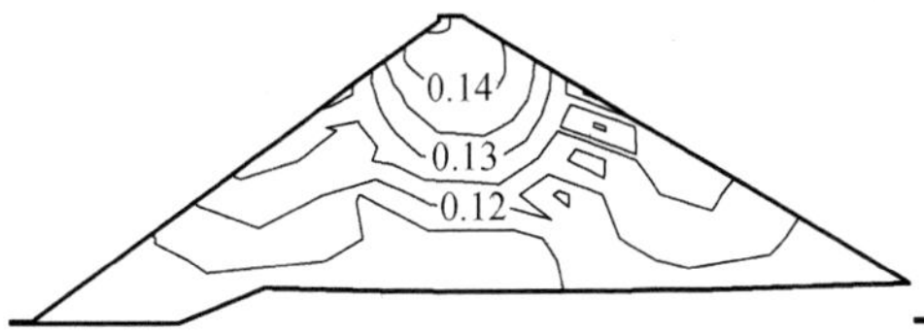

（a）垂直入射

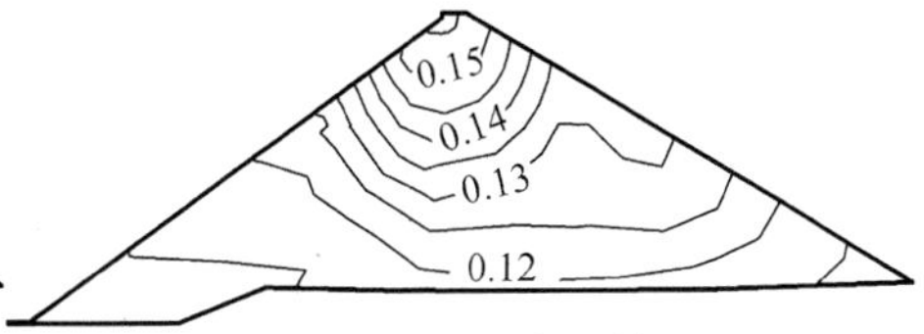

（b）15° 斜入射

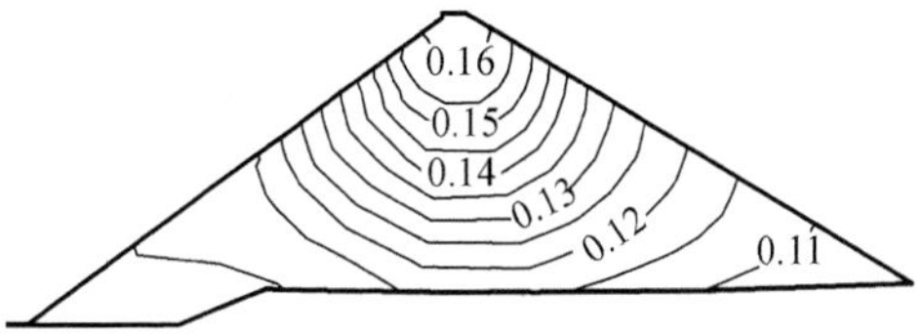

（c）30° 斜入射

图 8.16　竖向位移等值线包络图（单位：m）

表 8.1　大坝加速度和动位移极值

方向	加速度/（m/s^2）			动位移/m		
	垂直入射	15°斜入射	30°斜入射	垂直入射	15°斜入射	30°斜入射
顺河向	5.46	5.76	6.23	0.167	0.173	0.179
竖向	4.42	6.06	6.15	0.150	0.160	0.167

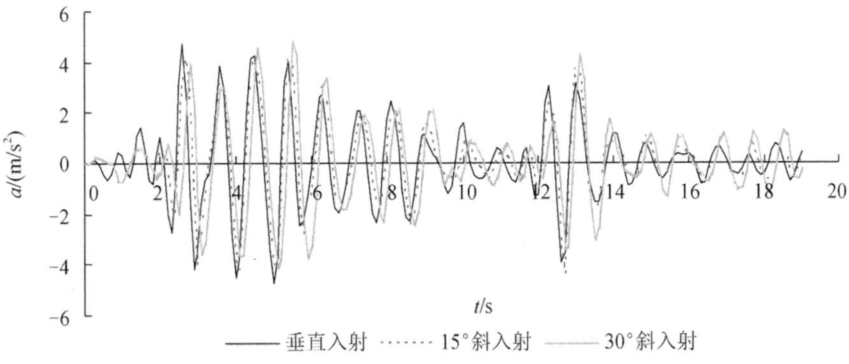

（a）顺河向加速度

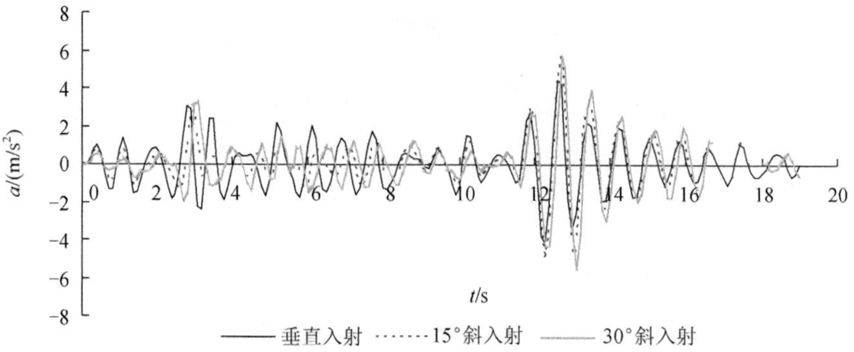

（b）竖向加速度

图 8.17　坝顶特征点加速度时程曲线

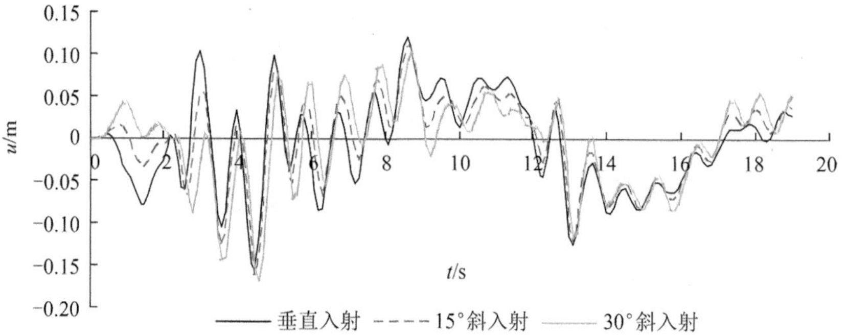

（a）顺河向位移

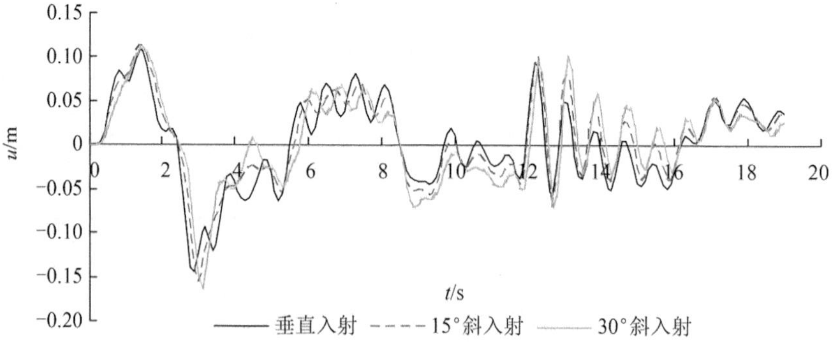

（b）竖向位移

图 8.18　坝顶特征点动位移时程曲线

由图 8.13～图 8.16 可知，在地震波垂直入射及斜入射下，大坝动力反应较为合理，动力反应均呈现由大坝底部向顶部逐渐增大的趋势。由表 8.1 可知，随着入射角度的逐渐增大，大坝动力反应也在逐渐增大，其中大坝竖向加速度极值由垂直入射时的 4.42m/s^2，增大为 30° 入射时的 6.15m/s^2，增幅为 39.14%。其他动物理量也有类似规律，顺河向加速度极值的最大增幅为 14.10%，竖向动位移极值的最大增幅为 11.33%，顺河向动位移极值的最大增幅为 7.19%。同样由图 8.17 和图 8.18 可知，3 种入射角度下坝顶特征点动力时程曲线基本相近。

8.4　基于设计地震动的斜入射体系构建

8.4.1　P 波、SV 波入射的半空间自由场

相同的半空间自由场地面运动可能由不同类型的波以不同的入射方式所产生，因此在进行地震反应分析之前，确定入射波的类型和入射方式就相当重要。P 波和 SV 波在传播至自由表面时的反射现象会引起波形的转变，即 P 波和 SV 波的反射波中均含有 P 波和 SV 波成分。设入射 P 波所产生的反射 P 波和 SV 波振幅系数分别为 A_1 和 A_2，入射 SV 波所产生的反射 P 波和 SV 波振幅系数分别为 A_1' 和 A_2'，由式（7.11）和式（7.15）计算得到

$$\begin{cases} A_1 = \dfrac{v_S^2 \sin(2\theta_0)\sin(2\theta_2) - v_P^2 \cos^2(2\theta_2)}{v_S^2 \sin(2\theta_0)\sin(2\theta_2) + v_P^2 \cos^2(2\theta_2)} \\ A_2 = \dfrac{-2v_P v_S \sin(2\theta_0)\cos(2\theta_2)}{v_S^2 \sin(2\theta_0)\sin(2\theta_2) + v_P^2 \cos^2(2\theta_2)} \\ A_1' = \dfrac{2v_S v_P \sin(2\theta_0')\cos(2\theta_0')}{v_S^2 \sin(2\theta_0')\sin(2\theta_1') + v_P^2 \cos^2(2\theta_0')} \\ A_2' = \dfrac{v_S^2 \sin(2\theta_0')\sin(2\theta_1') - v_P^2 \cos^2(2\theta_0')}{v_S^2 \sin(2\theta_0')\sin(2\theta_1') + v_P^2 \cos^2(2\theta_0')} \end{cases} \tag{8.62}$$

式中：θ_0 和 θ_0' 分别为 P 波和 SV 波的入射角度；θ_2 为 P 波入射时反射 SV 波的角度；θ_1' 为 SV 波入射时反射 P 波的角度。

平面半空间内任一点 P 波的入射波场、反射波场分别为

$$\begin{aligned} &\begin{cases} u_x^{(0)}(x,y,t) = u(t - r/v_P)\sin\theta_0 \\ u_y^{(0)}(x,y,t) = u(t - r/v_P)\cos\theta_0 \end{cases} \\ &\begin{cases} u_x^{(1)}(x,y,t) = A_1 u(t - r/v_P)\sin\theta_1 \\ u_y^{(1)}(x,y,t) = -A_1 u(t - r/v_P)\cos\theta_1 \end{cases} \\ &\begin{cases} u_x^{(2)}(x,y,t) = -A_2 u(t - r/v_S)\cos\theta_2 \\ u_y^{(2)}(x,y,t) = -A_2 u(t - r/v_S)\sin\theta_2 \end{cases} \end{aligned} \tag{8.63}$$

式中：$u_x^{(0)}(x,y,t)$ 和 $u_y^{(0)}(x,y,t)$ 为 P 波的入射场；$u_x^{(1)}(x,y,t)$ 和 $u_y^{(1)}(x,y,t)$ 为反射 P 波的反射场；$u_x^{(2)}(x,y,t)$ 和 $u_y^{(2)}(x,y,t)$ 为入射 P 波时反射 SV 波的反射场；θ_1 为 P 波入射时反射 P 波的角度。

平面半空间内任一点 SV 波的入射波场、反射波场分别为

$$
\begin{cases}
u_x^{(0)}(x,y,t) = u(t - r / v_S)\cos\theta_0' \\
u_y^{(0)}(x,y,t) = -u(t - r / v_S)\sin\theta_0'
\end{cases}
$$
$$
\begin{cases}
u_x^{(1)}(x,y,t) = A_1' u(t - r / v_P)\sin\theta_1' \\
u_y^{(1)}(x,y,t) = -A_1' u(t - r / v_P)\cos\theta_1'
\end{cases}
\tag{8.64}
$$
$$
\begin{cases}
u_x^{(2)}(x,y,t) = -A_2' u(t - r / v_S)\cos\theta_2' \\
u_y^{(2)}(x,y,t) = -A_2' u(t - r / v_S)\sin\theta_2'
\end{cases}
$$

式中：$u_x^{(0)}(x,y,t)$ 和 $u_y^{(0)}(x,y,t)$ 为 SV 波的入射场；$u_x^{(1)}(x,y,t)$ 和 $u_y^{(1)}(x,y,t)$ 为入射 SV 波时反射 P 波的反射场；$u_x^{(2)}(x,y,t)$ 和 $u_y^{(2)}(x,y,t)$ 为反射 SV 波的反射场；θ_2' 为 SV 波入射时反射 SV 波的角度。

由式（8.63）和式（8.64）可以得出入射 P 波、SV 波在半空间自由场任意一点振动的水平向贡献系数和竖直向贡献系数，如下：

$$
\begin{cases}
k_x^P = \sin\theta_0 + A_1\sin\theta_1 - A_2\cos\theta_2 \\
k_x^{SV} = -\cos\theta_0 + A_1\cos\theta_1 + A_2\sin\theta_2 \\
k_y^P = \cos\theta_0' + A_1'\sin\theta_1' - A_2'\cos\theta_2' \\
k_y^{SV} = \sin\theta_0' + A_1'\cos\theta_1' + A_2'\sin\theta_2'
\end{cases}
\tag{8.65}
$$

式中：k_x^P 和 k_x^{SV} 分别为 P 波及其反射波、SV 波及其反射波的水平向地震动贡献系数；k_y^P 和 k_y^{SV} 分别为入射 P 波及其反射波、SV 波及其反射波的竖直向地震动贡献系数。

根据 P 波和 SV 波的波速计算公式，可得

$$
\frac{v_P}{v_S} = \sqrt{\frac{2-2\mu}{1-2\mu}}
\tag{8.66}
$$

式中：μ 为泊松比。

由式（8.66）可以看出，纵波与横波的波速之比只与 μ 有关，因此各个幅值系数也只与 μ 有关，P 波和 SV 波对基准面水平向和竖直向的地震动贡献系数也仅与 μ 有关。图 8.19 和图 8.20 分别给出了 P 波和 SV 波随入射角度变化时两向地震动贡献系数的大小[20,21]。

当入射角度为 0° 时，P 波的水平向地震动贡献系数为零；由于受到反射波和入射波的共同作用，P 波竖直向地震动贡献系数为−2.0；SV 波的水平向地震动贡献系数为 2.0，竖直向地震动贡献系数为 0，说明 P 波、SV 波在垂直入射时，入射波振幅被放大了 2 倍。

对于小角度入射，随着入射角度的增加，P 波的水平向地震动贡献系数逐渐增大，竖直向地震动贡献系数逐渐减小；SV 波的水平向地震动贡献系数逐渐减小，竖直向地震动贡献系数逐渐增大。相同的入射角度下，随着泊松比的增大，P 波

的水平向地震动贡献系数逐渐减小，竖直向地震动贡献系数逐渐增大；SV 波的水平向地震动贡献系数逐渐增大，竖直向地震动贡献系数逐渐减小。

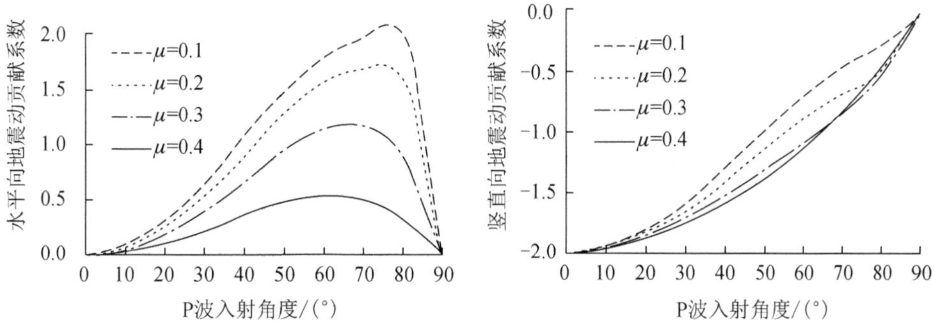

（a）水平向　　　　　　　　（b）竖直向

图 8.19　P 波及其反射波的地震动贡献系数

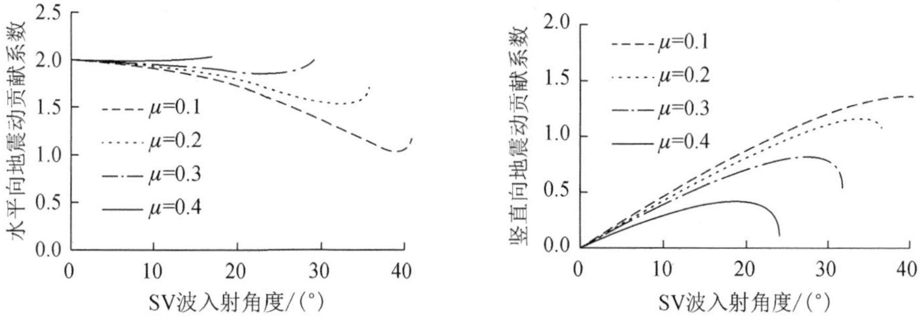

（a）水平向　　　　　　　　（b）竖直向

图 8.20　SV 波及其反射波的地震动贡献系数

对 SV 波，入射角和反射角同样满足斯奈尔定律。当入射角 θ_0' 达到临界角 θ_{cr}' 时，反射 P 波的反射角 θ_1' 为 90°，则反射 P 波沿水平面传播，此时入射 SV 波的临界角为

$$\theta_{cr}' = \sin^{-1}\left(\frac{v_S}{v_P}\right) \tag{8.67}$$

SV 波的入射角 θ_0' 应小于临界角 θ_{cr}'。

8.4.2　考虑设计地震动的斜入射波系

8.4.2.1　设计地震动水平向分量的分解

为使基准面的地震动反应和设计地震动相同，且保持各分量间的相关性，将设计地震动分解为平面 P 波和平面 SV 波。假设半空间地表基准面设计地震动水平向分量已知，竖直向分量为 0。地震动水平向分量和设计地震动水平向分量一致，仅存在时间差，以此建立反映结构与地基接触面上各点非一致运动的斜入射方法[22,23]。

对于半空间自由场入射，已知参考点 O 的设计地震动水平向分量为 $u(t)$ ，在 O 点构造入射时程为 $f(t)$ 、振动矢量为 $\boldsymbol{d}^{(0)}=(\cos\theta_0' \quad -\sin\theta_0')$ 的平面 SV 波；入射时程为 $g(t)$ 、振动矢量为 $\boldsymbol{d}^{(0)}=(\sin\theta_0 \quad \cos\theta_0)$ 的平面 P 波。两波共同作用下的自由场可以表示为

$$\begin{Bmatrix} u_x \\ u_y \end{Bmatrix} = \begin{Bmatrix} u_x^{(0)} \\ u_y^{(0)} \end{Bmatrix} + \begin{Bmatrix} u_x^{(1)} \\ u_y^{(1)} \end{Bmatrix} + \begin{Bmatrix} u_x^{(2)} \\ u_y^{(2)} \end{Bmatrix} \tag{8.68}$$

半空间自由场内任一点的竖直向分量 u_y 为[23]

$$\begin{aligned} u_y = & -\cos\theta_0 g\left(t-\frac{x\sin\theta_0+y\cos\theta_0}{v_P}\right)+A_1\cos\theta_1 g\left(t-\frac{x\sin\theta_1-y\cos\theta_1}{v_P}\right) \\ & +A_2\sin\theta_2 g\left(t-\frac{x\sin\theta_2-y\cos\theta_2}{v_S}\right)+\sin\theta_0' f\left(t-\frac{x\sin\theta_0'+y\cos\theta_0'}{v_S}\right) \\ & +A_1'\cos\theta_1' f\left(t-\frac{x\sin\theta_1'-y\cos\theta_1'}{v_P}\right)+A_2'\sin\theta_2' f\left(t-\frac{x\sin\theta_2'-y\cos\theta_2'}{v_S}\right) \end{aligned} \tag{8.69}$$

式中： x 、 y 分别为整个半平面的水平向和竖直向位移分量。

由于基准面上各点的 $y=0$ ，则式（8.69）可以表示为

$$\begin{aligned} u_y = & -\cos\theta_0 g\left(t-\frac{x\sin\theta_0}{v_P}\right)+A_1\cos\theta_1 g\left(t-\frac{x\sin\theta_1}{v_P}\right) \\ & +A_2\sin\theta_2 g\left(t-\frac{x\sin\theta_2}{v_S}\right)+\sin\theta_0' f\left(t-\frac{x\sin\theta_0'}{v_S}\right) \\ & +A_1'\cos\theta_1' f\left(t-\frac{x\sin\theta_1'}{v_P}\right)+A_2'\sin\theta_2' f\left(t-\frac{x\sin\theta_2'}{v_S}\right) \end{aligned} \tag{8.70}$$

由斯奈尔定律，式（8.70）可进一步表示为

$$\begin{aligned} u_y = & g\left(t-\frac{x\sin\theta_0}{v_P}\right)(-\cos\theta_0+A_1\cos\theta_1+A_2\sin\theta_2) \\ & +f\left(t-\frac{x\sin\theta_0'}{v_S}\right)(\sin\theta_0'+A_1'\cos\theta_1'+A_2'\sin\theta_2') \end{aligned} \tag{8.71}$$

由于设计地震动竖直向分量为 0，则 $u_y=0$ ，即

$$\begin{aligned} & g\left(t-\frac{x\sin\theta_0}{v_P}\right)(-\cos\theta_0+A_1\cos\theta_1+A_2\sin\theta_2) \\ & +f\left(t-\frac{x\sin\theta_0'}{v_S}\right)(\sin\theta_0'+A_1'\cos\theta_1'+A_2'\sin\theta_2')=0 \end{aligned} \tag{8.72}$$

若使式（8.72）成立，需令 SV 波和 P 波同时传到自由面，则其入射角度满足

如下关系：

$$\frac{\sin\theta_0}{v_P}=\frac{\sin\theta_0'}{v_S} \tag{8.73}$$

$$g\left(t-\frac{x\sin\theta_0}{v_P}\right)=\alpha_v f\left(t-\frac{x\sin\theta_0'}{v_S}\right) \tag{8.74}$$

式中：$\alpha_v=\dfrac{\sin\theta_0'+A_1'\cos\theta_1'+A_2'\sin\theta_2'}{\cos\theta_0-A_1\cos\theta_1-A_2\sin\theta_2}$。

基准面的水平向地震动反应 u_x 为

$$u_x=f\left(t-\frac{x\sin\theta_0'}{v_S}\right)[\alpha_v(\sin\theta_0+A_1\sin\theta_1-A_2\cos\theta_2)+\cos\theta_0'+A_1'\sin\theta_1'-A_2'\cos\theta_2'] \tag{8.75}$$

基准面参考点 O（0，0）的设计地震动水平向分量 $u_x(t-t_i)$ 为

$$u_x(t-t_i)=f\left(t-\frac{x\sin\theta_0'}{c_S}\right)[\alpha_v(\sin\theta_0+A_1\sin\theta_1-A_2\cos\theta_2)+\cos\theta_0'+A_1'\sin\theta_1'-A_2'\cos\theta_2'] \tag{8.76}$$

式中：t_i 为自由表面点与参考点发生地震动的时间差，且 $t_i=\dfrac{x\sin\theta_0'}{v_S}$。

由此可以求出由地震动水平向分量分解得到的 P 波和 SV 波。

$$\begin{cases} f\left(t-\dfrac{x\sin\theta_0'}{v_P}\right)=\beta_{sh}u_x(t) \\ g\left(t-\dfrac{x\sin\theta_0}{v_P}\right)=\beta_{sh}\alpha_v u_x(t) \end{cases} \tag{8.77}$$

式中：$\beta_{sh}=[\alpha_v(\sin\theta_0+A_1\sin\theta_1-A_2\cos\theta_2)+\cos\theta_0'+A_1'\sin\theta_1'-A_2'\cos\theta_2']^{-1}$。

由上可知，为了使基准面设计地震动的水平向分量为 $u_x(t)$，可等效斜入射幅值如式（8.77）所示的 SV 波和 P 波。两波共同作用下基准面上的地震动反应与设计地震动相同，但各点的反应存在时间差。当令斜入射的 SV 波在地表面的位移为 u_x^{SV}，斜入射的 P 波在地表面的位移为 u_x^P 时，由式（8.75）可得 SV 波基准面水平向地震动反应的贡献比值为

$$\frac{u_x^{SV}}{u_x}=\frac{\cos\theta_0'+A_1'\sin\theta_1'-A_2'\cos\theta_2'}{f_v(\sin\theta_0+A_1\sin\theta_1-A_2\cos\theta_2)+\cos\theta_0'+A_1'\sin\theta_1'-A_2'\cos\theta_2'} \tag{8.78}$$

同理，可以得到 P 波的水平向地震动的贡献比值为

$$\frac{u_x^{P}}{u_x}=\frac{f_v(\sin\theta_0+A_1\sin\theta_1-A_2\cos\theta_2)}{f_v(\sin\theta_0+A_1\sin\theta_1-A_2\cos\theta_2)+\cos\theta_0'+A_1'\sin\theta_1'-A_2'\cos\theta_2'} \tag{8.79}$$

图 8.21 为 P 波、SV 波对基准面水平向地震动的贡献比值。P 波和 SV 波的入

射角度满足式（8.73）。当入射角度为 0° 时，SV 波垂直入射，SV 波水平向地震动的贡献比值为 1.0，P 波水平向地震动的贡献比值为 0，即基准面的水平向地震动只有 SV 波。随着入射角度的增加，P 波水平向地震动贡献逐渐增大，SV 波水平向地震动的贡献值逐渐减少。

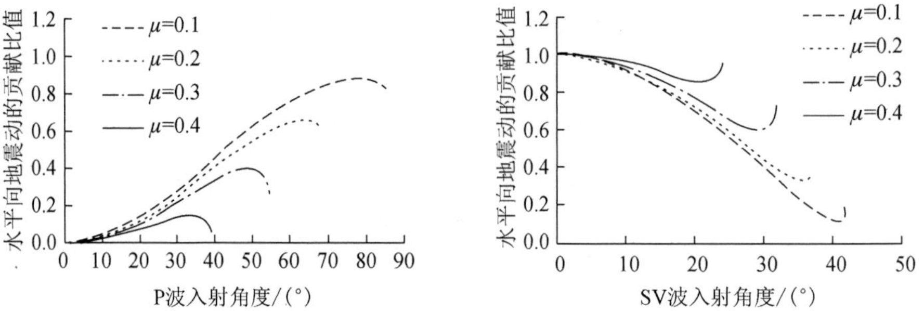

（a）P波入射　　（b）SV波入射

图 8.21　P 波、SV 波对基准面水平向地震动的贡献比值

8.4.2.2　设计地震动竖直向分量的分解

与设计地震动水平向分量分解相似[20-24]，斜入射 SV 波和 P 波在基准面的竖直向反应分量和已知的设计地震动 u_y 相同，同时在基准面的水平向地震动反应为 u_x，即

$$u_x = g\left(t - \frac{x\sin\theta_0}{v_P}\right)(\sin\theta_0 + A_1\sin\theta_1 - A_2\cos\theta_2) + f\left(t - \frac{x\sin\theta_0'}{v_S}\right)(\cos\theta_0' + A_1'\sin\theta_1' - A_2'\cos\theta_2') \tag{8.80}$$

由于设计地震动的水平向分量为 0，则 $u_x = 0$。令 SV 波和 P 波同时传到自由面，则有

$$f\left(t - \frac{x\sin\theta_0'}{v_S}\right) = \alpha_h g\left(t - \frac{x\sin\theta_0}{v_P}\right) \tag{8.81}$$

式中：$\alpha_h = \dfrac{\sin\theta_0 + A_1\sin\theta_1 - A_2\cos\theta_2}{-\cos\theta_0' - A_1'\sin\theta_1' + A_2'\cos\theta_2'}$。

基准面的竖直向反应分量 u_y 为

$$u_y = g\left(t - \frac{x\sin\theta_0}{v_P}\right)[-\cos\theta_0 + A_1\cos\theta_1 + A_2\sin\theta_2 + \alpha_h(\sin\theta_0' + A_1'\cos\theta_1' + A_2'\sin\theta_2')] \tag{8.82}$$

基准面参考点 O（0,0）的设计地震动竖直向分量为

$$u_y(t-t_i)=g\left(t-\frac{x\sin\theta_0}{v_P}\right)[-\cos\theta_0+A_1\cos\theta_1+A_2\sin\theta_2$$
$$+\alpha_h(\sin\theta_0'+A_1'\cos\theta_1'+A_2'\sin\theta_2')] \tag{8.83}$$

式中：t_i 为自由表面点与参考点发生地震动的时间差，且 $t_i=\dfrac{x\sin\theta_0}{v_P}$。

由此可以求出由地震动水平向分量分解得到的 P 波和 SV 波。

$$\begin{cases} g\left(t-\dfrac{x\sin\theta_0}{v_P}\right)=\beta_{pv}u_y(t) \\ f\left(t-\dfrac{x\sin\theta_0'}{v_P}\right)=\alpha_h\beta_{pv}u_y(t) \end{cases} \tag{8.84}$$

式中：$\beta_{pv}=[(-\cos\theta_0+A_1\cos\theta_1+A_2\sin\theta_2)+f_h(\sin\theta_0'+A_1'\cos\theta_1'+A_2'\sin\theta_2')]^{-1}$。

当令斜入射的 SV 波在地表面的竖直向位移为 u_y^{SV}，斜入射的 P 波在地表面的竖直向位移为 u_y^P，由式（8.82）可以得到 SV 波基准面竖直向地震动反应的贡献比值为

$$\frac{u_y^{SV}}{u_y}=\frac{\alpha_h(\sin\theta_0'+A_1'\cos\theta_1'+A_2'\sin\theta_2')}{-\cos\theta_0+A_1\cos\theta_1+A_2\sin\theta_2+\alpha_h(\sin\theta_0'+A_1'\cos\theta_1'+A_2'\sin\theta_2')} \tag{8.85}$$

同理，得到 P 波的竖直向地震动的贡献比值为

$$\frac{u_y^{P}}{u_y}=\frac{-\cos\theta_0+A_1\cos\theta_1+A_2\sin\theta_2}{-\cos\theta_0+A_1\cos\theta_1+A_2\sin\theta_2+\alpha_h(\sin\theta_0'+A_1'\cos\theta_1'+A_2'\sin\theta_2')} \tag{8.86}$$

图 8.22 为 P 波、SV 波对基准面竖直向地震动的贡献比值。P 波和 SV 波的入射角度满足式（8.73），当入射角度为 0° 时，P 波垂直入射，P 波竖直向地震动的贡献比值为 1.0，SV 波竖直向地震动的贡献比值为 0，即基准面的竖直向地震动只有 P 波。随着入射角度的增加 P 波竖直向地震动的贡献逐渐减少，SV 波竖直向地震动的贡献逐渐增大。根据波的传播理论，P 波的入射角 $\theta_0<\pi/2$，当入射 P 波的入射角接近 90° 时，由于 P 波、SV 波的入射角满足斯奈尔定律，SV 波接近临界角 θ_{cr}' 入射。

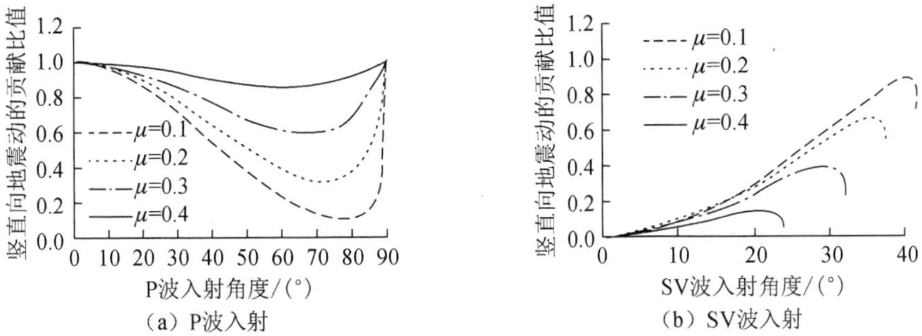

（a）P波入射　（b）SV波入射

图 8.22　P 波、SV 波对基准面竖直向地震动的贡献比值

当 SV 波入射角 $\theta_0 \geqslant \theta'_{cr}$ 时，会产生非均匀波。又由于从地表往下介质密度是逐渐增加的，地震波传播的过程会发生反射与折射，其入射角将逐渐减小，因此 SV 波的入射角在 $\theta_0 < \theta'_{cr}$ 范围内选取。

8.4.3　算例分析

以二维半空间问题验证上述斜入射方法的正确性。假设表面参考点 O 点的设计地震动位移如式（8.87）所示，位移和速度时程曲线如图 8.23 所示，总入射时间为 2s。

$$u(t)=\begin{cases}2\sin(4\pi t)-\sin(8\pi t) & (0\leqslant t\leqslant 0.5\text{s})\\ 0 & (t>0.5\text{s})\end{cases} \tag{8.87}$$

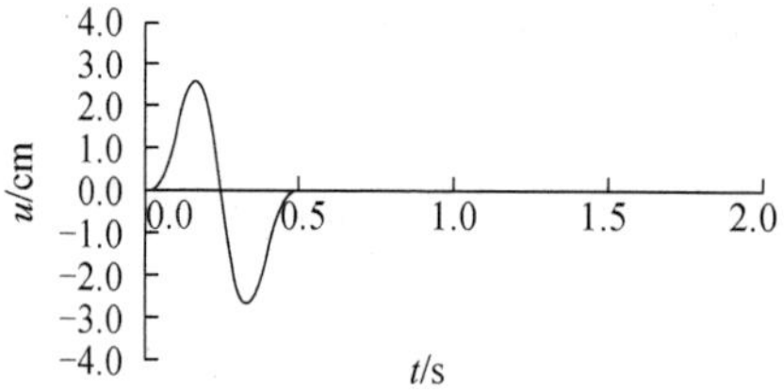

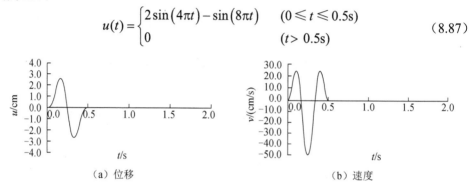

（a）位移

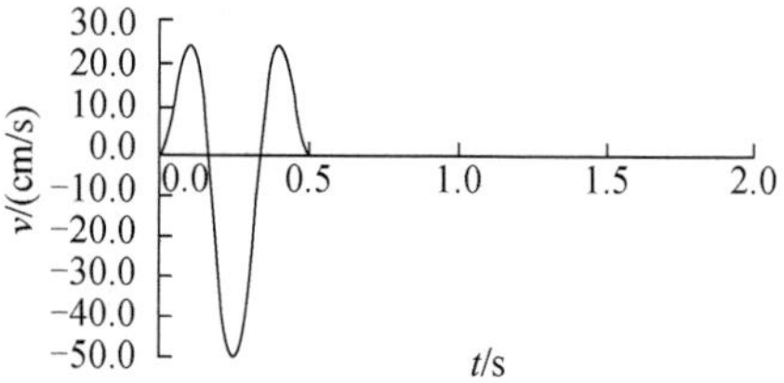

（b）速度

图 8.23　设计地震动时程曲线

以参考点 O 点为表面中心截取长 840m、深 200m 的计算区域，采用四边形单元，单元尺寸为 20m×15m，单元数为 560，如图 8.24 所示。边界采用黏弹性边界，介质的弹性模量 $E=2.5\times10^{10}$ Pa，泊松比 $\mu=0.2$，密度 $\rho=2300\,\text{kg/m}^3$，时间步长为 0.005s。观测点 A（−420,0）、O（0,0）、B（420,0）的位置如图 8.24 所示。

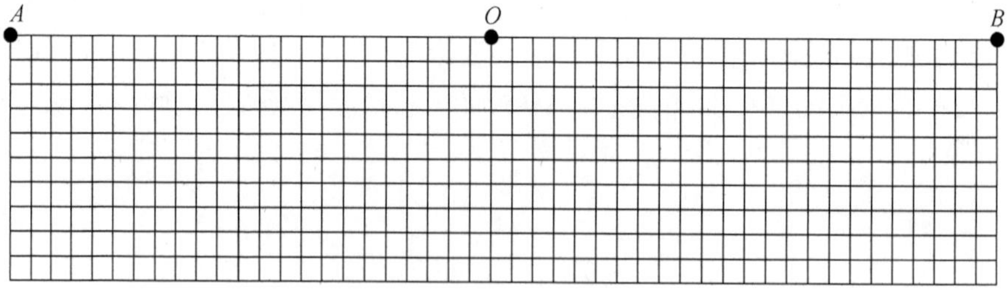

图 8.24　弹性半空间模型

假设式（8.87）给定的位移为参考点设计地震动水平向位移分量，构造 SV 波和 P 波。若 SV 波以 15°从左下方入射，则对应的 P 波以 25.01°入射。入射 SV 波的幅值为 $f(t)=0.4483u(t)$，相应的入射 P 波的幅值 $g(t)=0.1585u(t)$。观测点 A、O、B 的水平向位移时程与入射位移时程对比如图 8.25（a）所示。

类似地，以式（8.87）给定的位移为参考点设计地震动竖直向位移分量，构造斜入射的 P 波、SV 波，当 P 波以 30° 入射时，对应的 SV 波的入射角度为 17.83°。入射 SV 波的幅值为 $f(t)=-0.3062u(t)$，相应的入射 P 波的幅值为 $g(t)=0.4691u(t)$。观测点 A、O、B 的竖直向位移时程与入射位移时程对比如图 8.25（b）所示。

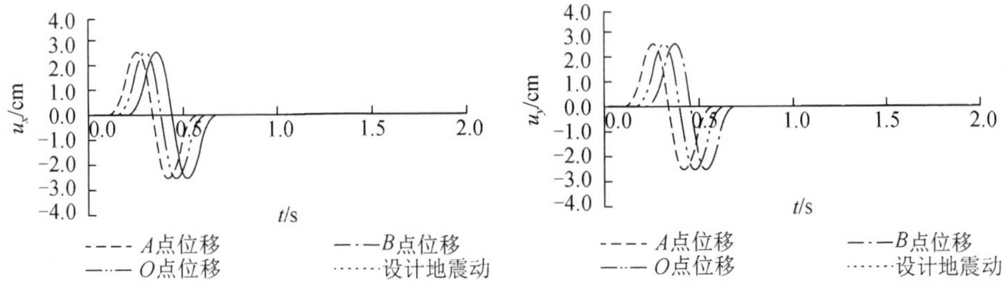

（a）水平向位移　（b）竖直向位移

图 8.25　观测点的位移时程曲线（1）

由图 8.25 可得，O 点的水平向位移反应与设计地震动水平向分量基本相同，A、B 两点的位移时程与 O 点相同，只是发生时间不同。同样，O 点的竖直向位移反应与设计地震动竖直向分量基本相同，A、B 两点的位移时程与 O 点相同，只是发生时间不同。表 8.2 列出了水平向和竖直向分解时观测点的延迟时间。已知设计地震动水平向分量时，O 点较 A 点理论上延迟时间为 0.038s，计算得出的结果 O 点较 A 点延迟了 0.035s。已知设计地震动竖直向分量时，O 点较 A 点理论上延迟了 0.040s，计算得出的结果 O 点较 A 点延迟了 0.035s。可见，O 点较 A 点的延迟时间理论值和数值解相差很小，说明在构造上考虑设计地震动的斜入射波动输入方法是正确的。

表 8.2　水平向和竖直向分解时观测点的延迟时间

观测点 时间差	水平向分解		竖直向分解	
	数值解	理论值	数值解	理论值
A 点到 O 点	0.035	0.038	0.035	0.040
O 点到 B 点	0.040	0.038	0.055	0.040

进一步以参考点 O 为表面中心，截取长 1680m、深 200m 的计算区域。其他计算条件相同，观测点 $A(-840,0)$、$O(0,0)$、$B(840,0)$。将设计地震动进行水平向和竖直向分解时，观测点的水平向位移时程和竖直向位移时程如图 8.26 所示。

同样以参考点 O 为表面中心，截取长 840m、深 400m 的计算区域，其他计算条件相同，观测点 $A(-420,0)$、$O(0,0)$、$B(420,0)$。将设计地震动进行水平向和竖直向分解时，观测点的水平向位移时程和竖直向位移时程如图 8.27 所示。

不同大小计算域模型得到的 O 点位移与设计地震动水平向分量基本一致，且 A 点、B 点位移也与 O 点相同，只是发生时间不同，验证了将地震动时程分解成 P 波、SV 波后，两波共同作用下在地表产生了与设计地震动相同的地震反应。

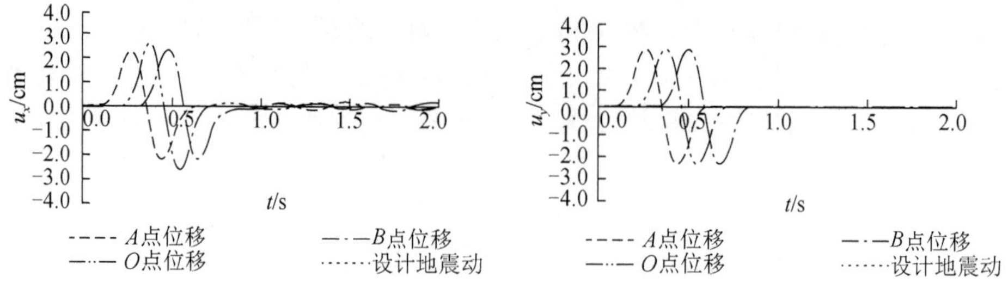

（a）水平向位移　　　　（b）竖直向位移

图 8.26　观测点的位移时程曲线（2）

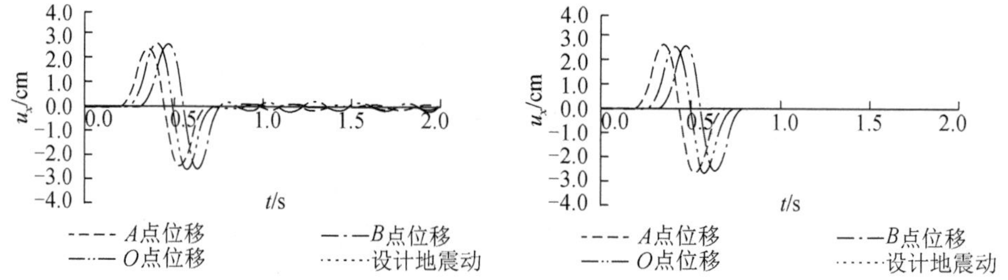

（a）水平向位移　　　　（b）竖直向位移

图 8.27　观测点的位移时程曲线（3）

8.5　不同波场分解下三维地震动输入方法

8.5.1　三维等效荷载的确定

对于三维模型，基于黏弹性人工边界的模型边界结点的等效荷载可按式（8.7）求取，其中左侧边界结点上的等效荷载为

$$\begin{cases} F_x = K_n u(t) + C_n \dot{u}(t) - \sigma_x \sum_{i=1}^{l} A_i \\ F_y = K_\tau v(t) + C_\tau \dot{v}(t) - \tau_{xy} \sum_{i=1}^{l} A_i \\ F_z = K_\tau w(t) + C_\tau \dot{w}(t) - \tau_{xz} \sum_{i=1}^{l} A_i \end{cases} \tag{8.88}$$

右侧边界结点上的等效荷载为

$$\begin{cases} F_x = K_n u(t) + C_n \dot{u}(t) + \sigma_x \sum_{i=1}^{l} A_i \\ F_y = K_\tau v(t) + C_\tau \dot{v}(t) + \tau_{xy} \sum_{i=1}^{l} A_i \\ F_z = K_\tau w(t) + C_\tau \dot{w}(t) + \tau_{xz} \sum_{i=1}^{l} A_i \end{cases} \tag{8.89}$$

底侧边界结点上的等效荷载为

$$\begin{cases} F_x = K_\tau u(t) + C_\tau \dot{u}(t) - \tau_{yx}\sum_{i=1}^{l} A_i \\ F_y = K_n v(t) + C_n \dot{v}(t) - \sigma_y \sum_{i=1}^{l} A_i \\ F_z = K_\tau w(t) + C_\tau \dot{w}(t) - \tau_{yz}\sum_{i=1}^{l} A_i \end{cases} \tag{8.90}$$

后侧边界结点上的等效荷载为

$$\begin{cases} F_x = K_\tau u(t) + C_\tau \dot{u}(t) - \tau_{zx}\sum_{i=1}^{l} A_i \\ F_y = K_\tau v(t) + C_\tau \dot{v}(t) - \tau_{zy} \sum_{i=1}^{l} A_i \\ F_z = K_n w(t) + C_n \dot{w}(t) - \sigma_z\sum_{i=1}^{l} A_i \end{cases} \tag{8.91}$$

前侧边界结点上的等效荷载为

$$\begin{cases} F_x = K_\tau u(t) + C_\tau \dot{u}(t) + \tau_{zx}\sum_{i=1}^{l} A_i \\ F_y = K_\tau v(t) + C_\tau \dot{v}(t) + \tau_{zy} \sum_{i=1}^{l} A_i \\ F_z = K_n w(t) + C_n \dot{w}(t) + \sigma_z\sum_{i=1}^{l} A_i \end{cases} \tag{8.92}$$

式中：F_x、F_y、F_z 分别为 x、y、z 轴正方向的等效荷载；K_τ 和 C_τ 分别为黏弹性人工边界切向弹簧系数和阻尼系数；K_n 和 C_n 分别为黏弹性人工边界法向弹簧系数和阻尼系数；u、v、w、$\dot{u}$、$\dot{v}$ 和 $\dot{w}$ 分别为自由波场下边界结点沿 x、y、z 三向的位移和速度；σ_x、σ_y、σ_z 为自由波场边界结点的正应力；τ_{xy}、τ_{yx}、τ_{yz}、τ_{zy}、τ_{xz} 和 τ_{zx} 为自由波场边界结点的切应力。

8.5.2 基于全局波场分解的地震波斜入射

8.5.2.1 P 波自由场斜入射等效应力

当三维平面 P 波斜入射时，均匀弹性半空间模型示意图如图 8.28 所示，模型的高度为 h，长度为 l，已知点 $R(x_0, y_0)$ 由入射 P 波引起的位移时程为 $g(t)$。

根据介质的本构关系、波动理论及应力分量坐标变换公式，P 波以角度 α_1 入射时，反射 SV 波的角度为 β_1，反射 P 波和反射 SV 波与入射 P 波幅值的比例系数为 A_1 和 A_2，v_P 和 v_S 分别为入射 P 波和入射 SV 波的传播波速。

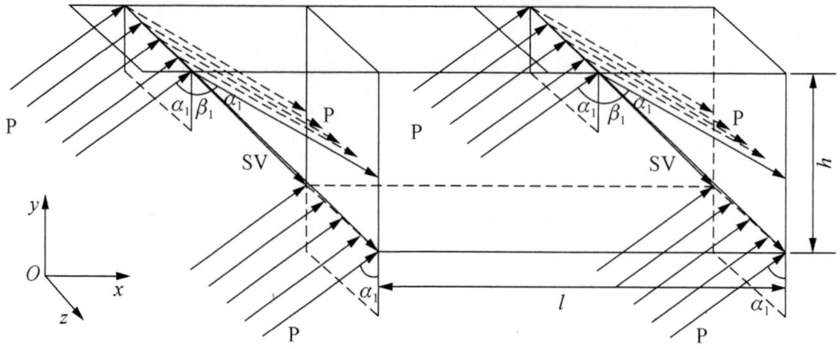

图 8.28　三维半空间 P 波斜入射示意图

自由场作用下区域内任一点 $P(x, y)$ 入射 P 波、反射 P 波和反射 SV 波的延迟时间分别为

$$\begin{cases} t_P^i = \dfrac{(x-x_0)\sin\alpha_1 + (y-y_0)\cos\alpha_1}{v_P} \\ t_P^r = \dfrac{(x-x_0)\sin\alpha_1 + (2h-y+y_0)\cos\alpha_1}{v_P} \\ t_{SV}^r = \dfrac{h-y+y_0}{v_S\cos\beta_1} + \dfrac{(x-x_0)\sin\alpha_1 + \left[h-(h-y+y_0)\tan\alpha_1\tan\beta_1\right]\cos\alpha_1}{v_P} \end{cases} \tag{8.93}$$

式中：上标 i 指入射波；上标 r 指反射波；t_P^i 为入射 P 波的延迟时间；t_P^r 为反射 P 波的延迟时间；t_{SV}^r 为反射 SV 波的延迟时间；x 为边界结点距左侧人工边界的距离；y 为边界结点距底部人工边界的距离。

入射 P 波引起的单元应力为

$$\begin{cases} \sigma_{xP}^i = -\dfrac{\lambda + 2G\sin^2\alpha_1}{v_P}\dfrac{\partial g(t-\Delta t_P^i)}{\partial t} \\ \sigma_{yP}^i = -\dfrac{\lambda + 2G\cos^2\alpha_1}{v_P}\dfrac{\partial g(t-\Delta t_P^i)}{\partial t} \\ \sigma_{zP}^i = -\dfrac{\lambda}{v_P}\dfrac{\partial g(t-\Delta t_P^i)}{\partial t} \\ \tau_{xyP}^i = -\dfrac{G\sin(2\alpha_1)}{v_P}\dfrac{\partial g(t-\Delta t_P^i)}{\partial t} \end{cases} \tag{8.94}$$

反射 P 波引起的单元应力为

$$\begin{cases} \sigma_{xP}^r = -A_1 \dfrac{\lambda + 2G\sin^2\alpha_1}{v_P} \dfrac{\partial g(t-\Delta t_P^r)}{\partial t} \\ \sigma_{yP}^r = -A_1 \dfrac{\lambda + 2G\cos^2\alpha_1}{v_P} \dfrac{\partial g(t-\Delta t_P^r)}{\partial t} \\ \sigma_{zP}^r = -A_1 \dfrac{\lambda}{v_P} \dfrac{\partial g(t-\Delta t_P^r)}{\partial t} \\ \tau_{xyP}^r = -A_1 \dfrac{G\sin(2\alpha_1)}{v_P} \dfrac{\partial g(t-\Delta t_P^r)}{\partial t} \end{cases} \tag{8.95}$$

反射 SV 波引起的单元应力为

$$\begin{cases} \sigma_{xSV}^r = -\rho v_S \sin(2\beta_1) A_2 \dfrac{\partial g(t-\Delta t_{SV}^r)}{\partial t} \\ \sigma_{ySV}^r = \rho v_S \sin(2\beta_1) A_2 \dfrac{\partial g(t-\Delta t_{SV}^r)}{\partial t} \\ \tau_{xySV}^r = \rho v_S \cos(2\beta_1) A_2 \dfrac{\partial g(t-\Delta t_{SV}^r)}{\partial t} \end{cases} \tag{8.96}$$

根据式（8.88）可求得左侧边界上的等效应力为

$$\begin{cases} \sigma_{ix}^{-x} = \dfrac{\lambda + 2G\sin^2\alpha_1}{v_P}\dot{u}_P(t-\Delta t_P^1) + A_1\dfrac{\lambda + 2G\sin^2\alpha_1}{v_P}\dot{u}_P(t-\Delta t_P^2) \\ \qquad + A_2\rho v_S\sin(2\beta_1)\dot{u}_P(t-\Delta t_P^3) \\ \sigma_{iy}^{-x} = \dfrac{G\sin(2\alpha_1)}{v_P}\dot{u}_P(t-\Delta t_P^1) - A_1\dfrac{G\sin(2\alpha_1)}{v_P}\dot{u}_p(t-\Delta t_P^2) - A_2\rho v_S\cos(2\beta_1)\dot{u}_P(t-\Delta t_P^3) \end{cases} \tag{8.97}$$

根据式（8.91）可求得后侧边界上的等效应力为

$$\sigma_{iz}^{-z} = \frac{\lambda}{v_P}\dot{u}(t-\Delta t_P^4) + \frac{\lambda}{v_P}A_2\dot{u}(t-\Delta t_P^5) \tag{8.98}$$

根据式（8.92）可求得前侧边界上的等效应力为

$$\sigma_{iz}^{z} = -\frac{\lambda}{v_P}\dot{u}(t-\Delta t_P^4) - \frac{\lambda}{v_P}A_2\dot{u}(t-\Delta t_P^5) \tag{8.99}$$

根据式（8.90）可求得底侧边界上的等效应力为

$$\begin{cases} \sigma_{ix}^{-y} = \dfrac{G\sin(2\alpha_1)}{v_P}\dot{u}_P(t-\Delta t_P^7) - A_1\dfrac{G\sin(2\alpha_1)}{v_P}\dot{u}_P(t-\Delta t_P^8) - A_2\rho v_S\cos(2\beta_1)\dot{u}_P(t-\Delta t_P^9) \\ \sigma_{iy}^{-y} = \dfrac{\lambda + 2G\cos^2\alpha_1}{v_P}\dot{u}_P(t-\Delta t_P^7) + A_1\dfrac{\lambda + 2G\cos^2\alpha_1}{v_P}\dot{u}_P(t-\Delta t_P^8) \\ \qquad - A_2\rho v_S\sin(2\beta_1)\dot{u}_P(t-\Delta t_P^9) \end{cases} \tag{8.100}$$

根据式（8.89）可求得右侧边界上的等效应力为

$$\begin{cases}\sigma_{ix}^{x}=-\dfrac{\lambda+2G\sin^{2}\alpha_{1}}{v_{P}}\dot{u}_{P}(t-\Delta t_{P}^{10})-A_{1}\dfrac{\lambda+2G\sin^{2}\alpha_{1}}{v_{P}}\dot{u}_{P}(t-\Delta t_{P}^{11}) \\ \qquad -A_{2}\rho v_{S}\sin 2\beta_{1}\dot{u}_{P}(t-\Delta t_{P}^{12}) \\ \sigma_{iy}^{x}=-\dfrac{G\sin(2\alpha_{1})}{v_{P}}\dot{u}_{P}(t-\Delta t_{P}^{10})+A_{1}\dfrac{G\sin(2\alpha_{1})}{v_{P}}\dot{u}_{P}(t-\Delta t_{P}^{11})+A_{2}\rho v_{S}\sin 2\beta_{1}\dot{u}_{P}(t-\Delta t_{P}^{12})\end{cases} \tag{8.101}$$

式（8.97）～式（8.101）中：等效应力的下标 i 代表结点号，上标为结点所在人工边界的外法线方向，与坐标轴方向相反为负，一致为正；Δt_P^1～Δt_P^3 分别为左侧边界结点入射 P 波、反射 P 波和反射 SV 波的延迟时间；Δt_P^4 和 Δt_P^5 分别为前后侧边界结点入射 P 波和反射 SV 波的延迟时间；Δt_P^7～Δt_P^9 分别为底侧边界结点入射 P 波、反射 P 波和反射 SV 波的延迟时间；Δt_P^{10}～Δt_P^{12} 分别为右侧边界结点入射 P 波、反射 P 波和反射 SV 波的延迟时间。

8.5.2.2 SV 波自由场斜入射等效应力

当 SV 波斜入射时，地震波斜入射计算模型与 P 波入射时相同，入射 SV 波引起的位移时程为 $f(t)$。SV 波以角度 α_2 入射时，P 波的反射角度为 β_2。SV 波入射时，反射 P 波和反射 SV 波与入射 SV 波幅值的比例系数为 A_1' 和 A_2'。

自由场作用下区域内任一点 $P(x,y)$ 入射 SV 波、反射 SV 波和反射 P 波的延迟时间分别为

$$\begin{cases}t_{SV}^{i}=\dfrac{(x-x_0)\sin\alpha_1+(y-y_0)\cos\alpha_1}{v_S} \\ t_{SV}^{r}=\dfrac{(x-x_0)\sin\alpha_1+(2h-y+y_0)\cos\alpha_1}{v_S} \\ t_{P}^{r}=\dfrac{h-y+y_0}{v_P\cos\beta_1}+\dfrac{(x-x_0)\sin\alpha_1+\left[h-(h-y+y_0)\tan\alpha_1\tan\beta_1\right]\cos\alpha_1}{v_S}\end{cases} \tag{8.102}$$

式中：上标 i 指入射波；上标 r 指反射波；t_{SV}^{i} 为入射 SV 波的延迟时间；t_{SV}^{r} 为反射 SV 波的延迟时间；t_P^r 为反射 P 波的延迟时间。

根据均匀弹性介质本构关系、几何方程和物理方程，入射 SV 波引起的单元应力为

$$\begin{cases}\sigma_{xSV}^{i}=-\rho v_S\sin(2\alpha_2)\dfrac{\partial f(t-\Delta t_{SV}^{i})}{\partial t} \\ \sigma_{ySV}^{i}=\rho v_S\sin(2\alpha_2)\dfrac{\partial f(t-\Delta t_{SV}^{i})}{\partial t} \\ \tau_{xySV}^{i}=-\rho v_S\cos(2\alpha_2)\dfrac{\partial f(t-\Delta t_{SV}^{i})}{\partial t}\end{cases} \tag{8.103}$$

反射 P 波引起的单元应力为

$$
\begin{cases}
\sigma_{xP}^{r} = A_1' \dfrac{\lambda + 2G\sin^2\beta_2}{v_P} \dfrac{\partial f(t - \Delta t_P^r)}{\partial t} \\
\sigma_{yP}^{r} = A_1' \dfrac{\lambda + 2G\cos^2\beta_2}{v_P} \dfrac{\partial f(t - \Delta t_P^r)}{\partial t} \\
\sigma_{zP}^{r} = A_1' \dfrac{\lambda}{v_P} \sin(2\beta_2) \dfrac{\partial f(t - \Delta t_P^r)}{\partial t} \\
\tau_{xyP}^{r} = -A_1' \dfrac{G\sin(2\beta_2)}{v_P} \dfrac{\partial f(t - \Delta t_P^r)}{\partial t}
\end{cases} \tag{8.104}
$$

反射 SV 波引起的单元应力为

$$
\begin{cases}
\sigma_{xSV}^{r} = \rho v_S \sin(2\alpha_2) A_2' \dfrac{\partial f(t - \Delta t_{SV}^r)}{\partial t} \\
\sigma_{ySV}^{r} = -\rho v_S \sin(2\alpha_2) A_2' \dfrac{\partial f(t - \Delta t_{SV}^r)}{\partial t} \\
\tau_{xySV}^{r} = -\rho v_S \cos(2\alpha_2) A_2' \dfrac{\partial f(t - \Delta t_{SV}^r)}{\partial t}
\end{cases} \tag{8.105}
$$

对于 SV 波，当入射角 α_2 小于临界角 θ_{cr}' 时，根据式（8.88）可求得模型左侧边界上的等效应力为

$$
\begin{cases}
\sigma_{ix}^{-x} = \rho v_S \sin(2\alpha_2) \dot{u}_S(t - \Delta t_{SV}^1) - A_1' \dfrac{\lambda + 2G\sin^2\beta_2}{v_P} \dot{u}_S(t - \Delta t_{SV}^2) - A_2' \rho v_S \sin(2\alpha_2) \dot{u}_S(t - \Delta t_{SV}^3) \\
\sigma_{iy}^{-x} = \rho v_S \cos(2\alpha_2) \dot{u}_S(t - \Delta t_{SV}^1) + A_1' \dfrac{G\sin(2\beta_2)}{v_P} \dot{u}_S(t - \Delta t_{SV}^2) + A_2' \rho v_S \cos(2\alpha_2) \dot{u}_S(t - \Delta t_{SV}^3)
\end{cases} \tag{8.106}
$$

根据式（8.91）可求得后侧边界上的等效应力为

$$
\sigma_{iz}^{-z} = -A_1' \frac{\lambda}{v_P} \sin(2\beta_2) \dot{u}(t - \Delta t_P^4) \tag{8.107}
$$

根据式（8.92）可求得前侧边界上的等效应力为

$$
\sigma_{iz}^{z} = A_1' \frac{\lambda}{v_P} \sin(2\beta_2) \dot{u}(t - \Delta t_P^4) \tag{8.108}
$$

根据式（8.90）可求得底侧边界上的等效应力为

$$
\begin{cases}
\sigma_{ix}^{-y} = \rho v_S \cos(2\alpha_2) \dot{u}_S(t - \Delta t_{SV}^7) + A_1' \dfrac{G\sin(2\beta_2)}{v_P} \dot{u}_S(t - \Delta t_{SV}^8) + A_2' \rho v_S \cos(2\alpha_2) \dot{u}_S(t - \Delta t_{SV}^9) \\
\sigma_{iy}^{-y} = -\rho v_S \sin(2\alpha_2) \dot{u}_S(t - \Delta t_{SV}^7) - A_1' \dfrac{\lambda + 2G\cos^2\beta_2}{v_P} \dot{u}_S(t - \Delta t_{SV}^8) + A_2' \rho v_S \sin(2\alpha_2) \dot{u}_S(t - \Delta t_{SV}^9)
\end{cases} \tag{8.109}
$$

根据式（8.89）可求得模型的右侧边界上的等效应力为

$$\begin{cases}\sigma_{ix}^{x}=-\rho v_S\sin(2\alpha_2)\dot{u}_S(t-\Delta t_{SV}^{10})+A_1'\dfrac{\lambda+2G\sin^2\beta_2}{v_P}\dot{u}_S(t-\Delta t_{SV}^{11})\\ \qquad +A_2'\rho v_S\sin(2\alpha_2)\dot{u}_S(t-\Delta t_{SV}^{12})\\ \sigma_{iy}^{x}=-\rho v_S\cos(2\alpha_2)\dot{u}_S(t-\Delta t_{SV}^{10})-A_1'\dfrac{G\sin 2\beta_2}{v_P}\dot{u}_S(t-\Delta t_{SV}^{11})-A_2'\rho v_S\cos(2\alpha_2)\dot{u}_S(t-\Delta t_{SV}^{12})\end{cases}$$

（8.110）

式（8.106）～式（8.110）中：等效应力下标和上标的意义与 P 波入射时相同；Δt_{SV}^{1} ～ Δt_{SV}^{3} 分别为左侧边界结点的入射 SV 波、反射 P 波和反射 SV 波的延迟时间；Δt_{SV}^{4} 为前后侧边界结点的反射 P 波的延迟时间；Δt_{SV}^{7} ～ Δt_{SV}^{9} 分别为底侧边界结点入射 SV 波、反射 P 波和反射 SV 波的延迟时间；Δt_{P}^{10} ～ Δt_{P}^{12} 分别为右侧边界结点入射 SV 波、反射 P 波和反射 SV 波的延迟时间。

8.5.3 基于局部波场分解的地震波斜入射

用三维模型进行波场局部分解时，与全局分解不同的是对地震动作用的某一局部边界面进行分区波场分解。采用局部分解时，左侧边界与全局波场分解时相同，既有入射波场又有反射波场，因此左侧边界面非外行场为自由场。底边界面的非外行场由考虑行波效应的入射波场构成，右边界无非外行场。当 P 波斜入射时，均匀弹性半空间模型局部波场分解的示意图如图 8.29 所示。

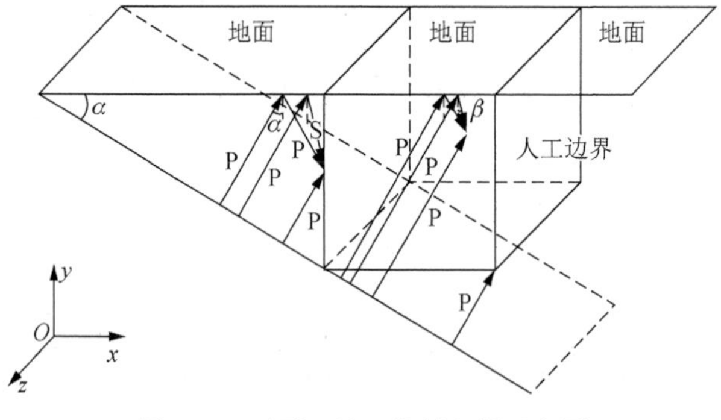

图 8.29 平面 P 波三维斜入射示意图

根据平面 P 波自由地表反射规律和各种边界非外行波的延迟时间，左边界点 i 的非外行波叠加位移时程与式（8.97）相同。同时，左侧、前后侧边界的等效应力与全局波场分解下的左侧边界的等效应力相同。底侧边界上的等效应力为

$$\begin{cases}\sigma_{ix}^{-y}=\dfrac{G\sin(2\alpha_1)}{v_P}\dot{u}_P(t-\Delta t_P^{7})\\ \sigma_{iy}^{-y}=\dfrac{\lambda+2G\cos^2\alpha_1}{v_P}\dot{u}_P(t-\Delta t_P^{7})\end{cases}\qquad(8.111)$$

式中：等效应力的上下标含义与全局波场分解 P 波入射时的等效应力一致；Δt_P^7 为底侧边界入射 P 波的延迟时间，延迟时间的大小与全局波场分解时的取值相同。

对 SV 波进行地震波斜入射分析时，地震波斜入射计算模型与 P 波入射时相同。选择 SV 波的入射角 α_2 小于临界角 θ'_{cr}，同时左侧、前后侧边界的等效应力与全局波场分解下左侧边界的等效应力相同。底侧边界上的等效应力为

$$\begin{cases} \sigma_{ix}^{-y} = \rho v_S \cos(2\alpha_2)\dot{u}_S(t - \Delta t_{SV}^7) \\ \sigma_{iy}^{-y} = -\rho v_S \sin(2\alpha_2)\dot{u}_S(t - \Delta t_{SV}^7) \end{cases} \tag{8.112}$$

式中：等效应力的上下标含义与全局波场分解 SV 波入射时的等效应力一致；Δt_{SV}^7 为底侧边界结点入射 SV 波的延迟时间。

8.5.4 算例分析

8.5.4.1 半无限空间模型

计算模型如图 8.30 所示，介质密度为 2630kg/m^3，弹性模量 $E = 32.5$ GPa，泊松比 $\mu = 0.22$，有限元分析时，截取 2000m×2000m×2000m 的正方体进行计算，采用边长为 100m 的单元进行离散，时间步长为 0.006s。对该模型进行地震波斜入射计算，获得在不同波场分解下特征点的位移时程，同时分析地震波的行波效应。输入的地震波位移时程如下：

$$u(t) = 0.5 - 0.5\cos(2\pi t) \tag{8.113}$$

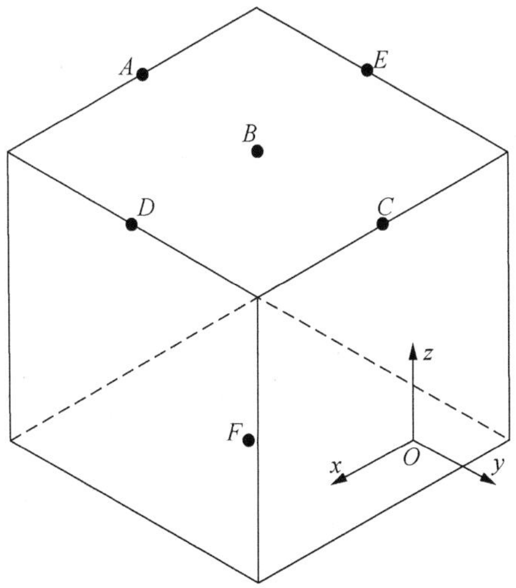

图 8.30　三维有限元计算模型

1）地震波垂直入射

当 P 波和 SV 波分别垂直入射时，根据自由场地震波的传播特性，自由表面 P 波入射时水平向位移为 0，SV 波入射时竖向位移为 0。同时，自由表面合成波的

振幅是入射波振幅的 2 倍。因此，基于垂直入射理论，对 P 波和 SV 波地震动输入进行验证时，自由表面位移要满足是入射波位移 2 倍的关系。

图 8.31 为 P 波和 SV 波分别垂直入射时观测点的位移时程曲线。垂直入射时，地震波同时到达自由表面，因此自由表面特征点的位移时程曲线重合，并且是入射波位移的 2 倍。模型底面 F 点的位移时程曲线前半段和入射波的时程基本一致，后面部分位移时程受反射波的共同作用。

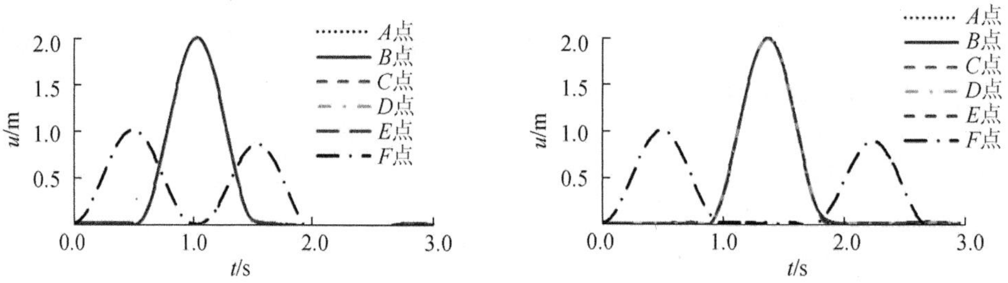

（a）P波0°入射的竖向位移　　（b）SV波0°入射的水平位移

图 8.31　垂直入射观测点位移时程曲线

2）全局分解地震波斜入射

在实际抗震计算分析中，为了消除地基对弹性波的放大作用，地震动荷载需要减半输入。当 P 波以不同角度斜入射时，自由表面特征点的位移时程曲线如图 8.32 所示。SV 波以不同角度入射时，自由表面特征点的位移时程曲线如图 8.33 所示。

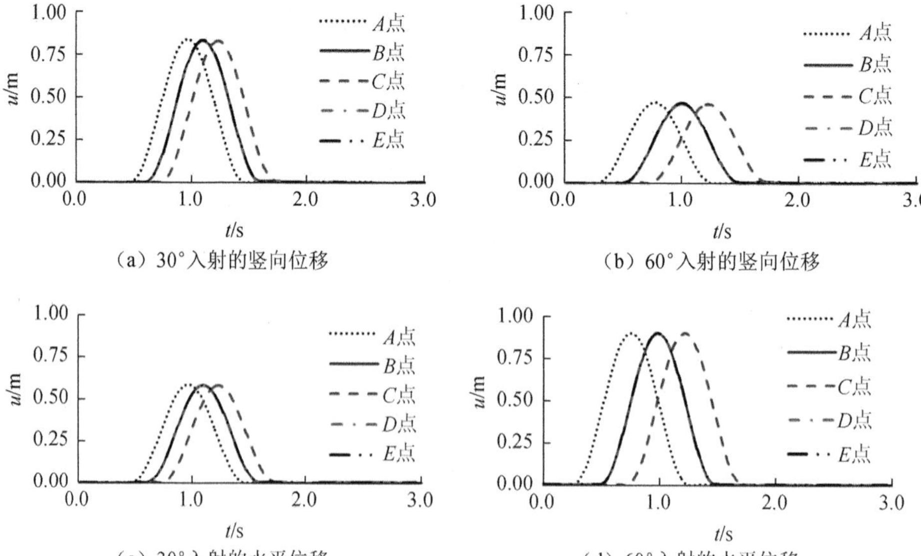

（c）30°入射的水平位移　　（d）60°入射的水平位移

图 8.32　P 波斜入射时自由表面特征点的位移时程曲线（1）

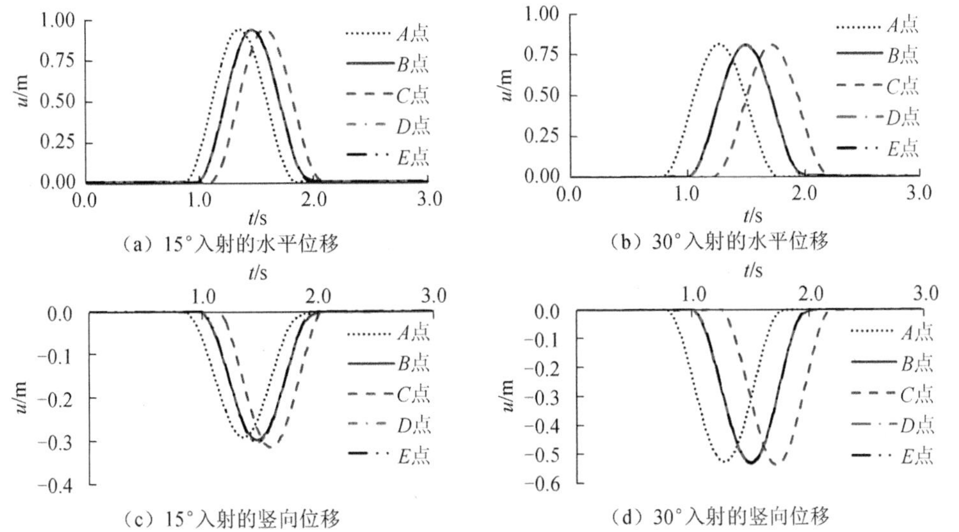

图 8.33　SV 波斜入射时自由表面特征点的位移时程曲线（1）

由图 8.32 和图 8.33 可见，相同的入射角度下自由表面特征点的位移基本相同，但特征点的地震反应发生时间不同，体现了地震波的行波效应，并且随着入射角度的增加，地震波的行波效应越来越明显。地震波由左侧面波动输入时，因 *B*、*D* 和 *E* 点在同一侧面上，地震波同时到达并且位移幅值大小相等，因此 *B*、*D* 和 *E* 点的位移时程曲线重合。而 *A*、*B* 和 *C* 点在地震波的行进面上，其大小相等，地震波到达的时间不同，体现了地震动输入的行波效应。P 波入射时，随着入射角度的增加，自由表面特征点的竖向位移极值在逐渐减小，水平向位移极值在逐渐增大。而 SV 波斜入射时，规律与 P 波入射时相反。

3）局部波场分解地震波斜入射

当采用局部波场分解方法，P 波和 SV 波分别以不同角度斜入射时，自由表面特征点的位移时程曲线如图 8.34 和图 8.35 所示。

由图 8.34 和图 8.35 可见，P 波随着入射角度的增加，自由表面特征点的竖向位移极值逐渐减小，水平向位移极值逐渐增大。而 SV 波斜入射时，变化规律与 P 波入射时相反。地震波由左侧面进行波动输入时，*B*、*D* 和 *E* 点在同一侧面上，地震波同时到达，其位移幅值大小相等，因此 *B*、*D* 和 *E* 点位移时程曲线重合。但是，采用局部波场分解的方法进行地震波斜入射分析时，自由表面特征点的位移时程并不完全满足自由波场的地震波传播特性。*A*、*B* 和 *C* 点在地震波的行进面上，但对模型进行局部分解时考虑的是局部的场地效应，右侧没有施加地震动荷载，因此 *A*、*B* 和 *C* 点的位移在逐渐减小。

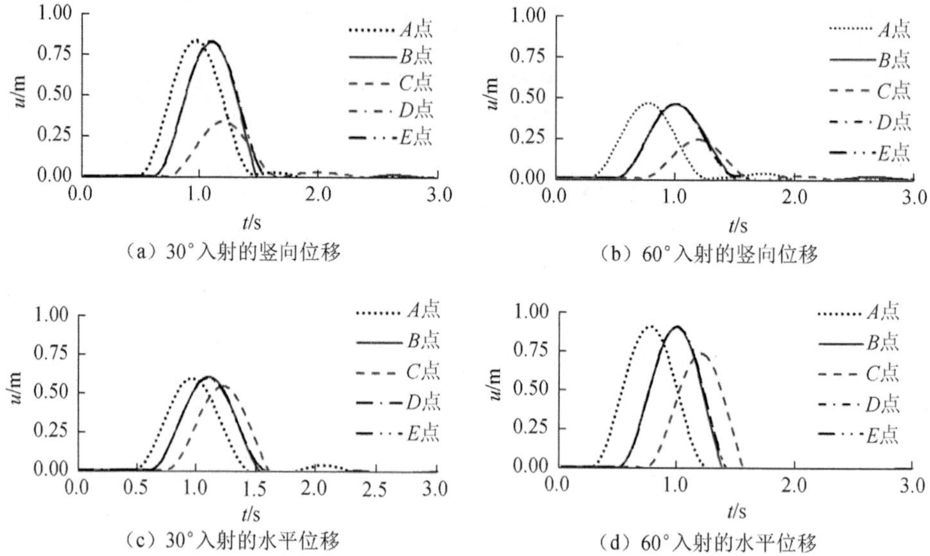

（a）30°入射的竖向位移　（b）60°入射的竖向位移

（c）30°入射的水平位移　（d）60°入射的水平位移

图 8.34　P 波斜入射时自由表面特征点的位移时程曲线（2）

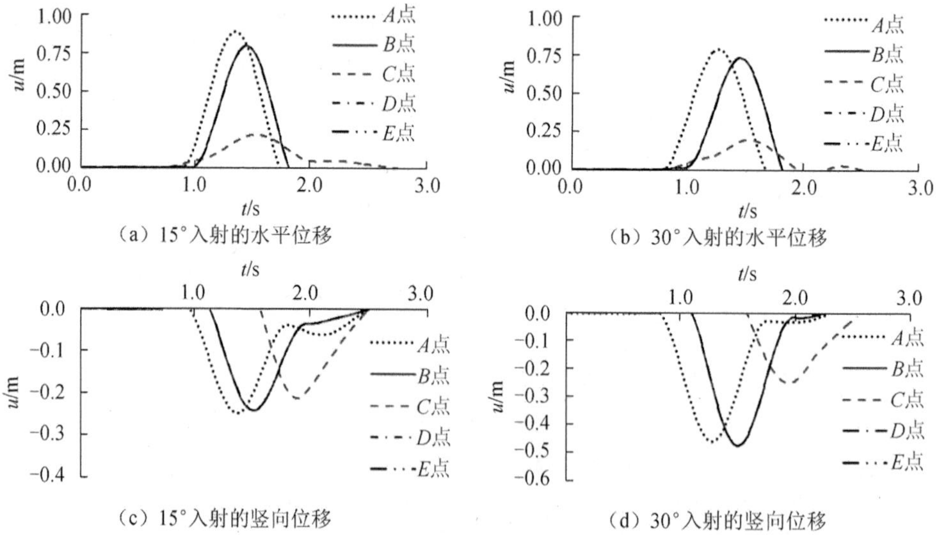

（a）15°入射的水平位移　（b）30°入射的水平位移

（c）15°入射的竖向位移　（d）30°入射的竖向位移

图 8.35　SV 波斜入射时自由表面特征点的位移时程曲线（2）

4）不同波场分解下地震波斜入射结果比较

采用不同的分解方法进行地震波输入，P 波入射时位移极值见表 8.3，SV 波入射时位移极值见表 8.4。由表可知，采用全局波场分解方法进行地震波 P 波斜入射得到的竖向位移大于局部波场分解方法求得的结果；采用全局波场分解方法进行地震波 SV 波斜入射得到的水平位移也大于局部波场分解方法求得的结果。

表 8.3　P 波入射不同分解方法竖向位移极值

入射角度/（°）	竖向位移极值/m		差值/%
	全局波场分解方法	局部波场分解方法	
0	1.001	1.001	0
30	0.839	0.839	0
60	0.474	0.457	3.7

表 8.4　SV 波入射不同分解方法水平位移极值

入射角度/（°）	水平位移极值/m		差值/%
	全局波场分解方法	局部波场分解方法	
0	1.003	1.003	0
15	0.946	0.912	3.7
30	0.817	0.800	2.1

取地震波行进方向的 *A*、*B* 和 *C* 点进行分析，当采用全局波场分解和局部波场分解方法时特征点的位移极值见表 8.5 和表 8.6。由表可见，采用全局波场分解方法进行地震波 P 波斜入射时，特征点竖向位移要明显大于局部波场分解方法，其中，局部波场分解方法中特征点 *B* 点的竖向位移较小，这主要是由于局部波场分解方法考虑的是局部效应，没有考虑右侧边界的场地效应，不能反映整个研究场地的地震动特性。SV 波斜入射时结果与 P 波入射时一致。

表 8.5　P 波入射不同分解方法特征点竖向位移极值

入射角度/（°）	竖向位移极值/m					
	全局波场分解方法			局部波场分解方法		
	A 点	*B* 点	*C* 点	*A* 点	*B* 点	*C* 点
0	0.999	0.997	0.997	0.999	0.997	0.997
30	0.838	0.831	0.828	0.838	0.828	0.337
60	0.474	0.467	0.465	0.474	0.467	0.243

表 8.6　SV 波入射不同分解方法特征点水平向位移极值

入射角度/（°）	水平向位移极值/m					
	全局波场分解方法			局部波场分解方法		
	A 点	*B* 点	*C* 点	*A* 点	*B* 点	*C* 点
0	1.002	0.999	1.002	1.002	0.999	1.002
15	0.943	0.937	0.941	0.892	0.631	0.217
30	0.812	0.805	0.806	0.789	0.586	0.189

8.5.4.2　土石坝三维地震反应分析

1）基本资料

为了研究不同波场分解下地震波斜入射时的土石坝地震反应，选取坝高为100m 的典型面板堆石坝进行空库时大坝动力反应计算。大坝坝顶宽 12m，上游坝坡坡比为 1∶1.4，下游坝坡坡比为 1∶1.5。加速度时程曲线如图 8.36 所示，入射 P 波和入射 SV 波分别假定为竖向和水平向地震波，其加速度峰值分别为 1.00m/s^2 和 1.97m/s^2，地震动激励由大坝左下方输入[25]，地震动激励总时间为 20s。

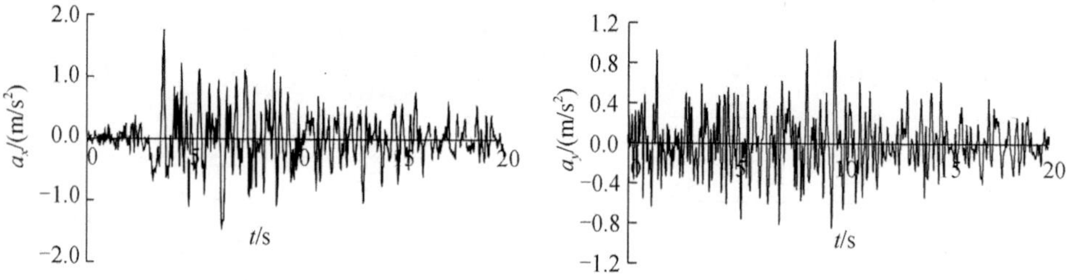

（a）入射P波　　　　（b）入射SV波

图 8.36　入射波加速度时程曲线

2）全局波场分解结果

当 P 波地震动激励方向分别以与竖向夹角 0°、30°和 60°入射时，坝体的加速度和动位移极值见表 8.7。

表 8.7　P 波入射时坝体加速度和动位移极值（1）

入射角度/（°）	加速度/（m/s^2）		动位移/cm	
	水平向	竖向	水平向	竖向
0	0.659	3.282	0.175	2.991
30	2.644	2.462	2.278	2.863
60	3.763	1.494	3.491	1.572

P 波入射时，随着入射角度的增加，大坝水平向地震反应逐渐增大，而竖向地震反应逐渐减小。其中坝体的加速度和动位移极值皆在坝体上部位置，随着入射角度的不同，动位移极值的位置也有差别。P 波在垂直（0°）、30°及 60°入射时，加速度极值都在坝体的顶部，随着高程的增加，加速度在逐渐增大。随着入射角度的增加，其同一高程下的水平向加速度极值逐渐增大，竖向的加速度极值逐渐减小。而当地震波 P 波垂直入射时，水平向位移近似呈现两边对称分布。

当 SV 波入射时，根据坝基材料参数计算可得 SV 波斜入射的临界角度约为37.78°，因此 SV 波斜入射时的选择角度应小于此角度。表 8.8 为 SV 波以不同角度入射时坝体加速度和动位移极值。

表 8.8　SV 波入射时坝体加速度和动位移极值（1）

入射角度/（°）	加速度/（m/s^2）		动位移/cm	
	水平向	竖向	水平向	竖向
0	7.945	1.575	4.541	0.537
15	6.305	2.274	4.433	1.874
30	5.114	3.723	3.630	3.100

当 SV 波入射时，随着入射角度的增加，水平向加速度和动位移极值逐渐减小，竖直向加速度和动位移极值逐渐增大，这主要是因为 SV 波对水平向地震动的贡献随入射角度的增加逐渐减小，而对竖向地震动的贡献随入射角度的增加而增大。当 SV 波入射时，水平向加速度极值都在坝体顶部，并且随着入射角度的增加，同一高度的水平向加速度极值在逐渐减小，竖直向加速度极值在增加，与 P 波入射时的规律相反。

3）局部波场分解结果

当 P 波地震动激励方向分别以与竖向夹角 0°、30°和 60°入射时，坝体的加速度和动位移极值见表 8.9。

表 8.9　P 波入射时坝体加速度和动位移极值（2）

入射角度/（°）	加速度/（m/s^2）		动位移/cm	
	水平向	竖向	水平向	竖向
0	0.659	3.282	0.175	2.991
30	2.988	2.828	1.830	2.482
60	4.102	1.590	2.948	1.495

地震波 P 波在垂直（0°）、30°及 60°入射时，加速度极值都在坝体的顶部，随着高程的增加，加速度在逐渐增大。随着入射角度的增加，其同一高程下的水平向加速度极值逐渐增大，竖向的加速度极值逐渐减小。

表 8.10 为 SV 波以不同角度入射时坝体加速度和动位移极值。随着入射角度的增加，水平向加速度和动位移极值逐渐减小，竖向加速度和动位移极值逐渐增大。当 SV 波入射时，水平向加速度极值基本在坝体顶部，并且随着入射角度的增加，极值在逐渐减小。

表 8.10　SV 波入射时坝体加速度和动位移极值（2）

入射角度/（°）	加速度/（m/s^2）		动位移/cm	
	水平向	竖向	水平向	竖向
0	7.945	1.575	4.541	0.537
15	7.022	2.973	3.445	1.027
30	5.323	4.184	2.799	1.833

比较发现，无论 P 波还是 SV 波以不同角度斜入射，全局波场分解下得到的大坝动位移极值均大于局部波场分解方法求得的结果。

8.6 非一致地震动输入下高面板坝地震反应分析

8.6.1 工程概况

某水利枢纽位于四川省成都市西北 60 余 km 的岷江上游麻溪乡，距都江堰市 9km。工程主要建筑物包括混凝土面板堆石坝、岸边溢洪道、引水发电系统、冲沙放空洞、1 号和 2 号泄洪排沙洞。大坝坝高 156m，坝顶全长 663.77m，坝顶宽 12m，上游坝面坡比为 1∶1.40，下游坝面坡比在 840.00m 马道以上为 1∶1.50，在 840.00m 马道以下为 1∶1.40，大坝典型断面如图 8.37 所示。

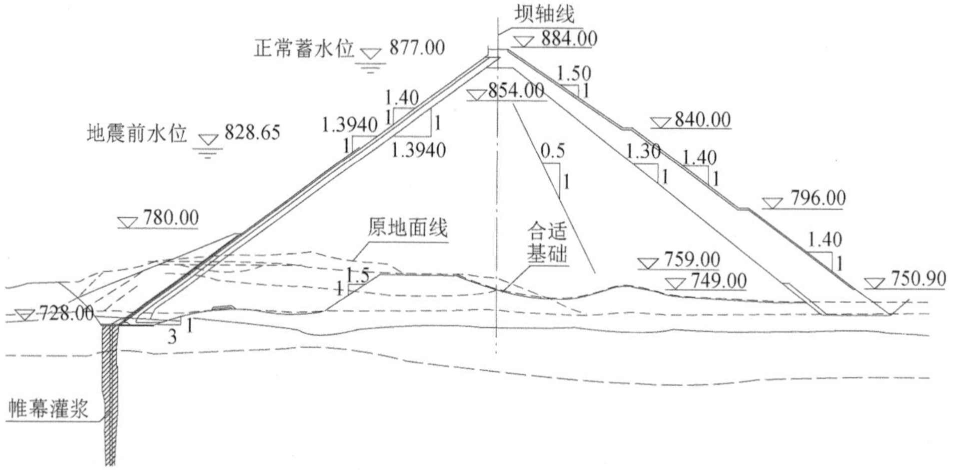

图 8.37　面板堆石坝典型断面图

8.6.2 计算模型与计算条件

为了考虑坝体与地基之间的动力相互作用，有限元网格采用如图 8.38 所示带地基的规则模型，边界处设为黏弹性边界。大坝沿坝轴线方向按垂直缝设置 48 个断面，有限元网格结点数为 27570 个，单元数为 25246 个。动力计算过程中，坝料按动力黏弹性模型考虑，面板和趾板采用线弹性材料模型[25-27]。地基密度为 $\rho = 2300\,\text{kg/m}^3$，弹性模量为 $E = 2.5\times10^{10}\,\text{Pa}$，泊松比 $\mu = 0.2$ 。

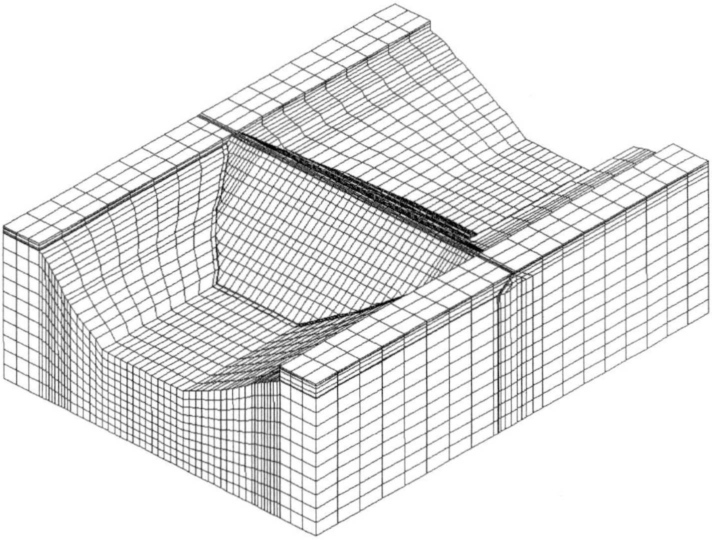

图 8.38　大坝的三维有限元网格

“5·12”汶川大地震时，由于该坝因仪器损坏未监测到实际地震波[28]，按规范反应谱人工拟合地震波，如图 8.39 和图 8.40 所示。

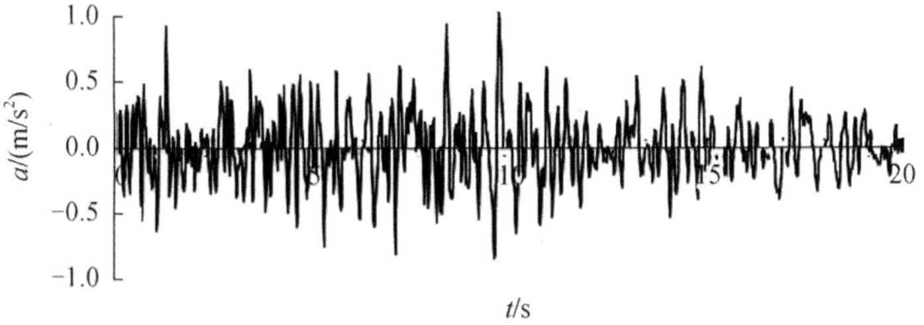

（a）加速度

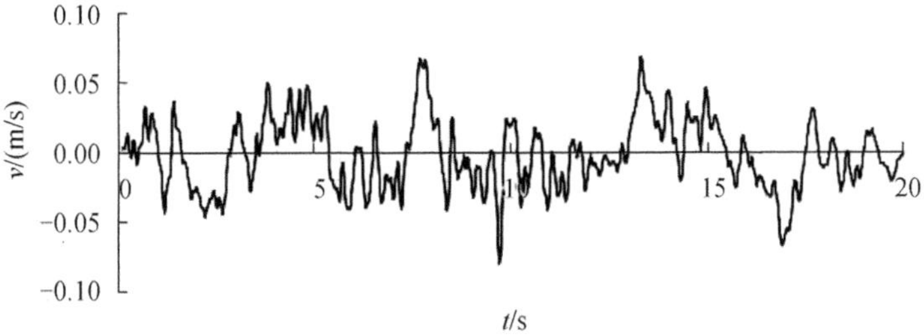

（b）速度

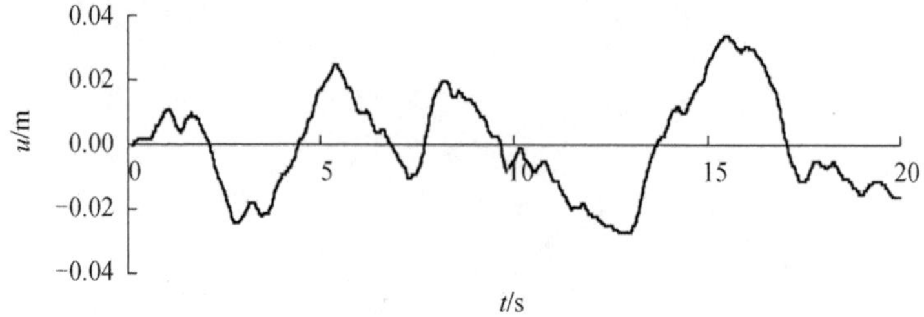

（c）位移

图 8.39　入射 P 波时程曲线

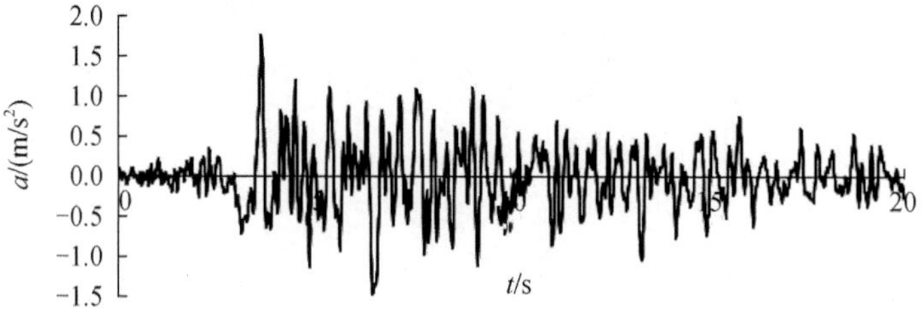

（a）加速度

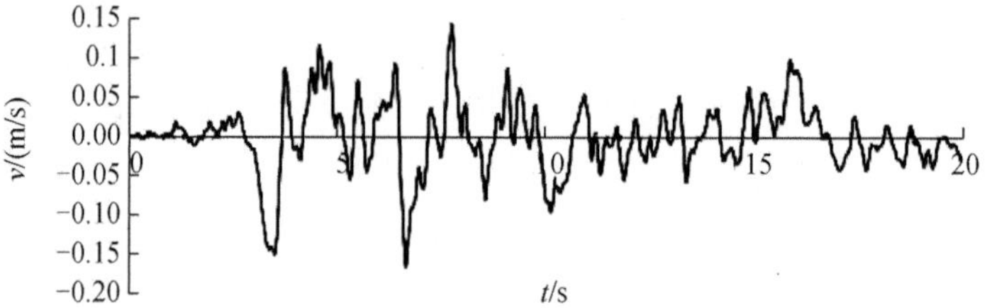

（b）速度

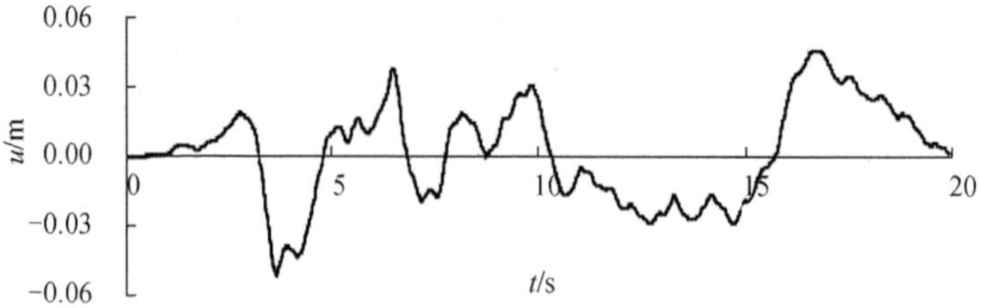

（c）位移

图 8.40　入射 SV 波时程曲线

8.6.3　大坝地震反应分析

8.6.3.1　P 波入射

P 波以不同角度入射时坝体加速度和动位移极值见表 8.11。

表 8.11　P 波入射时坝体加速度和动位移极值

地震动输入方式		加速度/（m/s²）		动位移/cm	
		水平向	竖向	水平向	竖向
一致输入		1.944	5.463	0.232	3.970
非一致输入	30°入射	2.419	2.282	2.246	2.886
	60°入射	3.815	1.976	3.418	1.613

P 波从一致输入到非一致输入，随着入射角度的增加，大坝水平向地震反应逐渐增大，而竖直向地震反应逐渐减小，这是因为当地震波以小角度入射时，P 波对水平向地震动的贡献随入射角度的增加而增大，对竖向地震动的贡献随入射角度的增加而减小。坝体动位移与加速度极值的变化规律一致。

在大坝最大剖面坝顶上下游处分别取特征点 A 和 B，同时在上下游坝脚分别取特征点 C 和 D，对特征点地震反应进行行波效应对比分析。图 8.41 和图 8.42 给出了坝顶和坝脚特征点的竖向加速度和竖向动位移时程曲线。当地震波一致输入时，坝顶加速度和动位移时程曲线相同，地震波同时到达坝顶。地震波以不同入射角度非一致输入时，随着入射角度增加，地震波的行波效应变得越来越显著。地震波以 60°非一致输入时，由于坝顶处 A 点和 B 点的距离比较短，行波效应并不明显；而上下游坝脚 C 点和 D 点出现了明显的相位差和峰值差。这点较真实地反映了实际高土石坝遭遇浅源地震时大坝地震反应的特性，因此考虑采用地震波的非一致输入是必要的。

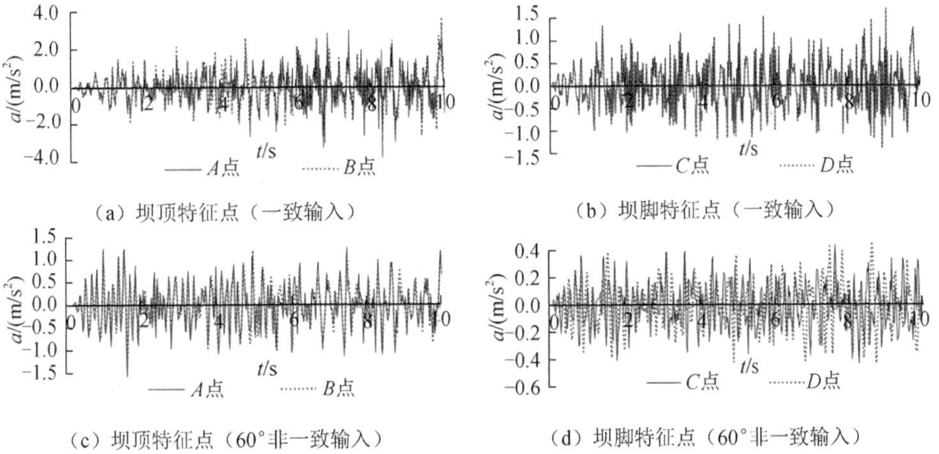

（a）坝顶特征点（一致输入）　（b）坝脚特征点（一致输入）

（c）坝顶特征点（60°非一致输入）　（d）坝脚特征点（60°非一致输入）

图 8.41　P 波入射时特征点竖向加速度时程曲线

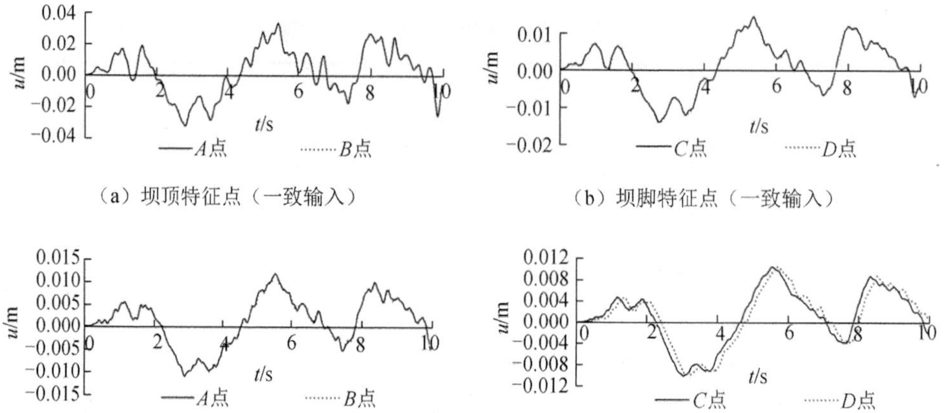

(a) 坝顶特征点（一致输入）　(b) 坝脚特征点（一致输入）

(c) 坝顶特征点（60° 非一致输入）　(d) 坝脚特征点（60° 非一致输入）

图 8.42　P 波入射时特征点竖向动位移时程曲线

8.6.3.2　SV 波入射

根据坝基材料参数计算可得 SV 波斜入射的临界角度约为 38°，因此 SV 波非一致输入时的角度选择应小于此值。表 8.12 为 SV 波入射时坝体加速度和动位移极值。

表 8.12　SV 波入射坝体加速度和动位移极值

地震动输入方式		加速度/（m/s^2）		动位移/cm	
		水平向	竖向	水平向	竖向
一致输入		7.516	2.804	4.648	0.539
非一致输入	30°入射	5.342	2.816	4.923	1.862
	60°入射	4.743	3.395	4.137	3.227

当 SV 波入射时，随着入射角度的增加，地震波从一致输入变为非一致输入，水平向加速度和动位移极值逐渐减小，竖向加速度和动位移极值逐渐增大，这是因为 SV 波对水平向地震动的贡献随入射角度的增加逐渐减小，而对竖向地震动的贡献随入射角度的增加而增大。

图 8.43 和图 8.44 给出了坝顶和坝脚特征点的水平向加速度和动位移时程曲线。当地震波一致输入时坝顶的加速度和动位移时程相同，地震波同时到达坝顶，因此时程曲线重合。随着入射角度的增加，地震波的行波效应变得明显。当地震波以 30° 入射时，上下游坝脚出现明显的相位差和峰值差，坝顶因距离较小，行波效应不明显。

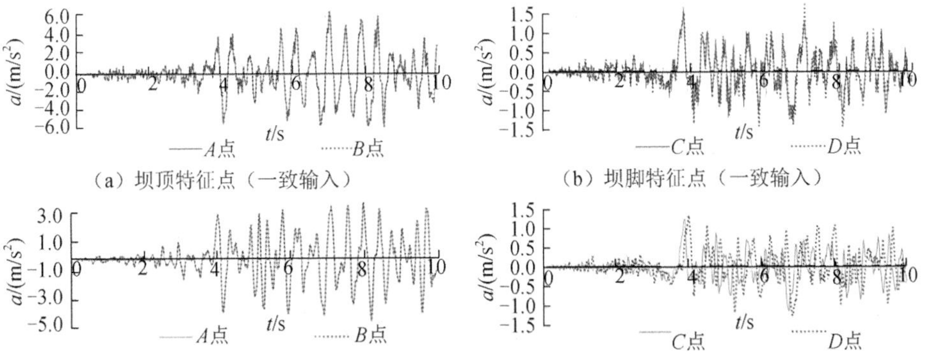

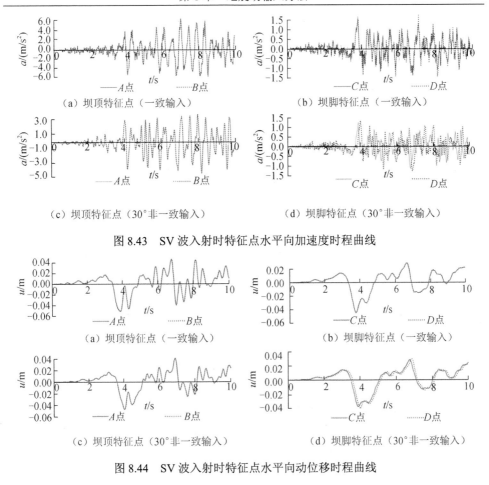

（a）坝顶特征点（一致输入）　（b）坝脚特征点（一致输入）

（c）坝顶特征点（30°非一致输入）　（d）坝脚特征点（30°非一致输入）

图 8.43　SV 波入射时特征点水平向加速度时程曲线

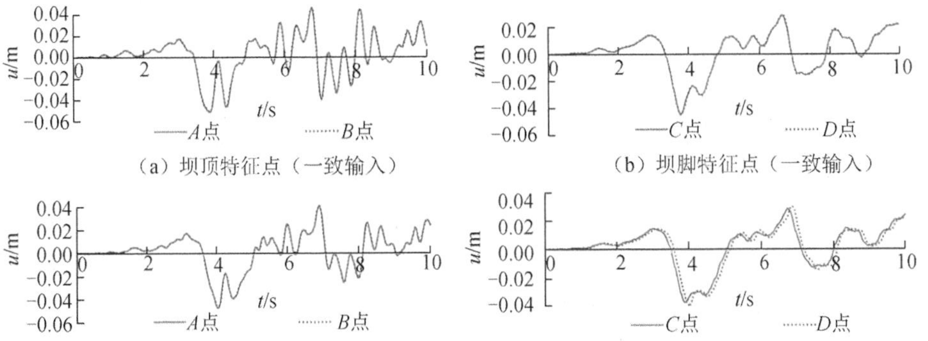

（a）坝顶特征点（一致输入）　（b）坝脚特征点（一致输入）

（c）坝顶特征点（30°非一致输入）　（d）坝脚特征点（30°非一致输入）

图 8.44　SV 波入射时特征点水平向动位移时程曲线

参 考 文 献

[1] 沈聚敏，周锡元，高小旺，等．抗震工程学[M]．北京：科学出版社，2015．

[2] 杜修力．工程波动理论与方法[M]．北京：科学出版社，2009．

[3] 贺向丽．高混凝土坝抗震分析中远域能量逸散时域模拟方法研究[D]．南京：河海大学，2006．

[4] 杜修力，赵密．基于黏弹性边界的拱坝地震反应分析方法[J]．水利学报，2006（9）：1063-1069．

[5] 陈海霞．考虑地基辐射阻尼的大坝动力响应分析[D]．武汉：武汉大学，2010．

[6] 徐海滨，杜修力，赵密，等．地震波斜入射对高拱坝地震反应的影响[J]．水力发电学报，2011（6）：159-165．

[7] 徐海滨．地震波斜入射对拱坝地震反应的影响[D]．北京：北京工业大学，2010．

[8] 杜修力，黄景琦，赵密，等．SV 波斜入射对岩体隧道洞身段地震响应影响研究[J]．岩土工程学报，2014，36（8）：1400-1406．

[9] 周晨光．高土石坝地震波动输入机制研究[D]．大连：大连理工大学，2009．

[10] 刘晶波，吕彦东．地基-结构动力相互作用问题分析的一种直接方法[J]．土木工程学报，1998（3）：55-64．

[11] 刘晶波，王振宇，杜修力，等．波动问题中的三维时域粘弹性人工边界[J]．工程力学，2005，22（6）：46-51．

[12] 刘晶波，谷音，杜义欣．一致粘弹性人工边界及粘弹性边界单元[J]．岩土工程学报，2006，28（9）：1070-1075．

[13] 谷音，刘晶波，杜义欣．三维一致粘弹性人工边界及等效粘弹性边界单元[J]．工程力学，2007，24（12）：31-37.

[14] 杜修力．局部解耦的时域波分析方法[J]．世界地震工程，2000，16（3）：22-26.

[15] 杜修力，赵密，王进廷．近场波动模拟的人工应力边界条件[J]．力学学报，2006，38（1）：49-56.

[16] 赵密．近场波动有限元模拟的应力型时域人工边界条件及其应用[D]．北京：北京工业大学，2010.

[17] 王帅．考虑地基远域能量逸散及地震波斜入射时土石坝地震反应分析研究[D]．南京：河海大学，2012.

[18] 吴兆营．倾斜入射条件下土石坝最不利地震动输入研究[D]．哈尔滨：中国地震局工程力学研究所，2007.

[19] 程嵩．土石坝地震动输入机制与变性规律研究[D]．北京：清华大学，2012.

[20] 岑威钧，袁丽娜．基于设计地震动的斜入射波场分量效应研究[R]．南京：河海大学，2014.

[21] 何卫平，何蕴龙．基于两向设计地震动的二维自由场构建[J]．工程力学，2015，32（2）：31-36.

[22] 苑举卫．考虑横缝键槽咬合作用的拱坝强地震响应分析[D]．南京：河海大学，2010.

[23] 苑举卫，杜成斌，刘志明．基于设计地震动的地震波倾斜入射波动输入研究[J]．四川大学学报（工程科学版），2010，42（5）：250-255.

[24] 苑举卫，杜成斌，刘志明．地震波斜入射条件下重力坝动力响应分析[J]．振动与冲击，2011，30（7）：120-126.

[25] 袁丽娜．高土石坝地震动输入方法比较及应用研究[D]．南京：河海大学，2015.

[26] 岑威钧，袁丽娜，袁翠平，等．地震波斜入射对高面板坝地震反应的影响[J]．地震工程学报，2015（4）：926-932.

[27] 岑威钧，袁丽娜，王帅．非一致地震动输入下高面板坝地震反应特性[J]．水利水运工程学报，2016（4）：126-132.

[28] 孔宪京，邹德高，周扬，等．汶川地震中紫坪铺混凝土面板堆石坝震害分析[J]．大连理工大学学报，2009，49（5）：667-674.